2024年版

全国一级造价工程师职业资格考试

应试指南

建设工程造价案例分析

JIANSHE GONGCHENG ZAOJIA ANLI FENXI

王亦虹　李丽红　胡秀芳　主编

中国计划出版社

·北　京·

图书在版编目（CIP）数据

建设工程造价案例分析 / 王亦虹，李丽红，胡秀芳主编. -- 6版. -- 北京 : 中国计划出版社，2024.5
2024年版全国一级造价工程师职业资格考试应试指南
ISBN 978-7-5182-1640-6

Ⅰ. ①建… Ⅱ. ①王… ②李… ③胡… Ⅲ. ①建筑造价管理—案例—资格考试—自学参考资料 Ⅳ. ①TU723.3

中国国家版本馆CIP数据核字(2024)第026257号

责任编辑：李晴文　　封面设计：韩可斌

中国计划出版社出版发行
网址：www.jhpress.com
地址：北京市西城区木樨地北里甲 11 号国宏大厦 C 座 4 层
邮政编码：100038　电话：(010) 63906433（发行部）
北京市科星印刷有限责任公司印刷

787mm×1092mm　1/16　24 印张　581 千字
2024 年 6 月第 6 版　2024 年 6 月第 1 次印刷

定价：84.00 元

前　言

自2001年首次出版以来，《全国造价工程师执业资格考试应试指南》（以下简称《指南》）已经伴随参加全国造价工程师执业资格考试的业界同仁走过了23个考季。在此期间，教材经过了九次改版，《指南》也经历了从五科合订（2001—2004年版）到五个分册（2005年版至今）的演变。从体例的革新到内容的充实，23年来《指南》的参编教师始终本着精益求精、服务考生和对读者负责的原则，每年投入大量时间到编写工作中。

随着2023年版《全国一级造价工程师职业资格考试培训教材》的改版，《指南》参编教师第一时间结合教材变动内容对《指南》进行了改编，在保留了全面、系统贯彻考点体例逻辑框架基础上，既反映了2023年版教材的变化，又满足了帮助考生复习的需求。

回顾过往，《指南》在与广大读者、业界同仁交流互动中不断地完善、充实。2004年，全国造价工程师执业资格考试教材第三次改版后，具有多年造价工程师执业资格考试培训与研究经验的教师团队对《指南》从编写思路、体例设计、题目选排等方面进行了全面改版升级。2005年，我们在以前各版《指南》的基础上将各考试科目的合订本拆分为五个分册，并补充了新出台的有关文件，方便考生根据所报考的科目自主选择图书，2006年，根据新教材的内容对《指南》进行了充实和修改，得到了广大考生的认可和大力支持。2007、2008年，组织编者对考试涉及《建设项目经济评价方法与参数》（第三版）的内容进行研讨，征求资深的考前培训教师的意见，将《建设项目经济评价方法与参数》（第三版）的相关内容补充到《指南》中，为方便考生备考《建设项目经济评价方法与参数》（第三版）的相关内容提供了便利，满足了考生的迫切需求。

2009年，《全国造价工程师执业资格考试培训教材》第五次改版后，《指南》参编教师针对教材内容和结构上的变动进行了多次研讨，并将学习与研讨的收获和体会充分落实到2009年版《指南》的编写与修订中。2010年，对《指南》进行了体例和内容的全面升级，充分适应了考试综合性强、考核重点突出的变化趋势。此后，2011年版和2012年版《指南》又在2010年版《指南》的基础上进行了内容的更新和形式的调整。

2013年，住房和城乡建设部组织编写了新版《全国造价工程师执业资格考试大纲》，并经人力资源和社会保障部审定。新大纲改变了考试科目名称，对科目内容和结构也做了重要调整。全国造价工程师执业资格考试培训教材编审委员会根据新大纲的要求，对 2009 年版《全国造价工程师执业资格考试培训教材》进行了全面修订，形成了 2013 年版《全国造价工程师执业资格考试培训教材》。新教材的主要修订内容包括：一是对教材名称做了更改并调整了相关内容；二是增加了考核实际能力的知识点，删除了部分基本概念的内容；三是增加了最新出台涉及工程造价管理的法律、法规和相关规定的内容，补充了新的工程计价业务的内容；四是将《建设工程技术与计量（安装工程）》选考部分由原来的三个专业合并为管道和设备工程、电气和自动化控制工程两个专业。

2014、2015 年，全国造价工程师执业资格考试仍沿用 2013 年版考试大纲，对《建设工程计价》和《建设工程造价案例分析》两本教材进行了修订，主要根据《关于印发〈建筑安装工程费用项目组成〉的通知》（建标〔2013〕44 号)、《建筑工程施工发包与承包计价管理办法》（住建部令 2013 年第 16 号）和《建设工程工程量清单计价规范》GB 50500—2013 对相关内容进行了调整与修订。2016 年，《指南》的编写教师就《关于做好建筑业营改增建设工程计价依据调整准备工作的通知》（建办标〔2016〕4 号)、《关于全面推开营业税改征增值税试点的通知》（财税〔2016〕36 号）两个重要文件进行了学习研讨，为适应 2017 年版教材改版做了充分的准备工作。

2017 年，《全国造价工程师执业资格考试培训教材》再次改版，《指南》参编教师在深入研习教材的基础上，对 2017 年版《指南》进行了全面修订与编写。2018 年，《指南》参编教师根据读者反馈信息及意见、建议，对 2017 年版《指南》进行了认真修订和增补，并与出版社的编辑同志进行了多次交流，组织了若干专题研讨会，使各科目之间实现了较为深入的横向沟通，为 2018 年版《指南》的编写做了大量基础性工作。

2018 年，住房城乡建设部、交通运输部、水利部、人力资源社会保障部联合印发了《造价工程师职业资格制度规定》和《造价工程师职业资格考试实施办法》（建人〔2018〕67 号)，将造价工程师分为一级造价工程师和二级造价工程师。随后住房和城乡建设部、交通运输部、水利部组织有关专家，在总结以往全国造价工程师执业资格考试大纲实施经验的基础上，制定了《全国一级造价工程师职业资格考试大纲》（2019 年版）和《全国二级造价工程师职业资格考试大纲》(2019 年版)，并经人力资源社会保障部审定。

2019 年，《指南》全体参编教师深入研讨新政策、新考纲，对各科目的变化趋势进行了分析与预测，在此基础上针对一级造价工程师职业资格考试的要求，对 2019 年版《指南》进行了全面修订与改编。

2020 年，参编老师克服新冠疫情的影响，充分利用线上资源查阅资料、讨论沟通，重点对标《住房和城乡建设部关于修改〈工程造价咨询企业管理办法〉〈注册造价工程师管理办法〉的决定》（住建部第50号令）的相关内容，以最快的速度完成了《指南》的修订工作。

2021年，国家有关部门先后颁布了一系列工程建设法律法规及规定，主要包括《中华人民共和国民法典》（以下简称《民法典》）、《最高人民法院关于审理建设工程施工合同纠纷案件适用法律问题的解释（一）》（法释〔2020〕25号）、《建设项目工程总承包合同（示范文本）》（GF-2020-0216）、《关于取消工程造价咨询企业资质审批 加强事中事后监管的通知》（建办标〔2021〕26号）等，进一步完善了工程建设法律法规体系。在上述背景下，2021年版《全国一级造价工程师职业资格考试培训教材》以新增文件为依据进行了修订。2021年版《指南》全体参编教师根据教材修订内容，与各科编辑进行深入交流沟通，积极采纳读者反馈意见和建议，对《指南》进行了修订与改编。

2022年，《指南》全体参编教师针对城乡建设绿色发展的新要求、新趋势，开展多次专题研讨会，分析近年来各科试题的变化和走向，并结合读者和编辑的建议，完成了《指南》的修订工作。

2023年，中国计划出版社《指南》编辑团队专程赴天津理工大学调研，就创新融合出版模式、满足《指南》读者新需求展开了深入、建设性交流。全体参编教师针对2023年版教材修订内容，重点就《关于完善建设工程价款结算有关办法》（财建〔2022〕183号）、《企业安全生产费用提取和使用管理办法》（财资〔2022〕136号）、《关于严格执行招标投标法规制度进一步规范招标投标行为的若干意见》（发改法规〔2022〕1117号）、《建设项目工程总承包计价规范》T/CCEAS 001—2022（中价协〔2022〕53号）等内容组织专门研讨，为2023年版《指南》修订做了充分的前期工作准备。

2024年版《指南》主要特点如下：

- 反映新版教材变化，捕捉新增考点动态。
- 每科目复习导言点明该课程总体变化趋势及命题走向。
- 知识架构勾勒出整章清晰轮廓，使考生明确各知识点在整个章节体系中的地位和作用，形成脉络分明的复习主线。
- 经典考题剖析以考点为核心，将各章节知识点重新组合，以近年考题为切入点，重点阐释各知识点的潜在联系，明示各种题型组合。
- 难题解析部分选取具有代表性的多考点难题进行详细解析，向考生传授正确的解题思路和规范的解题步骤。
- 案例分析部分增加了历年考试真题结构分析，将每章历年试题情况细化为若干知识点的形式，使每章各年的考查内容一目了然；增加对题型模块组合思路的图形演示，帮助考生理解各知识模块的关联性，形成清晰、完整的解题逻辑链条；在此基础上对各章的案例题重新进行了整合，为考生充分展现案例分析科目特有的多模块组合题型，满足考生备考要求。

- 每科目后附模拟自测题，囊括了全部考核要点，便于考生临考练兵，查缺补漏。

在各位参编教师数月辛勤工作的努力下，《指南》将以崭新的风格、合理的编排与广大考生见面，各部分具体参编人员如下：

建设工程造价管理：夏立明；

建设工程计价：柯洪；

建设工程技术与计量（土木建筑工程）：吴静、李毅佳；

建设工程技术与计量（安装工程）：赵斌、郭洒琦；

建设工程造价案例分析：王亦虹、李丽红、胡秀芳。

在与中国计划出版社合作的20多年中，我们深深地被他们严谨的工作态度和孜孜以求的专业精神所感动，在此向所有为《指南》得以顺利、迅捷出版而付出辛勤劳动的有关同志表示衷心的谢意。另外，《指南》部分内容参考了业内同仁出版的著作和教材，一并表示感谢。

《指南》编写人员虽然对稿件几度推敲和校阅，但由于水平和能力所限，终归会有不遂人愿之处，恳请长期以来给予我们支持和关注的广大业界读者一如既往地对我们的疏漏之处进行批评和指正。

《指南》编者
2024年5月

兑换增值服务说明

为了提供更优质、更高效的知识服务，我社为购买正版造价工程师考试用书的读者提供网上视频增值服务，由专业老师对考试的相关内容进行讲解，帮助读者掌握理解，提高应试水平。网上增值服务使用方法如下：

1. 计算机用户

访问 weike.jhpress.com → 注册用户并登录 → 进入个人中心点击“兑换增值服务” → 输入封面二维码涂层下的 20 位数字，验证兑换 → 在个人中心“我的增值服务包”享受增值服务

2. 移动端用户

扫描上面微课程二维码 → 关注“计划社微课程”服务号 → 点击菜单“我的服务”—“兑换增值服务” → 扫描或输入封面二维码涂层下的 20 位数字，验证兑换 → 在个人中心“我的增值服务包”享受增值服务

注：增值服务从兑换之日起 12 个月内有效，提供形式为在线观看。如果输入卡号或扫码后无法通过验证，请及时与我社联系。

3. 联系我们

客服微信：

客服电话：400 670 6390（工作日 9：00—17：00）

网上增值服务如有不完善之处，敬请广大读者提出宝贵意见和建议！

目　录

复 习 导 言

全国造价工程师执业资格考试自1997年开始进行考试，随着国内建设项目投资规模的不断扩大，相关法规、标准的调整，与考试相关的知识体系也在不断完善、调整，按照基本理论架构要求和方法应用、实务计算的基本要求，形成了定性分析与定量分析相结合、整体要求与阶段要求相结合、工程实践与知识集成相结合的考试形式；全面考核学员在工程造价管理过程的系统分析能力、综合判断能力、逻辑推理能力、实务计算能力、环境适应能力；试卷所涉及的知识范围广、综合性强、计算量大。

一、“建设工程造价案例分析”考试内容的基本要求

《建设工程造价案例分析》教材与考试大纲对教材各章节的考核要求做了明确规定。

工程项目决策阶段知识点的基本要求是：掌握相关经济政策、法规、制度；对可行性研究过程中的建设项目投资估算，建设项目财务指标计算与分析，建设项目的不确定性分析全面掌握；对各类财务基础数据指标与基本报表编制的熟练掌握。

工程项目设计阶段知识点的基本要求是：掌握工程设计、施工方案指标体系的结构特点；掌握多种技术、施工、设计方案的评价方法（价值工程分析方法、资金时间价值分析方法、决策树分析方法、网络计划分析方法、综合评价方法等），能够结合工作实践特点进行技术经济方案的优化对比；结合项目全寿命周期理论对建设方案进行整体评价。

工程项目施工前期阶段知识点的基本要求是：掌握工程量计量与审查，建设工程人工、材料、机械台班消耗指标的编制，分部分项工程单价的确定；设计概算，施工图预算的编制与审查；工程量清单计价规范和建筑安装工程费用项目组成相关规定的应用。考核中以工程实际要求为试题背景，全面考核考生在工程施工全过程计量、计价、定额应用中解决实际问题的能力。

工程项目招标投标阶段知识点的基本要求是：掌握招标投标的法律、规范要求、程序、方式；掌握最高投标限价的编制方法；掌握多种形式的评标、定标的计算方法，投标报价计算与投标方案比较，投标策略与决策树分析方法在投标决策中的应用。

工程项目施工阶段知识点的基本要求是：熟悉工程施工合同的类型与工程量清单计价规范和合同示范文本的主要条款，合同价款的调整，合同纠纷解决方式的应用；掌握工程实施过程中索赔事件的确定，责任判定，工程索赔与网络分析方法结合进行的综合计算。

工程项目竣工验收阶段知识点的基本要求是：掌握工程合同价款确定至合同收入形成过程的相关规定，工程价款结算与支付的具体方法；资金使用计划的编制与投资偏差分析方法；熟悉竣工决算的整体要求；掌握新增资产的分类、确定、计算方法。

二、“建设工程造价案例分析”科目应试过程中的几点说明

（一）注意造价工程师职业资格考试中其他科目与本科目的关系

造价工程师职业资格考试共有四个科目：“建设工程造价管理”（科目一）、“建设工

程计价”（科目二）、“建设工程技术与计量”（土木建筑工程或安装工程）（科目三）和“建设工程造价案例分析”（科目四）。“建设工程造价案例分析”课程内容与科目一、二、三的课程内容有着不可分割的关系。本科目的知识点来源于其他科目。为了保证“建设工程造价案例分析”考试试题的完整性，个别知识点可能超过其他科目考试大纲要求掌握和熟悉的内容。

（二）应注意本科目中各章节知识点间的联系与结合

本科目考试是综合应用型考试，需要掌握同一知识考核点在不同条件下、不同题型中的具体要求，掌握同一题型中各个考核知识点间的关联关系。如网络计划分析方法在第二章题型中是工期优化、调整、比较的形式（结合项目背景），在第四章是投标方案工期确定与比较的形式，在第五章中与工期索赔中工期索赔计算结合，在第六章中与工程价款结算、偏差分析相结合。

（三）应注意国家建设主管部门新颁布的法律、法规、标准的相关内容对考试的影响

近年来，“建设工程造价案例分析”根据国家有关部门最新颁布的法律、法规、标准进行了相应的改动和调整。随着《中华人民共和国民法典》自 2021 年 1 月 1 日起施行，原《中华人民共和国合同法》同时废止。中华人民共和国国家发展和改革委员会颁布了《必须招标的工程项目规定》（国家发改委令第 16 号），国务院颁布了《国务院关于加强固定资产投资项目资本金管理的通知》（国发〔2019〕26 号）和《政府投资条例》（国令第 712 号）。2018 年，财政部和税务总局颁布了《财政部 税务总局关于调整增值税税率的通知》（财税〔2018〕32 号），次年 3 月，财政部、税务总局和海关总署颁布了《财政部 税务总局 海关总署关于深化增值税改革有关政策的公告》（财政部 税务总局 海关总署公告 2019 年第 39 号）再次调整了税率。最高人民法院颁布了《最高人民法院关于审理建设工程施工合同纠纷案件适用法律问题的解释（一）》（法释〔2020〕25 号）。住房和城乡建设部、国家市场监督管理总局颁布了《建设项目工程总承包合同（示范文本）》（GF－2020－0216），住房和城乡建设部、国家发展改革委颁布了《房屋建筑和市政基础设施项目工程总承包管理办法》（建市规〔2019〕12 号）。上述法律、法规、标准的颁布与“建设工程造价案例分析”考试内容有直接关联。

三、基本知识、多点集成、基于实践、题型创新是目前试题题干构成的基本形式

“建设工程造价案例分析”考试是知识综合型考试；以基本知识点的不同表述形式，不同章节知识点的各种关联方式，试题背景材料构造中的实践性与多样性的特点构成试题结构。

在近几年试题难度基本稳定的情况下，由于很多考生不适应题型不断创新的变化，只靠掌握案例分析教材介绍的独立的知识点参加考试，必然产生多年考试不通过的状况。近年来试题基本结构的变化趋势应引起大家的注意：

1. 考试试题内容与相关法律的变化相适应，阅读近年来新出台的相关法律已成为准备考试不可缺少的环节。

2. 考试试题内容与工程管理工作实际相结合，背景材料的构成内容中实践性内容

加大。考试中细心读题和对试题背景材料的分析，关键词语的理解，成为成功应试的重要前提。

3. 考试试题内容的分布范围加大，由前几年的单章节命题转化为多章节、多知识点综合命题，单独知识点考核难度有所降低，但整体试题综合分析要求提高。部分试题计算量适当减少，但思维分析强度增加。

4. 考试试题内容充分体现了对于基本概念、基本方法、基本规定、基本题型综合掌握的整体要求。

四、“建设工程造价案例分析”应试的技巧和需要注意的问题

在全面复习的前提下参加考试，是否能够取得优异成绩，还与考生本人在考场上的心态、适应考试能力、答卷时的时间安排、回答问题的习惯有着直接关系。考生应主要注意以下两点：

（一）从细节入手，避免“非知识性”失分

考生在应试时出现失分现象，一种是“知识性”失分，即对考核知识点的基本概念、基本运算及解题思路缺乏了解或者产生错误思维而造成的失分；另一种是“非知识性”失分，即考生掌握了知识点内容，但由于其他问题的出现造成失分。

（二）以提高有效得分率为目标，注意时间调整，选择解题切入点

考生在考试过程中一般按试题顺序答卷，对于疑难问题耗费时间过多、计算过程粗心，形成重复计算；解题切入点和基本方法选择不恰当；定性问题分析尽管书写文字量很大，但关键词语表达不当造成失分。

（三）注意考试试题的结构模式和知识点间的关联方法

考生应将近几年试题中同章节的内容汇总起来一起阅读，特别是相关概念、相关法规、相关方法的具体应用要求。注意分析试题背景材料文字中的隐藏含义。

鉴于上述情况，建议考生在考试中以提高有效得分率为目标，选准切入点，注意时间调整，对有把握得分的环节不失分，对有可能得分的环节争取尽可能多得分，对无把握得分的环节可以采取先放一下，有时间再思考的方法。

第一章　建设项目投资估算与财务评价

考纲要求

1. 建设项目投资估算；
2. 建设项目财务分析；
3. 建设项目不确定性分析与风险分析。

表 1-1 第一章历年试题结构分析

年份	投资估算	财务评价知识点									不确定分析	备注
		收入	折旧	利息	成本	利润	税收	投资流量表	资本金利润表	利润表		
2010	建设投资为已知		直线折旧法计算	等额还本计息（表）	总成本表	利润总额	营业税 所得税		第 8 年净现金流量分析			
2011	预备费计算固定资产投资估算表		直线折旧法计算	等额还本计息（表）	总成本计算（列式）		营业税 所得税		列式计算净现金流量			
2012	建设投资为已知	利用生产能力调整	直线折旧法计算	等本息形式计算	总成本计算（列式）	利润总额 净利润	营业税 所得税			判断还款能力		总投资收益率
2013	类推法计算建设投资		直线折旧法计算	等额还本利息计算	总成本计算（列式）	利润总额（负值处理）	所得税	全表				税后净现金流量
2014	价差预备费、静态投资、建设投资		直线折旧法计算		固定、可变经营成本	利润总额 净利润	所得税		资本金净利润率		产量、单价盈亏平衡点	
2015	建设投资为已知	利用生产能力调整	直线折旧法计算	等本息形式计算	总成本（列式）	利润总额 净利润	营业税 所得税		列式计算净现金流量	判断还款能力		最大偿还能力形式偿债备付率计算
2016	列式计算建设投资（整体构成）	利用生产能力调整	直线折旧法计算	等额还本利息计算	总成本（列式）	利润总额 净利润				盈余资金分年份计算		

续表 1-1

年份	投资估算	财务评价知识点									不确定分析	备注
		收入	折旧	利息	成本	利润	税收	投资流量表	资本金利润表	利润表		
2017	PPP 形式投资组合	收入形式细化分解	直线折旧法计算	等本息形式计算	总成本（列式）	净利润	所得税		资本金净利润率（社会）	判断运营还款能力		待定未知数法确定社会资本投入值
2018	建设投资形成计算	已知不含税销售收入	直线折旧法计算		含进项税经营成本已知	息税前利润计算	调整所得税增值税	全表				总投资收益率
2019	建设投资为已知	利用生产能力调整	直线折旧法计算	等额还本利息计算	含进项税经营成本已知	息税前利润计算	所得税增值税		资本金净利润	判断运营还款能力		
2020	建设投资为已知	已知单位产品不含税销售价格	直线折旧法计算	等额还本利息计算	不含进项税经营成本已知，总成本	息税前利润计算	增值税			判断运营还款能力	产量盈亏平衡点	偿债备付率计算判断偿还能力
2021	建设投资为已知，流动资金投资估算	营业收入为已知	直线折旧法计算	等额还本付息计算	经营成本（不含进项税）已知，总成本计算	利润总额税后利润	增值税			判断运营还款能力		
2022	改造前固定资产投资为已知，改造工程建设投资为已知	已知不含税销售收入	直线折旧法计算		经营成本（含进项税）已知，总成本计算	息税前利润计算	增值税所得税					总投资收益率
2023	建设投资为已知	已知单位产品不含税销售价格	直线折旧法计算	等额还本付息计算	经营成本（含进项税）已知，总成本计算	税后利润	增值税所得税			盈余资金分年份计算	单价下浮临界百分比	

考点与题型详解

考点一：建设投资估算

建设投资估算包括固定资产估算和流动资金估算两部分。其中固定资产投资估算部分涉及知识点较多，综合性较强，能够组合多种估算方法进行考核，因此，在历年造价工程师执业资格考试工程造价案例分析试题中出现过 6 次。流动资金估算分为扩大指标估算法和分项详细估算法两种方法，其中分项详细估算法涉及公式较多，具有一定难度。

知识要点集成

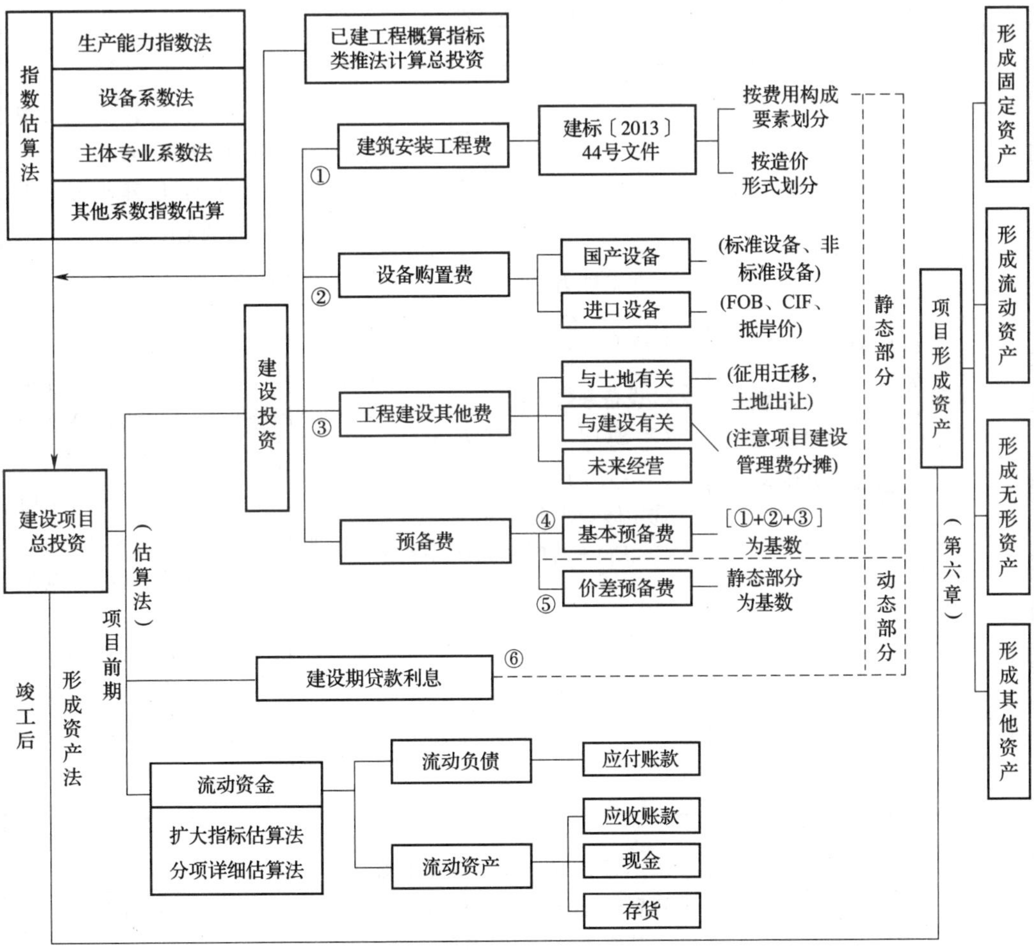

图 1-1　项目投资估算知识架构图

一、建设项目总投资的构成

表 1-2 建设项目总投资的构成

建设项目总投资	建设投资	1. 设备及工器具购置费 2. 建筑安装工程费 } 工程费 (1–2) 3. 工程建设的其他费用 4. 基本预备费 5. 价差预备费 } 预备费 (4–5) } 建设投资 (1–5)
	建设期贷款利息	
	流动资金投资	

二、固定资产投资估算

表 1-3 固定资产投资估算知识要点

估算顺序	估算内容	估算基数	涉及公式	公式备注
1	设备及工器具购置费；建筑安装工程费；工程建设其他费用	根据背景资料已知数据	①生产能力指数法： $C_2=C_1\left(\frac{Q_2}{Q_1}\right)^x f$ ②设备系数法： $C=E(1+f_1P_1+f_2P_2+f_3P_3+\cdots)+I$ ③主体专业系数法： $C=E(1+f_1P'_1+f_2P'_2+f_3P'_3+\cdots)+I$	C_1（C_2）：已建类似（拟建）项目的投资额； Q_1（Q_2）：已建类似（拟建）项目的生产能力； x：生产能力指数； C：拟建项目投资额； E：拟建项目设备费； P_1、P_2、P_3、…：已建项目中建筑安装工程费及其他工程费等占设备费的比重； f_1、f_2、f_3、…：由于时间因素引起的定额、价格、费用标准等变化的综合调整系数； I：拟建项目的其他费用； P'_1、P'_2、P'_3、…：已建项目中各专业工程费用占设备费的比重
2	基本预备费	(1)	基本预备费＝（设备及工器具购置费＋建筑安装工程费＋工程建设其他费用）×基本预备费率	(1)＋(2)称为静态投资

续表 1-3

估算顺序	估算内容	估算基数	涉及公式	公式备注
3	价差预备费	(1)+(2)	$PF=\sum_{t=1}^{n} I_t\left[(1+f)^m(1+f)^{0.5}(1+f)^{t-1}-1\right]$	PF：价差预备费； n：建设期年份数； I_t：建设期第 t 年计划投资额； f：年均投资价格上涨率； m：建设前期年限
4	建设期贷款利息	[(1)+(2)+(3)+(4)]－自有资金	①名义利率转化为实际利率： $i=\left(1+\frac{r}{m}\right)^m-1$ ②建设期各年应计利息： $q_j=\left(P_{j-1}+\frac{1}{2}A_j\right)i$	i：年实际利率； r：年名义利率； m：年计息期数； q_j：建设期第 j 年应计利息； P_{j-1}：建设期第 $j-1$ 年末贷款本息和； A_j：建设期第 j 年贷款额

三、流动资金投资估算

表 1-4　流动资金投资估算知识要点

估算方法	估算步骤	涉及公式
扩大指标估算法	—	年流动资金额=年费用基数×各类流动资金率 年流动资金额=年产量×单位产品产量占用流动资金额
分项详细估算法[①]	①估算流动资产： 流动资产=应收账款+预付账款+存货+现金 ②估算流动负债： 流动负债=应付账款+预收账款 ③估算流动资金： 流动资金=流动资产－流动负债	应收账款=年经营成本/应收账款年周转次数 预付账款=外购商品或服务年费用金额/预付账款年周转次数 现金=（年工资福利费+年其他费用）/现金年周转次数 存货=外购原材料、燃料+在产品+产成品+其他材料 外购原材料、燃料=年外购原材料、燃料费用/分项年周转次数

① 分项详细估算法中涉及的算法和公式完全按照《建设项目经济评价方法与参数》（第三版）修订，具体案例解题时可根据背景数据选择使用。

经典题型剖析

题型一　多种估算方法结合运用

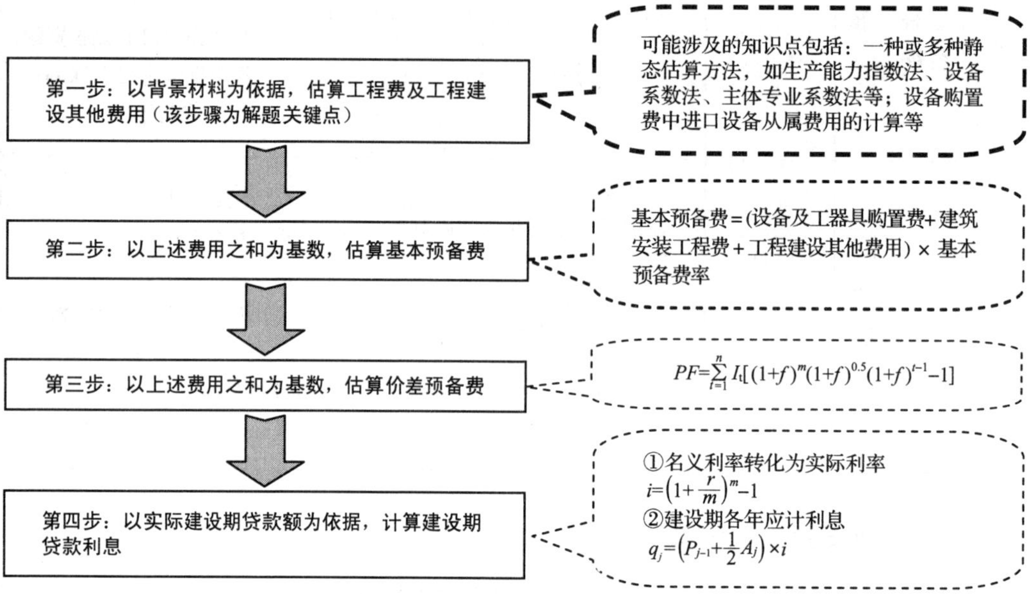

图 1-2　建设投资估算解题步骤

案例一

某集团公司拟建设 A、B 两个工业项目，A 项目为一个综合生产厂房，建设前期为 1 年，建设期为 2 年，该项目的实施计划为：第一年完成项目全部投资的 35%，第二年完成 65%，第 3 年项目投产并且达到 100%设计生产能力。B 项目为拟建一条化工原料生产线，设备全部从国外引进。经询价，设备的装运港船上交货价为 460 万美元。其他基础数据如下：

1. A 项目为年产某种产品 3 000 万吨的综合生产厂房。根据当地已建同类项目的建设情况，已建年产 2 000 万吨类似综合生产厂房的工艺设备投资约为 2 400 万元。已建项目综合生产厂房各专业工程投资占工艺设备投资的比例如表 1-5 所示。

表 1-5　综合生产厂房各专业工程投资占工艺设备投资比例表

电气照明工程	采暖工程	给排水工程	管道工程	通风与空调工程	建筑工程	安装工程
18%	2%	4%	12%	6%	27%	13%

2. A 项目的生产能力指数为 0.9，已建同类项目的工艺设备投资综合调整系数为 1.25。在电气照明工程、采暖工程、给排水工程、管道工程、通风与空调工程、建筑工程和安装工程投资的综合调整系数分别为：1.10、1.05、1.00、1.10、1.20、1.25、1.10。

3. A 项目建设资金来源为自有资金和贷款，贷款本金为 3 000 万元，分年度按投资比例发放，贷款利率为 10%（按月计息）。预计建设期物价年平均上涨率为 3%，基本预备费率为 10%。

4. 根据已建成同类项目资料，A 项目每万吨产品占用流动资金为 1.2 万元。

5. B 项目生产线全重 1 800 吨，国际运费标准为 340 美元/吨，海上运输保险费率为 3.5‰，中国银行费率为5‰，外贸手续费率为1.5%，关税税率为17%，增值税税率为13%，美元兑换人民币的银行牌价为1∶6.45，设备的国内运杂费率为2.5%。

问题：

1. 估算A项目综合生产厂房的建设投资。
2. 估算A项目建设期贷款利息。
3. 试用扩大指标法估算A项目的流动资金并估算该项目的建设总投资。
4. 对于B项目，估算进口设备的购置费。

（计算结果保留小数点后两位）

答案：

问题1：

用生产能力指数法估算A项目综合生产厂房的工艺设备投资：

A项目综合生产厂房主设备投资 $=2\,400\times\left(\frac{3\,000}{2\,000}\right)^{0.9}\times1.25=4\,321.19$（万元）

用主体专业系数法估算A项目综合生产厂房投资：

A项目综合生产厂房投资额 $=4\,321.19\times(1+1.10\times18\%+1.05\times2\%+1.00\times4\%+1.10\times12\%+1.20\times6\%+1.25\times27\%+1.10\times13\%)=8\,398.23$（万元）

基本预备费计算：

基本预备费 $=8\,398.23\times10\%=839.82$（万元）

静态投资 $=8\,398.23+839.82=9\,238.05$（万元）

价差预备费计算：

建设期各年的静态投资额如下：

第1年　$9\,238.05\times35\%=3\,233.32$（万元）

第2年　$9\,238.05\times65\%=6\,004.73$（万元）

价差预备费 $=3\,233.32\times[(1+3\%)^1\times(1+3\%)^{0.5}\times(1+3\%)^{1-1}-1]+6\,004.73\times[(1+3\%)^1\times(1+3\%)^{0.5}\times(1+3\%)^{2-1}-1]=607.12$（万元）

A项目的建设投资 $=9\,238.05+607.12=9\,845.17$（万元）

问题2：

建设期贷款利息计算：

贷款实际利率 $=\left(1+\frac{10\%}{12}\right)^{12}-1=10.47\%$

第一年贷款利息 $=\left(0+\frac{1}{2}\times3\,000\times35\%\right)\times10.47\%=54.97$（万元）

第二年贷款利息 $=\left(3\,000\times35\%+54.97+\frac{1}{2}\times3\,000\times65\%\right)\times10.47\%=217.77$（万元）

建设期贷款利息 $=54.97+217.77=272.74$（万元）

问题3：

流动资金 $=3\,000\times1.2=3\,600$（万元）

A项目总投资＝建设投资＋建设期贷款利息＋流动资金

$=9\,845.17+272.74+3\,600=13\,717.91$（万元）

问题4：

进口设备货价 $=460\times6.45=2\,967$（万元）

国际运费 $=1\,800\times340\times6.45=3\,947\,400$（元）$=394.74$（万元）

国外运输保险费 $=\frac{2\,967+394.74}{1-3.5‰}\times3.5‰=11.81$（万元）

银行财务费＝2 967×5‰＝14.84（万元）

外贸手续费＝（2 967＋394.74＋11.81）×1.5%＝50.60（万元）

进口关税＝（2 967＋394.74＋11.81）×17%＝573.50（万元）

增值税＝（2 967＋394.74＋11.81＋573.50）×13%＝513.12（万元）

进口设备原价＝2 967＋394.74＋11.81＋14.84＋50.60＋573.50＋513.12＝4 525.61（万元）

设备购置费＝4 525.61×（1＋2.5%）＝4 638.75（万元）

解析：

该案例从题型上属于建设项目投资估算类，综合了进口设备购置费计算、生产能力指数法、主体专业系数法、预备费计算、建设期贷款利息计算、扩大指标法估算流动资金等多个知识点。具体考核点如下：

问题 1：具体步骤：①运用生产能力指数法计算出 A 项目的工艺设备投资；②以设备购置投资为基数，运用主体专业系数法计算出拟建项目投资额；③以该投资额为基数计算出基本预备费和价差预备费；④将上述各项费用累加计算出 A 项目的建设投资。具体计算要点及公式参见本书表 1-3。

问题 2：将名义利率转化为实际利率后，按照具体贷款额计算出建设期贷款利息。具体计算要点及公式参见本书表 1-3。

问题 3：主要考核运用扩大指标估算法估算拟建项目流动资金，并将建设投资、建设期贷款利息和流动资金相加，以此估算出该项目总投资。具体计算要点及公式参见本书表 1-4。

问题 4：涉及运用进口设备各从属费用计算公式计算拟建项目的设备购置费用。

在历年造价工程师执业资格考试工程造价案例分析试题中，2014 年试题一、2013 年试题一、2009 年试题一涉及该题型相关知识点，2008 年试题一、2004 年试题五均为此类题型。

题型二　编制建设投资估算表

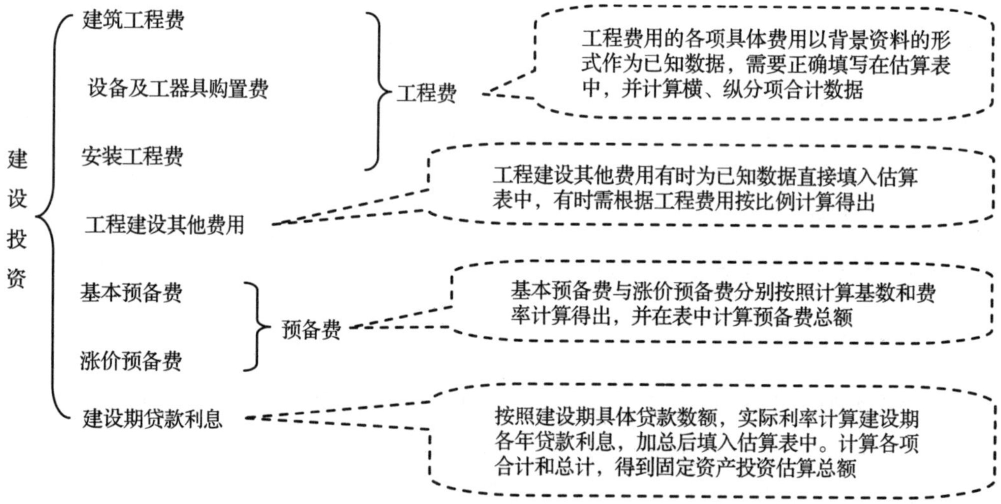

图 1-3　编制固定资产投资估算表题型解析

案例二

某公司拟投资新建一个工业项目，投资估算到开工的时间按一年考虑，预计从项目建设开始计算期 10 年，项目建设期 3 年。各年的投资比例：第 1 年 20%，第 2 年 55%，第 3 年 25%，第 4 年投产，当年即达到生产能力。其他基础数据如下：

1. 主要生产项目 4 800 万元。其中：建筑工程费 2 750 万元，设备购置费 1 400 万元，安装工程费 650 万元。

2. 辅助生产项目 2 500 万元。其中：建筑工程费 1 150 万元，设备购置费 800 万元，安装工程费 550 万元。

3. 公用工程 1 500 万元。其中：建筑工程费 900 万元，设备购置费 400 万元，安装工程费 200 万元。

4. 环保工程 930 万元。其中：建筑工程费 450 万元，设备购置费 390 万元，安装工程费 90 万元。

5. 工程建设其他费用 180 万元。

6. 基本预备费为工程费用与工程建设其他费用合计的 15%，预计建设期物价年平均上涨率为 6%。

7. 该项目建设投资来源为自有资金和贷款。贷款本金为 4 000 万元（其中外汇贷款为 230 万美元），贷款按年度投资比例发放。贷款的人民币部分从中国建设银行获得，年利率为 6%（按季计息）。贷款的外汇部分从中国银行获得，年利率为 8%（按年计息），外汇牌价为 1 美元兑换 6.5 元人民币。

8. 该项目设计定员为 1 100 人，工资及福利费按照每人每年 6 000 元估算；每年其他费用为 500 万元（其中其他制造费用为 390 万元）；年外购原材料、燃料、动力费估算为 6 000 万元；年经营成本为 7 900 万元，年修理费占年经营成本的 10%；年预付账款为 300 万元；年预收账款为 420 万元。各类流动资产与流动负债最低周转天数分别为：应收账款 30 天，现金 40 天，应付账款 30 天，存货 40 天，预付账款 30 天，预收账款 30 天。

问题：

1. 估算建设期贷款利息。
2. 完成该项目建设投资估算表。
3. 列式计算基本预备费、价差预备费。
4. 用分项详细估算法估算建设项目的流动资金，编制流动资金估算表。
5. 估算拟建项目的总投资。

答案：

问题 1：

建设期贷款利息计算：

人民币贷款实际利率计算：

人民币实际利率＝（1＋6%÷4)^4－1＝6.14%

每年投资的贷款部分本金数额计算：

人民币部分：贷款本金总额：4 000－230×6.5＝2 505（万元）

第 1 年：2 505×20%＝501（万元）

第 2 年：2 505×55%＝1 377.75（万元）

第 3 年：2 505×25%＝626.25（万元）

美元部分：贷款本金总额：230 万美元

第 1 年：230×20%＝46（万美元）

第 2 年：230×55%＝126.5（万美元）

第 3 年：230×25%＝57.5（万美元）

每年应计利息计算：

人民币建设期贷款利息计算：

第 1 年贷款利息＝（0＋501÷2）×6.14%＝15.38（万元）

第 2 年贷款利息＝［（501＋15.38）＋1 377.75÷2］×6.14%＝74.00（万元）

第 3 年贷款利息＝［（501＋15.38＋1 377.75＋74.00）＋626.25÷2］×6.14%
＝140.07（万元）

人民币贷款利息合计＝15.38＋74.00＋140.07＝229.45（万元）

外币贷款利息计算：

第 1 年外币贷款利息＝（0＋46÷2）×8%＝1.84（万美元）

第 2 年外币贷款利息＝［（46＋1.84）＋126.5÷2］×8%＝8.89（万美元）

第 3 年外币贷款利息＝［（46＋1.84＋126.5＋8.89）＋57.5÷2］×8%
＝16.96（万美元）

外币贷款利息合计＝1.84＋8.89＋16.96＝27.69（万美元）

问题 2：

表 1-6 项目建设投资估算表 单位：万元

序号	工程费用名称	估算价值				
		建筑工程	设备购置	安装工程	其他费用	合计
1	工程费用	5 250	2 990	1 490		9 730
1.1	主要生产项目	2 750	1 400	650		4 800
1.2	辅助生产项目	1 150	800	550		2 500
1.3	公用工程	900	400	200		1 500
1.4	环保工程	450	390	90		930
2	工程建设其他费用				180	180
合计：1+2		5 250	2 990	1 490	180	9 910
3	预备费				3 323	3 323
3.1	基本预备费				1 487	1 487
3.2	价差预备费				1 836	1 836
合计：1+2+3		5 250	2 990	1 490	3 503	13 233
4	建设期贷款利息				409	409
总计		5 250	2 990	1 490	3 912	13 642

注：本表内数字取整数。

问题 3：

基本预备费＝9 910×15%＝1 486.5（万元）

价差预备费＝(9 910＋1 486.5）×20%×［$(1+6\%)^{1}$×$(1+6\%)^{0.5}$×$(1+6\%)^{1-1}$－1］＋(9 910＋1 486.5）×55%×［$(1+6\%)^{1}$×$(1+6\%)^{0.5}$×$(1+6\%)^{2-1}$－1］＋（9 910＋1 486.5）×25%×［$(1+6\%)^{1}$×$(1+6\%)^{0.5}$×$(1+6\%)^{3-1}$－1］
＝1 835.67（万元）

问题 4：

用分项详细估算法估算流动资金：

流动资金＝流动资产－流动负债

其中：流动资产＝应收账款＋现金＋存货＋预付账款

流动负债＝应付账款＋预收账款

应收账款＝年经营成本÷年周转次数＝7 900÷（360÷30）＝658.33（万元）

现金＝（年工资福利费＋年其他费）÷年周转次数＝（1 100×0.6＋500）÷（360÷40）
＝128.89（万元）

存货：

外购原材料、燃料＝年外购原材料、燃料动力费÷年周转次数＝6 000÷（360÷40）

＝666.67（万元）

在产品＝（年工资福利费＋年其他制造费＋年外购原料燃料费＋年修理费）÷年周转次数

＝（1 100×0.6＋390＋6 000＋7 900×10%）÷（360÷40）

＝871.11（万元）

产成品＝年经营成本÷年周转次数＝7 900÷（360÷40）＝877.78（万元）

存货＝666.67＋871.11＋877.78＝2 415.56（万元）

预付账款＝年预付账款÷年周转次数＝300÷（360÷30）＝25.00（万元）

应付账款＝外购原材料、燃料、动力费÷年周转次数＝6 000÷（360÷30）

＝500.00（万元）

预收账款＝年预收账款÷年周转次数＝420÷（360÷30）＝35.00（万元）

表 1-7　流动资金估算表

序号	项　　目	最低周转天数/天	周转次数	金额/万元
1	流动资产			3 227.78
1.1	应收账款	30	12	658.33
1.2	存货			2 415.56
1.2.1	外购原材料、燃料、动力费	40	9	666.67
1.2.2	在产品	40	9	871.11
1.2.3	产成品	40	9	877.78
1.3	现金	40	9	128.89
1.4	预付账款	30	12	25.00
2	流动负债			535.00
2.1	应付账款	30	12	500.00
2.2	预收账款	30	12	35.00
3	流动资金（1－2）			2 692.78

注：本表内数字保留小数点后两位。

问题 5：

项目总投资＝建设投资＋建设期贷款利息＋流动资金＝13 233＋409＋2 692.78＝16 334.78（万元）

解析：

本案例所考核的内容涉及了建设期贷款利息计算中名义利率和实际利率的概念以及流动资金的分项详细估算法。

问题 1：由于本案例人民币贷款按季计息，计息期与利率和支付期的时间单位不一致，故所给年利率为名义利率。计算建设期贷款利息前，应先将名义利率换算为实际利率才能计算。将名义利率换算为实际利率的公式如下：

$$实际利率＝（1＋名义利率/年计息次数）^{年计息次数}－1$$

问题 2：按照基础数据所列项目将工程费用的各分项费用准确地填入估算表的相应位置，并计算出横向和纵向的合计项目。

问题 3：列式计算出基本预备费和涨价预备费，填入估算表中，并在表中计算预备费总额。

问题 4：流动资金的估算采用分项详细估算法估算。

问题 5：要求根据建设项目总投资的构成内容计算建设项目总投资。建设项目经济评价中的总投资包括建设投资、建设期贷款利息和全部流动资金之和。

在历年造价工程师执业资格考试工程造价案例分析试题中，2011 年试题一、2000 年试题二均为此类题型。

考点二：基于项目投资现金流量表的财务评价

依据《建设项目经济评价方法与参数（第三版）》[以下简称《方法与参数（第三版）》]，建设项目财务评价从财务报表角度来看，主要包括：将“全部投资现金流量表”改为“项目投资现金流量表”，同时区分了所得税前和所得税后指标；将“自有资金现金流量表”改为“项目资本金现金流量表”；将“损益表”改为“利润与利润分配表”，相应指标也有较大变动。

建设项目财务评价涵盖的知识点更多、题型组合更为复杂、难点也更为突出，为历年考试的重点和难点内容，其题型组合如图 1-4 所示。可以看出，建设项目财务评价题型的核心是“总成本费用”，它将建设期贷款利息、固定资产折旧费、无形资产摊销费、编制长期借款还本付息计划表等前期零散小知识点有机地联系在一起，同时，又是后期编制各财务报表和进行不确定性分析的重要环节。

历年考题中此类题型的设计即是通过“总成本费用”这一枢纽，将图中不同的知识点组合成相应的试题模块，进而突出当年的考核重点。

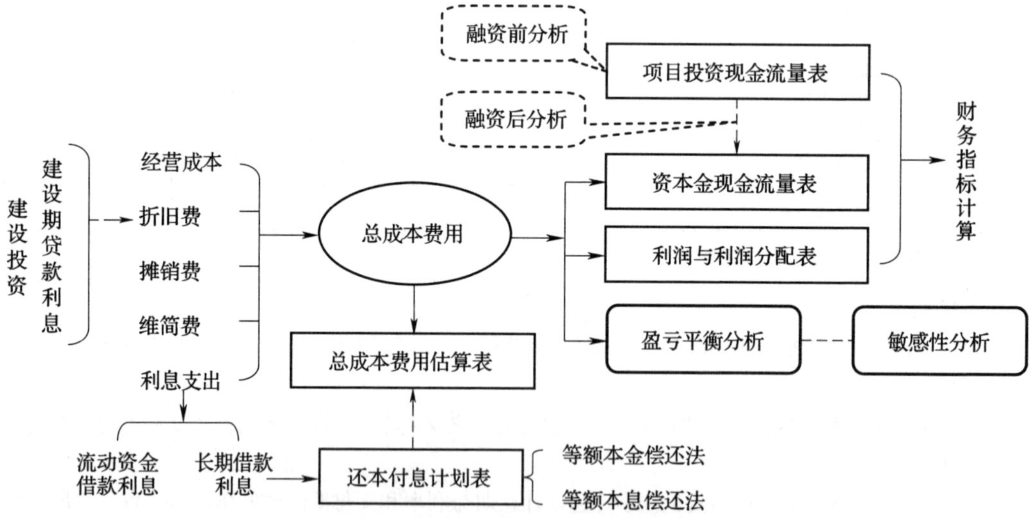

图 1-4　建设项目财务评价题型组合

项目投资现金流量分析属于融资前财务分析，即以营业收入、建设投资、经营成本和流动资金的估算为基础，考察整个计算期内现金流入和现金流出，编制项目投资现金流量表，利用资金时间价值的原理进行折现，计算项目投资内部收益率和净现值等指标。

知识要点集成

一、项目投资现金流量表计算流程

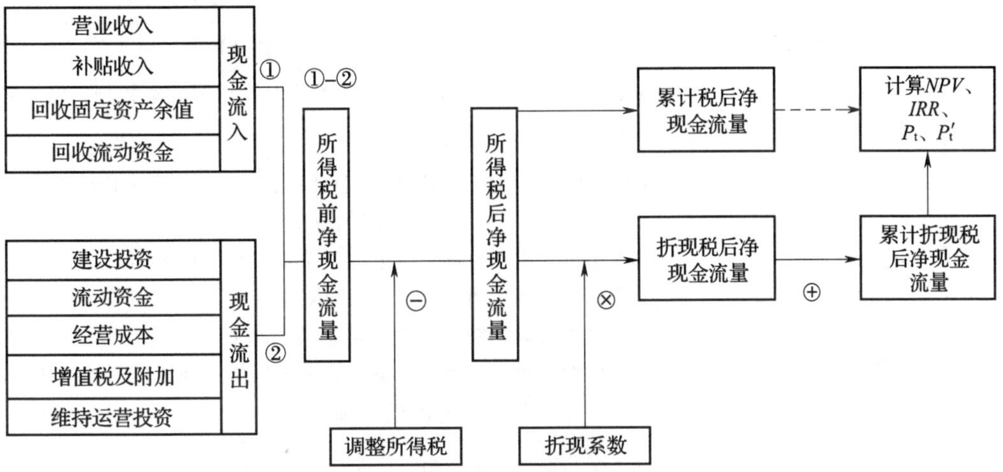

图 1-5　项目投资现金流量表计算流程图

二、项目投资现金流量表财务评价计算要点

表 1-8　项目投资现金流量表计算要点

项目投资现金流量表结构		各项目计算要点
序号	项　　目	
	生产负荷/%	项目投产期逐年递增，直至达产期达到 100%
1	现金流入	各对应年份 1.1+1.2+1.3+1.4
1.1	营业收入	各年不含税营业收入=设计生产能力×产品单价（不含税）×当年生产负荷 各年含税营业收入=设计生产能力×产品单价（含税）×当年生产负荷 =设计生产能力×产品单价（不含税）×当年生产负荷×（1+增值税税率）
1.2	补贴收入	《方法与参数（第三版）》修订项目，即与收益相关的政府补助
1.3	回收固定资产残（余）值	现金流发生在项目期末 固定资产残值=固定资产原值×残值率 固定资产余值=年折旧费×（固定资产使用年限−项目运营期）+残值 年折旧费=（固定资产原值−残值）/折旧年限
1.4	回收流动资金	项目投产期各年投入的流动资金在项目期末全额回收

续表 1-8

项目投资现金流量表结构		各项目计算要点
序号	项　　目	
2	现金流出	各对应年份 2.1+2.2+2.3+2.4+2.5
2.1	建设投资	根据题目背景资料中的数据得出，不含建设期贷款利息
2.2	流动资金	根据背景资料中投产期各年投入流动资金数额，填入对应年份
2.3	经营成本	根据背景资料中运营期各年实际发生的经营成本数额，填入对应年份
2.4	增值税及附加	各年增值税及附加=当年增值税应纳税额+当年增值税应纳税额×增值税附加税率 当年增值税应纳税额=当年销项税额－当年进项税额 当年销项税额=当年销售额×增值税税率 当年进项税额为纳税人当年购进货物或者接受应税劳务支付或者负担的增值税额，当年销项税额小于当年进项税额不足抵扣时，其不足部分可以结转下年继续抵扣
2.5	维持运营投资	《方法与参数（第三版）》增加项目，即某些项目运营期需投入的固定资产投资
3	所得税前净现金流量	各对应年份（1）－（2）
4	累计所得税前净现金流量	各年所得税前净现金流量的累计值
5	调整所得税	调整所得税=息税前利润（$EBIT$）×所得税税率 息税前利润（$EBIT$）=营业收入+补贴收入－增值税及附加－总成本费用+利息支出 =营业收入+补贴收入－增值税及附加－经营成本－折旧费－摊销费－维简费 总成本费用=经营成本+折旧费+摊销费+维简费+利息支出 年摊销费=无形资产（或其他资产）/摊销年限 利息支出=长期借款利息支出+流动资金借款利息支出
6	所得税后净现金流量	各对应年份（3）－（5）
7	累计所得税后净现金流量	各年所得税后净现金流量的累计值
财务评价指标		①项目投资财务内部收益率（所得税前、所得税后）： $\sum_{t=0}^{n}(CI-CO)_t(1+FIRR)^{-t}=0$，具体计算应采用内插值试算法： $IRR=i_1+\frac{NPV_1(i_2-i_1)}{NPV_1+\lvert NPV_2\rvert}$ $[i_1<i_2,NPV(i_1)>0,NPV(i_2)<0]$ 判别准则：$IRR\geqslant i_c$，方案可以考虑接受；$IRR<i_c$，方案不可行 ②项目投资财务净现值（所得税前、所得税后）： $FNPV=\sum_{t=0}^{n}(CI-CO)_t(1+i_c)^{-t}$

续表 1-8

财务评价指标	判别准则：$FNPV \geqslant 0$，方案可行；$FNPV < 0$，方案不可行 ③项目动态投资回收期（所得税前、所得税后）： $$\sum_{t=0}^{P'_t}(CI-CO)_t\ (1+i_c)^{-t}=0$$ 判别准则：$P'_t \leqslant n$，方案可以考虑接受；$P'_t > n$，方案不可行（n 为项目计算期） ④项目静态投资回收期（所得税前、所得税后）： $$\sum_{t=0}^{P_t}(CI-CO)_t=0$$ 判别准则：$P_t \leqslant P_c$ 项目可以考虑接受；$P_t > P_c$ 不可行（P_c 为行业的基准投资回收期）

注：《方法与参数（第三版）》将“所得税”项目修订为“调整所得税”项目，以对应“融资前分析”的项目投资现金流量表，旨在消除不同融资方案对项目现金流的影响。

经典题型剖析

案例三

某企业拟投资建设一项生产性项目，各项基础数据如下：

1. 项目建设期 1 年，第 2 年开始投入生产经营，运营期 8 年。

2. 建设期间一次性投入建设投资额为 850 万元，全部形成固定资产。固定资产使用年限为 8 年，到期预计净残值率为 4%，按照平均年限法计算折旧。

3. 建设期贷款 500 万元，贷款年利率为 6.6%，运营期前 6 年按照等额本息法偿还。

4. 流动资金投入为 200 万元，在运营期的前 2 年均匀投入，运营期末全额回收，流动资金来源全部为银行贷款，贷款年利率为 3.5%，还款方式为运营期内每年末支付利息，项目期末一次性偿还本金。

5. 运营期第 1 年生产负荷为 60%，第 2 年达产。

6. 运营期内正常年份各年的销售收入为 450 万元，经营成本为 200 万元。运营期第 1 年营业收入和经营成本均按照正常年份的 60%计算。

7. 企业所得税税率为 25%，上述各项费用及收入均为不含增值税价格，不考虑增值税及相关附加税费的影响。

8. 该行业基准收益率为 10%，基准投资回收期为 7 年。

9. 折现系数取三位小数，其余各项计算保留两位小数。

问题：

1. 编制借款还本付息计划表。
2. 列式计算运营期各年的总成本费用。
3. 编制该项目投资现金流量表及延长表。
4. 计算所得税前和所得税后项目静态、动态投资回收期。
5. 计算所得税前和所得税后项目投资财务净现值。
6. 从财务评价角度分析该项目的可行性及盈利能力。

答案：

问题 1：

建设期贷款利息＝（0＋500÷2）×6.6%＝16.5（万元）

长期借款每年应还本息和＝（500＋16.5）×（A/P，6.6%，6）＝107.03（万元）

表 1-9 某项目借款还本付息计划表 单位：万元

序号	项目	建设期	运营期							
		1	2	3	4	5	6	7	8	9
1	长期借款									
1.1	年初累计借款		516.50	443.56	365.80	282.91	194.56	100.37		
1.2	本年新增借款	500.00								
1.3	本年应计利息	16.50	34.09	29.27	24.14	18.67	12.84	6.62		
1.4	本年应还本息		107.03	107.03	107.03	107.03	107.03	107.03	107.03	107.03
1.4.1	本年应还本金		72.94	77.76	82.89	88.36	94.19	100.41		
1.4.2	本年应还利息		34.09	29.27	24.14	18.67	12.84	6.62		
2	流动资金借款									
2.1	年初累计借款			100.00	200.00	200.00	200.00	200.00	200.00	200.00
2.2	本年新增借款		100.00	100.00						
2.3	本年应计利息		3.50	7.00	7.00	7.00	7.00	7.00	7.00	7.00
2.4	本年应还利息		3.50	7.00	7.00	7.00	7.00	7.00	7.00	7.00
2.5	本年应还本金									200.00
3	应还利息合计（1.4.2＋2.4）		37.59	36.27	31.14	25.67	19.84	13.62	7.00	7.00

问题 2：

年折旧费＝（850＋16.5）×（1－4%）÷8＝103.98（万元）

第 2 年总成本费用＝120＋103.98＋37.59＝261.57（万元）

第 3 年总成本费用＝200＋103.98＋36.27＝340.25（万元）

第 4 年总成本费用＝200＋103.98＋31.14＝335.12（万元）

第 5 年总成本费用＝200＋103.98＋25.67＝329.65（万元）

第 6 年总成本费用＝200＋103.98＋19.84＝323.82（万元）

第 7 年总成本费用＝200＋103.98＋13.62＝317.60（万元）

第 8、9 年总成本费用＝200＋103.98＋7.00＝310.98（万元）

问题 3：

表 1-10　项目投资现金流量表及其延长表　　　单位：万元

序号	项目	建设期	运营期							
		1	2	3	4	5	6	7	8	9
	生产负荷/%		60	100	100	100	100	100	100	100
1	现金流入		270.00	450.00	450.00	450.00	450.00	450.00	450.00	684.66
1.1	营业收入		270.00	450.00	450.00	450.00	450.00	450.00	450.00	450.00
1.2	回收固定资产余值									34.66
1.3	回收流动资金									200.00
2	现金流出	850.00	220.00	300.00	200.00	200.00	200.00	200.00	200.00	200.00
2.1	建设投资	850.00								
2.2	流动资金		100.00	100.00						
2.3	经营成本		120.00	200.00	200.00	200.00	200.00	200.00	200.00	200.00
3	所得税前净现金流量	−850.00	50.00	150.00	250.00	250.00	250.00	250.00	250.00	484.66
4	累计所得税前净现金流量	−850.00	−800.00	−650.00	−400.00	−150.00	100.00	350.00	600.00	1 084.66
5	折现系数（i_c=10%）	0.909	0.826	0.751	0.683	0.621	0.564	0.513	0.467	0.424
6	所得税前折现净现金流量	−772.73	41.32	112.70	170.75	155.23	141.12	128.29	116.63	205.54
7	累计所得税前折现净现金流量	−772.73	−731.40	−618.71	−447.95	−292.72	−151.61	−23.32	93.31	298.85
8	调整所得税		11.51	36.51	36.51	36.51	36.51	36.51	36.51	36.51
9	所得税后净现金流量	−850.00	38.49	113.49	213.49	213.49	213.49	213.49	213.49	448.15
10	累计所得税后净现金流量	−850.00	−811.51	−698.02	−484.53	−271.04	−57.55	155.94	369.43	817.58
11	折现系数（i_c=10%）	0.909	0.826	0.751	0.683	0.621	0.564	0.513	0.467	0.424
12	所得税后折现净现金流量	−772.73	31.81	85.27	145.82	132.56	120.51	109.55	99.59	190.06
13	累计所得税后折现净现金流量	−772.73	−740.92	−655.65	−509.83	−377.27	−256.76	−147.21	−47.62	−142.44

调整所得税＝息税前利润（$EBIT$）×所得税税率

息税前利润（$EBIT$）＝营业收入－经营成本－折旧费

第 2 年调整所得税＝（270－120－103.98）×25%＝11.51（万元）

第 3～9 年调整所得税＝（450－200－103.98）×25%＝36.51（万元）

问题 4：

所得税前项目投资静态投资回收期：

$$P_t=6-1+\frac{|-150.00|}{250.00}=5.60\text{（年）}$$

所得税前项目投资动态投资回收期：

$$P'_t=8-1+\frac{|-23.32|}{116.63}=7.20\text{（年）}$$

所得税后项目投资静态投资回收期：

$$P_t=7-1+\frac{|-107.95|}{201.81}=6.53\text{（年）}$$

所得税后项目投资动态投资回收期：

$$P'_t=9-1+\frac{|-92.70|}{185.11}=8.50\text{（年）}$$

问题 5：

所得税前项目投资财务净现值：$FNPV$＝298.85（万元）

所得税后项目投资财务净现值：$FNPV$＝142.44（万元）

问题 6：

所得税前项目投资财务净现值 $FNPV$＝298.85 万元＞0，所得税后项目投资财务净现值 $FNPV$＝142.44 万元＞0，所得税前项目投资动态投资回收期 P'_t＝7.20 年，所得税后项目投资动态投资回收期 P'_t＝8.50 年，均小于计算期 9 年，因此从动态角度分析，项目的盈利能力基本达到要求。所得税前项目投资静态投资回收期 P_t＝5.60 年，所得税后项目投资静态投资回收期 P_t＝6.53 年，均小于行业基准投资回收期 7 年，说明项目投资回收期基本满足要求。

解析：

本案例主要考查基于项目投资现金流量表的财务评价及相关知识要点。根据《方法与参数（第三版）》的修订，将原"全部投资现金流量表"改为"项目投资现金流量表"，在具体项目上也有相应的调整，为了突出融资前分析的特点，将原"所得税"项目改为"调整所得税"项目，尤其区分了所得税前和所得税后现金流分析，强调了所得税前和所得税后的财务评价指标计算等问题。具体题型架构如图1-6所示。

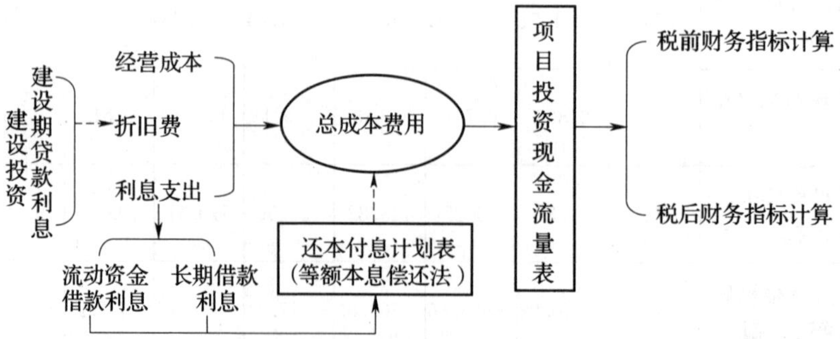

图 1-6　案例三题型架构详解

问题 1：以建设期贷款利息为基础，按照等额本息偿还法计算建设期借款（即长期借款）各年还款本息；按照流动资金贷款利率及还款方式计算各年还款本息，以此为基础编制还本付息计划表。

问题 2：根据建设期投资额及建设期贷款利息计算固定资产年折旧费，根据长期借款利息和流动资金借款利息计算利息支出总和，进而根据总成本费用的构成计算运营期各年总成本费用。

问题 3：进行融资前分析，以项目为基础编制项目投资现金流量表，计算要点见本书表 1-7。

问题 4：根据项目投资现金流量延长表计算项目所得税前和所得税后静态、动态投资回收期，具体计算公式见表 1-7。

问题 5：根据项目投资现金流量延长表的计算结果得出所得税前和所得税后财务净现值。

问题 6：以上述财务评价指标的计算结果为依据，根据判别准则分析项目在财务上的可行性和盈利能力，做出相应结论。

在历年造价工程师执业资格考试工程造价案例分析试题中，2013 年试题一、2009 年试题一、2003 年试题一、1998 年试题一、1997 年试题一均为此类题型。

考点三：基于项目资本金现金流量表的财务评价

资本金现金流量分析属于融资后财务分析，即在拟定的融资方案下，从项目资本金出资者整体的角度，确定其现金流入和现金流出，编制项目资本金现金流量表，利用资金时间价值的原理进行折现，计算项目资本金财务内部收益率指标，考查项目资本金可获得的收益水平。

知识要点集成

一、项目资本金现金流量表计算流程

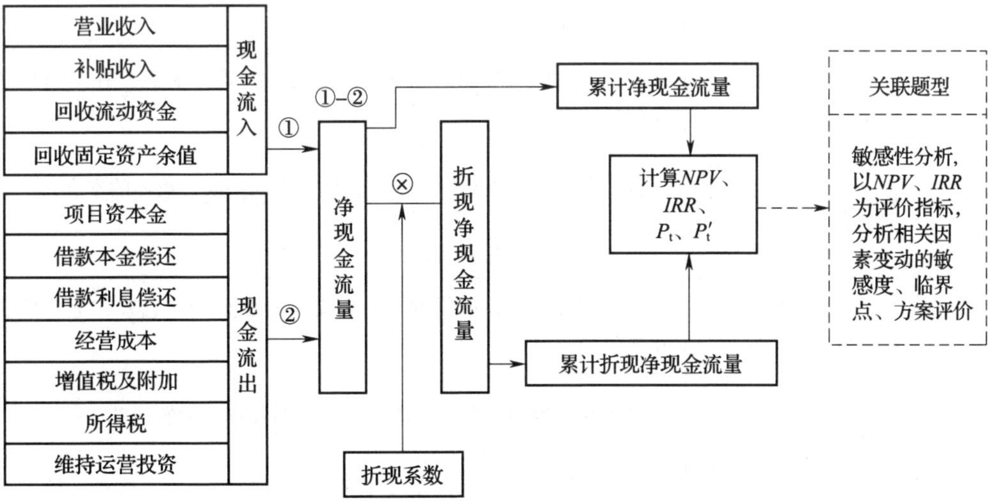

图 1-7　项目资本金现金流量表计算流程图

二、项目资本金现金流量表财务评价计算要点

表 1-11 项目资本金现金流量表计算要点

自有资金现金流量表结构		各项目计算要点
序号	项　目	
	生产负荷/%	项目投产期逐年递增，直至达产期达到 100%
1	现金流入	各对应年份 1.1+1.2+1.3+1.4
1.1	营业收入	各年不含税营业收入=设计生产能力×产品单价（不含税）×当年生产负荷 各年含税营业收入=设计生产能力×产品单价（含税）×当年生产负荷 =设计生产能力×产品单价（不含税）×当年生产负荷×（1+增值税税率）
1.2	补贴收入	《方法与参数（第三版）》修订项目，即与收益相关的政府补助
1.3	回收固定资产残（余）值	现金流发生在项目期末 固定资产残值=固定资产原值×残值率 固定资产余值=年折旧费×（固定资产使用年限-项目运营期）+残值 年折旧费=（固定资产原值-残值）/折旧年限
1.4	回收流动资金	项目投产期各年投入的流动资金在项目期末全额回收
2	现金流出	各对应年份 2.1+2.2+2.3+2.4+2.5+2.6+2.7
2.1	项目资本金	建设期各年固定资产投资和投产期各年流动资金投资中的自有资金
2.2	借款本金偿还	各对应年份 2.2.1+2.2.2
2.2.1	长期借款本金偿还	建设期发生的长期借款（含未支付的建设期利息）在运营期各年偿还的本金
2.2.2	流动资金借款本金偿还	投产期发生的流动资金借款在项目期末一次性偿还的本金
2.3	借款利息支付	各对应年份 2.3.1+2.3.2
2.3.1	长期借款利息支付	建设期发生的长期借款（含未支付的建设期利息）在运营期各年支付的利息
2.3.2	流动资金借款利息支付	投产期发生的流动资金借款在运营期各年支付的利息
2.4	经营成本	根据背景资料中运营期各年实际发生的经营成本数额，填入对应年份

续表 1-11

<table>
<tr><td colspan="2">自有资金现金流量表结构</td><td rowspan="2">各项目计算要点</td></tr>
<tr><td>序号</td><td>项　目</td></tr>
<tr><td>2.5</td><td>增值税及附加</td><td>各年增值税及附加＝当年增值税应纳税额＋当年增值税应纳税额×增值税附加税率
当年增值税应纳税额＝当年销项税额－当年进项税额
当年销项税额＝当年销售额×增值税税率
当年进项税额为纳税人当年购进货物或者接受应税劳务支付或者负担的增值税额，当年销项税额小于当年进项税额不足抵扣时，其不足部分可以结转下年继续抵扣</td></tr>
<tr><td>2.6</td><td>所得税</td><td>所得税＝(营业收入－增值税及附加－总成本费用－弥补以前年度亏损）×所得税税率
总成本费用＝经营成本＋折旧费＋摊销费＋维简费＋利息支出
年摊销费＝无形资产（或其他资产）/摊销年限
利息支出＝长期借款利息支出＋流动资金借款利息支出</td></tr>
<tr><td>2.7</td><td>维持运营投资</td><td>《方法与参数（第三版）》增加项目，即某些项目运营期需投入的固定资产投资</td></tr>
<tr><td>3</td><td>净现金流量</td><td>各对应年份(1)－(2)</td></tr>
<tr><td>4</td><td>累计净现金流量</td><td>各年净现金流量的累计值</td></tr>
<tr><td>5</td><td>折现系数</td><td>第 t 年折现系数：$(1+i)^{-t}$ （$t=1, \cdots, n$）</td></tr>
<tr><td>6</td><td>折现净现金流量</td><td>各对应年份(3)×(5)</td></tr>
<tr><td>7</td><td>累计折现净现金流量</td><td>各年折现净现金流量的累计值</td></tr>
<tr><td colspan="2">财务评价指标</td><td>资本金财务内部收益率：
$\sum_{t=0}^{n}(CI-CO)_t(1+FIRR)^{-t}=0$，具体计算应采用内插值试算法
判别准则：$IRR \geqslant i_c$，方案可以考虑接受；$IRR < i_c$，方案不可行</td></tr>
</table>

经典题型剖析

案例四

1. 某项目建设期为 2 年，生产期为 8 年。项目建设投资（含工程费、其他费用、预备费用）3 100 万元，预计全部形成固定资产。固定资产折旧年限为 8 年，按平均年限法计算折旧，残值率为 5%。在生产期末回收固定资产残值。

2. 建设期第 1 年投入建设资金的 60%，第 2 年投入 40%，其中每年投资的 50%为自有资金，50%由银行贷款，贷款年利率为 7%，建设期只计息不还款。生产期第 1 年投入流动资金 300 万元，全部为自有资金，流动资金在计算期末全部回收。

3. 建设单位与银行约定：从生产期开始的 6 年间，按照每年等额本金偿还法进行偿还，同时偿还当年发生的利息。

4. 预计生产期各年的经营成本均为 2 600 万元，其中可抵扣的进项税额为每年 300 万元，不含税营业收入在计算期第 3 年为 3 800 万元，第 4 年为 4 320 万元，第 5 至第 10 年均为 5 400 万元。假定增值税税率为 11%，增值税附加综合税率为 10%，所得税税率为 25%，行业基准投资回收期（P_c）为 8 年，行业基准收益率为 i_c=10%。

问题：

1. 列式计算项目计算期第 3 年初的累计借款。
2. 编制项目借款还本付息计划表。
3. 列式计算固定资产残值及各年固定资产折旧额。
4. 编制项目资本金现金流量表。
5. 列式计算资本金财务内部收益率，资本金财务净现值，静态、动态投资回收期，并评价本项目是否可行。

（计算结果保留小数点后两位）

答案：

问题 1：

第 1 年应计利息＝（0＋3 100×60%×50%÷2）×7%＝32.55（万元）

第 2 年应计利息＝［(3 100×60%×50%＋32.55)＋3 100×40%×50%÷2］×7%＝89.08（万元）

建设期贷款利息＝32.55＋89.08＝121.63（万元）

第 3 年初的累计借款＝3 100×50%＋121.63＝1 671.63（万元）

问题 2：

表 1-12　某项目借款还本付息计划表　　　单位：万元

序号	项目	年份							
		1	2	3	4	5	6	7	8
1	年初累计借款		962.55	1 671.63	1 393.02	1 114.41	835.80	557.19	278.58
2	本年新增借款	930.00	620.00						
3	本年应计利息	32.55	89.08	117.01	97.51	78.01	58.51	39.00	19.50
4	本年应还本金			278.61	278.61	278.61	278.61	278.61	278.58
5	本年应还利息			117.01	97.51	78.01	58.51	39.00	19.50

生产期前 6 年等额本金偿还法，每年应还本金为：1 671.63÷6＝278.61（万元）

问题 3：

固定资产残值＝（3 100＋121.63）×5%＝161.08（万元）

年折旧额＝（3 100＋121.63）×（1－5%）÷8＝382.57（万元）

问题 4：

表 1-13　某项目资本金现金流量表　　单位：万元

序号	项目	年份									
		1	2	3	4	5	6	7	8	9	10
1	现金流入			4 218.00	4 795.20	5 994.00	5 994.00	5 994.00	5 994.00	5 994.00	6 455.08
1.1	营业收入			4 218.00	4 795.20	5 994.00	5 994.00	5 994.00	5 994.00	5 994.00	5 994.00
1.2	回收固定资产残值										161.08
1.3	回收流动资金										300.00
2	现金流出	930.00	620.00	3 672.58	3 549.44	3 932.53	3 917.90	3 903.27	3 888.61	3 595.41	3 595.41
2.1	项目资本金	930.00	620.00	300.00							
2.2	借款本金偿还			278.61	278.61	278.61	278.61	278.61	278.58		
2.3	借款利息支付			117.01	97.51	78.01	58.51	39.00	19.50		
2.4	经营成本			2 600.00	2 600.00	2 600.00	2 600.00	2 600.00	2 600.00	2 600.00	2 600.00
2.5	增值税			118.00	175.20	294.00	294.00	294.00	294.00	294.00	294.00
2.5.1	进项税			300.00	300.00	300.00	300.00	300.00	300.00	300.00	300.00
2.5.2	销项税			418.00	475.20	594.00	594.00	594.00	594.00	594.00	594.00
2.6	增值税附加			11.80	17.52	29.40	29.40	29.40	29.40	29.40	29.40
2.7	所得税			247.16	380.60	652.51	657.38	662.26	667.13	672.01	672.01
3	净现金流量	−930.00	−620.00	545.42	1 245.76	2 061.47	2 076.10	2 090.73	2 105.39	2 398.59	2 859.67
4	累计净现金流量	−930.00	−1 550.00	−1 004.58	241.18	2 302.65	4 378.75	6 469.48	8 574.87	10 973.46	13 833.13
5	折现系数（i_c=10%）	0.909	0.826	0.751	0.683	0.621	0.564	0.513	0.467	0.424	0.386
6	折现净现金流量	−845.37	−512.12	409.61	850.85	1 280.17	1 170.92	1 072.55	983.22	1 017.00	1 103.83
7	累计折现净现金流量	−845.37	−1 357.49	−947.88	−97.03	1 183.14	2 354.06	3 426.61	4 409.83	5 426.83	6 530.66

运营期各年总成本费用：

第 3 年总成本费用＝2 600＋382.57＋117.01＝3 099.58（万元）

第 4 年总成本费用＝2 600＋382.57＋97.51＝3 080.08（万元）

第 5 年总成本费用=2 600+382.57+78.01=3 060.58（万元）

第 6 年总成本费用=2 600+382.57+58.51=3 041.08（万元）

第 7 年总成本费用=2 600+382.57+39.00=3 021.57（万元）

第 8 年总成本费用=2 600+382.57+19.50=3 002.07（万元）

第 9、10 年总成本费用=2 600+382.57=2 982.57（万元）

运营期各年所得税：

第 3 年所得税=（4 218.00−3 099.58−118.00−11.80）×25%=247.16（万元）

第 4 年所得税=（4 795.20−3 080.08−175.20−17.52）×25%=380.60（万元）

第 5 年所得税=（5 994.00−3 060.58−294.00−29.40）×25%=652.51（万元）

第 6 年所得税=（5 994.00−3 041.08−294.00−29.40）×25%=657.38（万元）

第 7 年所得税=（5 994.00−3 021.57−294.00−29.40）×25%=662.26（万元）

第 8 年所得税=（5 994.00−3 002.01−294.00−29.40）×25%=667.13（万元）

第 9、10 年所得税=（5 994.00−2 982.57−294.00−29.40）×25%=672.01（万元）

问题 5：

资本金财务内部收益率：

经试算，取 $i_1=45\%$，得 $NPV_1=18.62$（万元）；取 $i_2=46\%$，得 $NPV_2=-4.23$（万元）。

由内插值公式：$\dfrac{18.62-(-4.23)}{18.62}=\dfrac{45\%-46\%}{45\%-FIRR}$

解得：$FIRR=45.82\%$

资本金财务净现值 $FNPV$=累计折现净现金流量最末一年的值=6 530.66（万元）

静态投资回收期 $P_t=4-1+\dfrac{|-1\ 004.58|}{1\ 245.76}=3.81$（年）

动态投资回收期 $P'_t=5-1+\dfrac{|-97.03|}{1\ 280.17}=4.08$（年）

项目资本金财务内部收益率 $FIRR=41.83\%$远大于行业基准收益率 $i_c=10\%$，资本金财务净现值为 5 757.19 万元>0，静态投资回收期 P_t 为 3.81 年，小于行业基准投资回收期 $P_c=8$ 年；动态投资回收期 $P'_t=4.08$ 年，小于项目计算期 10 年；说明该项目在财务上是可行的。

解析：

本案例主要考查基于项目资本金现金流量表的财务评价及相关知识要点。根据《方法与参数（第三版）》对现金流量表的修订，将原"自有投资现金流量表"改为"项目资本金现金流量表"，突出了融资方案对项目的影响，便于判断项目方案在融资条件下的可行性。具体题型架构如图 1-8 所示。

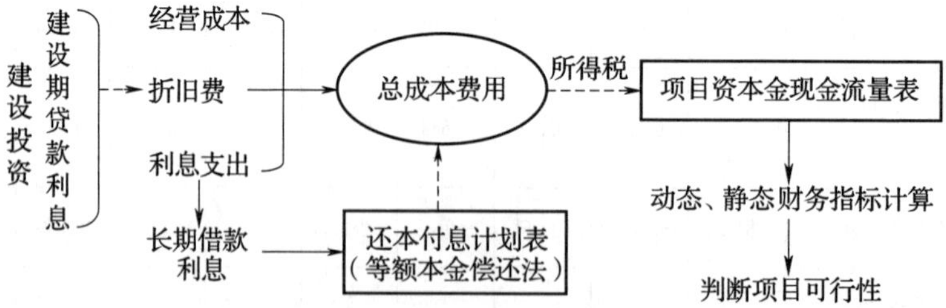

图 1-8 案例四题型架构详解

问题 1：按照建设期各年投资计划和贷款额度计算建设期贷款利息，由此得到运营期初累计贷款。

问题 2：以建设期累计贷款为基数，按照等额本金偿还法计算建设期借款各年还款本息，编制还本付息计划表。

问题 3：由建设期投资额及建设期贷款利息得到固定资产原值，根据固定资产残值率和折旧年限计算固定资产残值和年折旧额。

问题 4：依据项目融资方案，以项目资本金为基础编制项目资本金现金流量表，其中运营期各年所得税根据各年总成本费用计算得出，具体计算要点见本书表 1-10。

问题 5：根据项目资本金现金流量延长表计算项目静态、动态投资回收期，应用内插值试算法计算项目资本金财务内部收益率，具体计算公式见本书表 1-7。以上述财务评价指标的计算结果为依据，根据判别准则分析项目在财务上的可行性，做出相应结论。

在历年造价工程师执业资格考试工程造价案例分析试题中，2015 年试题一涉及该题型相关知识点，2011 年试题一、2010 年试题一、2001 年试题一均为此类题型。

考点四：基于利润与利润分配表的财务评价

基于利润与利润分配表的财务评价属于融资后财务静态分析，即以设定的融资方案为基础，不采取折现方式处理数据，借助总成本费用及现金流量，计算相关盈利能力指标，包括项目资本金净利润率（*ROE*）、总投资收益率（*ROI*）等。

对静态分析指标的判断，应按不同指标选定相应的参考值（企业或行业的对比值）。当静态分析指标分别符合其相应的参考值时，认为从该指标看盈利能力满足要求。如果不同指标得出的判断结论相反，应通过分析原因，得出合理的结论。

知识要点集成

一、利润与利润分配表计算流程

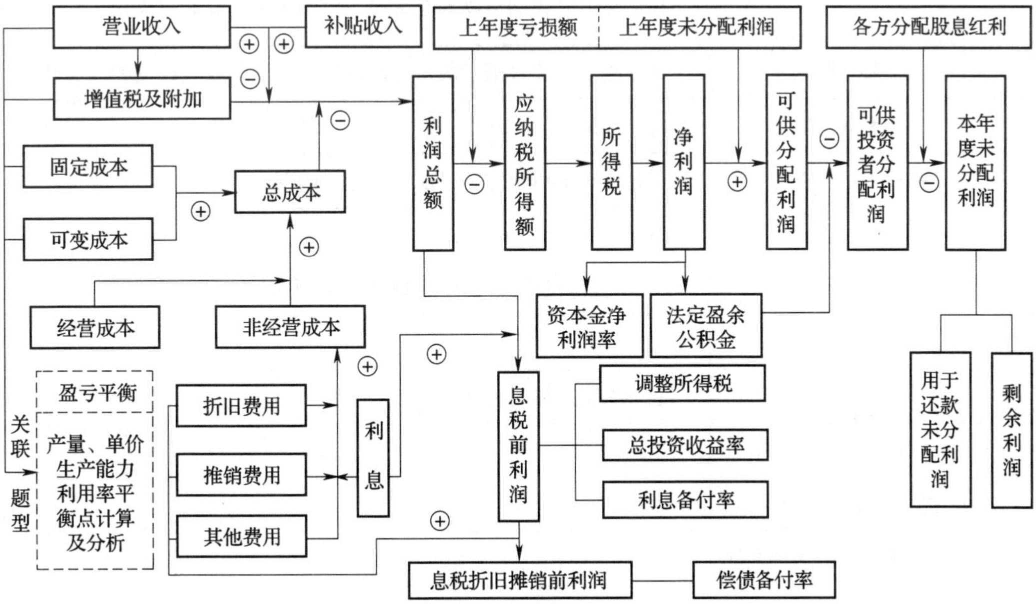

图 1-9 利润与利润分配表计算流程图

二、利润与利润分配表财务评价计算要点

表 1-14　利润与利润分配表计算要点

利润与利润分配表结构		各项目计算要点
序号	项　目	
	生产负荷/%	项目投产期逐年递增，直至达产期达到 100%
1	营业收入	各年不含税营业收入＝设计生产能力×产品单价（不含税）×当年生产负荷 各年含税营业收入＝设计生产能力×产品单价（含税）×当年生产负荷 ＝设计生产能力×产品单价（不含税）×当年生产负荷×（1＋增值税税率）
2	增值税及附加	各年增值税及附加＝当年增值税应纳税额＋当年增值税应纳税额×增值税附加税率 当年增值税应纳税额＝当年销项税额－当年进项税额 当年销项税额＝当年销售额×增值税税率 当年进项税额为纳税人当年购进货物或者接受应税劳务支付或者负担的增值税额，当年销项税额小于当年进项税额不足抵扣时，其不足部分可以结转下年继续抵扣
3	总成本费用	总成本费用＝经营成本＋折旧费＋摊销费＋维简费＋利息支出 年摊销费＝无形资产（或其他资产）/摊销年限 利息支出＝长期借款利息支出＋流动资金借款利息支出
4	补贴收入	《方法与参数（第三版）》修订项目，即与收益相关的政府补助
5	利润总额	(1)－(2)－(3)＋(4)
6	弥补以前年度亏损	利润总额中用于弥补以前年度亏损的部分
7	应纳税所得额	(5)－(6)
8	所得税	(7)×所得税税率　（应纳税所得额为正数）
9	净利润	(5)－(8)
10	期初未分配利润	上一年度留存的利润
11	可供分配的利润	(9)＋(10)－(6)
12	提取法定盈余公积金	(9)×10%
13	可供投资者分配的利润	(11)－(12)
14	应付优先股股利	可根据企业性质和具体情况选择填列

续表 1-14

利润与利润分配表结构		各项目计算要点
序号	项　目	
15	提取任意盈余公积金	可根据企业性质和具体情况选择填列
16	应付普通股股利	可根据企业性质和具体情况选择填列
17	各投资方利润分配	可根据企业性质和具体情况选择填列
	其中：××方	
	××方	
18	未分配利润	(13)－(14)－(15)－(17)
19	息税前利润	息税前利润（*EBIT*）＝利润总额＋利息支出
20	息税折旧摊销前利润	息税折旧摊销前利润（*EBITDA*）＝息税前利润＋折旧＋摊销
财务评价指标		①总投资收益率（*ROI*）＝（*EBIT*/*TI*）×100% 式中：*EBIT*——项目正常年份的年息税前利润或运营期内年平均息税前利润； *TI*——项目总投资。 判别准则：总投资收益率≥行业收益率参考值，表明项目用该指标表示的盈利能力满足要求 ②项目资本金净利润率（*ROE*）＝（*NP*/*EC*）×100% 式中：*NP*——项目正常年份的年净利润或运营期内年平均净利润； *EC*——项目资本金。 判别准则：项目资本金净利润率≥行业净利润率参考值，表明项目用该指标表示的盈利能力满足要求

经典题型剖析

案例五

1. 某项目建设期为 3 年，生产期为 9 年。项目建设投资（含工程费、其他费用、预备费用）4 300 万元，预计形成其他资产 450 万元，其余全部形成固定资产。

2. 建设期第 1 年投入建设资金的 50%，第 2 年投入 30%，第 3 年投入 20%，其中每年投资的 40%为自有资金，60%由银行贷款，贷款年利率为 7%，建设期只计息不还款。建设单位与银行约定：建设期借款从生产期开始的 6 年间，按照每年等额本金偿还法进行偿还。

3. 生产期第 1 年投入流动资金 270 万元，为自有资金；第 2 年投入流动资金 230 万元，为银行借款，借款利率为 3%。流动资金在计算期末全部回收。

4. 固定资产折旧年限为 10 年，按平均年限法计算折旧，残值率为 5%。在生产期末回收固定资产残值；其他资产在生产期内平均摊销，不计残值。

5. 投产第 2 年，当地政府拨付 220 万元扶持企业进行技术开发。预计生产期各年的经营成本均为 2 600 万元，其中月抵扣的进项税额为 245 万元，不含税营业收入在计算期第 4 年为 3 200 万元，第 5～12 年均为 3 720 万元。假定增值税税率为 17%，增值税附加综合税率为 10%，所得税税率为

25%，行业平均总投资收益率为7.8%，行业净利润率参考值为10%。

6. 按照董事会事先约定，生产期按照每年15%的比例提取应付各投资方股利，亏损年份不计取。

问题：

1. 列式计算项目计算期第4年初的累计借款。
2. 编制项目借款还本付息计划表。
3. 列式计算固定资产年折旧费、其他资产年摊销费。
4. 编制项目总成本费用估算表、利润与利润分配表。
5. 列式计算项目总投资收益率、资本金净利润率，并评价本项目是否可行。

（计算结果保留两位小数）

答案：

问题1：

第1年应计利息＝（0＋4 300×50%×60%÷2）×7%＝45.15（万元）

第2年应计利息＝［（4 300×50%×60%＋45.15）＋4 300×30%×60%÷2］×7%＝120.55（万元）

第3年应计利息＝［（4 300×80%×60%＋45.15＋120.55）＋4 300×20%×60%÷2］×7%
＝174.14（万元）

建设期贷款利息＝45.15＋120.55＋174.14＝339.84（万元）

第4年初的累计借款＝4 300×60%＋339.84＝2 919.84（万元）

问题2：

表1-15　某项目借款还本付息计划表　　单位：万元

序号	项目	年份											
		1	2	3	4	5	6	7	8	9	10	11	12
1	借款1												
1.1	期初借款余额		1 335.15	2 229.70	2 919.84	2 433.20	1 946.56	1 459.92	973.28	486.64			
1.2	当年借款	1 290.00	774.00	516.00									
1.3	当年应计利息	45.15	120.55	174.14	204.38	170.32	136.26	102.19	68.13	34.06			
1.4	当年应还本金				486.64	486.64	486.64	486.64	486.64	486.64			
1.5	当年应还利息				204.39	170.32	136.26	102.19	68.13	34.06			
1.6	期末借款余额			2 433.20	1 946.56	1 459.92	973.28	486.64	0.00				
2	借款2（流动资金借款）												
2.1	期初借款余额						230.00	230.00	230.00	230.00	230.00	230.00	230.00
2.2	当年借款					230.00							
2.3	当年应还（应计）利息					6.90	6.90	6.90	6.90	6.90	6.90	6.90	6.90
2.4	当年应还本金												230.00
2.5	期末借款余额					230.00	230.00	230.00	230.00	230.00	230.00	230.00	0.00

生产期前 6 年等额本金偿还法，每年应还本金为：2 919.84÷6＝486.64（万元）

问题 3：

其他资产年摊销费＝450÷9＝50.00（万元）

固定资产年折旧费＝（4 300＋339.84－450）×（1－5%）÷10＝398.03（万元）

问题 4：

表 1-16　项目总成本费用估算表　　单位：万元

序号	项目	年份								
		4	5	6	7	8	9	10	11	12
1	经营成本	2 600.00	2 600.00	2 600.00	2 600.00	2 600.00	2 600.00	2 600.00	2 600.00	2 600.00
2	折旧费	398.03	398.03	398.03	398.03	398.03	398.03	398.03	398.03	398.03
3	摊销费	50.00	50.00	50.00	50.00	50.00	50.00	50.00	50.00	50.00
4	利息支出	204.39	177.22	143.16	109.09	75.03	40.96	6.90	6.90	6.90
4.1	建设投资借款利息	204.39	170.32	136.26	102.19	68.13	34.06			
4.2	流动资金借款利息		6.90	6.90	6.90	6.90	6.90	6.90	6.90	6.90
4.3	临时借款利息									
5	总成本费用	3 252.42	3 225.25	3 191.19	3 157.12	3 123.06	3 088.99	3 054.93	3 054.93	3 054.93

表 1-17　项目利润与利润分配表　　单位：万元

序号	项目	年份								
		4	5	6	7	8	9	10	11	12
1	营业收入	3 744.00	4 352.40	4 352.40	4 352.40	4 352.40	4 352.40	4 352.40	4 352.40	4 352.40
2	增值税金及附加	328.90	426.14	426.14	426.14	426.14	426.14	426.14	426.14	426.14
2.1	增值税	299.00	387.40	387.40	387.40	387.40	387.40	387.40	387.40	387.40
2.1.1	进项税	245.00	245.00	245.00	245.00	245.00	245.00	245.00	245.00	245.00
2.1.2	销项税	544.00	632.40	632.40	632.40	632.40	632.40	632.40	632.40	632.40
2.2	增值税附加	29.90	38.74	38.74	38.74	38.74	38.74	38.74	38.74	38.74
3	总成本费用	3 252.42	3 225.25	3 191.19	3 157.12	3 123.06	3 088.99	3 054.93	3 054.93	3 054.93
4	补贴收入		220.00							
5	利润总额(1)－(2)－(3)＋(4)	162.68	921.01	735.07	769.14	803.20	837.27	871.33	871.33	871.33
6	弥补以前亏损									
7	应纳税所得额（5）－(6)	162.68	921.01	735.07	769.14	803.20	837.27	871.33	871.33	871.33
8	所得税(7)×25%	40.67	230.25	183.77	192.29	200.80	209.32	217.83	217.83	217.83

续表 1-17

序号	项目	年份								
		4	5	6	7	8	9	10	11	12
9	净利润(5)－(8)	122.01	690.76	551.30	576.86	602.40	627.95	653.50	653.50	653.50
10	期初未分配利润(13)－(14)－(15.1)	0.00	54.73	536.34	839.02	1 115.85	1 370.70	1 606.87	1 865.77	2 085.83
11	可供分配利润(9)＋(10)－(6)	122.01	745.49	1 087.64	1 415.88	1 718.25	1 998.65	2 260.37	2 519.26	2 739.32
12	提取法定盈余公积金(9)×10%	12.20	69.08	55.13	57.69	60.24	62.80	65.35	65.35	65.35
13	可供投资者分配利润(11)－(12)	109.81	676.41	1 032.51	1 358.19	1 658.01	1 935.86	2 195.02	2 453.91	2 673.97
14	应付各投资方股利(13)×15%	16.47	101.46	154.88	203.73	248.70	290.38	329.25	368.09	401.10
15	未分配利润(13)－(14)	93.34	574.95	877.63	1 154.46	1 409.31	1 645.48	1 865.77	2 085.83	2 272.88
15.1	用于还款未分配利润	38.61	38.61	38.61	38.61	38.61	38.61			
15.2	剩余利润（转下年度期初未分配利润）	54.73	536.34	839.02	1 115.85	1 370.70	1 606.87	1 865.77	2 085.83	2 272.88
16	息税前利润	367.07	1 098.23	878.23	878.23	878.23	878.23	878.23	878.23	878.23

问题 5：

$$\text{总投资收益率}（ROI）=\frac{EBIT}{TI}\times 100\%=\frac{873.23}{4\ 300+339.84+500}\times 100\%=17.09\%$$

$$\text{资本金净利润率}（ROE）=\frac{NP}{EC}\times 100\%$$

$$=\frac{(122.01+690.76+551.30+576.86+602.40+627.95+653.5\times 3)\ \div 9}{4\ 300\times 40\%+270}\times 100\%=28.65\%$$

该项目总投资收益率 $ROI=17.09\%$，高于行业投资收益率 7.8%，项目资本金净利润率 $ROE=28.65\%$，高于行业净利润率 10%，表明项目盈利能力均大于行业平均水平。因此，该项目是可行的。

解析：

本案例主要考查涉及亏损年份的利润与利润分配表的财务评价及相关知识要点。《方法与参数（第三版）》将“利润表”修订为“利润与利润分配表”，与原本科目财务评价所采用的“损益表”相比，内容更为详尽，表内项目设置更为细化，尤其是出现项目投产期初利润总额为负值（即亏损年份）的情况时，需采取借款还本付息计划表、总成本费用估算表、利润与利润分配表三表联动的方式计算填写表内相应项目。其中，亏损年份需通过临时借款补齐还款额不足部分是 2009 年版工程造价案例分析教材中的新增知识点；另外，利润与利润分配表中弥补以前年度亏损、期初未分配利润、可供分配利润、可供投资者分配利润、各投资方利润分配等项目也进行了相应的调整，其计算与填写过程需熟练掌握。具体题型架构如图 1-10 所示。

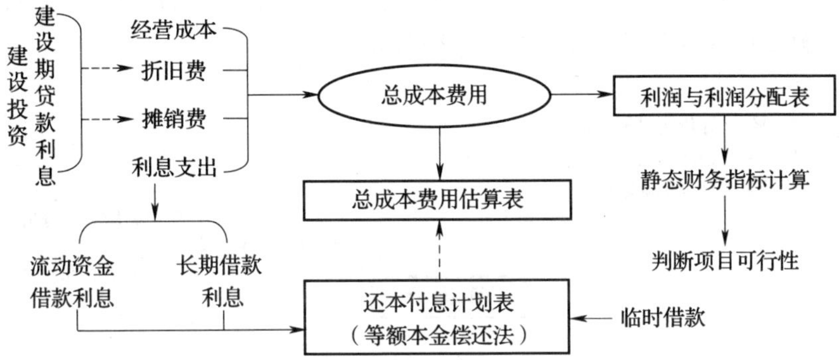

图 1-10　案例五题型架构详解

问题 1：按照建设期各年投资计划和贷款额度计算建设期贷款利息，由此得到运营期初累计贷款。

问题 2：以建设期贷款利息为基础，按照等额本金偿还法计算建设期借款（即长期借款）各年还款本息；按照流动资金贷款利率及还款方式计算各年还款本息，以此为基础编制还本付息计划表。

需要说明的是，运营期第 1 年（即计算期第 4 年）为亏损年份，该年可用于还款金额（即该年折旧费与摊销费之和）与应还款金额的差额需通过临时借款筹集。临时借款还款方式为借款后第 2 年一次还本付息，利率以流动资金借款利率计。上述还款过程也应在还本付息计划表中予以体现。

问题 3：由建设期投资额、建设期贷款利息以及各种资产的分布情况，得到固定资产原值，根据固定资产残值率和折旧年限计算固定资产残值和年折旧费；根据其他资产摊销年限计算年摊销费。

问题 4：根据总成本费用的构成项目，借助还本付息计划表编制总成本费用估算表；依据项目融资方案，借助总成本费用估算表、还本付息计划表编制利润与利润分配表，具体计算要点见表 1-13。

问题 5：根据利润与利润分配表计算项目总投资收益率、资本金净利润率，具体计算公式见表 1-13。以上述财务评价指标的计算结果为依据，根据判别准则分析项目在财务上的可行性，做出相应结论。

在历年造价工程师执业资格考试工程造价案例分析试题中，2015 年试题一、2014 年试题一、2013 年试题一涉及该题型相关知识点，2012 年试题一为此类题型。

考点五：盈亏平衡分析

项目经济评价所采用的基本变量都是对未来的预测和假设，因而具有不确定性。通过对拟建项目具有较大影响的不确定性因素进行分析，计算基本变量的增减变化引起项目财务或经济效益指标的变化，找出最敏感的因素及其临界点，预测项目可能承担的风险，使项目的投资决策建立在较为稳妥的基础上。

盈亏平衡分析是指项目达到设计生产能力的条件下，通过计算盈亏平衡点（Break-Even-Point，BEP）分析项目成本与收益的平衡关系。盈亏平衡点是项目的盈利与亏损的转折点，即在这一点上，营业收入等于总成本费用，正好盈亏平衡，用以考查项目对产出品变化的适应能力和抗风险能力。收入产出盈亏平衡点越低，表明项目适应产出品变化的能力越大，抗风险能力越强。盈亏平衡分析只用于财务分析。

增值税实行价外税，由最终消费者负担，增值税对企业利润的影响表现在增值税会影响城市维护建设税、教育费附加、地方教育费附加的大小。若已知了增值税的相关信息，盈亏平衡分析需考虑增值税附加对成本的影响。

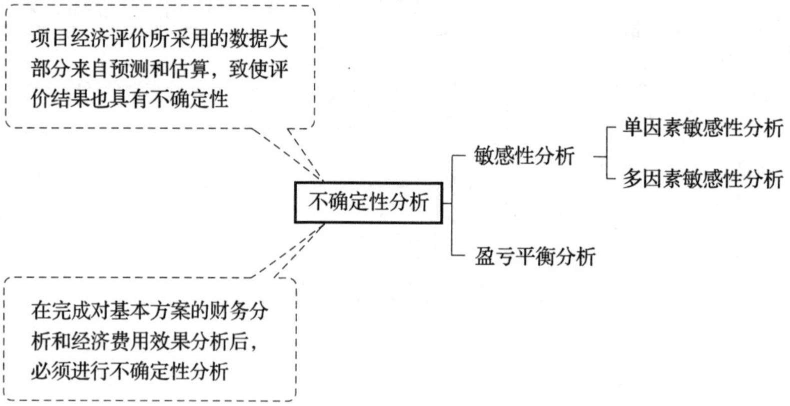

图 1-11 不确定性分析概念解析

知识要点集成

一、盈亏平衡分析相关理解

表 1-18 盈亏平衡分析相关理解

盈亏平衡分析	分类		线性盈亏平衡分析和非线性盈亏平衡分析，项目评价中一般仅进行线性盈亏平衡分析
	BEP 的表达形式		产量、产品售价、单位可变成本和年固定成本等绝对量，也可用相对值表示。项目评价中最常用的是以产量和生产能力利用率表示的盈亏平衡点
	前提条件		线性盈亏平衡分析的假定条件：①产量等于销量；②产量变化，单位可变成本不变；③产量变化，产品售价不变；④只生产一种产品，或生产多种产品但可换算为单一产品计算，即不同产品负荷率的变化是一致的
	BEP 的求解方法	公式法	*BEP*（生产能力利用率）=［年固定成本÷（年营业收入－年可变成本－年增值税附加）］×100% *BEP*（产量）=年固定成本÷（单位产品价格－单位产品可变成本－单位产品增值税×增值税附加税率）=*BEP*（生产能力利用率）×设计生产能力 *BEP*（单价）=（年固定成本＋设计生产能力×单位产品可变成本－设计生产能力×单位产品进项税×增值税附加税率）÷［设计生产能力×（1－增值税税率×增值税附加税率）］
		图解法	绘出营业收入线和总成本费用线，其交点为盈亏平衡点

续表 1-18

盈亏平衡分析	分析要点	①BEP 应按项目正常年份的数据计算，不能按计算期内平均值计算；②正常年份应选择还款期间第 1 个达产年和还款后的年份分别计算，以便分别给出最高和最低的盈亏平衡点区间范围

二、盈亏平衡分析解题思路

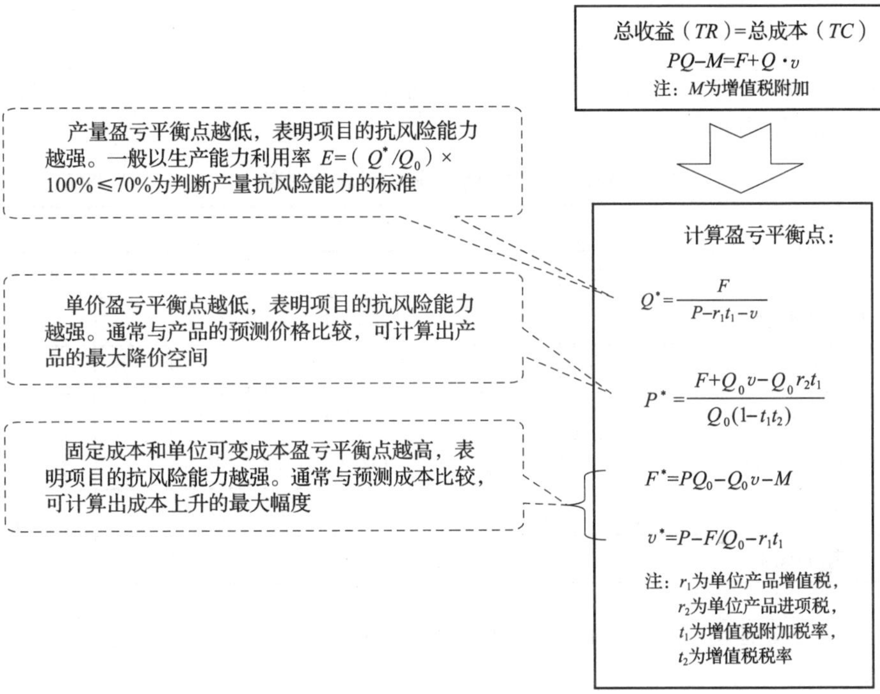

图 1-12　盈亏平衡分析解题思路

经典题型剖析

案例六

某工业建设项目有关资料如下：

1. 项目计算期 10 年，其中建设期 2 年。项目第 3 年投产，第 4 年开始达到设计生产能力。

2. 项目建设投资 2 800 万元（不含建设期贷款利息），第 1 年投入 1 000 万元，第 2 年投入 1 800 万元。投资方自有资金 2 500 万元，根据筹资情况，建设期分两年各投入 1 000 万元，余下的 500 万元在投产年初作为流动资金投入。

3. 项目建设投资不足部分向银行贷款，贷款年利率为 6%，从第 3 年起，以年初的本息和为基准开始还贷，每年付清利息，并分 5 年等额还本。

4. 该项目建设投资总额中，预计 85%形成固定资产，15%形成无形资产。固定资产综合折旧年限为 10 年，采用直线法折旧，固定资产残值率为 5%，无形资产按 5 年平均摊销。

5. 该项目计算期第 3 年的经营成本为 1 500 万元，第 4 年至第 10 年的经营成本为 1 800 万元。项目设计生产能力为 50 万件，销售价格（不含税）为 54 元/件，增值税税率为 17%，增值税附加率为 12%。产品固定成本占年总成本的 40%，单位产品可变成本中含可抵扣进项税 5 元。

问题：

1. 列式计算建设期贷款利息，编制借款还本付息计划表。
2. 列式计算固定资产年折旧额，计算期末固定资产余值及无形资产摊销费。
3. 编制运营期费用估算表。
4. 以计算期第 4 年的数据为依据，列式计算年产量盈亏平衡点，并据此进行盈亏平衡分析。

（除问题 4 计算结果保留两位小数外，其余各题计算结果均保留三位小数）

答案：

问题 1：

第 2 年应计利息＝［0＋（1 800－1 000）÷2］×6%＝24（万元）

建设期贷款利息为 24 万元。

表 1-19 某项目借款还本付息计划表 单位：万元

序号	项目	年份									
		1	2	3	4	5	6	7	8	9	10
1	期初借款余额			824	659.2	494.4	329.6	164.8			
2	当年借款		800								
3	当年应计利息		24	49.440	39.552	29.664	19.776	9.888			
4	当年应还本金			164.8	164.8	164.8	164.8	164.8			
5	当年应还利息			49.440	39.552	29.664	19.776	9.888			
6	期末借款余额			659.2	494.4	329.6	164.8				

运营期前 5 年等额本金偿还法，每年应还本金为：(800＋24）÷5＝164.8（万元）

问题 2：

固定资产年折旧费＝（2 800＋24）×85%×（1－5%）÷10＝228.038（万元）

固定资产期末余值＝（2 800＋24）×85%×5%＋（10－8）×228.038＝576.096（万元）

无形资产年摊销费＝（2 800＋24）×15%÷5＝84.720（万元）

问题 3：

表 1-20 某项目总成本费用估算表 单位：万元

序号	项目	年份							
		3	4	5	6	7	8	9	10
1	经营成本	1 500	1 800	1 800	1 800	1 800	1 800	1 800	1 800
2	折旧费	228.038	228.038	228.038	228.038	228.038	228.038	228.038	228.038
3	摊销费	84.720	84.720	84.720	84.720	84.720			
4	建设投资借款利息	49.440	39.552	29.664	19.776	9.888			
5	总成本费用	1 862.198	2 152.310	2 142.422	2 132.534	2 122.646	2 028.038	2 028.038	2 028.038

问题 4：

第 4 年产量盈亏平衡点：

$$BEP\ (Q) = \frac{\text{年固定成本}}{\text{产品单价}-\text{单位产品可变成本}-\text{单位产品增值税}\times\text{增值税附加税率}}$$

$$= \frac{2\ 152.310\times 40\%}{54-2\ 152.30\times 60\%\div 50-(54\times 17\%-5)\times 12\%} = 31.11\ (\text{万元})$$

31.11÷50＝62.22％

由于盈亏平衡产量为设计生产能力的 62.22％＜70％，则项目产出的抗风险能力较强。

解析：

本案例主要考查盈亏平衡分析及相关知识要点。盈亏平衡分析通过计算项目达产年的盈亏平衡点，分析项目成本与收入的平衡关系，判断项目对产出品数量变化的适应能力和抗风险能力。盈亏平衡点通过正常年份的产量或者销售量、可变成本、固定成本、产品价格和增值税附加等数据计算，由此可以将建设期贷款利息、总成本费用估算等知识点联系起来，综合考核。具体题型架构如图 1-13 所示。

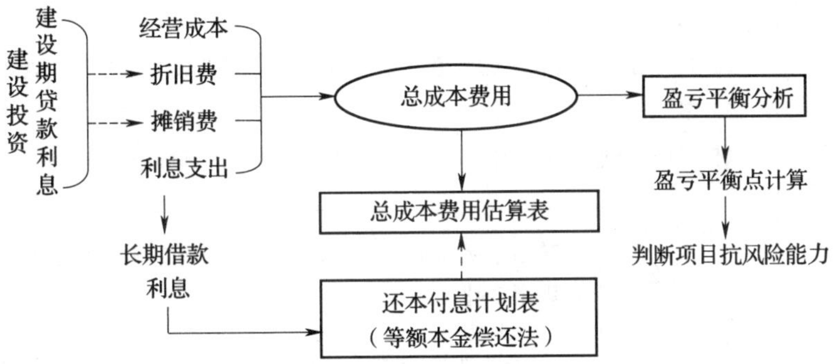

图 1-13　案例六题型架构详解

问题 1：按照建设期各年投资计划和贷款额度计算建设期贷款利息，以建设期贷款利息为基础，按照等额本金偿还法计算建设期借款（即长期借款）各年还款本息，以此为基础编制还本付息计划表。

问题 2：由建设期投资额、建设期贷款利息以及各种资产的分布比例，得到固定资产原值，根据固定资产残值率和折旧年限计算固定资产残值和年折旧费；根据无形资产原值及摊销年限计算年摊销费。

问题 3：根据总成本费用的构成项目，借助还本付息计划表编制总成本费用估算表。

问题 4：依据运营期第 4 年的总成本费用，固定成本与可变成本的分布比例，销售价格、设计生产能力等数据计算产量盈亏平衡点，具体计算公式见图 1-12。

在历年造价工程师执业资格考试工程造价案例分析试题中，2014 年试题一、2006 年试题一、2002 年试题一均为此类题型。

考点六：敏感性分析

敏感性分析是通过分析不确定性因素发生增减变化时，对财务或经济评价指标的影响，并计算敏感度系数和临界点，找出敏感因素，估计项目效益对它们的敏感程度，粗略预测项目可能承担的风险。

敏感性分析包括单因素敏感性分析和多因素敏感性分析。单因素敏感性分析是每次只改变一个因素的数值来进行分析，估算单个因素的变化对项目效益产生的影响；多因素分析则是同时改变两个或两个以上因素进行分析，估算多种因素同时发生变化的影响。为了找出关键的敏感性因素，通常多进行单因素敏感性分析。

知识要点集成

一、敏感性分析相关理解

表 1-21　敏感性分析相关理解

<table>
<tr><td rowspan="9">敏感性分析</td><td>不确定因素的选取</td><td colspan="3">由经验，一般选取建设投资、产出物价格、主要投入物价格、可变成本、生产负荷、建设期及汇率等作为敏感性分析的因素</td></tr>
<tr><td>变化程度的确定</td><td colspan="3">1. 一般选取不确定因素的百分数变化，习惯为±5%、±10%、±15%、±20%；
2. 不便用百分数表示的因素，如建设期可采用延长一年的方法处理</td></tr>
<tr><td>效益指标的选取</td><td colspan="3">财务评价敏感性分析中必选的指标是项目财务内部收益率</td></tr>
<tr><td rowspan="4">指标计算</td><td rowspan="2">敏感度系数</td><td>公式</td><td>某因素敏感度系数=评价指标相对基本方案的变化率/该不确定因素变化率</td></tr>
<tr><td>说明</td><td>1. 敏感性系数高表示项目效益对该不确定因素敏感程度高，应予以重视；
2. 根据各不确定因素敏感度系数的相对值可选出敏感度较大因素</td></tr>
<tr><td rowspan="2">临界点</td><td>概念</td><td>不确定因素的变化使项目由可行变为不可行的临界数值，可采用不确定性因素相对基本方案的变化率或其对应具体数值表示。当该因素为费用科目时，即为其增加的百分率；当其为效益科目时为降低的百分率</td></tr>
<tr><td>说明</td><td>1. 临界点的高低与设定的基准收益率有关；
2. 临界点可通过敏感性分析图求得其近似值，或采用专用函数求解</td></tr>
<tr><td>分析结果的应用</td><td colspan="3">1. 找出较为敏感的因素；
2. 分析临界点所表示的不确定因素变化发生的可能性（定性分析）；
3. 提出敏感性分析的结论和建议——指出最为敏感的一个或几个关键因素，粗略预测项目可能的风险，为风险分析打下基础</td></tr>
<tr><td>特别说明</td><td colspan="3">1. 敏感性分析一般只考虑不确定因素的不利变化对项目效益的影响；
2. 敏感性分析的最大不足为不能得知敏感性因素对项目效益影响发生的可能性</td></tr>
</table>

二、敏感性分析解题思路

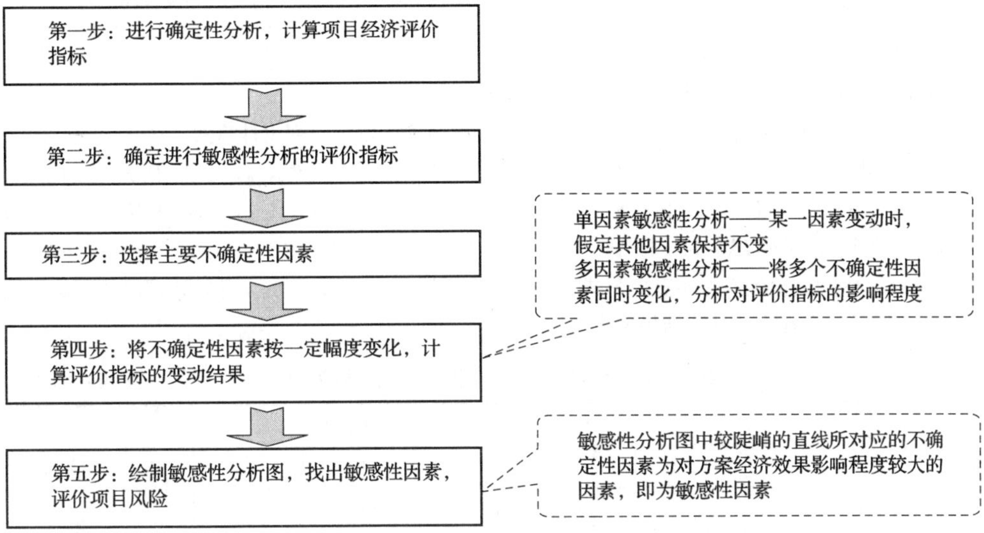

图 1-14　单因素敏感性分析解题思路

经典题型剖析

案例七

某投资方案用于确定性分析的现金流量基本数据见表 1-22，所采用的数据是根据未来最可能出现的情况预测估算。由于对未来影响经济环境的某些因素把握不大，投资额、经营成本和产品价格均有可能在±20%的范围内变动。设基准折现率 $i_c=10\%$。

表 1-22　某投资项目现金流量基本数据表　　单位：万元

项　目	年　份			
	0	1	2～10	11
投资	15 000			
销售收入			22 000	22 000
经营成本			15 200	15 200
增值税及附加＝销售收入×10%			2 200	2 200
期末残值				2 000
净现金流量	－15 000	0	4 600	6 600

问题：

1. 试分别就上述三个不确定因素作单因素敏感性分析。

2. 考虑投资额和经营成本同时变动对项目净现值的影响，进行双因素敏感性分析。

答案：

问题 1：

(1) 设投资额为 K，年营业收入为 R，年经营成本为 C，年增值税及附加为 TA，期末残值为 S，设投资额变动百分比为 x；经营成本变动的百分比为 y；产品变动的百分比为 z。

进行确定性分析，计算净现值（NPV）的初始值：

$$NPV=-K+(R-TA-C)(P/A,10\%,10)(P/F,10\%,1)+S(P/F,10\%,11)$$

$$=-15\,000+(22\,000-2\,200-15\,200)\times\frac{(1+10\%)^{10}-1}{10\%(1+10\%)^{10}}(1+10\%)^{-1}+2\,000(1+10\%)^{-11}$$

$$=11\,396.45\text{（万元）}>0$$

因此，方案在经济上是合理的。

（2）分析投资额、经营成本和产品价格变动对方案净现值影响，列出计算式：

$$NPV=-K(1+x)+(R-TA-C)(P/A,10\%,10)(P/F,10\%,1)+S(P/F,10\%,11)$$

$$NPV=-K+[R-TA-C(1+y)](P/A,10\%,10)(P/F,10\%,1)+S(P/F,10\%,11)$$

$$NPV=-K+[(R-TA)(1+z)-C](P/A,10\%,10)(P/F,10\%,1)+S(P/F,10\%,11)$$

将表1-22中的数据代入上述三个公式，并分别取不同的 x，y，z 值，可以计算出各不确定因素在不同变动率下的净现值。计算结果见表1-23。

表1-23 不确定因素的变动对净现值的影响 单位：万元

不确定性因素	净现值变动率						
	−20%	−10%	0	+10%	+20%	平均+1%	平均−1%
投资额	14 394	12 894	11 396	9 894	8 394	−150	150
经营成本	28 374	19 884	11 396	2 904	−5 586	−849	849
产品价格	−10 725	335	11 396	22 453	33 513	1 105.95	−1 105.95

从表1-23中的数据分析可知，三个因素中产品价格的变动对净现值的影响最大，产品价格平均变动1%，净现值平均变动1 105.95万元；其次是经营成本；投资额的变动对净现值的影响最小。根据计算所得数据，绘出每个不确定因素的敏感趋势曲线，见图1-15、图1-16。

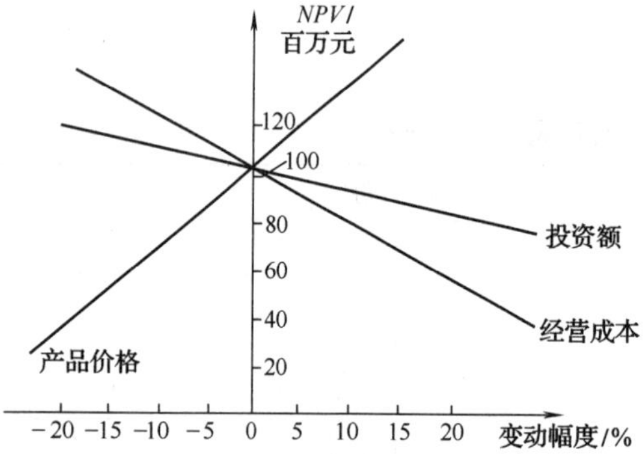

图1-15 单因素敏感性分析图

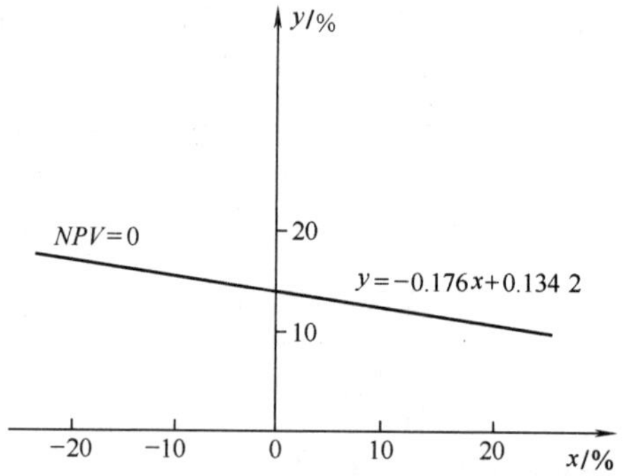

图1-16 双因素敏感性分析图

分别计算出当 $NPV=0$ 时，$x=76.0\%$，$y=13.4\%$，$z=-10.3\%$，即投资额与经营成本不变，产品价格低于预期值的10.3%以上；投资额与产品价格不变，经营成本高于预期值的13.4%以上，方案将变得不可接受。

问题2：

列出考虑投资额与经营成本两个因素的变动对净现值影响的计算公式：

$$NPV=-K(1+x)+[R-TA-C(1+y)](P/A,10\%,10)(P/F,10\%,1)+S(P/F,10\%,11)$$

$$NPV=11\,396-15\,000x-84\,900y$$

取 NPV 的临界值，即令 $NPV=0$，则有：

$NPV=11\ 396-15\ 000x-84\ 900y=0$

$11\ 396-15\ 000x-84\ 900y=0$

$y=-0.176x+0.134\ 2$

在 $x-y$ 坐标系中做出上述直线，即 $NPV=0$ 的临界线，见图 1-16。该直线将 $x-y$ 平面分为两个区域：在临界线左下方区域 $NPV>0$；在临界线右上方区域 $NPV<0$，投资额与经营成本同时变动范围不超出临界线左下方的区域（包括临界线上的点），方案都是可以接受的。

解析：

本案例主要考查敏感性分析及相关知识要点，主要包括单因素敏感性分析的步骤、双因素敏感性分析的原理，解答时应特别注意计算的准确性。此类题型的规范解题程序及知识要点参见图1-14。

问题 1：首先计算得出基本方案的净现值指标；分别就投资、销售收入、经营成本三个不确定因素在不同的变动幅度下的净现值，找出其中最敏感的因素。根据计算所得数据，绘出每个不确定因素的趋势曲线。

问题 2：以投资额和经营成本的变化率为变量，列出净现值计算式，令其为 0，整理得到以变化率为变量的直线方程。在 $x-y$ 坐标系中绘出净现值为 0 的临界线，即得到投资额与经营成本同时变动的范围。

在历年造价工程师执业资格考试工程造价案例分析试题中，2005 年试题一为此类题型。

难 题 解 析

案例一

某企业拟于某城市新建一个工业项目，该项目可行性研究相关基础数据如下：

1. 拟建项目占地面积 30 亩，建筑面积 10 800m^2，其项目设计标准、规模与该企业 2 年前在另一城市修建的同类项目相同。已建同类项目的单位建筑工程费用为 1 500 元/m^2，建筑工程的综合用工量为 4.5 工日/m^2，综合工日单价为 75 元/工日，建筑工程费用中的材料费占比为 50%，机械使用费占比为 10%。考虑地区和交易时间差异，拟建项目的综合工日单价为 95 元/工日，材料费的修正系数为 1.08，机械使用费的修正系数为 1.05，人材机以外的其他费用修正系数为 1.1。

根据市场询价，该拟建项目设备投资估算为 2 100 万元，设备安装工程费用为设备投资的 15%。项目土地相关费用按 20 万元/亩计算，除土地外的工程建设其他费用为项目建筑安装工程费用的 15%。项目的基本预备费率为 5%，不考虑价差预备费。

2. 项目建设期为 1 年，运营期为 10 年，建设投资全部形成固定资产。固定资产使用年限为 10 年，残值率为 5%，按直线法折旧。

3. 项目运营期第 1 年投入自有资金 200 万元作为运营期的流动资金。

4. 项目正常年份年销售收入为 1 600 万元，营业税金及附加税率为 5%，项目正常年份年经营成本为 410 万元。项目运营期第 1 年产量为设计产量的 85%。运营期第 2 年及以后各年均达到设计产量。运营期第 1 年的销售收入、经营成本均为正常年份的 85%。企业所得税税率为 24%。

问题：

1. 列式计算拟建项目的建设投资。

2. 若该项目的建设投资为 6 000 万元，建设投资来源为自有资金和贷款，贷款为 3 000 万元，贷款年利率为 7.3%（按月计息），约定的还款方式为运营期前 5 年等额还本，利息照付。分别列式计算项目运营期第 1 年、第 2 年的总成本费用和净利润以及运营期第 2 年年末的项目累计盈余资金（不考虑企业公积金、公益金提取及投资者股利分配）。

（计算结果保留两位小数）

答案：

问题1：

拟建项目的建设投资＝工程费用＋工程建设其他费用＋预备费

工程费用＝建筑工程费＋设备购置费＋安装工程费

具体计算如下：

调整前：

人工费：4.5×75＝337.50（元/m^2）

材料费：1 500×50%＝750（元/m^2）

机械费：1 500×10%＝150（元/m^2）

其他费：1 500－337.50－750－150＝262.50（元/m^2）

调整后：

人工费：4.5×95＝427.50（元/m^2）

材料费：750×1.08＝810（元/m^2）

机械费：150×1.05＝157.50（元/m^2）

其他费：262.5×1.1＝288.75（元/m^2）

单位建筑工程费：427.50＋810＋157.50＋288.75＝1 683.75（元/m^2）

建筑工程费：1 683.75×10 800÷10 000＝1 818.45（万元）

设备购置费：2 100万元

安装工程费：2 100×15%＝315（万元）

土地费：20×30＝600（万元）

工程建设其他费（除土地费）：（1 818.45＋315）×15%＝320.02（万元）

基本预备费：（2 100＋1 818.45＋315＋600＋320.02）×5%＝257.67（万元）

建设投资：2 100＋1 818.45＋315＋600＋320.02＋257.67＝5 411.14（万元）

问题2：

总成本费用＝经营成本＋折旧费＋利息支出＋摊销费＋维简费

净利润＝利润总额－所得税

利润总额＝营业收入－增值税及附加－总成本费用＋补贴收入

所得税＝应纳税所得额×所得税税率

应纳税所得额＝利润总额－弥补以前年度亏损

具体计算如下：

年实际利率：$(1+7.3\%/12)^{12}-1=7.55\%$

建设期利息：3 000/2×7.55%＝113.25（万元）

每年还款本额：（3 000＋113.25）/5＝622.65（万元）

折旧费：（6 000＋113.25）×（1－5%）/10＝580.76（万元）

运营期第1年利息：（3 000＋113.25）×7.55%＝235.05（万元）

运营期第2年利息：（3 000＋113.25－622.65）×7.55%＝188.04（万元）

运营期第1年总成本费用：410×85%＋580.76＋235.05＝1 164.31（万元）

运营期第2年总成本费用：410＋580.76＋188.04＝1 178.80（万元）

运营期第1年所得税：[1 600×85%×（1－5%）－1 164.31]×24%＝30.65（万元）

运营期第2年所得税：[1 600×（1－5%）－1 178.80]×24%＝81.89（万元）

运营期第1年净利润：1 600×85%×（1－5%）－1 164.31－30.65＝97.04（万元）

运营期第2年净利润：1 600×（1－5%）－1 178.80－81.89＝259.31（万元）

运营期第1年年末盈余资金：1 600×85%－（410×85%＋1 600×85%×5%＋30.65＋622.65＋

235.05）=55.15（万元）

运营期第 2 年年末盈余资金：1 600－（410＋1 600×5%＋81.89＋622.65＋188.04）=217.42（万元）

运营期第 2 年年末的项目累计盈余资金：55.15＋217.42=272.57（万元）

案例二

某企业拟投资建设一工业项目，生产一种市场急需的产品。该项目相关基础数据如下：

1. 项目建设期 1 年，运营期 8 年。建设投资估算 1 800 万元（含抵扣进项税 100 万元），建设投资（不含可抵扣进项税）全部形成固定资产，固定资产使用年限 8 年，期末净残值率 5%，按直线法折旧。

2. 项目建设投资来源为自有资金和银行借款，借款总额 1 000 万元，借款年利率 6%（按年计息），借款合同约定的还款方式为运营期的前 5 年等额还本付息。自有资金和借款在建设期内均衡投入。

3. 项目投产当年以自有资金投入运营期流动资金 500 万元。

4. 项目涉及产量为 2 万件/年，单位产品不含税销售价格预计为 460 元，单位产品不含进项税可变成本估算为 240 元，单位产品平均可抵扣进项税估算为 16 元，正常达产年份的经营成本为 560 万元（不含可抵扣进项税）。

5. 项目运营期第 1 年产量为设计产量的 80%，营业收入也为达产年份的 80%，以后各年均达到设计产量。

6. 企业适用的增值税税率为 13%，增值税附加按应纳增值税的 12%计算，企业所得税税率为 25%。

问题：

1. 列式计算项目建设期贷款利息和固定资产折旧额。

2. 列式计算项目运营期第 1 年、第 2 年的企业应纳增值税额。

3. 列式计算项目运营期第 1 年的经营成本、总成本费用。

4. 列式计算项目运营期第 1 年、第 2 年的税前利润，并说明运营期第 1 年项目可用于还款的资金能否满足还款要求。

5. 列式计算项目运营期第 2 年的产品盈亏平衡点。

（计算过程和结果保留两位小数）

答案：

问题 1：

建设期贷款利息=1 000/2×6%=30.00（万元）

固定资产折旧额=（1 800－100＋30）×（1－5%）÷8=205.44（万元）

问题 2：

（1）运营期第 1 年增值税=当期销项税额－当期进项税额－可抵扣固定资产投资进项税=2×80%×460×13%－2×80%×16－100=－29.92（万元）<0

故运营期第 1 年应纳增值税为 0。

（2）运营期第 2 年增值税=当期销项税额－当期进项税额－可抵扣固定资产投资进项税=2×460×13%－2×16－29.92=57.68（万元）

故运营期第 2 年应纳增值税为 57.68 万元。

问题 3：

（1）运营期第 1 年经营成本=560－240×2＋240×2×80%=464.00（万元）

（2）运营期第 1 年总成本=经营成本＋折旧额＋利息

=464.00＋205.44＋（1 000＋30）×6%=731.24（万元）

问题 4：

（1）运营期第 1 年税前利润＝2×80%×460－731.24＝4.76（万元）

（2）年还本付息额＝（1 000＋30）×6%×（1＋6%）^{5}/［（1＋6%）^{5}－1］＝244.52（万元）

运营期第 1 年应还的本金＝244.52－（1 000＋30）×6%＝182.72（万元）

运营期第 2 年利息＝（1 000＋30－182.72）×6%＝50.84（万元）

运营期第 2 年总成本＝560＋205.44＋50.84＝816.28（万元）

运营期第 2 年税前利润＝2×460－816.28－57.68×12%＝96.80（万元）

（3）运营期第 1 年净利润＝4.76×（1－25%）＝3.57（万元）

运营期第 1 年可用于还款的资金＝净利润＋折旧额＝3.57＋205.44＝209.01（万元）＞182.72（万元），满足还款要求。

问题 5：

假定第 2 年的盈亏平产量为 Q 万件，则：

固定成本＝总成本－可变成本＝816.28－2×240＝336.28（万元）

产量盈亏平衡点＝336.28/［460－240－（460×13%－16）×12%］＝1.57（万件）

或：

460×（1＋13%）×Q＝336.28＋（240＋16）×Q＋（460×13%－16）×（1＋12%）×Q

解得：Q＝1.57

第二章 工程设计、施工方案技术经济分析

考纲要求

1. 设计方案评价指标与评价方法；
2. 施工方案评价指标与评价方法；
3. 综合评价法在设计、施工方案评价中的应用；
4. 价值工程在设计、施工方案评价中的应用；
5. 寿命周期费用理论在方案评价中的应用；
6. 决策树法的基本概念及其在投资方案决策中的应用；
7. 工程网络进度计划时间参数的计算、进度计划的调整与优化。

表 2-1 第二章历年试题结构分析

年份	价值工程分析	资金时间价值分析	不涉及时间价值分析方法	网络技术分析	决策树分析	备注
2010			机械台班定额计算平衡点分析法比较			建筑安装直接工程费计算
2011	价值指数计算确定功能项目改进顺序	综合单价现值计算现值比较法方案比较				施工方案基础数据分析涉及施工方法比较
2012		年金费用法计算方案比较（两种背景）	加权计分法，方案评分计算			静态经济寿命公式计算 $N_0=[2(P-L)\div\lambda]^{\frac{1}{2}}$
2013	0—1 法计算权重 0—4 法计算权重 利用价值指数比较					
2014	目标成本改进顺序，成本降低额求解		工程费用计算，采用待定未知数（14—2）		期望损益值计算（14—3）	成本管理流程，基础工作

续表 2-1

年份	价值工程分析	资金时间价值分析	不涉及时间价值分析方法	网络技术分析	决策树分析	备注
2015	0—4 法计算权重、计算功能成本价值指数确定最佳方案			多工序同组人员作业，调整网络图方案比较确定关键线路		
2016			产值利润率计算成本降低额计算	压缩工期费用调整	施工方案决策树绘制成本最低原则确定方案	
2017	加权评分法计算功能指数，计算成本指数价值指数比选方案	年度寿命周期经济成本计算，年金费用比选				应用价值工程重点阶段装配式施工方案为背景
2018	计算功能项目评分，计算功能、成本价值指数，确定功能改进项目					简答提高产品价值途径
2019					采用决策树法计算期望损益值选择最优投标方案	
2020	计算成本指数价值指数比选方案		工程费用计算			
2021	0—1 评分法计算权重，综合评审法比选方案；计算成本指数价值指数比选方案	计算寿命周期年费用；计算费用净现值比选方案				
2022	计算功能指数，目标成本改进顺序，成本降低额求解	计算净年值比选方案			期望损益值	
2023				压缩工期费用调整		

考点与题型详解

考点一：建设工程设计、施工方案的综合评价与比选

考核要求	方案评价在考试中一般有以下四种基本形式： 1. 以 0—1 评分法，0—4 评分法，功能系数法，价值系数法为主要内容的价值工程评价方法的应用； 2. 以项目全寿命期成本，年度费用计算，费用效率分析为主要内容的资金时间价值评价方法的应用； 3. 以资金时间价值计算为基础，根据试题背景材料中相关数据，结合项目寿命期的不同形式，计算现值、终值、年金值进行项目实施方案评价； 4. 不考虑资金时间价值，以项目最佳经济效益为目标的方案评价。 试题一般以“多点集成、前后关联”的形式命题

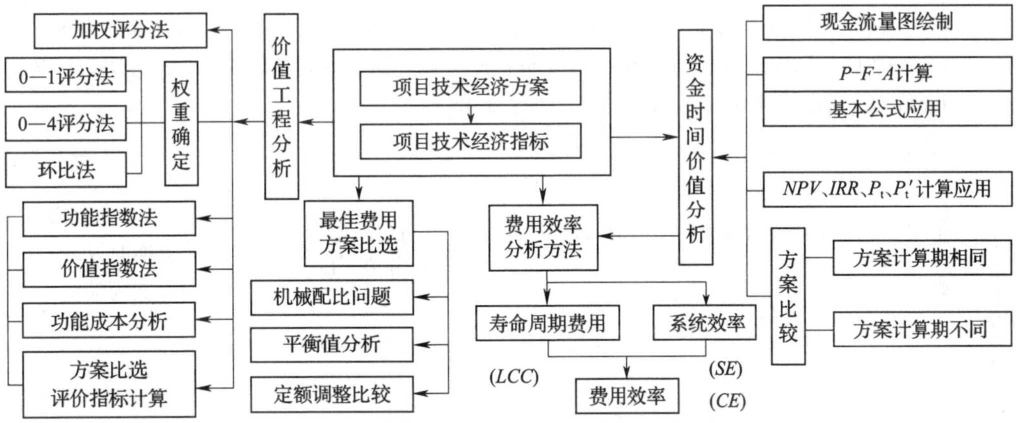

图 2-1　方案综合评价、比选知识架构图

知识要点集成

一、价值工程分析

表 2-2　价值工程分析相关知识构成表

主要内容		
权重确定方法	0—1评分法	功能重要性系数计算可以采取强制评分法，其中 0—1 评分表中 a_{ij} 应满足：$i=j$ 时，$a_{ij}=0$；$i\neq j$ 时，$a_{ij}+a_{ji}=1$ 评价对象（功能）F_i 与 F_j（$i, j=1, 2, \cdots, n$）两两相比，重要一方得 1 分，次要一方得 0 分，将结果列入评分表中。表中对角线上元素取值为 0（标“×”）。表中第 i 行得分和加 1 称为第 i 个评价对象修正得分，作分子，所有修正得分之和为分母，其比值称为第 i 个评价对象的权重（或功能重要系数）

续表 2-2

<table>
<tr><th colspan="4">主 要 内 容</th></tr>
<tr><td rowspan="2">权重确定方法</td><td>0—4评分法</td><td colspan="2">强制评分法采取 0—4 评分法时，评价表中 a_{ij} 应满足：$i=j$ 时，$a_{ij}=0$；$i\neq j$ 时，$a_{ij}+a_{ji}=4$
评价对象（功能）F_i 与 F_j（i，$j=1$，2，…，n）两两相比。绝对重要一方得 4 分，次要一方得 0 分；较重要一方得 3 分，对方得 1 分；两项同等重要各得 2 分。将评价结果列入评分表中，表中对角线标入“×”（得 0 分）。将表中第 i 行得分求和为分子，各行得分和之和为分母，其比值称为第 i 个评价对象权重</td></tr>
<tr><td>环比法</td><td colspan="2">试题背景材料给出经专家评价各功能 F_i 间重要性程度为 $F_1:F_2:F_3:\cdots:F_K=N_1:N_2:\cdots:N_K$，则 F_i 的权重 $W_i=N_i\div(\sum N_i)$，应注意 $\sum W_i=1$（命题可采取两两相比形式）</td></tr>
<tr><td>加权评分法</td><td colspan="3">根据方案的具体情况，首先确定评价指标的构成（A_j），采用合理的指标权重形成指标权重（W_j）体系，对于不同方案（i）按照评价指标分别确定指标评分（X_{ij}），后计算各方案评价总分，即 $D_i=\sum W_j$、X_{ij}，比较各方案总分按照 max｛D_i｝确定选优结果。此方法为结合其他评价方法应用的基本方法。解题中应注意：$\sum W_j=1$</td></tr>
<tr><td rowspan="3">功能指数、成本指数、价值指数的计算</td><td>功能指数</td><td>$$\text{第 } i \text{ 个评价对象的功能指数 } F_i\ (\sum F_i=1)=\frac{\text{第 } i \text{ 个评价对象的功能得分值 } D_i}{\text{全部功能得分值} \sum D_i}$$</td><td>单独以功能指数法评价方案时以max{D_i}对应方案为最优</td></tr>
<tr><td>成本指数</td><td>$$\text{第 } i \text{ 个评价对象的成本指数 } C'_i=\frac{\text{第 } i \text{ 个评价对象的现实成本 } C_i}{\text{全部成本值} \sum C_i}$$</td><td>计算过程中现实成本为寿命周期成本（等于生产成本＋维护成本）</td></tr>
<tr><td>价值指数</td><td>$$\text{第 } i \text{ 个评价对象的价值指数 } V_i=\frac{\text{第 } i \text{ 个评价对象功能指数 } F_i}{\text{第 } i \text{ 个评价对象成本指数 } C'_i}$$
$V_i<1$，成本过高与功能不协调；$V_i=1$，功能与成本合理；$V_i>1$，成本偏低</td><td>以价值系数为评价指标对不同方案进行评价时以 max｛V_i｝所对应的方案为优</td></tr>
<tr><td>方案比较</td><td colspan="3">①利用价值指数确定最佳方案；②按照目标成本要求调整方案；③按照功能项目目标成本降低额进行功能改进顺序排序。注意实际利润率的计算要求和按照功能指数分配目标成本计算要求，注意成本降低额、成本降低率、实际利润额、实际利润率的计算</td></tr>
</table>

二、资金时间价值分析与费用效率分析

表 2-3　资金时间价值分析相关知识构成表

主要内容				
	支付方式	现金流量图及基本公式		系数名称
资金时间价值计算公式	一次支付终值	$F=P(1+i)^n$ $=P\cdot(F/P,i,n)$	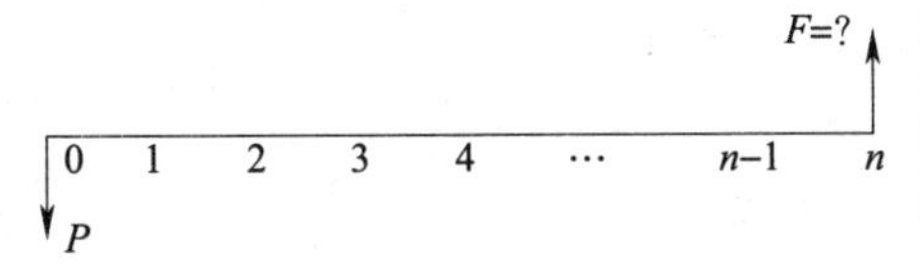	$(1+i)^n$ 称为终值系数
	一次支付现值	$P=F(1+i)^{-n}$ $=F\cdot(P/F,i,n)$	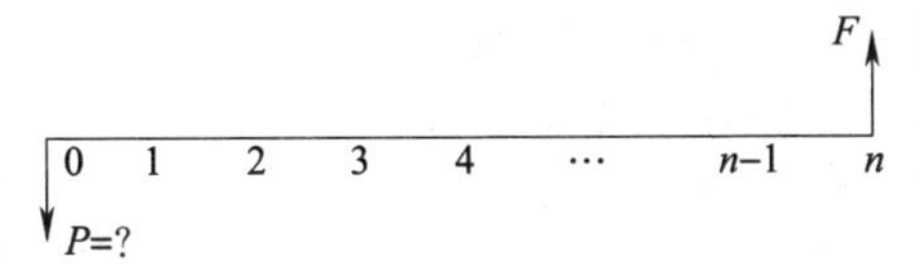	$(1+i)^{-n}$ 记为现值系数
	等额资金终值	$F=A\frac{(1+i)^n-1}{i}$ $=A\cdot(F/A,i,n)$	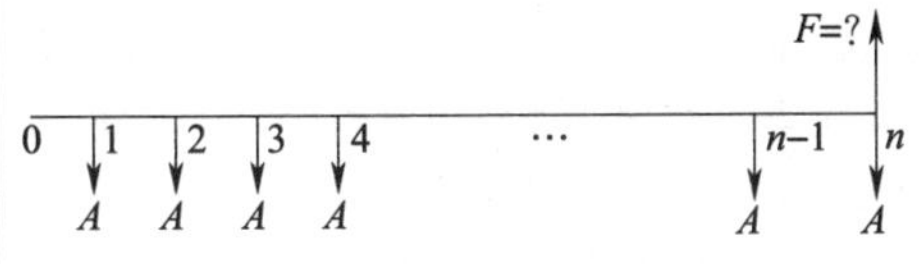	$\frac{(1+i)^n-1}{i}$ 称为年金终值系数
	等额资金偿债基金	$A=F\frac{i}{(1+i)^n-1}$ $=F\cdot(A/F,i,n)$	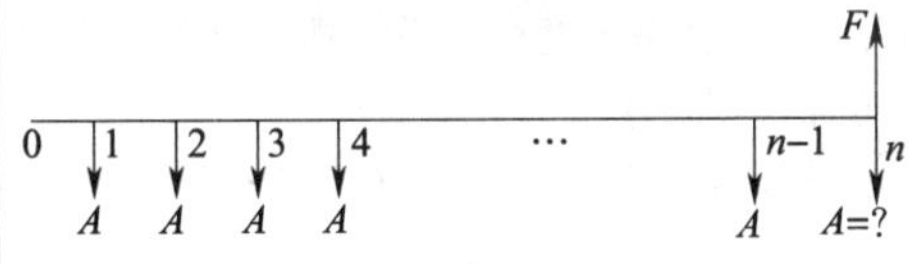	$\frac{i}{(1+i)^n-1}$ 称为偿债资金系数
	等额资金回收	$A=\frac{i(1+i)^n\cdot P}{(1+i)^n-1}$ $=P\cdot(A/P,i,n)$	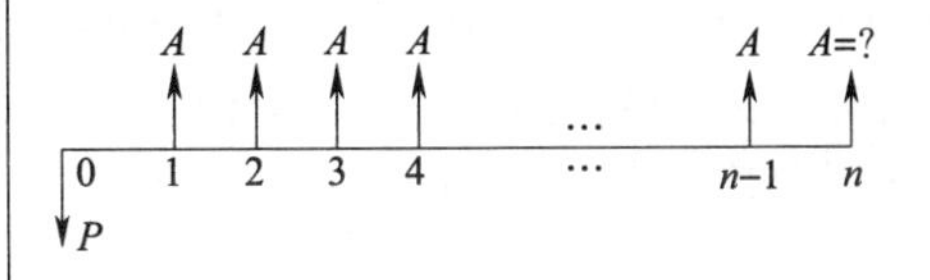	$\frac{i(1+i)^n}{(1+i)^n-1}$ 称为资金回收系数
	等额资金现值	$P=\frac{(1+i)^n-1}{i(1+i)^n}\cdot A$ $=A\cdot(P/A,i,n)$	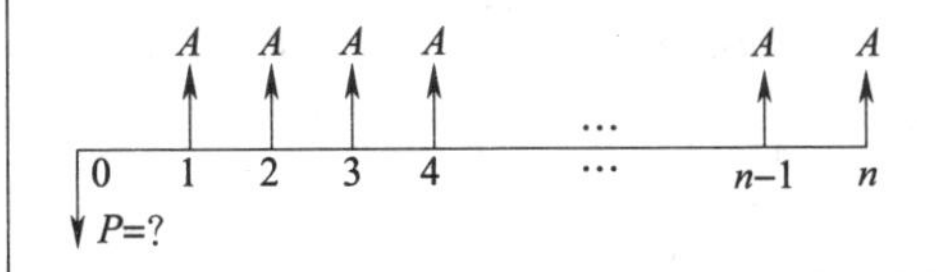	$\frac{(1+i)^n-1}{i(1+i)^n}$ 称为年金现值系数

	前提	方法		比较和选择
技术经济方案比选要求	评价方案寿命期相同	净现值法（NPV）		按行业基准收益率或设定的收益率，将各年的净现金流量折现到项目建设起点（建设期）初始点的现值之和，$NPV\geqslant 0$ 项目可行，净现值越大，方案越优
		净年值法（NAV）		将各投资方案的所有的净现金流量通过基准收益率或设定的收益率折现到每年年末的等额资金，进行方案选优
		最小费用法	费用现值法（PC）	将各投资方案各年的费用按行业基准收益率或设定的收益率折现到项目建设期初的现值之和，现值最小对应的方案最优
			费用年值法（AC）	将多个投资方案的所有费用通过基准收益率或设定的收益率折现到每年年末的等额资金，年值最小对应的方案最优

续表 2-3

<table>
<tr><th colspan="4">主 要 内 容</th></tr>
<tr><td rowspan="5">技术经济方案比选要求</td><td>前提</td><td>方法</td><td>比较和选择</td></tr>
<tr><td rowspan="3">评价方案寿命期不同</td><td>年值法</td><td>将寿命期不同的投资方案无限期重复按净年值或费用年值进行选择（应重点掌握）</td></tr>
<tr><td>最小公倍数法</td><td>取各投资方案的最小公倍数作为各投资方案的共同寿命期，然后采用寿命期相同的比选方法进行选择</td></tr>
<tr><td>研究期法</td><td>取各投资方案的最短的寿命期，作为共同寿命期，然后采用寿命期相同的投资方案的选优方法进行选择</td></tr>
<tr><td>备注</td><td colspan="2">采用内部收益率比较时：$IRR_A \geqslant IRR_B$ 时，若 A、B 均可行时，选择 A；
采用投资回收期比较时：$P_t(A) \leqslant P_t(B)$ 时，若 A、B 均可行时，选择 A。
效益基本相同，方案比较可采用最小费用法，费用基本相同，方案比较可采用最大效益效率原则（内部收益率和投资回收期计算公式见第一章）</td></tr>
<tr><td>费用效率分析</td><td colspan="3">以寿命周期成本最小化为评价目标时，首先应确定构成寿命周期成本的一级要素：设置费（或建设成本 IC）与维持费（或使用成本 SC），其和为寿命周期费用（LCC）。其次确定系统效率的构成（SE），系统效率由项目效益、效率、效果等多重内容合成。计算费用效率 CE（SE÷LCC）时 CE 看作单位费用（成本）输出值，计算不同方案的费用效率值后进行方案比较：一般情况下，CE 值越大越好；寿命周期费用固定时，系统效率大的方案为佳；系统效率为固定值时，寿命周期费用小的方案为佳。
费用效率分析计算过程系统效率（SE）的计算过程一般将年发生数据作为基础数据，建设成本（设置费 IC）一般给出项目全过程费用，维持费（使用成本 SC）一般给出年发生数据和大修等阶段间费用。因此解题时，两个关键环节是将各种形式的系统效率构成数据转化为货币值，将 IC 计算现值再转换为年金值，充分体现资金的时间价值。考试时可将费用效率分析计算要求和不同实施方案单独进行资金时间价值分析比较综合考核</td></tr>
<tr><td>示例</td><td colspan="3">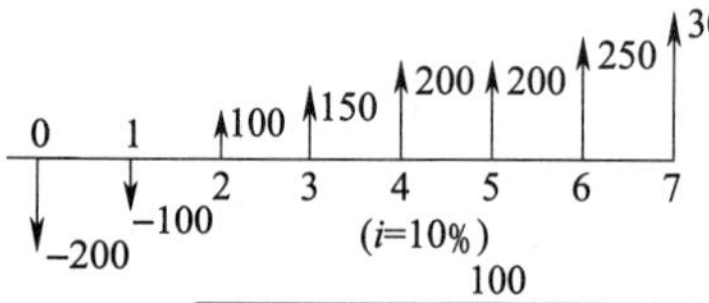
（直接计算法）
$NPV=\frac{(-200)}{1.1^0}+\frac{(-100)}{1.1^1}+\frac{100}{1.1^2}+\frac{150}{1.1^3}+\frac{200}{1.1^4}+\frac{200}{1.1^5}+\frac{250}{1.1^6}+\frac{300}{1.1^7}$
（阶段计算法）
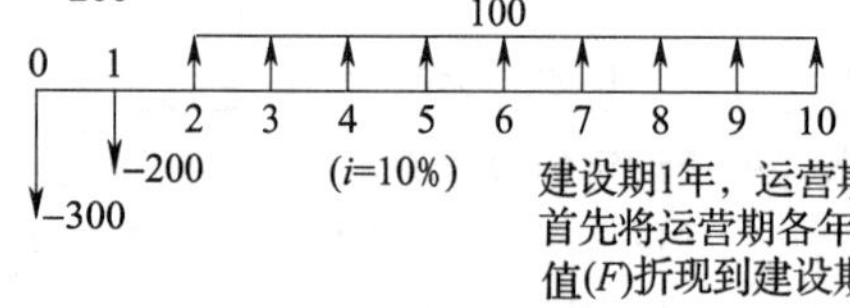
$NPV=\frac{(-300)}{1.1^0}+\frac{(-200)}{1.1^1}+100(P/A, 10\%, 9)(P/F, 10\%, 1)$
建设期1年，运营期9年，计算NPV时建设期净现金流量直接折现至建设期初点。首先将运营期各年净现金流量(A)计算至运营期初始位置的现值，再将其当作终值(F)折现到建设期初两部分现值之和，即NPV</td></tr>
</table>

经典题型剖析

案例一

某利用原有仓储库房改建养老院项目，有两个可选设计方案：

方案一：不改变原建筑结构和外立面装修，内部格局和装修做部分调整。

方案二：部分改变原建筑结构，外立面装修全部拆除重做，内部格局和装修做部分调整。

经建设单位组织的专家评审，决定从施工工期（Z_1）、初始投资（Z_2）、维护费用（Z_3）、空间利用（Z_4）、使用年限（Z_5）五个指标对设计方案进行评价。专家组决定采用 0—1 评分法对各指标的重要程度进行评分，评分结果见表 2-4。

表 2-4　指标重要程度评分表

指标	Z_1	Z_2	Z_3	Z_4	Z_5	得分	修正得分	权重
Z_1	×	1	1	0	0			
Z_2		×	1	0	0			
Z_3			×	0	0			
Z_4				×	1			
Z_5					×			
合计								

专家组对各设计方案评价指标 Z_1 到 Z_5 的打分见表 2-5。

表 2-5　各设计方案评价指标打分算数平均值

评价指标	方案一	方案二
Z_1	10	10
Z_2	10	8
Z_3	9	9
Z_4	8	7
Z_5	7	7

问题：

1. 利用答题卡表 2-4，计算各指标的权重。

2. 按 Z_1 到 Z_5 的评价指标体系，采用综合评审法对两个方案进行评价，并推荐最优方案。

3. 在选定方案一的前提下，设计单位提出，通过增设护理检测系统降低维护费用，该系统又有甲、乙、丙三个设计方案。方案甲、乙、丙功能指数及造价见表 2-6。采用价值指数法选择最优方案。

表 2-6　各设计方案功能指数及造价

项目	方案甲	方案乙	方案丙
功能指数	0.38	0.37	0.25
造价/万元	20	18	15

4. 某仓库现有两个投资收益方案，初始投资 33 万元，建设期 1 年，使用年限 30 年。方案 A 前 5 年免租金，第 6 年以后开始收租金，年租金 8 万元，年维修费 1 万元，每 10 年大修一次，每次大修费用 3 万元。方案 B 年前 15 年租金 5 万元，年维修费 1 万元，每 10 年大修一次，每次大修理费 3 万元，15 年后以 50 万元转让给用户。两个方案的基础数据见表 2-7。初始投资发生在使用年期初，其余资金发生在年末。已知年复利率为 8%，现值系数见表 2-8。采用净现值法分析，建设单位应该选择哪个方案？

（计算过程和结果均保留三位小数）

表 2-7　两个方案基础数据表

项目方案	初始投资/万元	大修理周期/年	每次大修理费/万元	年租金/万元	年维修费/万元	年租金年限/年
方案 A	33	10	3	8	1	25
方案 B	33	10	3	5	1	15

表 2-8 现值系数表

n	1	5	6	10	15	20	25	30
$(P/A, 8\%, n)$	0.926	3.993	4.623	6.710	8.559	9.818	10.675	11.258
$(P/F, 8\%, n)$	0.926	0.681	0.631	0.463	0.315	0.215	0.146	0.099

答案：

问题 1：

表 2-9 0—1 评分法计算表

指标	Z_1	Z_2	Z_3	Z_4	Z_5	得分	修正得分	权重
Z_1	×	1	1	0	0	2	3	0.200
Z_2	0	×	1	0	0	1	2	0.133
Z_3	0	0	×	0	0	0	1	0.067
Z_4	1	1	1	×	1	4	5	0.333
Z_5	1	1	1	0	×	3	4	0.267
合计						10	15	1.000

问题 2：

方案一得分：10×0.200+10×0.133+9×0.067+8×0.333+7×0.267=8.466

方案二得分：10×0.200+8×0.133+9×0.067+7×0.333+7×0.267=7.867

方案一得分最高，故推荐方案一为最优方案。

问题 3：

甲、乙、丙三个设计方案的造价之和=20+18+15=53（万元）

成本指数：

甲方案：20÷53=0.377

乙方案：18÷53=0.340

丙方案：15÷53=0.283

价值指数：

甲方案：0.38÷0.377=1.008

乙方案：0.37÷0.340=1.088

丙方案：0.25÷0.283=0.883

因乙方案价值指数最高，故选择乙方案为最优方案。

问题 4：

A 方案净现值：

−33（P/F，8%，1）−1×（P/A，8%，30）×（P/F，8%，1）−3×［（P/F，8%，10）+（P/F，8%，20）］×（P/F，8%，1）+8×（P/A，8%，25）（P/F，8%，6）

=−33×0.926−1×11.258×0.926−3×（0.463+0.215）×0.926+8×10.675×0.631=11.021（万元）

B 方案净现值：

−33（P/F，8%，1）−1×（P/A，8%，15）×（P/F，8%，1）−3×（P/F，8%，10）×（P/F，8%，1）+5×（P/A，8%，15）×（P/F，8%，1）+50×（P/F，8%，15）（P/F，8%，1）

=−33×0.926−1×8.559×0.926−3×0.463×0.926+5×8.559×0.926+50×0.315×0.926=14.443（万元）

因 B 方案净现值最大，为最优方案，建设单位应选择 B 方案。

案例二

某省由于经济发展，电力供应出现紧张，拟建一电厂，有自然风力发电站、火力发电站、热能风力发电站三个方案可供选择，基础数据如表 2-10 所示，折现率取 10%。

表 2-10　基础数据表

项目	自然风力发电站	火力发电站	热能风力发电站
装机容量/万kW	20	25	24
一次投资/亿元	15	8	10
年发电量/亿度	5	14	12
运营成本/（元/度）	0.08	0.2	0.06
销售价格/（元/度）	0.6	0.4	0.4
环境治理/（亿元/年）	0	1	0.5
经济拉动/（亿元/年）	0	1	1
经济寿命/年	20	30	25
残值率（以投资为基数）	5%	0	0
大修周期/年	8	8	8
一次大修理费用/亿元	2	1	1
能源消耗	自然风力	电煤	生活垃圾

专家决定从一次投资、年发电量、运营成本、环境治理、供电稳定性、能源消耗 6 个方面对 3 个方案进行评价，评价结果见表 2-11。

表 2-11　评价数据表（一）

项目	权重	自然风力发电站	火力发电站	热能风力发电站
一次投资		7	10	9
年发电量		6	10	8
运营成本		8	5	10
环境治理		10	6	8
供电稳定性		7	10	9
能源消耗		10	6	9

问题：

1. 若六个评价因素可用下式表示相互关系：

运营成本＞一次投资＞能源消耗＞环境治理＞供电稳定性＞年发电量，用 0—1 评分法确定权重和应选择的方案。

2. 若六个评价因素之间的关系两两相比可分为同等重要、绝对重要、比较重要，并用下式表示：

运营成本＝一次投资＞能源消耗＝环境治理＞供电稳定性＝年发电量，用 0—4 评分法确定权重。

3.（1）计算三个方案的年度费用（不考虑建设期影响）。

（2）计算三个方案的年度收益。

（3）计算三个方案的费用效率，并选择方案。

4. 第二种评价方法仅在年发电量、供电稳定性、环境治理、能源消耗 4 个方面对 3 个方案进行评价，评价结果见表 2-12，计算功能指数；以 3 个方案年度费用为成本计算成本指数；计算价值指数，依据价值指数选择方案。

表 2-12 评价数据表（二）

项目	权重	自然风力发电站	火力发电站	热能风力发电站
年发电量	0.1	5	10	8
供电稳定性	0.3	4	10	9
环境治理	0.2	10	6	8
能源消耗	0.4	10	6	9

5. 投资方选择热能风力发电站方案，该方案投资估算 10 亿元，投资构成：沼气生产系统 0.95 亿元，空气加热系统 3.25 亿元，发电机组 3.76 亿元，输变电系统 2.04 亿元，经专家评议后认为各系统重要性为沼气生产系统∶空气加热系统∶发电机组∶输变电系统=1∶3∶4∶2。

(1) 如投资不变，根据价值工程原理确定各系统的目标成本及其可能降低的额度。

(2) 如总投资下降为 9 亿元，又如何确定各系统的投资额？

答案：

问题 1：

表 2-13 0—1 评分法计算表

项目	一次投资	年发电量	运营成本	环境治理	供电稳定性	能源消耗	得分	修正得分	权重
一次投资	×	1	0	1	1	1	4	5	0.238
年发电量	0	×	0	0	0	0	0	1	0.048
运营成本	1	1	×	1	1	1	5	6	0.286
环境治理	0	1	0	×	1	0	2	3	0.143
供电稳定性	0	1	0	0	×	0	1	2	0.095
能源消耗	0	1	0	1	1	×	3	4	0.190
部分							15	21	1

自然风力发电站得分：7×0.238+6×0.048+8×0.286+10×0.143+7×0.095+10×0.190=8.237

火力发电站得分：10×0.238+10×0.048+5×0.286+6×0.143+10×0.095+6×0.190=7.238

热能风力发电站得分：9×0.238+8×0.048+10×0.286+8×0.143+9×0.095+9×0.190=9.095

选择热能风力发电站。

问题 2：

表 2-14 0—4 评分法计算表

项目	一次投资	年发电量	运营成本	环境治理	供电稳定性	能源消耗	得分	权重
一次投资	×	4	2	3	4	3	16	0.266
年发电量	0	×	0	1	2	1	4	0.067
运营成本	2	4	×	3	4	3	16	0.266
环境治理	1	3	1	×	3	2	10	0.167

续表 2-14

项目	一次投资	年发电量	运营成本	环境治理	供电稳定性	能源消耗	得分	权重
供电稳定性	0	2	0	1	×	1	4	0.067
能源消耗	1	3	1	2	3	×	10	0.167
总分							60	1

问题 3：

（1）年度费用：

自然风力发电站：15×（A/P，10，20）+0.08×5−15×5%×（A/F，10，20）+［2×（P/F，10，8）+2×（P/F，10，16）］×（A/P，10，20）=2.310（亿元）

火力发电站：8×（A/P，10，30）+0.2×14+1+［1×（P/F，10，8）+1×（P/F，10，16）+1×（P/F，10，24）］×（A/P，10，30）=4.732（亿元）

热能风力发电站：10×（A/P，10，25）+0.06×12+0.5+［1×（P/F，10，8）+1×（P/F，10，16）+1×（P/F，10，24）］×（A/P，10，25）=2.409（亿元）

（2）年度收益：

自然风力发电站：0.6×5=3（亿元）

火力发电站：0.4×14+1=6.6（亿元）

热能风力发电站：0.4×12+1=5.8（亿元）

（3）费用效率：

CE_1=3÷2.310=1.299

CE_2=6.6÷4.732=1.395

CE_3=5.8÷2.409=2.408

选择热能风力发电站项目。

问题 4：

（1）计算各方案的综合得分及功能指数：

自然风力发电站得分：0.1×5+0.3×4+0.2×10+0.4×10=7.7

火力发电站得分：0.1×10+0.3×10+0.2×6+0.4×6=7.6

热能风力发电站得分：0.1×8+0.3×9+0.2×8+0.4×9=8.7

综合得分总和：7.7+7.6+8.7=24

功能指数：自然：7.7÷24=0.321

火力：7.6÷24=0.317

热能：8.7÷24=0.363

（2）以年度费用为成本计算成本指数：

成本总和=2.310+4.732+2.409=9.451

成本指数：自然风力发电站：2.310÷9.451=0.244

火力发电站：4.732÷9.451=0.501

热能风力发电站：2.409÷9.451=0.255

（3）计算价值指数并选择方案：

价值指数：自然风力发电站：0.321÷0.244=1.316

火力发电站：0.317÷0.501=0.633

热能风力发电站：0.363÷0.255=1.424

选择热能风力发电站项目。

问题 5：

（1）四个生产系统重要性系数之和为1＋3＋4＋2＝10，故沼气生产系统、空气加热系统、发电机组、输变电系统功能评分为1、3、4、2，功能指数为0.1、0.3、0.4、0.2。根据价值工程原理确定的各系统的目标成本及其可能降低的额度如表2-15所示。

表 2-15 目标成本计算表

功能项目	功能评分	功能指数	目前成本	成本指数	价值指数	目标成本	成本降低额
沼气生产系统	1	0.1	0.95	0.095	1.053	1	－0.05
空气加热系统	3	0.3	3.25	0.325	0.923	3	＋0.25
发电机组	4	0.4	3.76	0.376	1.064	4	－0.24
输变电系统	2	0.2	2.04	0.204	0.980	2	＋0.04
合计	10	1.0	10	1.0		10	0

（2）如总投资为9亿元，则各系统的投资额为：

沼气生产系统＝9×0.1＝0.9（亿元）

空气加热系统＝9×0.3＝2.7（亿元）

发电机组＝9×0.4＝3.6（亿元）

输变电系统＝9×0.2＝1.8（亿元）

案例三

背景材料：M、N两市隔海相望，直线距离约100km，由于海运动力不足，公路铁路运输距离千里以上。为发展两地经济，拟定A、B两个解决方案，不考虑建设期的影响，无残值，折现率为8%。两个方案效益费用相关数据见表2-16，资金时间价值系数见表2-17。

表 2-16 两个方案效益费用相关数据

项 目	A海底隧道（公铁两用）	B跨海大桥（公铁两用）
长度/km	100	150
投资/（亿元/km）	15	8
寿命期/年	50	50
大修周期/年	20	15
每次大修费用/亿元	50	25
年运行及维修费/亿元	5	6
每年开通天数/天	330	300
汽车通行量/（万辆/天）	5	4
汽车平均收费/（元/辆）	300	250
铁路客运收入/（亿元/年）	90	75
管线收费收入/（亿元/年）	10	8

表 2-17 资金时间价值系数表

n	10	15	20	30	40	45	50
$(P/A, 8\%, n)$	6.710	8.559	9.818	11.258	11.925	12.108	12.233
$(P/F, 8\%, n)$	0.463	0.315	0.215	0.099	0.046	0.031	0.021

问题：

1. 列式计算两个方案的净年值，并选择最经济的方案。

2. 如果考虑土地升值、相关产业拉动和海洋环境治理，用费用效率法选择最经济的方案，两个方案的相关数据见表 2-18。对于 B 跨海大桥每天通车量至少达到多少万辆才能回收费用？

表 2-18　两个方案相关数据

项　　目	A 海底隧道（公铁两用）	B 跨海大桥（公铁两用）
长度/km	100	150
土地升值/（亿元/年）	5	5
相关产业拉动/（亿元/元）	50	30
海洋环境治理	40	30

3. 有关专家决定从五个方面（分别以 F_1～F_5 表示）进行功能评价，并对各功能的重要性分析如下：F_3 相对于 F_4 很重要，F_3 相对于 F_1 较重要，F_2 和 F_5 同样重要，F_4 和 F_5 同样重要。专家对两个方案满足程度的评分结果见表 2-19。

表 2-19　各方案功能评分

功能	A 海底隧道（公铁两用）	B 跨海大桥（公铁两用）
F_1	9	8
F_2	8	7
F_3	8	5
F_4	7	6
F_5	10	9

试用 0—4 评分法列表计算各功能的权重，以年度寿命周期成本为成本，利用价值工程原理选择最佳设计方案。

（问题 1、2 的计算结果保留两位小数，问题 3 的计算结果保留三位小数）

答案：

问题 1：

A 方案：

$-100\times15\times(A/P, 8\%, 50)-50\times[(P/F, 8\%, 20)+(P/F, 8\%, 40)]\times(A/P, 8\%, 50)-5+330\times5\times300/10\,000+90+10=-128.69+149.5=20.81$（亿元）

B 方案：

$-150\times8\times(A/P, 8\%, 50)-25\times[(P/F, 8\%, 15)+(P/F, 8\%, 30)+(P/F, 8\%, 45)]\times(A/P, 8\%, 50)-6+300\times4\times250/10\,000+75+8=-105+113=8$（亿元）

选择 A 方案。

问题 2：

A 方案年度收益：$149.5+50+5=204.5$（亿元）

年度费用：$128.69+40=168.69$（亿元）

费用效率$=204.5/168.69=1.21$

B 方案年度收益：$113+30+5=148$（亿元）

年度费用：$105+30=135$（亿元）

费用效率=148/135=1.10

选择A方案。

设通车量为Q万辆：

$Q\times300\times250/10\,000+75+8+30+5\geqslant135$

$Q\geqslant2.27$

问题3：

表2-20 各项功能指标权重计算表

功能	F_1	F_2	F_3	F_4	F_5	得分	权重
F_1	×	3	1	3	3	10	0.250
F_2	1	×	0	2	2	5	0.125
F_3	3	4	×	4	4	15	0.375
F_4	1	2	0	×	2	5	0.125
F_5	1	2	0	2	×	5	0.125
合计						40	1.000

功能得分：

A方案：9×0.250+8×0.125+8×0.375+7×0.125+10×0.125=8.375

B方案：8×0.250+7×0.125+5×0.375+6×0.125+9×0.125=6.625

各方案功能指数：

A方案：8.375/（8.375+6.625）=0.558

B方案：6.625/（8.375+6.625）=0.442

各方案成本指数：

A方案：168.69/（168.69+135）=0.555

B方案：135/（168.69+135）=0.445

各方案价值指数：

A方案：0.558/0.555=1.005

B方案：0.442/0.445=0.993

选择A方案。

考点二：网络计划分析方法与应用

考核要求	1. 双代号网络图的绘制、调整，节点参数（T_E、T_L）、工序参数（ES、EF、LS、LF、TF、FF）计算，关键线路与计划工期的确定与调整，以及各种参数的应用； 2. 双代号时标网络图中图例符号（节点、工序线、波形线、关键线路、实际进度前锋线、虚工序表示线）的识别、表示，利用图中相关表示方法与其他基本点结合分析试题要求； 3. 施工方案工期调整优化，包括费用优化，综合优化； 4. 利用多工序共同设备，增加新工作，阶段工作时间调整等多种形式，时间参数的计算与公式应用，与第四～六章考核内容结合形成网络分析方法应用题型

知识要点集成

双代号网络图

表 2-21　双代号网络图相关知识构成表

<table>
<tr><th colspan="3">主 要 内 容</th></tr>
<tr><td>图形绘制调整要求</td><td colspan="2">双代号网络图中节点表示事项，箭线表示工序。工序间的逻辑关系可以分为：开工工序，完工工序，紧前工序，紧后工序，虚工序，平行工序。其中虚工序的开始节点应为其代表工序的结束节点，其工作时间为零。正确的双代号网络图中只有一个起点节点（无紧前工序）和一个终点节点（无紧后工序），小序号节点指向大序号节点；两个节点之间只能绘制一条实线；工序箭线方向不能形成回路；工序表示线不能有双向箭头或无方向箭头。试题中可以采用多工序共用一台设备，增加新工作等背景条件由学员对已给出的网络图对应逻辑关系变化采取增设虚工序表示线的方法进行调整。应注意增加虚工序表示线时既要符合题设条件要求，又不能破坏原图中其他工序间的逻辑关系，调整后要注意序号顺序</td></tr>
<tr><td rowspan="3">工序参数与节点参数关系</td><td>双代号网络计划时间参数分为节点参数（T_E，T_L）和工序参数（ES、EF、LS、LF、TF、FF）
节点最早时间 T_E（标示用□），节点最迟时间 T_L（标示用△），工序时间 D，考试时有时用 $\underline{T_E \mid T_L}$ 标示，工序时间参数与节点参数之间关系如下：
工序最早开始时间 $T_{ES}=T_E\ (i)$
（$\boxed{i}$ 工序开始节点最早时间，即为对应工序的最早开始时间）
工序最早完成时间 $T_{EF}=T_{ES}(i)+D$
（$\boxed{i}+D$）
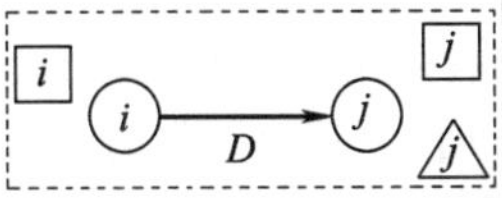
工序最迟开始时间 $T_{LS}=T_{LF}(j)-D$
（$\triangle j-D$）
工序最迟完成时间 $T_{LF}=T_L\ (j)$　（$\triangle j$）（工序结束节点最迟时间）
工序总时差　$TF=T_{LS}-T_{ES}=T_{LF}-T_{EF}$　（$\triangle j-\boxed{i}-D$）
工序自由时差　FF=紧后工序 T_{ES}−本工序 T_{EF}　（$\boxed{j}-\boxed{i}-D$）</td><td rowspan="2">T_E 计算方法（进取大）
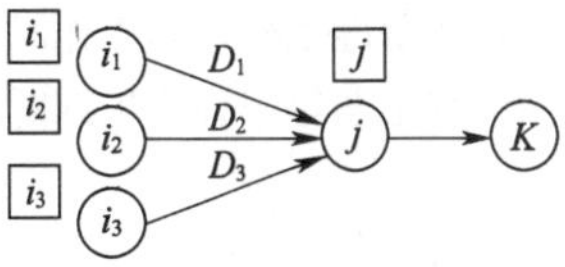
$$\boxed{j}=\max\left\{\begin{array}{l}\boxed{i_1}+D_1\\ \boxed{i_2}+D_2\\ \boxed{i_3}+D_3\end{array}\right\}$$
开工点　$T_E=T_L=0$</td></tr>
<tr><td>总时差：是在不影响总工期的前提下，本工作可以利用的机动时间。计算工期等于计划工期时，$TF=0$ 的工序为关键工序
自由时差：是在不影响其紧后工作最早开始时间的前提下，本工作可利用机动时间</td></tr>
<tr><td>网络时间参数的相互关系
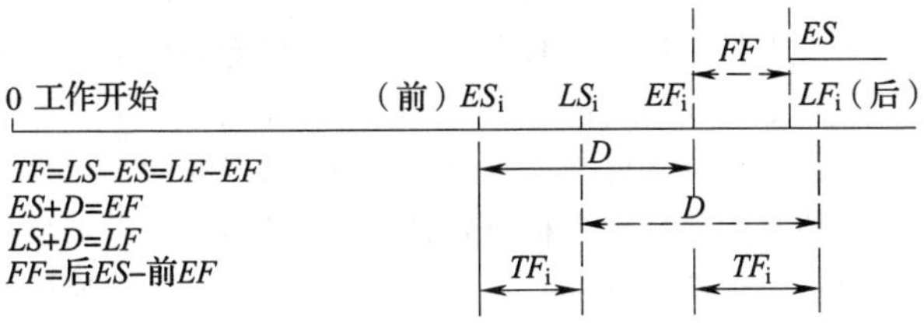

最早开始时间等于各紧前工作的最早完成时间 EF_k 的最大值，最迟完成时间等于各紧后工作的最迟开始时间 LS_{j-k} 的最小值</td><td>T_L 计算方法（退取小）
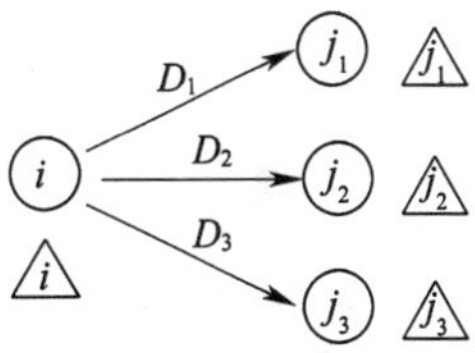
$$\triangle i=\min\left\{\begin{array}{l}\triangle j_1-D_1\\ \triangle j_2-D_2\\ \triangle j_3-D_3\end{array}\right\}$$
完工点　$T_E=T_L$</td></tr>
</table>

续表 2-21

<table>
<tr><th colspan="4">主 要 内 容</th></tr>
<tr><td>关键线路的确定</td><td colspan="3">关键线路的确定可采用标号法、穷举法、参数计算法。
利用穷举法可以确定由起点至终点线路最长的线路为关键线路。关键线路可以不唯一，关键线路上各工序为关键工序，各关键工序工作时间之和为计算工期 T_c。
起点至终点由关键工序所组成的线路为关键线路。
双代号时标网络计划图中，由终点至起点逆箭线方向不含自由时差表示线（波形线）的线路为关键线路。其计算工期可以根据最后一个完工节点所对应的时标确定。
节点最早时间（□）与节点最迟时间（△）相等的点称为关键节点。由起点节点至终点节点顺箭线方向关键节点组成的线路，满足各关键节点参数值之间递推关系时，即可确定该线路为关键线路</td></tr>
<tr><td rowspan="3">双代号时标网络图相关内容</td><td colspan="3">早时标网络图中实箭线水平投影长度为用工时间，各工序左端点对应时标值为 ES。虚箭线表示虚工作，其工作时间为 0。各工序表示线中波形线表示本工作与紧后工作时间间隔，当计划工期等于计算工期时，其水平长度为 FF</td></tr>
<tr><td colspan="3">以终点节点为完成节点的工作，其总时差应等于该工序自由时差。关键工序 $TF=0$（计算工期等于计划工期时）。其他工作的总时差等于其紧后工作的总时差加本工作与该紧后工作之间的时间间隔所得之和的最小值（直接识别方法是：工序从其开始节点通过该工序表示线至整个工程终点节点的各条线路中波形线长度的最小值即为该工序的总时差）</td></tr>
<tr><td>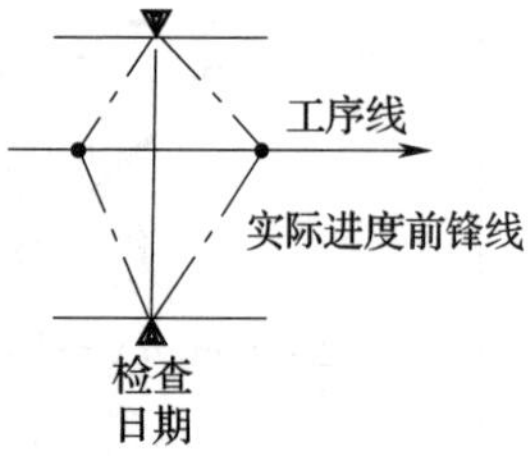
</td><td>按照计划进度确定检查日期，分析计划进度与实际进度的差异。若进度正常，实际进度前锋线与计划日期表示线重合；若实际进度落后于计划进度（或投资减少）时，前锋线与工序线的交点位于检查日期线的左侧；若实际进度超过计划进度（或投资增加）时，前锋线与工序线的交点位于检查日期线的右侧。前锋线的标示方法：根据背景材料先找点，后连线，上下连成一条点划线</td><td>考试中应根据试题背景材料，分析各事件的实际后果，并在对应的工序线上标示实际进度点，用点划线连接</td></tr>
</table>

续表 2-21

主要内容		
网络优化过程及要求	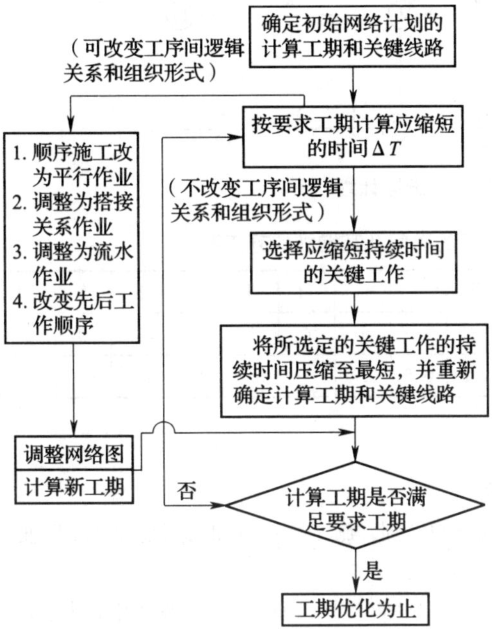	确定缩短的工作时间时：若 $\Delta T>$该工序 TF 时，应考虑： (1) 总工期不允许拖延，只缩短关键线路上后续工作时间； (2) 总工期允许拖延，以实际数据取代原计划数据。 若 $\Delta T<TF$ 且 $\Delta T\geqslant FF$，以紧后工序允许拖延时间为限制
		网络计划中，对各工序压缩时间无限制要求时，工序压缩一个单位时间后，需讨论关键线路是否发生变化，然后再进行工期压缩，但该工序压缩后的工序时间不得低于该工序最短持续时间。 若试题中给出相关工序可压缩时间上限时，可以在其约定范围内确定实际压缩时间
	工期总费用由直接费（随工期缩短而增加）和间接费（随工期缩短而减少）组成，工程总费用最少时对应最优工期 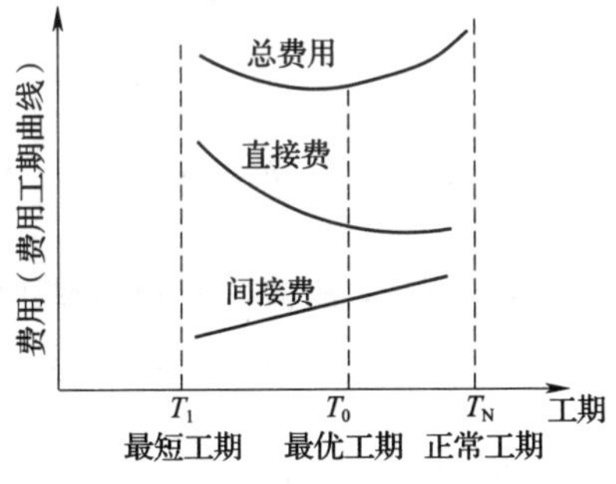	试题给出完成同一工作的不同施工方案的工期和费用时： (1) 首先确定网络中每项工作的费用变动率（K），即压缩一个单位时间所需增加的费用值； (2) 优先选择 min｛K_i｝所对应的关键工序作为压缩对象； (3) 若试题给出工期奖励标准 $K_{(1)}$ 或投标工期奖励标准 $K_{(2)}$ 时，可选择 K 不超过 $K_{(1)}+K_{(2)}$ 的关键工序进行工期压缩

经典题型剖析

案例四

某建筑工程项目，施工总进度计划如图 2-2 所示（时间单位：周），各工作可以缩短的时间及其增加的赶工费见表 2-22。

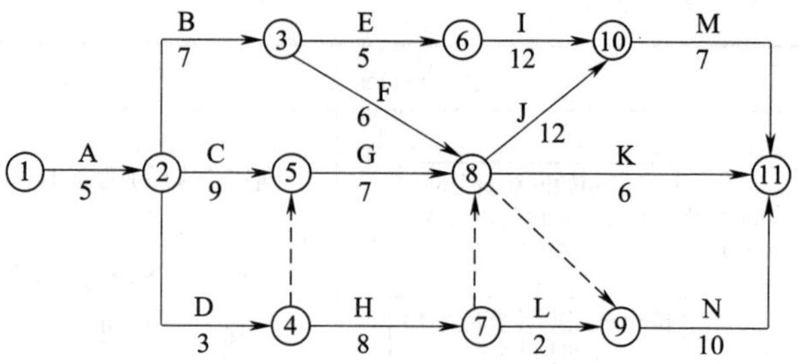

图 2-2 施工总进度计划

表 2-22 各工作可以缩短的时间及其增加的赶工费

分部工程名称	A	B	C	D	E	F	G	H	I	J	K	L	M	N
可缩短的时间/周	0	1	1	1	2	1	1	0	2	1	1	0	1	3
增加的赶工费/（万元/周）	—	0.7	1.2	1.1	1.8	0.5	0.4	—	3.0	2.0	1.0	—	0.8	1.5

问题：

1. 确定该工程的关键线路，并计算正常工期。

2. 开工 1 周后，建设单位提出要求将总工期缩短 2 周，施工单位应如何调整计划才能使支付的赶工费用最少，请说明理由。

3. 在开工 1 周后，施工单位提供的工期缩短 2 周的进度计划已通过审批。施工中，由于建设单位提供的施工条件发生变化，导致 I、J、K、N 四项工作分别拖延 1 周。建设单位提出，若用 38 周完成该项目，可得到奖励 3 万元，对施工方是否有利，相对于正常工期下的总费用，施工方节约（或超支）多少费用？

答案：

问题 1：

根据计算，网络计划的关键线路为 A→C→G→J→M。

工期＝5＋9＋7＋12＋7＝40（周）。

问题 2：

总工期缩短 2 周，且要求费用最低，故从压缩关键线路来组织施工，先从 A、C、G、J、M 中选择赶工费用增加最少的工作开始压缩。

由于缩短 G 工作的持续时间增加的赶工费（0.4 万元/周）最少，故将 G 工作的持续时间缩短 1 周，增加赶工费 0.4 万元。

此时，关键线路仍为 A→C→G→J→M。

除 A、G 工作的持续时间不能缩短外，缩短 M 工作的持续时间增加的赶工费（0.8 万元/周）最少，故将 M 工作的持续时间缩短 1 周，增加赶工费 0.8 万元。

因此，最优赶工方案是将 G 工作和 M 工作持续时间各缩短 1 周，增加的赶工费为 0.4＋0.8＝1.2（万元）。

问题 3：

由于在 I、J、K、N 四项工作中，只有 J 工作为关键工作，该工作拖延了 1 周，使得总工期变为 39 周。后续工作中，J 工作和 M 工作均在关键线路上，M 工作已经被压缩，故只能将 J 工作的持续时间缩短 1 周，需增加赶工费 2 万元。若用 38 周完成该项目，可得到奖励 3 万元，相对于正常工期下的总费用，施工方节约 1 万元，对施工方有利，故应赶工。

案例五

某项目主体工程施工方案与进度计划已确定，施工网络计划图见图 2-3（单位：周）。

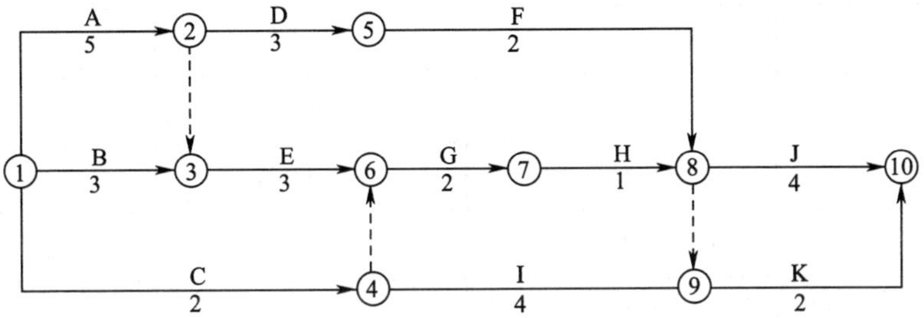

图 2-3　施工网络计划图

该工程的 D、G、K 工作均为结构吊装工程，承包商在施工现场仅安排一台吊装机械，施工排序有两个不同方案，方案 1：按 D—G—K 顺序吊装；方案 2：按 G—D—K 顺序吊装。

上述两个方案优选后，对选定方案业主方又提出增加 1 项新工作 N，该工作持续时间为 3 周，安排在 G 工作完成后，K 工作开始之前完成（方案 3）。

问题：

1. 确定两种不同方案的施工总工期和关键线路，按照工期要求确定最优方案。

2. 优选方案增加 N 工作后，工期为多少？确定其关键线路。在优选方案和方案 3 中对比吊装机械在场时间，承包方提出补偿 3 周设备闲置时间和相关费用的要求是否正确？在总工期不发生变化的前提下，业主要求承包方制定吊装机械在场时间最短的方案如何确定？

3. 配套工程的某工程网络图如图 2-4 所示，网络进度计划原始方案各工作的持续时间和估计费用如表 2-23 所示。

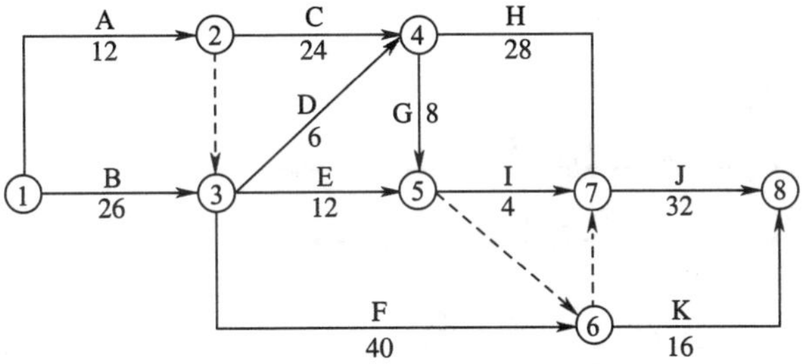

图 2-4　配套工程施工网络计划图

表 2-23　各工作持续时间和估计费用表

工作	费用/万元	可压缩时间/天	压缩单位时间增加的费用/（万元/天）
A	18	2	2
B	40	2	4
C	25	2	3.5
D	15	0	1

续表 2-23

工作	费用/万元	可压缩时间/天	压缩单位时间增加的费用/（万元/天）
E	40	1	2
F	120	5	2
G	16	1	2
H	37	2	1.5
I	10	0	1
J	64	2	6
K	16	2	2

根据上述资料：

（1）计算网络进度计划原始方案各工作的时间参数，确定网络进度计划原始方案的关键线路和计算工期。

（2）若施工合同规定：工程工期 93 天，工期每提前一天奖励施工单位 3 万元，每延期一天对施工单位罚款 5 万元。计算按网络进度计划原始方案实施时的综合费用。

（3）若该网络进度计划各工作的可压缩时间及压缩单位时间增加的费用如表 2-23 所示，确定该网络进度计划的最低综合费用和相应的关键线路，并计算调整优化后的总工期（要求写出调整优化过程）。

答案：

问题 1：

方案 1 总工期为 15 周。

关键线路为：①—A→②—D→⑤…→⑥—G→⑦—H→⑧—J→⑩

①—A→②…→③—E→⑥—G→⑦—H→⑧—J→⑩

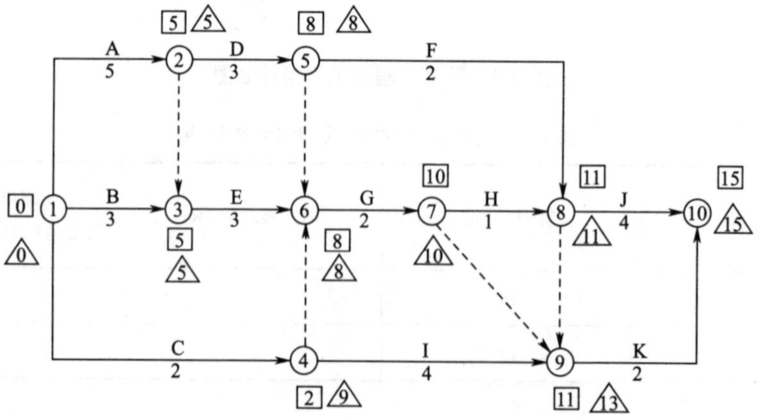

图 2-5 施工进度计划（按 D→G→K 顺序）

注："□"中数据为最早开始时间，"△"中数据为最迟开始时间。

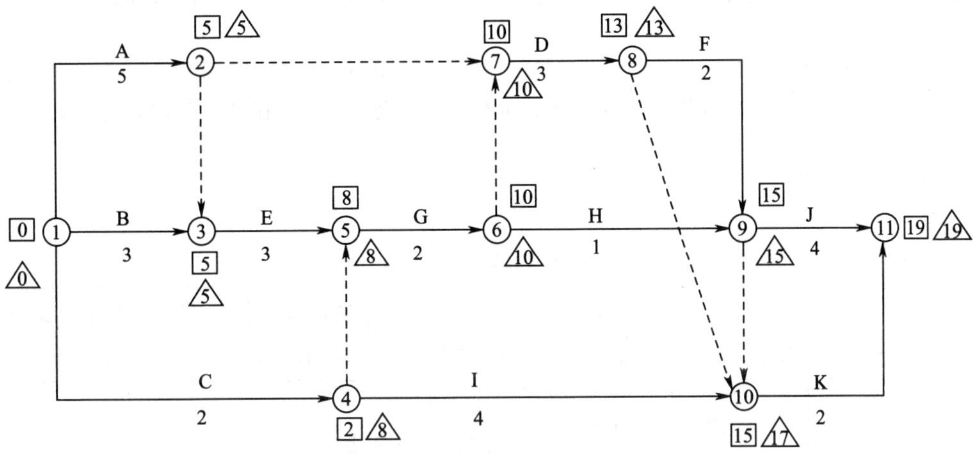

图 2-6　施工进度计划（按 G→D→K 顺序）

方案 2 总工期为 19 周，关键线路为：①—A→②⋯→③—E→⑤—G→⑥⋯→⑦—D→⑧—F→⑨—J→⑪

按总工期最小原则确定方案 1 为最优方案。

问题 2：

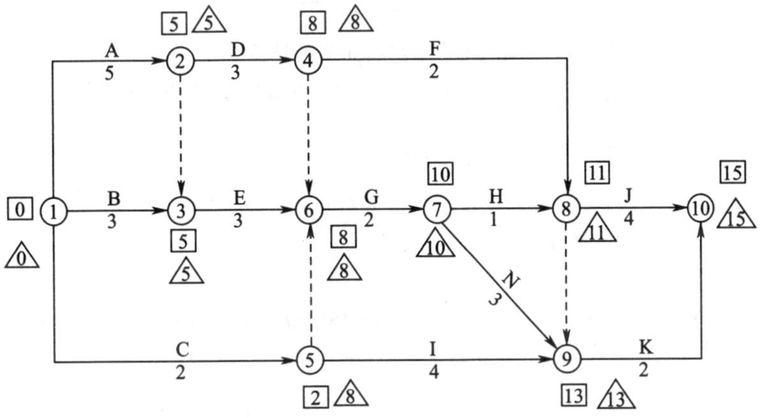

图 2-7　调整施工进度计划

方案 3（增加 N 工作后）总工期为 15 周。

关键线路为：①—A→②—D→④⋯→⑥—G→⑦—H→⑧—J→⑩

①—A→②⋯→③—E→⑥—G→⑦—H→⑧—J→⑩

①—A→②⋯→③—E→⑥—G→⑦—N→⑨—K→⑩

①—A→②—D→④⋯→⑥—G→⑦—N→⑨—K→⑩

方案 1 中：K 工作 EF=13，D 工作 ES=5，吊装机械在场时间=13－5=8（周）

吊装机械作业时间=3+2+2=7（周），闲置时间=8－7=1（周）

方案 3 中：K 工作 EF=15，D 工作 ES=5，吊装机械在场时间=15－5=10（周）

吊装机械作业时间=3+2+2=7（周），闲置时间=10－7=3（周）

因增加 N 工作设备在场闲置时间增加 2 周，因此承包方提出补偿设备在场增加时间 3 周的要求不正确。

在方案 3 中，D、G、K 三工序均为关键工序，减少吊装机械在场时间只能将 D 工作最早开工时间推迟，必然影响总工期的推迟，因此在总工期不变的前提下，设备在场时间最短的方案就是方案 3。

问题 3：

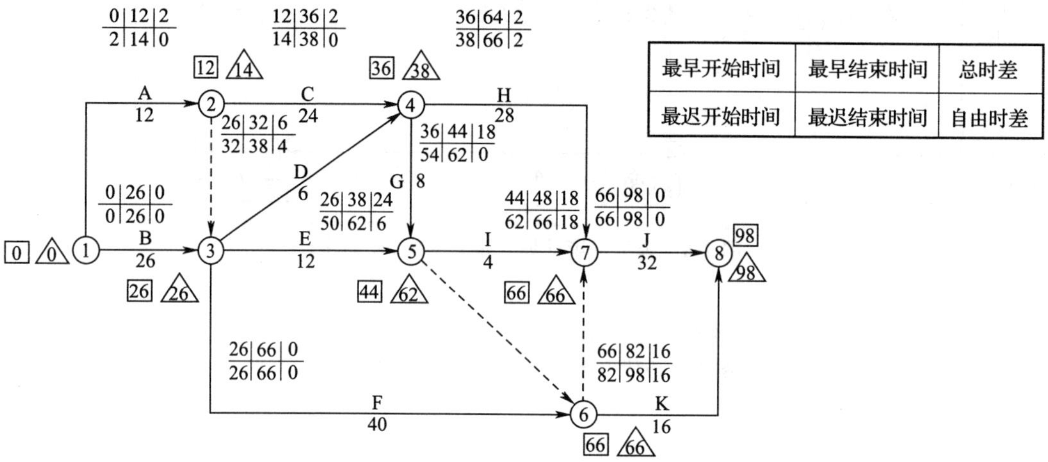

图 2-8　网络时间参数计算

注："□"中数据为最早开始时间，"△"中数据为最迟开始时间。

（1）关键线路：①—B 26→③—F 40→⑥···→⑦—J 32→⑧

注：次关键线路为 A→C→H→J，对应线路工作时间之和为 96 天，与计算工期 98 天相差 2 天。

计算工期：98 天（合同工期 93 天）。

（2）计算综合费用：

原始方案估计费用：18＋40＋25＋15＋40＋120＋16＋37＋10＋64＋16＝401（万元）

延期罚款：5×（98－93）＝25（万元）

综合费用：401＋25＝426（万元）

（3）第一次调整优化：在关键线路上取压缩单位时间增加费用最低的 F 工作为对象压缩 2 天。

增加费用：2×2＝4（万元）

第二次调整优化：A、C、H、J 与 B、F、J 同时成为关键工作，选择 H 工作和 F 工作作为调整对象，各压缩 2 天。

增加费用：2×（1.5＋2）＝7（万元）

第三次调整优化：A、C、H、J 与 B、F、J 仍为关键工作，选择 A 工作和 F 工作作为调整对象，各压缩 1 天。

增加费用：1×（2＋2）＝4（万元）

优化后的关键线路为：

①—③—⑥—⑦—⑧（或关键工作为 A、C、H、J）

①—②—④—⑦—⑧（或关键工作为 B、F、J）

工期：98－2－2－1＝93（天）

最低综合费用：401＋4＋7＋4＝416（万元）

考点三：决策树分析在建设项目评价中的应用

考核要求	1. 单阶段损益确定基本型题型为最简单的不考虑资金时间价值且状态概率已知，只有一个决策点的基本题型。 2. 损益或现金流量待定型题型是近年来考试中采取多点集成形式，将决策树分析和其他考核知识点结合考核。要求根据试题背景材料结合工程实践计算不同方案不同状态条件下的损益值或给出建设项目不同方案的现金流量，计算其现值或年金值（特别注意各方案计算期不同的条件下计算年金值）后代入决策树分析过程。 3. 多阶段计算型题型中有两个以上的决策点。试题给出损益值时按常规计算要求计算；若给出每年的净现金流量时要注意：形成决策点Ⅱ，后阶段计算结果后要作为终值计算至开始阶段决策点Ⅰ。 4. 综合计算型题型中将多阶段资金时间价值、现金流量计算要求借助于图形分析问题综合考核

知识要点集成

表 2-24　决策树分析相关知识构成表

<table>
<tr><th colspan="2">主 要 内 容</th></tr>
<tr><td>绘图规定</td><td>按照背景材料给出的事件发生先后顺序和逻辑关系绘图。按照运行过程的决策判断和状态分析选择两种不同的节点表示方法，其中“□”符号表示决策点，“○”符号表示状态点。由决策点引出的枝称为方案枝（至少为两条），由状态点引出的枝称为状态枝（至少为一条）。同一状态点引入各枝的状态概率之和为 1（$P_{11}+P_{12}+P_{13}=1$）。状态枝枝尾数据为损益值或现金流量（X_{ij}）“//”为剪枝符号，即在计算的最后阶段将被淘汰方案上标入剪枝符号。图例中表示对于第二次决策淘汰 C 方案，对于第一次决策淘汰 B 方案（绘图过程为先左后右，顺序完成）
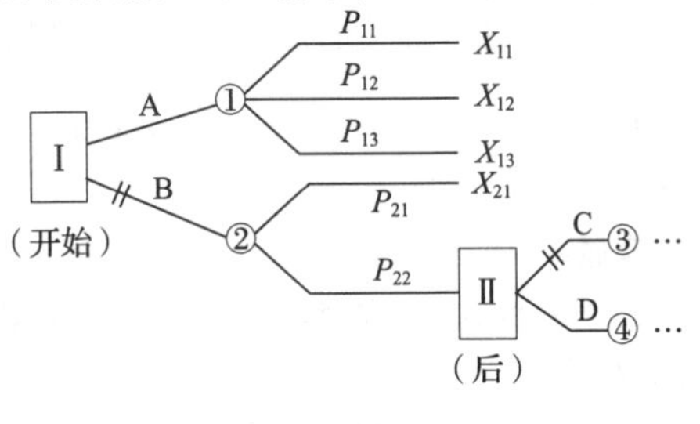
</td></tr>
<tr><td>计算要求</td><td>决策树方法进行方案评价属于期望型决策，即要考虑事件运行过程中各种方案在各种状态下期望值或现金流量的期望值。因此对于状态点要计算各点的期望值 $E(i)$。例如图例中 $E(1)=X_{11}\cdot P_{11}+X_{12}\cdot P_{12}+X_{13}\cdot P_{13}$；对于方案点只选择各方案枝后各状态节点 $E(i)$ 值的最大值 $\{\max[E(1), E(2)]\}$ 所对应的方案为入选方案或最佳方案，其他方案被淘汰。决策树分析过程应注意背景材料中不考虑资金时间价值的损益值与考虑资金时间价值的（净）现金流量在计算过程中的区别。全部计算过程由右向左顺序完成；区别计算要求，计算结论唯一。注意状态点加权计算，方案点只选择不计算的要求</td></tr>
</table>

经典题型剖析

案例六

某房地产开发公司对某一地块有两种开发方案。

A方案：一次性开发多层住宅45 000m^2建筑面积，需投入总成本费用（包括前期开发成本、施工建造成本和销售成本，下同）9 000万元，开发时间（包括建造、销售时间，下同）为18个月。

B方案：将该地块分为东、西两区分两期开发。一期在东区先开发高层住宅36 000m^2建筑面积，需投入总成本费用8 100万元，开发时间为15个月。二期开发时，如果一期销路好，且预计二期销售率可达100%（售价和销量同一期），则在西区继续投入总成本费用8 100万元开发高层住宅36 000m^2建筑面积；如果一期销路差，或暂停开发，或在西区改为开发多层住宅22 000m^2建筑面积，需投入总成本费用4 600万元，开发时间为15个月。

两方案销路好和销路差时的售价和销量情况汇总于表2-25，资金时间价值系数表见表2-26。

表2-25 两方案销量情况汇总表

<table>
<tr><td colspan="4" rowspan="2">开发方案</td><td rowspan="2">建筑面积/万m²</td><td colspan="2">销路好</td><td colspan="2">销路差</td></tr>
<tr><td>售价/(元/m²)</td><td>销售率/%</td><td>售价/(元/m²)</td><td>销售率/%</td></tr>
<tr><td>A方案</td><td colspan="3">多层住宅</td><td>4.5</td><td>4 800</td><td>100</td><td>4 300</td><td>80</td></tr>
<tr><td rowspan="4">B方案</td><td>一期</td><td colspan="2">高层住宅</td><td>3.6</td><td>5 500</td><td>100</td><td>5 000</td><td>70</td></tr>
<tr><td rowspan="3">二期</td><td>一期销路好</td><td>高层住宅</td><td>3.6</td><td>5 500</td><td>100</td><td>—</td><td>—</td></tr>
<tr><td rowspan="2">一期销路差</td><td>多层住宅</td><td>2.2</td><td>4 800</td><td>100</td><td>4 300</td><td>80</td></tr>
<tr><td>停建</td><td>—</td><td>—</td><td>—</td><td>—</td><td>—</td></tr>
</table>

表2-26 资金时间价值系数表

n	4	5	6	12	15	18
$(P/A, 2\%, n)$	3.808	4.713	5.601	10.575	12.849	14.992
$(P/F, 2\%, n)$	0.924	0.906	0.888	0.788	0.743	0.700

根据经验，多层住宅销路好的概率为0.7，高层住宅销路好的概率为0.6。暂停开发每季损失10万元。季利率为2%。

问题：

1. 两方案销路好和销路差情况下分期计算季平均销售收入各为多少万元？（假定销售收入在开发时间内均摊）

2. 绘制两级决策的决策树。

3. 试决定采用哪个方案。

（计算结果保留两位小数）

答案：

问题1：

计算季平均销售收入：

A方案开发多层住宅：销路好：4.5×4 800×100%÷18/3=3 600（万元）

销路差：4.5×4 300×80%÷18/3=2 580（万元）

B方案一期：

开发高层住宅：销路好：3.6×5 500×100%÷15/3=3 960（万元）

销路差：3.6×5 000×70%÷15/3=2 520（万元）

B方案二期：

开发高层住宅：3.6×5 500×100%÷15/3=3 960（万元）

开发多层住宅：销路好：2.2×4 800×100%÷15/3=2 112（万元）

销路差：2.2×4 300×80%÷15/3=1 513.6（万元）

问题2：

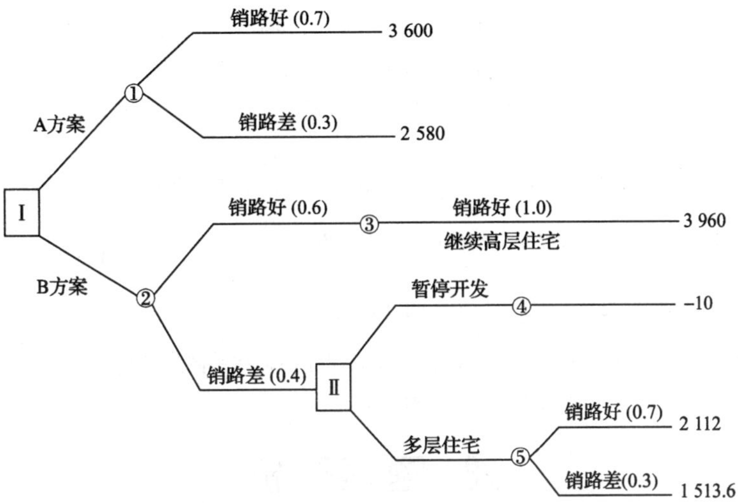

图 2-9　两级决策树

问题3：

计算二级决策点各备选方案的期望值并做出决策：

机会点③：

净现值的期望值：3 960×（P/A，2%，5）×1.0−8 100

=3 960×4.713×1.0−8 100=10 563.48（万元）

等额年金：10 563.48×（A/P，2%，5）=10 563.48×$\frac{1}{(P/A,\ 2\%,\ 5)}$

=10 563.48×$\frac{1}{4.713}$=2 241.35（万元）

机会点④：

净现值的期望值：−10×（P/A，2%，5）=−10×4.713=−47.13（万元）

等额年金：−47.13×（A/P，2%，5）

=−47.13×$\frac{1}{(P/A,\ 2\%,\ 5)}$

=−47.13×$\frac{1}{4.713}$=−10.00（万元）

机会点⑤：

净现值的期望值：（2 112×0.7+1 513.6×0.3）×（P/A，2%，5）−4 600

=（2 112×0.7+1 513.6×0.3）×4.713−4 600=4 507.78（万元）

等额年金：4 507.78×（A/P，2%，5）=4 507.78×$\frac{1}{(P/A,\ 2\%,\ 5)}$=956.46（万元）

根据计算结果判断，B方案在一期开发高层住宅销路差的情况下，二期应改为开发多层住宅。

计算一级决策点各备选方案的期望值并做出决策：

机会点①：

净现值的期望值：(3 600×0.7+2 580×0.3) × (P/A，2%，6) −9 000

= (3 600×0.7+2 580×0.3) ×5.601−9 000=9 449.69 (万元)

等额年金：9 449.69× (A/P，2%，6) =9 449.69×$\frac{1}{(P/A，2\%，6)}$

=9 449.69×$\frac{1}{5.601}$=1 687.14 (万元)

机会点②：

净现值的期望值：[10 563.48× (P/F，2%，5) +3 960× (P/A，2%，5)] ×0.6+

[4 507.78× (P/F，2%，5) +2 520× (P/A，2%，5)] ×0.4−8 100

=(10 563.48×0.906+3 960×4.713)×0.6+(4 507.78×0.906+2 520×4.713)×0.4−8 100

=16 940.40+6 384.32−8 100=15 224.72 (万元)

等额年金：15 224.72× (A/P，2%，10) =15 224.72×$\frac{1}{(P/A，2\%，10)}$

=15 224.72×$\frac{1}{8.917}$=1 707.38 (万元)

根据计算结果，应采用B方案，即一期先开发高层住宅，在销路好的情况下，二期继续开发高层住宅，在销路差的情况下，二期改为开发多层住宅。

难 题 解 析

案例一

某市城市投资有限公司拟建设一座零能耗办公楼，拟定了A方案、B方案、C方案三个投资方案，估算总造价分别为6 500万元、6 600万元和6 650万元。

该城市投资有限公司聘请了专家对该楼应具备的功能进行了深入分析。经专家讨论确定了F_1、F_2、F_3、F_4、F_5五项主要功能指标，各功能之间的重要性关系为：F_1和F_2同样重要，F_4和F_5同样重要，F_1相对于F_4很重要，F_1相对于F_3较重要。专家对三个设计方案的5个功能的评分结果见表2-27。该零能耗办公楼中某设备系统进行招标采购，有关方案基础数据见表2-28。现值系数见表2-29。

表2-27　各方案功能评分表

项目	A方案	B方案	C方案
F_1	9	8	10
F_2	8	10	8
F_3	10	9	8
F_4	7	8	9
F_5	8	9	8

表2-28　基础数据表

项目	A方案	B方案	C方案
初始投资/万元	520	600	700

续表 2-28

项目	A 方案	B 方案	C 方案
年维护费用/（万元/年）	65	60	55
使用年限/年	16	18	20
重新装修/（年/次）	8	10	10
重新装修费用/（万元/次）	100	100	110
残值/万元	17	20	25

表 2-29　现值系数表

n	8	10	16	18	20
$(P/A, 8\%, n)$	5.747	6.710	8.851	9.372	9.818
$(P/F, 8\%, n)$	0.540	0.463	0.292	0.250	0.215

问题：

1. 用 0—4 评分法计算各功能的权重，将计算结果填入表 2-30 中。（计算结果保留三位小数）

表 2-30　功能权重计算表

项目	F_1	F_2	F_3	F_4	F_5	得分	权重
F_1							
F_2							
F_3							
F_4							
F_5							
合计							

2. 用价值指数法选择最佳设计方案，将计算结果填入表 2-31 和表 2-32 中。（计算结果保留三位小数）

表 2-31　各方案功能指数计算表

方案功能	功能权重	方案功能加权得分		
		A 方案	B 方案	C 方案
F_1				
F_2				
F_3				
F_4				
F_5				
合计				
功能指数				

表 2-32　各方案价值指数计算表

方案	功能指数	估算总造价/万元	成本指数	价值指数
A				
B				
C				
合计				

3. 已知设备系统采购 A 方案和 C 方案相应的年费用分别为 130.41 万元和 132.03 万元，列式计算 B 方案的年费用，并按照年费用法选择最佳采购方案。

（计算结果保留两位小数）

［**解题要点**］本案例主要考核 0—4 评分法的运用及全寿命周期成本的计算。本案例给出各功能因素重要性之间的关系，各功能因素的权重需要根据 0—4 评分法的计分办法自行计算。本案例寿命周期成本由初始投资、年维护费用和重新装修费用三部分组成，计算时需要将重新装修费用折算成现值与初始投资汇总然后再分摊到全寿命周期，最后与年维护费用汇总。

答案：

问题 1：

表 2-33　功能权重计算表

项目	F_1	F_2	F_3	F_4	F_5	得分	权重
F_1	—	2	3	4	4	13	0.325
F_2	2	—	3	4	4	13	0.325
F_3	1	1	—	3	3	8	0.200
F_4	0	0	1	—	2	3	0.075
F_5	0	0	1	2	—	3	0.075
合　计						40	1.000

问题 2：

表 2-34　各方案功能指数计算表

方案功能	功能权重	方案功能加权得分		
		A 方案	B 方案	C 方案
F_1	0.325	2.925	2.600	3.250
F_2	0.325	2.600	3.250	2.600
F_3	0.200	2.000	1.800	1.600
F_4	0.075	0.525	0.600	0.675
F_5	0.075	0.600	0.675	0.600
合计		8.650	8.925	8.725
功能指数		0.329	0.339	0.332

表 2-35　各方案价值指数计算表

方案	功能指数	估算总造价/万元	成本指数	价值指数
A	0.329	6 500	0.329	1.000
B	0.339	6 600	0.334	1.014
C	0.332	6 650	0.337	0.986
合计	1.000	19 750	1.000	

根据以上计算结果，B方案的价值指数最大，因此最佳设计方案为B方案。

问题3：

B方案的年费用=60+［600+100×（P/F，8%，10）−20×（P/F，8%，18）］×（A/P，8%，18）=60+（600+100×0.463−20×0.250）/9.372=128.43（万元）

A方案和C方案相应的年费用分别为130.41万元和132.03万元，均大于B方案，故应该选择B方案。

案例二

某企业拟建一座节能综合办公楼，建筑面积为25 000m^2，其工程设计方案部分资料如下：

A方案：采用装配式钢结构框架体系，预制钢筋混凝土叠合板楼板，装饰、保温、防水三合一复合外墙，双玻断桥铝合金外墙窗，叠合板上现浇珍珠岩保温屋面。单方造价为2 020元/m^2。

B方案：采用装配式钢筋混凝土框架体系，预制钢筋混凝土叠合板楼板，轻质大板外墙体，双玻铝合金外墙窗，现浇钢筋混凝土屋面板上水泥蛭石保温屋面。单方造价为1 960元/m^2。

C方案：采用现浇钢筋混凝土框架体系，现浇钢筋混凝土楼板，加气混凝土砌块铝板装饰外墙体，外墙窗和屋面做法同B方案。单方造价为1 880元/m^2。

各方案功能权重及得分，见表2-36。

表 2-36　各方案功能权重及得分表

功能项目		结构体系	外窗类型	墙体材料	屋面类型
功能权重		0.30	0.25	0.30	0.15
各方案功能得分	A方案	8	9	9	8
	B方案	8	7	9	7
	C方案	9	7	8	7

问题：

1. 简述价值工程中所述的“价值（V）”的含义。对于大型复杂的产品，应用价值工程的重点是在其寿命周期的哪些阶段?

2. 运用价值工程原理进行计算，将计算结果分别填入表2-38～表2-40中，并选择最佳设计方案。

3. 若三个方案设计使用寿命均按50年计，基准折现率为10%，A方案年运行和维修费用为78万元，每10年大修一次，费用为900万元。已知B、C方案年度寿命周期经济成本分别为664.222万元和695.400万元。其他有关数据资料见表2-37“年金和现值系数表”。列式计算A方案的年度寿命周期经济成本，并运用最小年费用法选择最佳设计方案。

表 2-37 年金和现值系数表

n	10	15	20	30	40	45	50
$(A/P, 10\%, n)$	0.162 7	0.131 5	0.117 5	0.106 1	0.102 3	0.101 4	0.100 9
$(P/F, 10\%, n)$	0.385 5	0.239 4	0.148 6	0.057 3	0.022 1	0.013 7	0.008 5

（计算过程保留四位小数，计算结果保留三位小数）

[解题要点] 工程设计、施工方案技术经济分析中，价值工程及寿命周期费用理论是主要考核点，考生要熟练掌握相关内容。

答案：

问题 1：

价值工程中所述的“价值”是指作为某种产品（或作业）所具有的功能与获得该功能的全部费用的比值。它不是对象的使用价值，也不是对象的经济价值和交换价值，而是对象的比较价值，是作为评价事物有效程度的一种尺度提出来的。这种对比关系可用一个数学式表示为：$V=F/C$。

对于大型复杂的产品，应用价值工程的重点是在产品的研究、设计阶段，产品的设计图纸一旦完成并投入生产后，产品的价值就已基本确定，因此，价值工程活动更侧重在产品的研究、设计阶段，以寻求技术突破，取得最佳的综合效果。

问题 2：

表 2-38 功能指数计算表

功能项目		结构体系	外窗类型	墙体材料	屋面类型	合计	功能指数
功能权重		0.30	0.25	0.30	0.15		
各方案功能得分	A方案	2.4	2.25	2.70	1.20	8.55	0.351
	B方案	2.4	1.75	2.70	1.05	7.9	0.324
	C方案	2.7	1.75	2.40	1.05	7.9	0.324

表 2-39 成本指数计算表

方案	A	B	C	合　计
单方造价/（元/m^2）	2 020	1 960	1 880	
成本指数	2 020/5 860=0.345	1 960/5 860=0.334	1 880/5 860=0.321	1.000

表 2-40 价值指数计算表

方案	A	B	C
功能指数	0.351	0.324	0.324
成本指数	0.354	0.334	0.321
价值指数	1.017	0.970	1.009

由表 2-40 的计算结果可知，A 方案的价值指数最高，A 方案最优。

问题 3：

A 方案的年度寿命周期经济成本：

78+｛900×［（P/F，10%，10）+（P/F，10%，20）+（P/F，10%，30）+（P/F，10%，40）］｝×（A/P，10%，50）+25 000×2 020/10 000×（A/P，10%，50）

=78+［900×（0.386+0.149+0.057+0.022）］×1/9.915+5 050×1/9.915

=643.063（万元）

结论：A 方案的寿命周期年费用最小，故选择 A 方案为最佳设计方案。

案例三

某企业拟投资新建一工业厂房，有两种建设方案。

A 方案大规模投资 300 万元，产品销路好时损益值为 100 万元/年，销路差时损益值为－20 万元/年；B 方案小规模投资 160 万元，产品销路好时损益值为 60 万元/年，销路差时损益值为 20 万元/年，两个方案的生产期均为 10 年，工厂生产的产品每年销路好的概率为 0.7，销路差的概率为 0.3。

假设该项目建设工程中，施工总进度计划如图 2-10 所示（时间单位：天），正常工作时间的间接费为 0.35 万元/天，各工作可以缩短的时间及其增加的直接费见表 2-41。

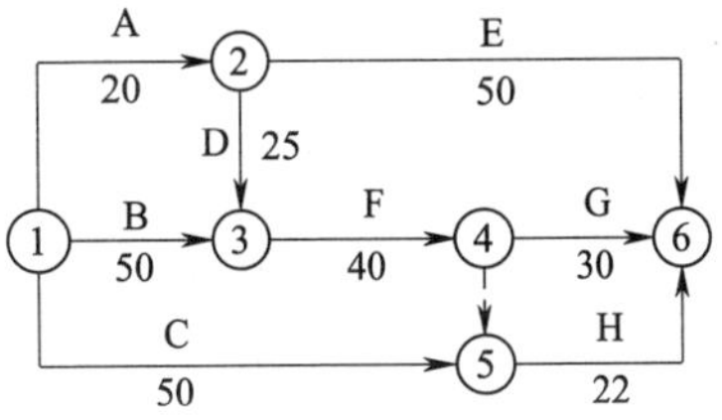

图 2-10 施工总进度计划

表 2-41 各工作可以缩短的时间及其增加的直接费

分部工程名称	A	B	C	D	E	F	G	H
可缩短的时间/天	4	8	12	3	10	8	10	4
增加的直接费/（万元/天）	0.25	0.15	0.2	0.15	0.12	0.4	0.1	0.35

问题：

1. 绘制决策树，并从 A、B 两个建设方案中选择最优方案。
2. 确定该工程的关键线路，并计算正常工期。
3. 若使该分部工程工作总费用最低，应当如何压缩网络进度计划，对应的工期为多少天？

（计算结果均保留两位小数）

［**解题要点**］该题中决策树法在投资方案决策中的应用是重要的考核点，经常结合第四章招标投标题目进行考核。工程网络进度计划时间参数的计算以及进度计划的调整和优化经常结合第五章工程合同价款管理题目进行考核，考生应重点理解和掌握。

答案：

问题 1：

绘制本题的决策树，见图 2-11。

计算决策点各备选方案的期望值：

节点 1：100×0.7×10+（－20）×0.3×10－300=340（万元）

节点 2：60×0.7×10+20×0.3×10－160=320（万元）

根据计算结果，应采用 A 方案进行大规模投资。

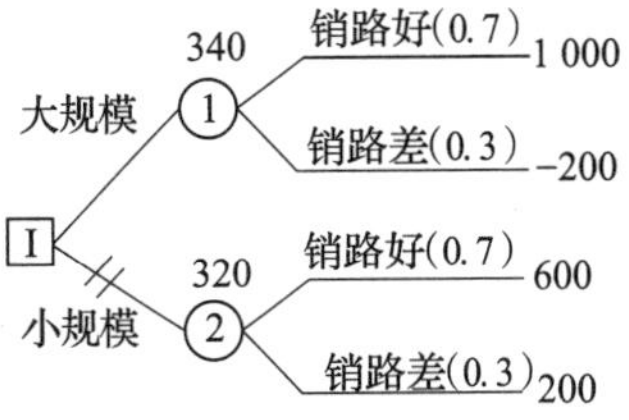

图 2-11 决策树

问题 2：

该工程的关键线路为 B→F→G。

正常工期=50+40+30=120（天）

问题 3：

使该分部工程工作总费用最低，先从 B、F、G 中选择直接费用增加最少的工作开始压缩，故首先压缩 G 工作，G 工作最多可以压缩 8 天。此时关键线路变为 B→F→G 和 B→F→H。

因为 H、F 工作直接费大于间接费，故只能压缩 B 工作，B 工作最多可压缩 5 天，此时，关键线路变为 B→F→G、B→F→H、A→D→F→H、A→D→F→G。这些工作中仍可压缩 B 工作和 D 工作各 3 天。

调整后对应的总工期＝42＋40＋22＝104（天）。

第三章　工程计量与计价

考纲要求

1. 工程量计算；
2. 工程计价定额的编制；
3. 设计概算、施工图预算的编制；
4. 工程量清单计价。

表 3-1　第三章历年试题结构分析

年份	土建工程	管道和设备工程	电气和自动化控制工程
2010	基础土方开挖、回填、外运、坑壁支护清单工程量计算，对基础土方施工综合单价计算，填写表格①、②、④	联合平台金属结构制安工程（安装、刷油）计算综合单价，加药车间工艺安装计算管道长度、法兰工程量，填写表格②、④	电缆工程（含控电缆沟、过路保护钢管）计算电缆长度、预留、附加长度、土方工程量，填写表格②、③
2011	现浇室外楼梯（梁、台、板）混凝土体积清单工程量计算，填写表格①、②、③	配水阀室工艺管道安装（地上、地下部分）确定清单工程量，填写表格②、③	自动报警系统工程量计算，依据相关定额数据编制表格②、③
2012	圆形烟囱基础平整场地，基础土方、垫层、混凝土工程量计算，填写表格①、③	泵房工艺管道（地上、地下）安装，计算个数、管道长度、除锈防腐施工确定清单工程量，填写表格②、③	配电装置安装工程量计算（含变压器、配电柜、开关柜、配管、电力电缆），编制表格②、③
2013	预制钢筋混凝土排架结构（梁柱）（钢筋含量已知）确定施工清单工程量，编制“分部分项工程单价措施项目清单与计价表”与表格④	泵房工艺管道安装，确定管道长度、施工工程量（含法兰），填写表格③、⑤	会议照明系统安装计算工程量、器件安装数量，填写表格②、④
2014	土方开挖、基坑支护、止水帷幕、混凝土灌注桩、钢筋笼长锚索施工（钢筋含量已知）计算清单工程量，编制表格⑤与“竣工结算汇总表”	泵房工艺伴热管送部分安装施工计算管道、管件安装清单工程量，填写表格③、⑤	汽车库动力配电工程，列式计算管线工程量（含暗配、穿线），填写表格④与“其他项目清单与计价汇总表”“单位工程招标控制价汇总表”
2015	架空运输坡道基础垫层、现浇混凝土独立基础、基础梁、构件钢筋模板工程量计算，填写表格①、⑤	室外消防给水管网工程工程量计算，室外消火栓安装综合单价分析，填写表格③、⑤	厂房防雷接地装置避雷网、引线、接地母线工程量计算，引线综合单价计算，填写表格②、④

续表 3-1

年份	土建工程	管道和设备工程	电气和自动化控制工程
2016	写字楼标准层电梯厅、楼地面、墙面、天棚、门、门套工程量计算，单位工程费汇总计算，填写表格④、⑤	卫生间给水排水工程管道工程量计算，安装工程综合单价计算，钢材价格调值计算，填写表格③、⑤	办公楼一层电气照明安装工程量，配管、配线工程量计算，管内穿线综合单价计算，填写表格②、④
2017	车间轻型钢屋架系统安装，油漆工程量计算，计算单位工程招标控制价，填写表格①、②、④	成品油泵房管道系统施工管道、阀门工程量计算，综合单价计算（含增值税），增值税额计算，填写表格③、⑤	配电箱系统安装工程量，配管配线工程量计算与综合单价计算，填写表格②、④
2018	多管式烟囱基础施工工程量计算，编制表格⑤计算最高投标限价	卫生间给水系统工程量计算，编制表格③、⑤	配电间电气安装工程、防雷接地工程量计算，编制表格②、④
2019	体育场馆基础的垫层、独立基础混凝土、矩形基础柱的混凝土和钢筋（综合）工程量计算，填写表格①、③、④	公共厕所给排水工程量计算，编制表格①、②、③	大厦公共厕所电气中配管、配线的工程量计算，填写表格③、⑤
2020	边坡支护设计方案及优化，计算工程量和单位工程招标控制价，填写表格①、②、③		
2021	以高位水池分部分项工程量计算为基础，计算钢筋混凝土池底板、钢筋混凝土池壁板、钢筋混凝土池顶板、钢筋混凝土池内柱、钢筋、钢爬梯等实体工程分部分项结算工程量，计算混凝土标号变化产生的综合单价差和综合单价；填写表格①、②，编制“竣工结算汇总表”		大厦公共厕所电气配管配电工程量计算，填写表格①、②
2022	以客运索道工程的上站设备基础工程分部分项工程量计算为基础，计算混凝土、钢筋、地脚螺栓等实体工程分部分项工程量，填写表格③，完成二次搬运费用汇总表和施工图调整价汇总表		
备注	①分部分项工程量计算表； ②分部分项工程量清单综合单价分析表； ③分部分项工程量清单与计价表； ④投标报价汇总表、单位工程费汇总表； ⑤分部分项工程和单价措施项目清单与计价表	①分部分项工程量清单表； ②分部分项工程量清单与计价表； ③分部分项工程量清单综合单价分析表； ④投标报价汇总表、单位工程费汇总表； ⑤分部分项工程和单价措施项目与计价表	①分部分项工程量清单表； ②分部分项工程量与清单综合单价分析表； ③分部分项工程量清单与计价表； ④分部分项工程和单价措施项目与计价表； ⑤最高投标报价汇总表

考点与题型详解

考点一：建设施工项目定额、指数、指标的计算与应用

考核要求	1. 施工定额的形成，预算定额的形成，概算定额与概算指标的形成； 2. 施工图预算，设计概算应用过程与指标计算； 3. 工程造价指数的形成与应用； 4. 投资估算指标的计算与应用（结合基本题型进行）； 5. 与工程量计算相结合进行命题	此部分内容考试过程将多个知识点集成考试，即将施工定额与预算定额的确定形成一题，试题中题干源于教材。但教材中的已知数据，考试中作为未知量计算。近年从实践角度对定额调整计算题型应引起注意

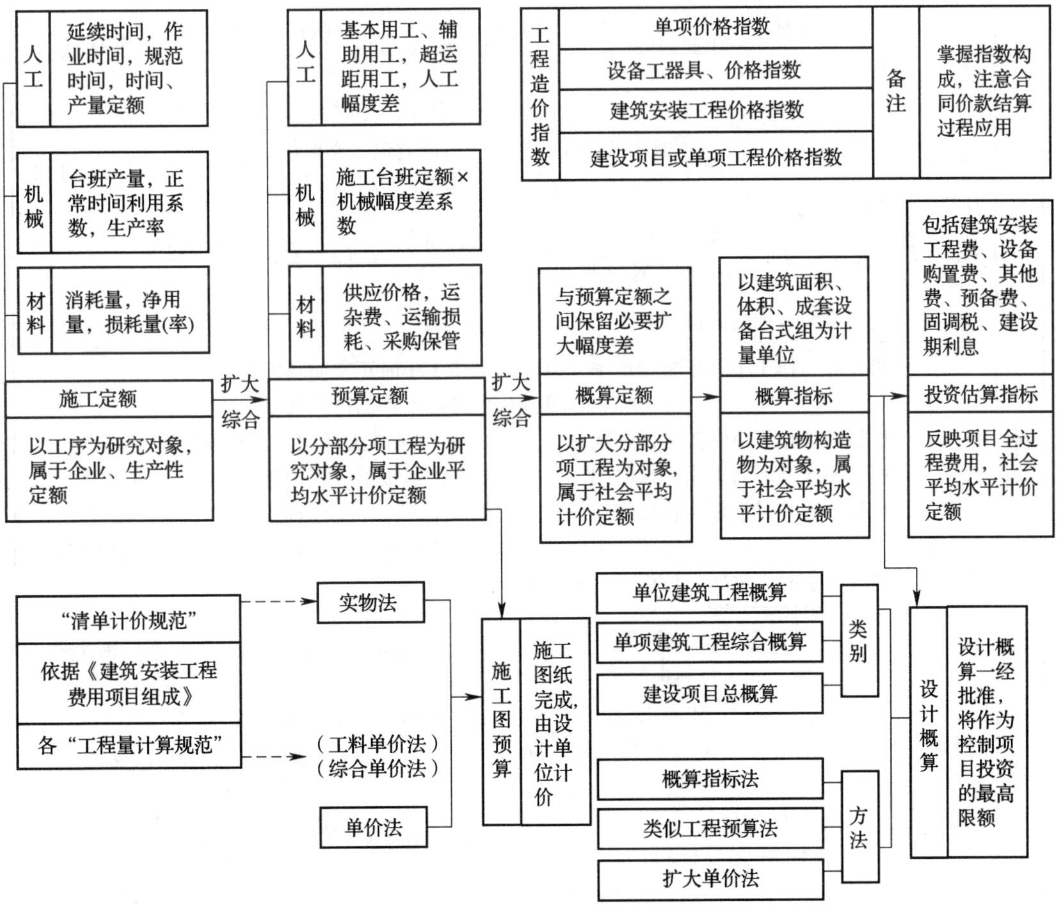

图 3-1　定额、指数、指标知识架构图

知识要点集成

定额、指数、指标的构成与计算

表 3-2 相关知识表

<table>
<tr><td colspan="7">主 要 内 容</td></tr>
<tr><td rowspan="6">基本概念</td><td>类别</td><td>施工定额</td><td>预算定额</td><td>概算定额</td><td>概算指标</td><td>投资估算指标</td></tr>
<tr><td>对象</td><td>施工过程或基本工序</td><td>分项工程和结构构件</td><td>扩大的分项工程或扩大的结构构件</td><td>单位工程</td><td>建设项目、单项工程、单位工程</td></tr>
<tr><td>用途</td><td>编制施工预算</td><td>编制施工图预算</td><td>编制扩大初步设计概算</td><td>编制初步设计概算</td><td>编制投资估算</td></tr>
<tr><td>项目划分</td><td>最细</td><td>细</td><td>较粗</td><td>粗</td><td>很粗</td></tr>
<tr><td>定额水平</td><td>平均先进</td><td>平均</td><td>平均</td><td>平均</td><td>平均</td></tr>
<tr><td>定额性质</td><td>生产性定额</td><td colspan="4">计价性定额</td></tr>
<tr><td rowspan="3">施工定额</td><td>工时定额计算</td><td colspan="5">$\text{工作延续时间（定额时间）}=\text{作业时间}\left(\text{基本工作}+\text{辅助工作}\right)+\text{规范时间}\left(\text{准备与结束}+\text{不可避免中断}+\text{必要休息}\right)$
$=\dfrac{\text{基本工作时间}}{1-\left(\text{辅助工作时间}+\text{准备与结束时间}+\text{不可避免中断时间}+\text{必要休息时间}\right)\text{占工作延续时间百分比}}$
$\left(\text{或定额时间}=\dfrac{\text{基本工作时间}+\text{辅助工作时间}}{1-\text{规范时间占定额时间百分比}}\right)$，$\text{时间定额}=\dfrac{\text{定额时间}}{8}$
时间定额×产量定额＝1</td></tr>
<tr><td>机械台班定额</td><td colspan="5">机械纯工作 1 小时正常生产率＝机械纯工作 1 小时正常循环次数×机械一次循环生产的产品数量
机械纯工作 1 小时正常循环次数＝60×60/机械一次循环的正常延续时间（s）
机械一次循环的正常延续时间＝∑机械循环的组成部分正常延续时间－交叠时间
机械台班产量定额＝机械纯工作 1 小时正常生产率×工作班纯工作时间
＝机械纯工作 1 小时正常生产率×工作班延续时间×机械利用系数
机械台班时间定额＝1/机械台班产量定额</td></tr>
<tr><td>材料消耗定额</td><td>一般计算</td><td>材料消耗量＝材料净用量＋材料损耗量
＝材料净用量（1＋材料损耗率）
对于周转材料：
一次使用量＝材料净用量（1＋材料损耗率）</td><td>周转材料</td><td colspan="2">一次使用量＝材料净用量×（1－材料损耗率）
材料摊销量＝一次使用量×摊销系数
$\text{摊销系数}=\text{周转使用系数}-\dfrac{(1-\text{损耗率})\times\text{回收价值率}}{\text{周转次数}}\times100\%$
$\text{周转使用时数}=\dfrac{(\text{周转次数}-1)\times\text{损耗率}}{\text{周转次数}}\times100\%$
$\text{回收价值率}=\dfrac{\text{一次使用量}\times(1-\text{损耗率})}{\text{周转次数}}\times100\%$</td></tr>
</table>

续表 3-2

主要内容		
预算定额	人工工日	基本用工＝Σ（综合取定的工程量×劳动定额） 辅助用工＝Σ（材料加工数量×相应加工劳动定额） 超运距用工＝预算定额取定运距用工－劳动定额已包括的运距用工 人工幅度差＝（基本用工＋辅助用工＋超运距用工）×人工幅度差系数 ＝预算定额－劳动定额 人工工日消耗指标＝基本用工＋其他用工 ＝定额时间（小时）/8 小时＋辅助用工＋超运距用工＋人工幅度差 ＝（基本用工＋辅助用工＋超运距用工）×（1＋人工幅度差系数）
预算定额	机械台班	机械台班定额＝施工定额耗用台班×（1＋机械幅度差系数） 施工机械台班产量定额＝机械 1 小时纯工作正常生产率×工作班延续时间×机械时间利用系数
预算定额	材料定额	材料预算价格＝（材料原价＋供销部门手续费＋包装费＋运输费＋运输损耗费）×（1＋采购保管费率）－包装回收价格 ＝（供应价格＋运杂费）×（1＋运输损耗率%）×（1＋采购保管费率%） 注：简化计算用施工定额中材料定额×调整系数
概算定额		是在预算定额的基础上，确定完成合格的单位扩大分项工程或单位扩大结构件所需消耗的人工、材料和机械台班的数量标准。它与预算定额之间保留必要的幅度差，是预算定额的综合和扩大，主要用于设计概算的编制，代表社会平均定额水平，属于计价性定额
概算指标		是以单位工程为对象，以建筑面积、体积或成套设备装置的台或组为计量单位而规定的人工、材料、机具台班的消耗量标准和造价指标。它与概算定额的各种消耗量指标对象不同，确定各种消耗量指标的依据不同，以预算定额和结算资料为基础。用于编制初步设计概算，代表社会平均水平的计价性定额
设计概算	概算指标法	概算指标法是用拟建的厂房、住宅的建筑面积（或体积）乘以技术条件相同或基本相同工程的概算指标，得出直接工程费，然后按规定计算出措施费、间接费、利润和税金等，编制出单位工程概算的方法

续表 3-2

主要内容		
设计概算	类似工程预算法	类似工程造价资料有具体的人工、材料、机械台班的用量时，可按类似工程预算造价资料中的主要材料用量、工日数量、机械台班用量乘以拟建工程所在地的主要材料预算价格、人工单价、机械台班单价，计算出直接工程费，再乘以当地的综合费率，即可得出所需的拟建工程造价指标。可按下面公式调整： $D=A\cdot K$ $K=a\%K_1+b\%K_2+c\%K_3+d\%K_4+e\%K_5$ 式中：D——拟建工程单方概算造价； A——类似工程单方预算造价； K——综合调整系数； $a\%$、$b\%$、$c\%$、$d\%$、$e\%$——类似工程单项费用占预算造价中的比重； K_1、K_2、K_3、K_4、K_5——类似工程与拟建工程预算造价构成中单项费用的差异系数
施工图预算		由设计单位按工料单价法或综合单价法编制

注：1. 建筑安装工程预算造价＝（∑分项工程量×分项工程工料单位）＋措施费＋间接费＋利润＋税金

2. $$\text{建筑安装工程造价指数}=\frac{\text{报告期建筑安装工程费}}{\frac{\text{报告期人工费}}{\text{人工费指数}}+\frac{\text{报告期材料费}}{\text{材料费指数}}+\frac{\text{报告期施工机械使用费}}{\text{施工机械使用费指数}}+\frac{\text{报告期措施费}}{\text{措施费指数}}+\frac{\text{报告期间接费}}{\text{间接费指数}}+\text{利润}+\text{税金}}$$

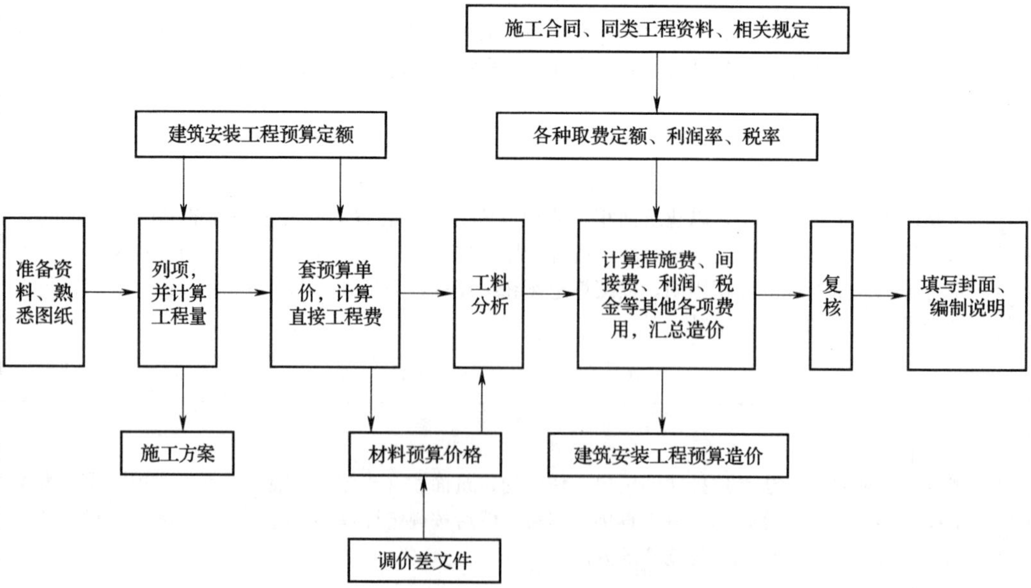

图 3-2 定额单价法编制施工图预算流程图

经典题型剖析

案例一

某施工项目包括砌筑工程和其他分部分项工程，施工单位需要确定砌筑一砖半墙 $1m^3$ 的施工定额和砌筑 $10m^3$ 砖墙的预算单价。

砌筑一砖半墙的技术测定资料如下：

1. 完成 $1m^3$ 砖砌体需基本工作时间 15.5h，辅助工作时间占工作延续时间的 3%，准备与结束工作时间占 3%，不可避免中断时间占 2%，休息时间占 16%，人工幅度差系数为 10%，超运距运砖每千砖需耗时 2.5h。

2. 砖墙采用 M5 水泥砂浆，实体体积与虚体积之间的折算系数为 1.07。砖和砂浆的损耗率均为 1%，完成 $1m^3$ 砌体需耗水 $0.8m^3$，其他材料费占上述材料费的 2%。

3. 砂浆采用 400L 搅拌机现场搅拌，运料需 200s，装料需 50s，搅拌需 80s，卸料需 30s，不可避免中断时间为 10s。搅拌机的投料系数为 0.65，机械利用系数为 0.8，机械幅度差系数为 15%。

4. 人工日工资单价为 21 元/工日，M5 水泥砂浆单价为 120 元/m^3，机砖单价为 190 元/千块，水为 0.6 元/m^3，400L 砂浆搅拌机台班单价为 100 元/台班。

另一个分部分项工程施工时，甲方认为应重新确定其预算单价。实测的某机械的台班消耗量为 0.25 台班/$10m^3$，人工工日消耗量为 2.3 工日/$10m^3$，所需某种地方材料 3.5t/$10m^3$。已知所用机械台班预算单价为 150 元/台班，人工工资为 25 元/工日，地方材料的货源为：甲厂可以供货 30%，原价为 65 元/t；乙厂可以供货 30%，原价为 66.50 元/t；丙厂可以供货 20%，原价为 63.50 元/t；其余由丁厂供货，原价为64.20元/t。甲、乙两厂是水路运输，运费为 0.50 元/km，装卸费 3 元/t，驳船费 1.5 元/t，途中损耗 2.5%，甲厂运距 70km，乙厂运距 65km；丙厂和丁厂为陆路运输，运费为 0.55 元/km，装卸费 2.8 元/t，调车费 1.35 元/t，途中损耗 3%，丙厂运距 50km，丁厂运距 60km。材料的包装费均为 9 元/t，采购保管费率为 2.4%。

问题：

1. 确定砌筑工程中一砖半墙的施工定额和砌筑 $10m^3$ 砖墙的预算单价。

2. 确定另一分部分项工程的预算基价（$10m^3$）。

答案：

问题 1：

施工定额的编制：

（1）劳动定额：

$$\text{时间定额}=\frac{15.5}{(1-3\%-3\%-2\%-16\%)\times 8}=2.549\text{（工日）}$$

$$\text{产量定额}=\frac{1}{\text{时间定额}}=\frac{1}{2.549}=0.392\ (m^3)$$

（2）材料消耗定额：

$1m^3$ 一砖半墙的净用量

$$=\left[\frac{1}{(\text{砖长}+\text{灰缝})\times(\text{砖厚}+\text{灰缝})}+\frac{1}{(\text{砖宽}+\text{灰缝})\times(\text{砖厚}+\text{灰缝})}\right]\times\frac{1}{\text{砖长}+\text{砖宽}+\text{灰缝}}$$

$$=\left[\frac{1}{(0.24+0.01)(0.053+0.01)}+\frac{1}{(0.115+0.01)(0.053+0.01)}\right]\times\frac{1}{0.24+0.115+0.01}$$

=522（块）

所以，砖的消耗量=522×（1+1%）=527（块）

$1m^3$一砖半墙砂浆净用量＝（1－522×0.24×0.115×0.053）×1.07＝0.253（m^3）

砂浆消耗量＝0.253×（1＋1％）＝0.256（m^3）

水用量 0.8m^3

（3）机械产量定额：

首先确定机械循环一次所需时间：

由于运料时间大于装料、搅拌、出料和不可避免的中断时间之和，所以机械循环一次所需时间 200s。

搅拌机净工作 1 小时的生产率 N_h＝60×60÷200×0.4×0.65＝4.68（m^3）

搅拌机的台班产量定额＝N_h×8×K_B＝4.68×8×0.8＝29.952（m^3）

$1m^3$一砖半墙机械台班消耗量＝0.256÷29.952＝0.009（台班）

预算定额和预算单价的编制：

（1）预算定额：

预算人工工日消耗量＝（2.549＋0.527×2.5/8）×10×（1＋10％）＝29.854（工日）

预算材料消耗量：砖 5.27 千块；砂浆 2.56m^3；水 8m^3

预算机械台班消耗量＝0.009×10×（1＋15％）＝0.104（台班）

（2）预算定额单价：

人工费＝29.854×21＝626.93（元）

材料费＝（5.27×190＋2.56×120＋8×0.6）×（1＋2％）＝1 339.57（元）

机械费＝0.104×100＝10.40（元）

则预算定额单价＝人工费＋材料费＋机械费＝626.93＋1 339.57＋10.40＝1 976.90（元）

问题 2：

预算基价＝人工费＋材料费＋机械费＝人工定额消耗费×人工工资单价＋机械台班定额消耗量×机械台班预算单价＋材料定额消耗量×材料预算价格

这里除了材料预算价格需要求解之外，其他均已知。

材料预算价格的计算：

原价＝65×0.3＋66.50×0.3＋63.50×0.2＋64.20×0.2＝64.99（元/t）

包装费＝9（元/t）

运费＝（0.3×70＋0.3×65）×0.50＋（0.2×50＋0.2×60）×0.55＝32.35（元/t）

驳船费＝（0.3＋0.3）×1.5＝0.9（元/t）

调车费＝（0.2＋0.2）×1.35＝0.54（元/t）

装卸费＝（0.3＋0.3）×3＋（0.2＋0.2）×2.8＝2.92（元/t）

运杂费＝32.35＋0.9＋0.54＋2.92＝36.71（元/t）

运输途耗率＝（0.3＋0.3）×2.5％＋（0.2＋0.2）×3％＝2.7％

途中损耗费＝（64.99＋9＋36.71）×2.7％＝2.99（元/t）

采购保管费＝（64.99＋9＋36.71＋2.99）×2.4％＝2.73（元/t）

则某地方材料的预算价格＝64.99＋9＋36.71＋2.99＋2.73＝107.42（元/t）

预算基价＝2.3×25＋107.42×3.5＋0.25×150＝470.97（元/10m^3）

考点二：工程计价

考核要求	工程计价是造价工程师工作实务的重要环节，也是考试的重点。试题中以《建筑安装工程费用项目组成》（建标〔2013〕44 号）、《建设工程工程量清单计价规范》GB 50500—2013 的相关规定为依据，结合工程实际进行计价计算

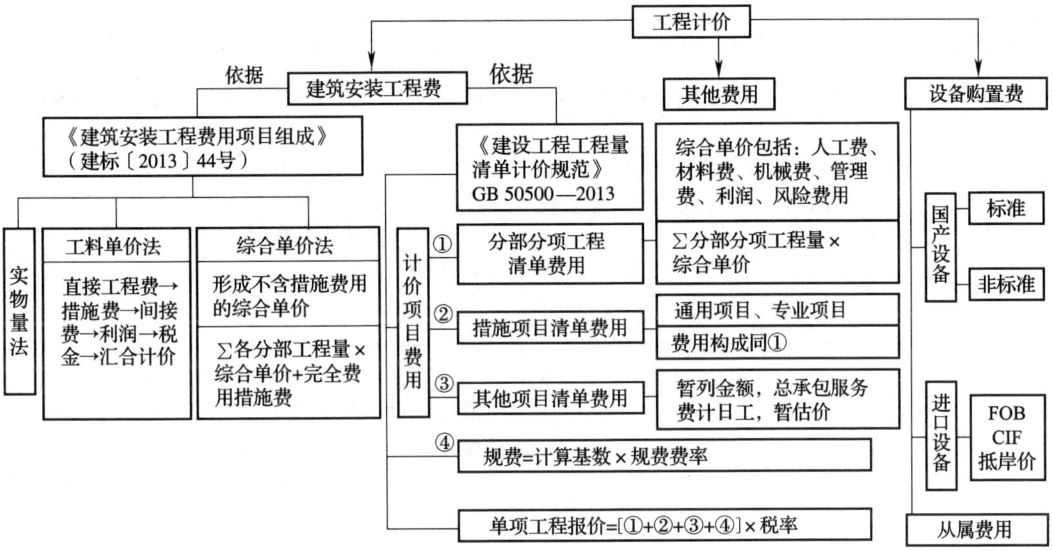

图 3-3　工程计价知识架构图

知识要点集成

一、按要素划分建筑安装工程费用的计算

表 3-3　相关知识表（一）

费用名称	费用构成	量的确定
人工费	计时工资或计件工资、奖金、津贴补贴、加班加点工资以及特殊情况下支付的工资	由分项工程所综合的各个工序劳动定额包括的基本用工、其他用工两部分组成
材料费（含工程设备）	材料原价（或供应价格）、材料运杂费、运输损耗费、采购及保管费等	材料净用量和材料不可避免的损耗量
施工机具使用费	施工机械使用费（折旧费、检修费、维护费、安拆费及场外运费、人工费、燃料动力费和其他费用）或其租赁费	施工机械台班消耗量
	仪器仪表使用费（摊销及维修费用）或其租赁费	—
企业管理费	管理人员工资、办公费、差旅交通费、固定资产使用费、工具用具使用费、劳动保险和职工福利费、劳动保护费、检验试验费、工会经费、职工教育经费、财产保险费、财务费、税金及其他等	以分部分项工程费为计算基础
		以人工费和机械费合计为计算基础
		以人工费为计算基础

续表 3-3

费用名称	费用构成	量的确定
利润	计算基数×利润率，利润率由施工企业根据企业自身需求并结合建筑市场实际自主确定	
规费	社会保险费（包括养老保险费、失业保险费、医疗保险费、生育保险费、工伤保险费）	以定额人工费为计算基础，根据工程所在地省、自治区、直辖市或行业建设主管部门规定费率计算
	住房公积金	
税金	增值税	增值税的计税方法分为一般计税方法和简易计税方法，一般计税方法适用于一般纳税人，适用9%的税率，简易计税方法适用于小规模纳税人，适用3%的征收率。 一般计税方法：当期应纳增值税＝当期销项税额－当期进项税额 当期销项税额＝当期应税销售额×适用税率 简易计税方法：当期应纳增值税＝当期应税销售额×征收率

注：城市维护建设税、教育费附加、地方教育费附加等均作为“税金及附加”在管理费中核算。

二、按造价形式划分建筑安装工程费用的计算

表 3-4 相关知识表（二）

分部分项工程费	措施项目费	其他项目费	规费	税金
1. 人工费； 2. 材料费； 3. 施工机具使用费	1. 安全文明施工费； 2. 夜间施工增加费； 3. 非夜间施工照明费； 4. 二次搬运费； 5. 冬雨季施工增加费； 6. 地上、地下设施、建筑物的临时保护设施费； 7. 已完工程及设备保护费； 8. 脚手架费； 9. 混凝土模板及支架（撑）费	1. 暂列金额； 2. 计日工	1. 社会保险费（包括养老保险费、失业保险费、医疗保险费、生育保险费、工伤保险费）；	增值税等

续表 3-4

<table>
<tr><th>分部分项工程费</th><th>措施项目费</th><th>其他项目费</th><th>规费</th><th>税金</th></tr>
<tr><td>4. 企业管理费；
5. 利润；
6. 风险费用</td><td>10. 垂直运输费；
11. 超高施工增加费；
12. 大型机械设备进出场及安拆费；
13. 施工排水、降水费；
14. 其他</td><td>3. 总承包服务费；
4. 暂估价</td><td>2. 住房公积金</td><td></td></tr>
<tr><td colspan="3">计价项目费中三项费用均包含人工费、材料费、施工机械使用费、管理费、利润</td><td>注意基数</td><td>计算公式同修订文件</td></tr>
<tr><td>《建设工程工程量清单计价规范》GB 50500—2013 规定</td><td colspan="4">使用国有资金投资的建设工程发承包，必须采用工程量清单计价。
非国有资金投资的建设工程，宜采用工程量清单计价。
不采用工程量清单计价的建设工程，应执行本规范除工程量清单等专门性规定外的其他规定。
工程量清单应采用综合单价计价。
措施项目费中的安全文明施工费、规费和税金必须按国家或省级、行业建设主管部门的规定计算，不得作为竞争费用</td></tr>
</table>

三、工程量清单计价与清单编制

表 3-5　相关知识表（三）

<table>
<tr><th colspan="2">主 要 内 容</th></tr>
<tr><td>清单规范应用过程</td><td>工程招标阶段 招标单位可委托标底编制单位或招标代理单位编写工程量清单和最高投标限价，作为招标文件的组成部分发放给各投标单位 → 投标单位编制标书阶段 首先分析招标文件，然后审核工程量清单，最后填单价（综合单价），并计算投标价 → 评标阶段 对投标单位的最终总报价及分项工程的综合单价的合理性进行分析 → 施工阶段 中标后双方签订承包合同，确定施工阶段工程计量、工程结算和价款支付依据</td></tr>
<tr><td>清单计价规定</td><td>1. 分部分项工程费＝Σ（分部分项工程量×综合单价）
综合单价包括人工费、材料费、施工机具使用费、企业管理费和利润，以及一定范围的风险费用。
2. 应予计量的措施项目：措施项目费＝Σ（措施项目工程量×综合单价）
不宜计量的措施项目：
（1）安全文明施工费＝计算基数×安全文明施工费费率（%）
计算基数应为定额基价（定额分部分项工程费＋定额中可以计量的措施项目费）、定额人工费或定额人工费与机械费之和，其费率由工程造价管理机构根据各专业工程的特点综合确定。
（2）不宜计量的措施项目：措施项目费＝计算基数×措施项目费费率（%）
3. 其他项目清单计价费用＝暂列金额＋总承包服务费＋暂估价＋计日工
4. 规费＝Σ（各项规费费率×计费基数）
5. 税金＝［（1）＋（2）＋（3）＋（4）］×税率（注意：项目所在地不同时税率有区别）
6. 单项工程报价（清单计价费用）＝（1）＋（2）＋（3）＋（4）＋（5）</td></tr>
</table>

续表 3-5

	主 要 内 容
备注	1. 分部分项工程费计算过程中，招标文件中在其他项目清单中提供了暂估单价的材料，应按其暂估的单价计入分部分项工程量清单项目的综合单价中。计算分部分项工程综合单价应包括承包人承担的合理风险。在施工过程中，当出现的风险内容及其范围（幅度）在招标文件规定的范围（幅度）内时，综合单价不得变动，工程价款不做调整。根据国际惯例并结合我国工程建设的特点，发、承包双方对工程施工阶段的风险宜采用如下分摊原则： （1）对于主要由市场价格波动导致的价格风险，如工程造价中的建筑材料、燃料等价格风险，承、发包双方应当在招标文件中或在合同中对此类风险的范围和幅度予以明确约定，进行合理分摊。根据工程特点和工期要求，建议可一般采取的方式是承包人承担 5%以内的材料和工程设备价格风险，10%以内的施工机械使用费风险。 （2）对于法律、法规、规章或有关政策出台导致工程税金、规费、人工发生变化，并由省级、行业建设行政主管部门或其授权的工程造价管理机构根据上述变化发布的政策性调整，承包人不应承担此类风险，应按照有关调整规定执行。 （3）对于承包人根据自身技术水平、管理、经营状况能够自主控制的风险，如承包人的管理费、利润的风险，承包人应结合市场情况，根据企业自身的实际合理确定、自主报价，该部分风险由承包人全部承担。 2. 措施项目清单计价应根据拟建工程的施工组织设计，对于可以精确计量的措施项目宜采用分部分项工程量清单方式的综合单价计价；对于不能精确计量的措施项目可以“项”为单位的方式按“率值”计价，应包括除规费、税金外的全部费用，其价格组成与综合单价相同，应包括除规费、税金以外的全部费用。出现工程变更时，承包人提出调整费用应提交发包人确认，如需要按照实际发生变化调整时，应考虑承包人报价的浮动因素。 承包人报价偏差的调整。如果工程变更项目出现承包人在工程量清单中填报的综合单价与发包人最高投标限价或施工图预算相应清单项目的综合单价偏差超过 15%的，工程变更项目的综合单价可由发、承包双方协商调整。具体的调整方法由双方当事人在合同专用条款中约定。 3. 规费、税金为不可竞争费用
分部分项工程量清单编制	1. 项目名称应按各“工程量计算规范”附录的项目名称结合拟建工程实际确定。 2. 分部分项工程量清单的项目编码，应采用十二位阿拉伯数字表示。一至九位应按附录的规定设置，十至十二位应根据拟建工程的工程量清单项目名称设置。 3. 分部分项工程量清单的计量单位应按各“工程量计算规范”附录中规定的计量单位确定。 4. 分部分项工程量清单的项目特征是确定一个清单项目综合单价的重要依据，在编制的工程量清单中必须对其项目特征进行准确和全面的描述。分部分项工程量清单的项目特征的描述原则，是应按各“工程量计算规范”附录中规定的项目特征结合拟建工程项目的实际予以描述。 5. 工程量应按《建设工程工程量清单计价规范》GB 50500—2013 附录中规定的工程量计算规则计算，其中以“t”为单位，应保留三位小数，第四位小数四舍五入；以“m^3”“m^2”“m”“kg”为单位应保留两位小数，第三位小数四舍五入；以“个”“件”等为单位的应取整数。清单工程量为净量，施工中全部工程量为定额工程量，每一项工程内容都应根据所选定额的工程量计算规则计算其工程数量，当定额的工程量计算规则与清单的工程量计算规则相一致时，可直接以工程量清单中的工程量作为工程内容的工程数量。当采用清单单位含量计算人工费、材料费、施工机具使用费时，还需要计算每一计量单位的清单项目所分摊的工程内容的工程数量，即清单单位含量： $$清单单位含量=\frac{某工程内容的定额工程量}{清单工程量}$$

续表 3-5

主要内容	
措施项目清单编制与调整	措施项目清单与计价表分为以项为计价要求和以量为计价要求的两种表式（一）、（二）。表（一）中列出各项费用的计算基础和费率。其中安全文明施工费等不可竞争费费率应按有关规定填写，不得变动。表（二）中以量计算时，与分部分项工程清单构成相同，并填入对应项目的综合单价，其编码可采取补充编码。 因分部分项工程量清单漏项或非承包人原因的工程变更，引起措施项目发生变化，造成施工组织设计或施工方案变更，原措施费中已有措施项目按原措施费的组价方法调整；原措施费中没有的措施项目，由承包人根据措施项目变更情况，提出适当措施费变更经发包人确认后调整。因非承包人原因引起工程量增减、变化量在约定幅度以内的执行原有的综合单价，幅度以外的其综合单价及措施项目费应予调整。专业工程措施项目可按各“工程量计算规范”附录中规定的项目选择列项，若出现各“工程量计算规范”未列项目，可根据工程实际情况补充
其他项目清单的编制	1. 暂列金额。招标人在招标文件的工程量清单中标示了暂列金额（项），投标人应列出报价，不得变动。一般可按分部分项工程量清单费用的 10%～15%填写。不同项目分别列项。 2. 暂估价不得变动和更改。暂估价中的材料暂估价必须按照招标人提供的暂估单价计入分部分项工程费用中的综合单价，专业工程暂估价必须按照招标人提供的其他项目清单中列出的金额填写。材料暂估单价和专业工程暂估价均由招标人提供，为暂估价格，在工程实施过程中，对于不同类型的材料与专业工程采用不同的计价方法。 （1）招标人在工程量清单中提供了暂估价的材料和专业工程属于依法必须招标的，由承包人和招标人共同通过招标确定材料单价与专业工程中标价； （2）若材料不属于依法必须招标的，经发、承包双方协商确认单价后计价； （3）若专业工程不属于依法必须招标的，由发包人、总承包人与分包人按有关计价依据进行计价。 3. 计日工应按照其他项目清单招标人列出的项目和估算的数量，投标人自主确定各项综合单价并计算费用。其费用构成包括人工费、材料费、机械费、管理费、利润。 4. 总承包服务费包括招标人要求投标人在中标后进行工程总承包过程中对发包人单独发包的专业工程提供协调配合服务所收取的费用，承包方使用发包方提供的材料收取的利润、管理费用
规费、税金项目清单编制	规费包括社会保险费（养老、失业、医疗、工伤、生育保险费）、住房公积金、工程排污费，分别列项。 税金主要列增值税

经典题型剖析

案例二

某工程采用工程量清单招标。按工程所在地的计价依据规定，措施费和规费均以分部分项工程费中的人工费（已包含管理费和利润）为计算基础，经计算，该工程的分部分项工程费总计为 6 300 000 元，其中人工费为 1 260 000 元。其他有关工程造价方面的背景材料如下：

1. 条形砖基础工程量为 160m³，基础深 3m，采用 M5 水泥砂浆砌筑，防潮层采用 1∶2 水泥砂浆掺 0.5 防水剂，多孔砖的规格为 240mm×115mm×90mm。实心砖内墙工程量为 1 200m³，采用 M5 混合砂浆砌筑，蒸压灰砂砖的规格为 240mm×115mm×53mm，墙厚 240mm。

现浇钢筋混凝土矩形梁模板及支架工程量为 420m²，支模高度为 2.6m。现浇钢筋混凝土有梁板模板及支架工程量为 800m²，梁截面为 250mm×400mm，梁底支模高度为 2.6m，板底支模高度为 3m。

2. 安全文明施工费费率为 25%，夜间施工费费率为 2%，二次搬运费费率为 1.5%，冬、雨季施工费费率为 1%。

按合理的施工组织设计，该工程需大型机械进出场及安拆费 26 000 元，工程定位复测费 2 400 元，已完工程及设备保护费 22 000 元，特殊地区施工增加费 120 000 元，脚手架费 166 000 元。以上各项费用包含管理费和利润。

3. 招标文件中列明，该工程暂列金额 330 000 元，材料暂估价 100 000 元，计日工费用 20 000 元，总承包服务费 20 000 元。

4. 社会保障费中的养老保险费费率为 16%，失业保险费费率为 2%，医疗保险费和生育保险费费率为 6%；住房公积金费率为 6%；工伤保险费费率为 0.48%。增值税税率为不含税的人材机费、管理费、利润、规费之和的 3%。

问题：

依据《建设工程工程量清单计价规范》的规定，结合工程背景材料及所在地计价依据的规定，编制最高投标限价。

1. 编制砖基础和实心砖内墙的分部分项清单及计价，填入表 3-6“分部分项工程量清单与计价表”。项目编码：砖基础：010401001，实心砖内墙：010401003；综合单价：砖基础 240.18 元/m³，实心砖内墙 249.11 元/m³。

2. 编制工程措施项目清单及计价，填入表 3-7“措施项目清单与计价表（一）”和表 3-8“措施项目清单与计价表（二）”。补充的现浇钢筋混凝土模板及支架项目编码：梁模板及支架 AB001，有梁板模板及支架 AB002；综合单价：梁模板及支架 25.60 元/m²，有梁板模板及支架 23.20 元/m²。

3. 编制工程其他项目清单及计价，填入表 3-9“其他项目清单与计价汇总表”。

4. 编制工程规费和税金项目清单及计价，填入表 3-10“规费、税金项目清单与计价表”。

5. 编制工程最高投标限价汇总表及计价，根据以上计算结果，计算该工程的最高投标限价，填入表 3-11“单位工程最高投标限价汇总表”。

（计算结果均保留两位小数）

答案：

问题 1：

表 3-6 分部分项工程量清单与计价表

工程名称： 标段：

项目编码	项目名称	项目特征描述	计量单位	工程量	金额/元		
					综合单价	合价	其中：暂估价
010401001001	砖基础	M5 水泥砂浆砌筑多孔砖条形基础，砖规格 240mm×115mm×90mm，基础深 3m	m³	160	240.18	38 428.80	
010401003001	实心砖墙	M5 混合砂浆砌筑蒸压灰砂砖内墙，砖规格 240mm×115mm×53mm，墙厚 240mm	m³	1 200	249.11	298 932.00	
合计							337 360.80

问题 2：

表 3-7　措施项目清单与计价表（一）

工程名称：　　　　　　　　　　　　　　　　　　标段：

序号	项目名称	计算基础	费率/%	金额/元
1	安全文明施工费	人工费（1 260 000 元）	25	315 000.00
2	夜间施工费		2	25 200.00
3	二次搬运费		1.5	18 900.00
4	冬、雨季施工费		1	12 600.00
5	大型机械进出场及安拆费			26 000.00
6	工程定位复测费			2 400.00
7	已完工程及设备保护费			22 000.00
8	特殊地区施工增加费			120 000.00
9	脚手架费			166 000.00
合　计				708 100.00

表 3-8　措施项目清单与计价表（二）

工程名称：　　　　　　　　　　　　　　　　　　标段：

序号	项目编码	项目名称	项目特征描述	计量单位	工程量	金额/元	
						综合单价	合价
1	AB001	梁模板及支架	矩形梁，支模高度 2.6m	m^2	420	25.6	10 752.00
2	AB002	有梁板模板及支架	矩形梁，梁截面 250mm×400mm，梁底支模高度 2.6m，板底支模高 3m	m^2	800	23.2	18 560.00
合　计							29 312.00

问题 3：

表 3-9　其他项目清单与计价汇总表

工程名称：　　　　　　　　　　　　　　　　　　标段：

序　号	项目名称	计量单位	金额/元
1	暂列金额	元	330 000.00
2	材料暂估价	元	—
3	计日工	元	20 000.00
4	总承包服务费	元	20 000.00
合　计			370 000.00

问题 4：

表 3-10　规费、税金项目清单与计价表

工程名称：　　　　　　　　　　　　　　　　　　　　　　　　标段：

序号	项目名称	计算基数	计算费率/%	金额/元
1	规费	人工费（1 260 000 元）		384 048.00
1.1	社会保险费			302 400.00
(1)	养老保险费		16	201 600.00
(2)	失业保险费		2	25 200.00
(3)	医疗保险费		6	75 600.00
(4)	工伤保险费		0.48	6 048.00
1.2	住房公积金		6	75 600.00
2	税金（增值税）	分部分项工程费＋措施项目费＋规费（7 421 460 元）	9	667 931.40

问题 5：

表 3-11　单位工程最高投标限价汇总表

工程名称：　　　　　　　　　　　　　　　　　　　　　　　　标段：

序号	汇总内容	金额/元
1	分部分项工程	6 300 000
2	措施项目	737 412
2.1	总价措施项目	708 100
2.2	单价措施项目	29 312
3	其他项目	370 000
4	规费	384 048
5	税金	667 931.40
最高投标限价合计＝1＋2＋3＋4＋5		8 459 391.4

案例三

某工程项目基础工程如图 3-4、图 3-5 所示，已知土壤类别为三类土，混凝土为现场搅拌，其强度等级基础垫层为 C10，带形基础为 C20，砖基础为 M5，水泥砂浆砌筑 MV15 机砖，防潮层为 1∶3，水泥砂浆抹面 2cm 厚，弃土运距为 500m，基础回填土为夯填，土方挖、运计算均按天然密实土。

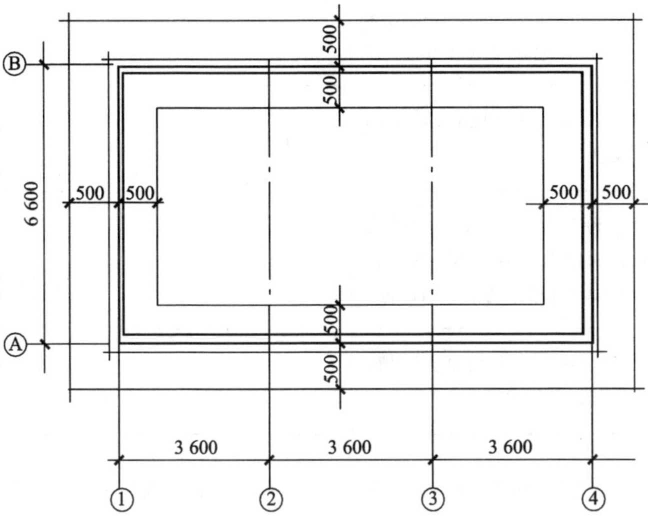

图 3-4　基础平面图

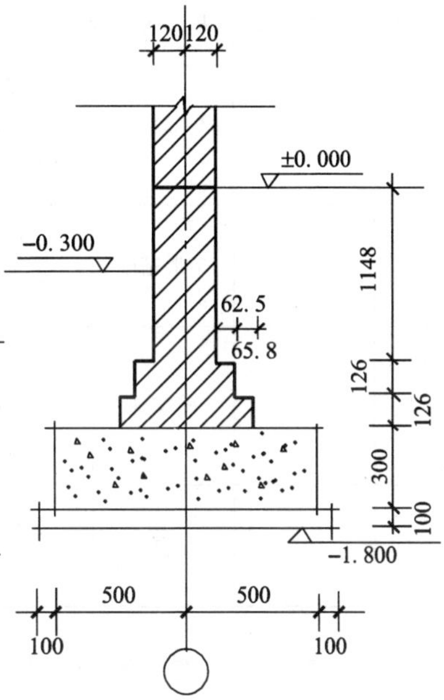

图 3-5　基础详图

某承包商拟参加投标，确定该基础工程为人工开挖，工作面每边留 30cm，自垫层混凝土上表面开始放坡，放坡系数为 0.33，槽边可堆土 105.00m^3，余土用翻斗车外运，运距为 500m。

该承包商的企业定额中的人工材料机械消耗量如下：挖 1m^3 沟槽用工 0.52 工日（包括槽底钎探用工），装运（外运 500m）1m^3 土方，用工 0.15 工日，翻斗车 0.080 台班，已知人工单价为 26 元/工日，翻斗车台班单价为 78.69 元/台班。

现浇混凝土垫层，每立方米混凝土用工 1.31 工日，人工单价 26 元/工日，材料费合计为 208.03 元，机械费合计 1.10 元。

现浇混凝土 C20 带形基础每立方米用工 0.65 工日，日工资单价为 32 元/工日，材料费合计为 229.43 元，机械费为 1.30 元。

砖基础每立方米用工 1.22 工日，日工资单价为 32 元/工日，材料费合计 146.30 元，机械费为 2.60 元。

基础上抹 1∶3 水泥砂浆防潮层，每平方米用工 0.09 工日，日工资单价 32 元/工日，材料费合计 6.30 元，机械费 0.35 元。

土方回填（基础）每立方米用工 0.22 工日，日工资单价为 26 元/工日，机械费为 1.25 元。

问题：

1. 根据图示内容和《建设工程工程量清单计价规范》GB 50500—2013 的规定，并根据表 3-12 所列分部分项工程量清单项目编制±0.00 以下部分的工程量清单，并将计算过程及结果填入表 3-13 中。

表 3-12　分部分项工程量清单编码

项 目 编 码	项 目 名 称	项 目 编 码	项 目 名 称
010101002	挖一般土方	010401001	砖基础
010501002	带形基础	010103001	回填方

表 3-13 分部分项工程量清单

序号	项目编码	项目名称	特征描述	计量单位	工程数量	计算过程
1		挖一般土方	挖基础土方，三类土，带形基础，垫层底宽 1.2m，长 34.80m，挖土深度为 1.5m，弃土运距为 500mm	m^3		
2		带形基础	垫层为 C10 混凝土 10cm 厚，基础为 C20 混凝土	m^3		
3		砖基础	砖基础，砖为 MV15 机砖，基础为带形基础，深度为 1.4m，M5 水泥砂浆砌筑。1∶3水泥砂浆防潮层 2cm 厚	m^3		
4		回填方	土方回填（基础）采用原土回填，均为夯实砌筑，分层碾压夯实	m^3		

2. 计算：①人工挖沟槽、余土外运；②C10 现浇砖垫层，C20 带形基础；③砖基础、抹防潮层；④土方回填（基础）各项工作的直接工程费及综合单价。填写分部分项工程量清单计价表。

3. 假定措施项目费用为分部分项工程费用的 15%，利润率为 4.5%，管理费费率为 8%（管理费的计算基数为人材机费用之和，利润的计算基数为人材机费和管理费之和），规费费率为不含税的人材机费、管理费、利润之和的 6%，增值税税率为不含税的人材机费、管理费、利润、规费之和的 9%。按照《建设工程工程量清单计价规范》GB 50500—2013 的规定，确定该基础工程报价。

答案：

问题 1：

表 3-14 分部分项工程量清单

序号	项目编码	项目名称	特征描述	计量单位	工程数量	计算过程
1	010101002001	挖一般土方	挖基础土方，三类土，带形基础，垫层底宽 1.2m，长 34.80m，挖土深度为 1.50m，弃土运距为 500m	m^3	95.58	(1.2+2×0.3) × (34.8+2×0.3) ×1.5
2	010501002001	带形基础	垫层为 C10 混凝土 10cm 厚，基础为 C20 混凝土	m^3	10.44	1.00×0.30×34.80
3	010401001001	砖基础	砖基础，砖为 MV15 机砖，基础为带形基础，深度为 1.40m，M5 水泥砂浆砌筑。1∶3 水泥砂浆防潮层 2cm 厚	m^3	13.34	(0.24×1.40+0.062 5×0.126×3×2) ×34.80
4	010103002001	回填方	土方回填（基础）采用原土回填，均为夯实砌筑，分层碾压夯实	m^3	37.19	62.64−1.20×0.10×34.80−10.44−13.34+0.24×0.30×34.80

人工挖沟槽：[(1.20+0.30×2+0.33×1.40) ×1.40+ (1.20+0.3×2) ×0.10] ×34.80
= [3.166 8+0.18] ×34.80=116.49 (m^3)

余土外运：116.49−105.00=11.49 (m^3)

C10 现浇砖垫层：1.20×0.10×34.80=4.18 (m^3)

抹防潮层：0.24×34.08=8.35 (m^2)

土方回填（基础）：116.49−4.18−10.44−13.34+0.24×0.30×34.80=91.04 (m^3)

问题 2：

(1) 人工挖沟槽、余土外运的人工费= [116.49×0.52+11.49×0.15] ×26=1 619.76（元）

人工挖沟槽、余土外运的施工机具使用费=11.49×0.08×78.69=72.33（元）

综合单价= (1 619.76+72.33) ×1.08×1.045÷62.64=30.49（元/m^3）

(2) C10 现浇砖垫层的人工费=1.31×26×4.18=142.37（元）

C10 现浇砖垫层的材料费=208.03×4.18=869.57（元）

C10 现浇砖垫层的施工机具使用费=1.1×4.18=4.60（元）

C10 现浇砖垫层的人工、材料、机械费合计为：142.37+869.57+4.60=1 016.54（元）

C20 带形基础的人工费=0.65×32×10.44=217.15（元）

C20 带形基础的材料费=229.43×10.44=2 395.25（元）

C20 带形基础的施工机具使用费=1.3×10.44=13.57（元）

C20 带形基础人工、材料、机械费合计为：217.15+2 395.25+13.57=2 625.97（元）

带形基础的综合单价= (1 016.54+2 625.97) ×1.08×1.045÷10.44=393.77（元/m^3）

(3) 砖基础的人工费=1.22×32×13.34=520.79（元）

砖基础的材料费=146.30×13.34=1 951.64（元）

砖基础的施工机具使用费=2.6×13.34=34.68（元）

同理，砖基础的人工、材料、机械费合计为：520.79 +1 951.64+34.68=2 507.11（元）

抹防潮层的人工费=0.09×32×8.35=24.05（元）

抹防潮层的材料费=6.3×8.35=52.61（元）

抹防潮层的施工机具使用费=0.35×8.35=2.92（元）

抹防潮层人工、材料、机械费合计为：24.05+52.61+2.92=79.58（元）

砖基础的综合单价= (2 507.11+79.58) ×1.08×1.045÷13.34=218.84（元/m^3）

(4) 土方回填（基础）人工费=0.22×26×91.04=520.75（元）

土方回填（基础）的施工机具使用费=1.25×91.04=113.8（元）

土方回填（基础）人工、材料、机械费合计为：520.75 +113.8=634.55（元）

土方回填（基础）综合单价=634.55×1.08×1.045÷36.95=19.38（元/m^3）

表 3-15　分部分项工程量清单计价表

序号	项目编码	项目名称	项目特征描述	计量单位	工程数量	金额/元	
						综合单价	总价
1	010101002001	挖一般土方	挖基础土方，三类土，带形基础，垫层底宽 1.2m，长 34.80m，挖土深度为 1.5m，弃土运距为 500m	m^3	95.58	30.49	2 914.23
2	010501002001	带形基础	带形基础：垫层为 C10 混凝土 10cm 厚，基础为 C20 混凝土	m^3	10.44	393.77	4 110.96

续表 3-15

序号	项目编码	项目名称	项目特征描述	计量单位	工程数量	金额/元	
						综合单价	总价
3	010401001001	砖基础	砖基础，砖为 MV15 机砖，基础为带形基础，深度为 1.4m，M5 水泥砂浆砌筑。1∶3 水泥砂浆防潮层 2cm 厚	m^3	13.34	218.84	2 919.32
4	010103002001	回填方	基础土方回填，采用原土回填，均为夯实砌筑，分层碾压夯实	m^3	37.19	19.38	720.74
合计							9 660.91

问题 3：

基础工程清单计价形式报价＝9 660.91×（1＋15%）×（1＋6%）×（1＋9%）＝12 836.55（元）

案例四

某建设项目列入国家发改委 2006 年启动投资项目计划，在国内范围内公开招标。包括主厂房部分、动力系统、总图运输系统、行政及生活福利设施工程和其他配套工程。主厂房工程包括生产装置安装工程和土建工程两项内容。由于工程设计工作尚未全部完成，建设单位要求具有类似工程施工经验的施工单位参加投标。招标文件对项目情况及招标要求进行了说明：

1. 本项目为年产 400 万吨石油化工产品的大型工程，项目所在地为滨海市，其中整套设备重量为 1 920 吨，由招标人采购。

2. 全部施工材料由投标人采购供应。

3. 与生产装置配套的辅助项目，由于涉及专利技术使用（工程造价 750 万元），由招标人发包于其他企业，并由主体设备安装单位对此进行配合协调，总承包服务费按辅助项目工程造价的 8% 计算。

4. 项目投标人应具备土建工程施工、安装工程施工一级以上资质。

5. 由于设计工作尚未完成，要求投标人采取类推法确定主体设备安装工程费。

6. 根据设计院技术经济室资料：主体装置安装工程费与土建工程费的比例为 1∶0.6；主厂房工程费与动力系统、运输系统、生活福利设施工程、其他配套工程的工程费用比例为 1∶0.4∶0.3∶0.2∶0.05。

某施工企业 A 于两年前在城内承建了一套年产 300 万吨同类化工产品的生产装置，设备总重量 1 600 吨，设备安装工程造价数据详见表 3-16。

表 3-16　已建年产 300 万吨化工产品生产装置的工程造价数据

序号	项目名称	金额/万元	备　注
1	分部分项工程量清单费用合计	3 700	其中：①人工费 500 万元，材料费 2 400 万元，机械费 400 万元；②工日单价为 40 元；③企业管理费、利润分别按人工费的 45%、35%计算
2	措施项目清单费用合计	555	
3	其他项目清单费用合计	—	招标人要求不列入

续表 3-16

序号	项目名称	金额/万元	备　注
4	规费	425.5	规费费率为 10%
5	税金	187.22	增值税税率为不含税的人材机费、管理费、利润、规费之和的 3%，其综合税率按 3.413%计算
小　计		4 867.72	

该施工企业拟根据已建年产 300 万吨化工产品生产装置的工程造价数据和当前市场价格的变化，对新建年产 400 万吨化工产品的生产装置工程进行投标报价，并确定以下投标策略：①分部分项工程量清单工料机费用将按照设备重量指标法确定，同时考虑工料机价格的变化，即工日单价按 48 元计算，材料价格、施工机械台班价格与两年前相比涨幅按 25%计算；将企业管理费费率调整为 65%，利润率不变；②措施项目清单费用按照已建项目措施项目清单费用占分部分项工程量清单费用的比例计算；由于远离企业驻地，另外增加大型施工机械进出场费 54 万元；③其他费用项目遵照已建项目的规定和招标文件要求计算；④规费计算以分部分项工程费用、措施项目费用，其他项目费用三项之和为基数计算。

建设项目配套工程土建工程部分包括：砌筑工程，混凝土及钢筋混凝土工程，屋面及防水工程（土石方工程部分已由基础地基工程公司完成）。土建工程施工费用构成数据资料如下：

1. 分部分项工程清单费用为 846 691.92 元，其中人工费、机械使用费、材料费费用为分部分项工程清单计价费用的 24.80%、16.53%、45.67%。管理费为人工费、机械使用费、材料费三项之和的 5.98%。利润为人工费、机械使用费、材料费、管理费四项之和的 8.46%。

2. 措施项目费用见表 3-17。

表 3-17　措施项目费用构成数据表

<table>
<tr><td colspan="3">费用构成</td><td colspan="5">计 算 要 求</td></tr>
<tr><td colspan="3">安全文明施工费</td><td colspan="5">为土建工程中分部分项工程费用中人工费与机械使用费之和的 18.36%（编号 2.0.1）</td></tr>
<tr><td rowspan="7">模板支架、预制构件</td><td rowspan="6">模板支架费</td><td>构成部分</td><td>工程量</td><td>计量单位</td><td>综合单价/元</td><td>合价</td><td>备注（编号）</td></tr>
<tr><td>柱模板</td><td>67.10</td><td>m^2</td><td>51</td><td></td><td>(2.2.1)</td></tr>
<tr><td>构造柱</td><td>639.47</td><td>m^2</td><td>53.93</td><td></td><td>(2.2.2)</td></tr>
<tr><td>梁</td><td>142.89</td><td>m^2</td><td>47.13</td><td></td><td>(2.2.3)</td></tr>
<tr><td>楼梯</td><td>73.77</td><td>m^2</td><td>188.86</td><td></td><td>(2.2.4)</td></tr>
<tr><td>其他部位</td><td colspan="4">模板与支架费用为全部模板支架费的 67.18%</td><td>(2.2.5)</td></tr>
<tr><td colspan="2">预制构件费用</td><td colspan="3"></td><td>29 525.95</td><td>(2.2.6)</td></tr>
<tr><td colspan="3">脚手架费用</td><td colspan="3"></td><td>22 926</td><td>(2.3)</td></tr>
</table>

3. 其他项目费见表 3-18。

4. 规费：计费基础为分部分项工程费、措施项目费与其他项目费三项之和，规费费率为 6.64%。

5. 税金：计费基础为分部分项工程费、措施项目费、其他项目与规费四项之和，费率取 9%。

表 3-18 其他项目费用构成数据表

<table>
<tr><td colspan="3">费 用 构 成</td><td colspan="4">计 算 要 求</td><td>编号</td></tr>
<tr><td rowspan="3">暂列金额</td><td colspan="2">工程量偏差和设计变更</td><td colspan="4">暂定为 40 000</td><td>(3.1.1)</td></tr>
<tr><td colspan="2">政策性调整、材料价格风险</td><td colspan="4">暂定为 30 000</td><td>(3.1.2)</td></tr>
<tr><td colspan="2">其他构成</td><td colspan="4">暂定为 10 000</td><td>(3.1.3)</td></tr>
<tr><td colspan="3">专业工程暂估价
安全设施购置与安装</td><td colspan="4">暂估为 30 000</td><td>(3.2.1)</td></tr>
<tr><td rowspan="7">计日工</td><td rowspan="3">人工费</td><td>构成部分</td><td>工程量</td><td>计量单位</td><td>综合单价</td><td>合价</td><td></td></tr>
<tr><td>普工</td><td>40</td><td>工日</td><td>86.97</td><td></td><td>(3.3.1)</td></tr>
<tr><td>技工</td><td>20</td><td>工日</td><td>86.97</td><td></td><td>(3.3.1)</td></tr>
<tr><td colspan="2">机料费</td><td colspan="3"></td><td>752.00</td><td>(3.3.2)</td></tr>
<tr><td rowspan="3">机械使用费</td><td>混凝土搅拌机</td><td>0.5</td><td>台班</td><td>89.20</td><td></td><td>(3.3.3)</td></tr>
<tr><td>压浆搅拌机</td><td>0.5</td><td>台班</td><td>21.26</td><td></td><td>(3.3.3)</td></tr>
<tr><td colspan="6">施工机械费用=机械台班费用×(管理费与利润费率) 1.553</td></tr>
<tr><td colspan="3">总承包服务费</td><td colspan="3">专业工程暂估价×8%</td><td></td><td>(3.4.1)</td></tr>
</table>

施工过程中，建设单位根据城市环境治理整体规划调整进行了水处理扩充设计，决定地下基础土方工程由现场正在施工的施工单位负责施工（相关数据资料如下），建设单位与施工单位对施工费用构成、综合单价重新商定，并达成一致意见。

问题：

1. 根据背景材料，按照工程量清单计价规范要求，确定施工企业 A 所估算的工程费用。

2. 根据背景材料，计算配套工程土建工程清单计价总费用。

答案：

问题 1：

主体装置安装工程费计算：

（1）分部分项工程量清单费用的计算过程：

按照设备重量指标法确定工料机费用：

重量指标法系数=1 920/1 600=1.2

人工费=500×1.2/40×48=720（万元）

材料费=2 400×1.2×（1+25%）=3 600（万元）

机械费=400×1.2×（1+25%）=600（万元）

企业管理费=720×65%=468（万元）

利润=720×35%=252（万元）

分部分项工程量清单费用合计=720+3 600+600+468+252=5 640（万元）

（2）措施项目清单费用的计算过程：

按照已建项目占分部分项工程量清单费用的比例计算：

5 640×［（555/3 700）×100%］=5 640×15%=846（万元）

大型施工机械进出场费增加 54 万元

措施项目清单费用合计=846+54=900（万元）

（3）总承包服务费的计算过程：

750×8%=60（万元）

（4）规费的计算过程：

（5 640+900+60）×10%=6 600×10%=660（万元）

（5）税金的计算过程：

（5 640+900+60+660）×9%=7 260×9%=653.4（万元）

（6）主体装置安装工程费=分部分项工程费+措施项目费+其他项目费+规费+税金

=5 640+900+60+660+653.4=7 913.4（万元）

主厂房工程费=安装工程费+土建工程费=7 913.4×（1+0.6）=12 661.44（万元）

项目工程总造价=主厂房工程费用+动力系统工程费用+运输系统工程费用+

福利设施工程费用+其他配套工程费用

=12 661.44×（1+0.4+0.3+0.2+0.05）=24 689.81（万元）

问题 2：

（1）分部分项工程费中人工费=846 691.92×24.80%=209 979.60（元）

机械费=846 691.92×16.53%=139 958.17（元）

材料费=846 691.92×45.67%=386 684.20（元）

管理费=（209 979.60+139 958.17+386 684.20）×5.98%

=44 049.99（元）

利润=(209 979.60+139 958.17+386 684.20+44 049.99）×8.46%

=66 044.85（元）

（2）措施项目费构成计算：

安全文明施工费=（209 979.60+139 958.17）×18.36%=64 248.57（元）

模板及支架费［（2.2.1）+（2.2.2）+（2.2.3）+（2.2.4）］

=51×67.10+53.93×639.47+47.13×142.89+188.86×73.77

=58 575.33（元）

模板及支架费=58 575.33÷（1−67.18%）=178 474.50（元）

预制构件费=29 525.95（元）

措施项目费合计=64 248.57+178 474.50+29 525.95+22 926=295 175.02（元）

（3）其他项目费构成计算：

计日工费=（86.97×40+86.97×20）+752.00+（89.20×0.5+21.26×0.5）×1.553

=6 055.97（元）

其他项目费合计=（40 000+30 000+10 000）+30 000+6 055.97+30 000×8%

=118 455.97（元）

（4）规费=（846 691.92+295 175.02+118 455.97）×6.64%

=83 685.44（元）

（5）税金=（846 691.92+295 175.02+118 455.97+83 685.44）×9%

=120 960.75（元）

（6）土建工程清单总费用=846 691.92+295 175.02+118 455.97+83 685.44+120 960.75

=1 464 969.1（元）

考点三：工程计量

考核要求	土建工程（工业管道安装工程、电气工程）施工图纸作为试题背景材料出现，由学员按照《建设工程工程量清单计价规范》GB 50500—2013 和《全国统一建筑工程预算工程量计算规则》《全国统一安装工程预算工程量计算规则》确定试题中给出的施工图纸对应的工程量。试题中图纸具有代表性、结构性、典型性的特点，主要反映造价工程师系列教材中对于工程计量的基本要求，充分考虑考试时间、试卷分值、试卷命题结构的相关要求	此部分内容对于两种计量规则同时要求，近年来以清单规则为主；可以独立命题，也可以与工程计价结合命题。试题中识图的正确性是关键，以及析图、算图、核图等环节。在确定工程量的基础上，依据定额确定单价、计算费用成为典型的题型链

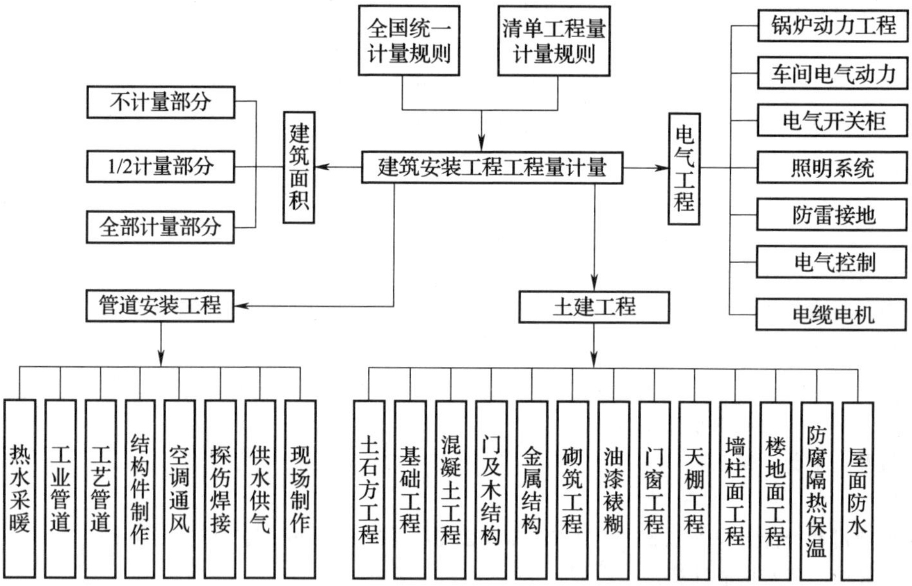

图 3-6 工程计量题型知识架构图

知识要点集成

一、建筑面积计算规则

计算建筑面积时应避免漏算，应依一定的计算顺序依次计算，按顺序计算建筑面积的方法有以下两种：①先左后右，先横后竖，先上后下，先零后整，分块累计；②先整后零，先算整块，再按块扣除。建筑面积计算规则如表 3-19 所示。

表 3-19 建筑面积计算规则要点

项　　目	计 算 规 则	备　　注
单层建筑物	高度在 2.20m 及以上者应计算全面积，高度不足 2.20m 者应计算 1/2 面积。利用坡屋顶内空间时净高超过 2.10m 的部位计算全面积，净高在 1.20～2.10m 的部位应计算 1/2 面积，净度不足 1.20m 的部位不应计算面积	外墙勒脚以上结构外围水平面积计算
多层建筑物	二层以上楼层应按其外墙结构外围水平面积计算，层高在 2.20m 及以上者应计算全面积，层高不足 2.20m 者应计算 1/2 面积。坡屋顶内和场馆看台下，当设计加以利用时净高超过 2.10m 的部位应计算全面积，净高在 1.20～2.10m 的部位应计算 1/2 面积，当设计不利用或室内净高不足 1.20m 时不应计算面积	首层按其外墙勒脚以上结构外围水平面积计算
室外楼梯	有永久性顶盖的室外楼梯，应按照建筑物自然层的水平投影面积的 1/2 计算。 无永久性顶盖，或不能完全遮盖楼梯的雨篷，则上层楼梯不计算面积，但上层楼梯可作下层楼梯的永久性顶盖，下层楼梯应计算面积（即少算一层）	
地下室、地下仓库等 架空层	地下室、半地下室（包括相应的永久性顶盖的出入口）建筑面积，应按其外墙上口（不包括采光井、外墙防潮层及其保护墙）外边线所围水平面积计算。层高在 2.2m 及以上者应计算全面积；层高不足 2.2m 者应计算 1/2 面积。房间地平面低于室外地平面的高度超过该房间净高的 1/2 者为地下室；房间地平面低于室外地平面的高度超过该房间净高的 1/3，且不超过 1/2 者为半地下室；永久性顶盖是指经规划批准设计的永久使用的顶盖	
门厅、大厅，穿过通道	一层建筑面积	不论高度如何
门厅、大厅内回廊	自然层的水平投影面积	
楼梯间、电梯井等	建筑物的自然层的水平投影面积	若在建筑物内，不另计算
书库、立体仓库	结构层或承重书（货）架层	
舞台灯光控制室	有围护结构的舞台灯光控制室，应按其围护结构外围水平面积计算。层高在 2.2m 及以上者应计算全面积；层高不足 2.2m 者应计算 1/2 面积	
设备管道层、储藏室	围护结构的外围水平面积	层高≥2.2m
雨篷（有柱和无柱）	雨篷结构的外边线至外墙结构外边线的宽度超过 2.10m 者，应按雨篷结构板的水平投影面积的 1/2 计算	
屋面上部的楼梯间、水箱间、电梯机房等	围护结构外围水平面积	须有围护结构
门斗、眺望间、阳台、挑廊、走廊等	围护结构外围水平面积	须有围护结构
走廊檐廊　有柱和顶盖	柱外围水平面积	
走廊檐廊　有顶盖无柱	顶盖水平投影面积的 1/2	
建筑物阳台	按其水平投影面积的 1/2 计算（不区分凹、凸、封闭、不封闭）	

续表 3-19

项　目	计 算 规 则	备　注
建筑物内变形缝、沉降缝	依其缝宽按自然层合并在建筑物面积内计算	
不计算面积部分	建筑物通道，设备管道夹层，建筑物内分隔的单层房间，舞台，屋顶水箱、露天游泳池，建筑物内操作平台，无永久性顶盖的架空走廊、室外楼梯，自动扶梯，独立烟囱、烟道、人防通道等	

二、土建工程量计算规则

表 3-20　土建工程量计算规则要点

类别	项目名称	计量单位	工程量计算规则
土石方工程	平整场地	m^2	按设计图示尺寸以建筑物首层建筑面积计算
	挖一般土方	m^3	按设计图示尺寸以体积计算
	挖沟槽土方		按设计图示尺寸以基础垫层底面积乘以挖土深度计算
	挖基坑土方		
	冻土开挖		按设计图示尺寸开挖面积乘以厚度以体积计算
	挖淤泥、流沙		按设计图示位置、界限以体积计算
	管沟土方	1. m 2. m^3	1. 以米计量，按设计图示以管道中心线长度计算； 2. 以立方米计量，按设计图示管底垫层面积乘以挖土深度计算；无管底垫层按管外径的水平投影面积乘以挖土深度计算。不扣除各类井的长度，井的土方并入
石方工程	挖一般石方	m^3	按设计图示尺寸以体积计算
	挖沟槽石方		按设计图示尺寸沟槽底面积乘以挖石深度以体积计算
	挖基坑石方		按设计图示尺寸基坑底面积乘以挖石深度以体积计算
	挖管沟石方	1. m 2. m^3	1. 以米计量，按设计图示以管道中心线长度计算； 2. 以立方米计量，按设计图示截面积乘以长度计算
回填	回填方	m^3	按设计图示尺寸以体积计算。 1. 场地回填：回填面积乘以平均回填厚度； 2. 室内回填：主墙间面积乘以回填厚度，不扣除间隔墙； 3. 基础回填：按挖方清单项目工程量减去自然地坪以下埋设的基础体积（包括基础垫层及其他构筑物）
	余方弃置		按挖方清单项目工程量减利用回填方体积（正数）计算
打桩	预制钢筋混凝土方桩	1. m 2. m^3 3. 根	1. 以米计量，按设计图示尺寸以桩长（包括桩尖）计算； 2. 以立方米计量，按设计图示截面积乘以桩长（包括桩尖）以实体积计算； 3. 以根计量，按设计图示数量计算
	预制钢筋混凝土管桩		
	钢管桩	1. t 2. 根	1. 以吨计量，按设计图示尺寸以质量计算； 2. 以根计量，按设计图示数量计算
	截（凿）桩头	1. m^3 2. 根	1. 以立方米计量，按设计桩截面乘以桩头长度以体积计算； 2. 以根计量，按设计图示数量计算

续表 3-20

类别	项目名称	计量单位	工程量计算规则
灌注桩	泥浆护壁成孔灌注桩 沉管灌注桩 干作业成孔灌注桩	1. m 2. m^3 3. 根	1. 以米计量，按设计图示尺寸以桩长（包括桩尖）计算； 2. 以立方米计量，按不同截面在桩上范围内以体积计算； 3. 以根计量，按设计图示数量计算
	挖孔桩土（石）方	m^3	按设计图示尺寸（含护壁）截面积乘以挖孔深度以立方米计算
	人工挖孔灌注桩	1. m^3 2. 根	1. 以立方米计量，按桩芯混凝土体积计算； 2. 以根计量，按设计图示数量计算
	钻孔压浆桩	1. m 2. 根	1. 以米计量，按设计图示尺寸以桩长计算； 2. 以根计量，按设计图示数量计算
	灌注桩后压浆	孔	按设计图示以注浆孔数计算
地基处理	换填垫层	m^3	按设计图示尺寸以体积计算
	铺设土工合成材料	m^2	按设计图示尺寸以面积计算
	预压地基 强夯地基 振冲密实（不填料）		按设计图示处理范围以面积计算
	振冲密实（填料）	1. m 2. m^3	1. 以米计量，按设计图示尺寸以桩长计算； 2. 以立方米计量，按设计桩截面乘以桩长以体积计算
	砂石桩		1. 以米计量，按设计图示尺寸以桩长（包括桩尖）计算； 2. 以立方米计量，按设计桩截面乘以桩长（包括桩尖）以体积计算
	水泥粉煤灰碎石桩 夯实水泥土桩 石灰桩 灰土（土）挤密桩	m	按设计图示尺寸以桩长（包括桩尖）计算
	深层搅拌桩 粉喷桩 高压喷射注浆桩 柱锤冲扩桩		按设计图示尺寸以桩长计算
	注浆地基	1. m 2. m^3	1. 以米计量，按设计图示尺寸以钻孔深度计算； 2. 以立方米计量，按设计图示尺寸以加固体积计算
	褥垫层	1. m^2 2. m^3	1. 以平方米计量，按设计图示尺寸以铺设面积计算； 2. 以立方米计量，按设计图示尺寸以体积计算
基坑与边坡支护	地下连续墙	m^3	按设计图示墙中心线长乘以厚度乘以槽深以体积计算
	咬合灌注桩	1. m 2. 根	1. 以米计量，按设计图示尺寸以桩长计算； 2. 以根计量，按设计图示数量计算
	圆木桩 预制钢筋混凝土板桩		1. 以米计量，按设计图示尺寸以桩长（包括桩尖）计算； 2. 以根计量，按设计图示数量计算
	型钢桩	1. t 2. 根	1. 以吨计量，按设计图示尺寸以质量计算； 2. 以根计量，按设计图示数量计算

续表 3-20

类别	项目名称	计量单位	工程量计算规则
基坑与边坡支护	钢板桩	1. t 2. m^2	1. 以吨计量，按设计图示尺寸以质量计算； 2. 以平方米计量，按设计图示墙中心线长乘以桩长以面积计算
	锚杆（锚索）	1. m 2. 根	1. 以米计量，按设计图示尺寸以钻孔深度计算； 2. 以根计量，按设计图示数量计算
	土钉		
	喷射混凝土、水泥砂浆	m^2	按设计图示尺寸以面积计算
	钢筋混凝土支撑	m^3	按设计图示尺寸以体积计算
	钢支撑	t	按设计图示尺寸以质量计算。不扣除孔眼质量，焊条、铆钉、螺栓等不另增加质量
砌筑工程	砖基础	m^3	按设计图示尺寸以体积计算。包括附墙垛基础宽出部分体积，扣除地梁（圈梁）、构造柱所占体积，不扣除基础大放脚T形接头处的重叠部分及嵌入基础内的钢筋、铁件、管道、基础砂浆防潮层和单个面积≤0.3m^2 的孔洞所占体积，靠墙暖气沟的挑檐不增加。 基础长度：外墙按中心线，内墙按净长线计算
	砖砌挖孔桩护壁		按设计图示尺寸以立方米计算
	实心砖墙		按设计图示尺寸以体积计算。 扣除门窗、洞口、嵌入墙内的钢筋混凝土柱、梁、圈梁、挑梁、过梁及凹进墙内的壁龛、管槽、暖气槽、消防栓箱所占的体积，不扣除梁头、板头、檩头、垫木、木檩头、沿缘木、木砖、门窗走头、砖墙内加固钢筋、木筋、铁件、钢管及单个面积≤0.3m^2 的孔洞所占体积。凸出墙面的腰线、挑檐、压顶、窗台线、虎头砖、门窗套的体积亦不增加。凸出墙面的砖跺并入墙体体积计算。 1. 墙长度：外墙按中心线，内墙按净长线计算。 2. 墙高度： （1）外墙：斜（坡）屋面无檐口天棚者算至屋面板底；有屋架且室内外均有天棚者算至屋架下弦底另加 300mm，出檐宽度超过 600mm 时按实砌高度计算；与钢筋混凝土楼板隔层者算至板顶。平屋顶算至钢筋混凝土板底。 （2）内墙：位于屋架下弦者，算至屋架下弦底；无屋架者算至天棚底另加 100mm；有钢筋混凝土楼板隔层者算至楼板顶；有框架时算至梁底。 （3）女儿墙：从屋面板上表面算至女儿墙顶面（如有混凝土压顶时算至压顶表下面）。 （4）内外山墙：按其平均高度计算。 3. 围墙：高度算至压顶上表面（如有混凝土压顶时算至压顶下表面），围墙柱并入围墙体积内。 4. 框架间墙：不分内外墙按墙体净尺寸以体积计算
	多孔砖墙		
	空心砖墙		

续表 3-20

类别	项目名称	计量单位	工程量计算规则
砌筑工程	空斗墙	m^3	按设计图示尺寸以空斗墙外形体积计算。墙角、内外墙交接处、门窗洞口立边、窗台砖、屋檐处的实砌部分体积并入空斗墙体积内
	空花墙		按设计图示尺寸以空花部分外形体积计算，不扣除孔洞部分体积
	填充墙		按设计图示尺寸以填充墙外形体积计算
	实心砖柱		按设计图示尺寸以体积计算。扣除混凝土及钢筋混凝土梁垫、梁头、板头所占体积
	多孔砖柱		
	砖检查井	座	按设计图示数量计算
	零星砌砖	1. m^3 2. m^2 3. m 4. 个	1. 以立方米计量，按设计图示尺寸截面积乘以长度计算； 2. 以平方米计量，按设计图示尺寸水平投影面积计算； 3. 以米计量，按设计图示尺寸长度计算； 4. 以个计量，按设计图示数量计算
	砖散水、地坪	m^2	按设计图示尺寸以面积计算
	砖地沟、明沟	m	以米计量，按设计图示以长度计算
	砌块墙	m^3	按设计图示尺寸以体积计算。 扣除门窗、洞口、嵌入墙内的钢筋混凝土柱、梁、圈梁、挑梁、过梁及凹进墙内的壁龛、管槽、暖气槽、消防栓箱所占的体积，不扣除梁头、板头、檩头、垫木、木檩头、沿缘木、木砖、门窗走头、砖墙内加固钢筋、木筋、铁件、钢管及单个面积≤0.3m^2的孔洞所占体积。凸出墙面的腰线、挑檐、压顶、窗台线、虎头砖、门窗套的体积亦不增加。凸出墙面的砖垛并入墙体体积计算。 1. 墙长度：外墙按中心线，内墙按净长计算。 2. 墙高度： （1）外墙：斜（坡）屋面无檐口天棚者算至屋面板底；有屋架且室内外均有天棚者算至屋架下弦底另加 200mm，无天棚者算至屋架下弦底另加 300mm，出檐宽度超过 600mm 时按实砌高度计算；与钢筋混凝土楼板隔层者算至板顶；平屋面算至钢筋混凝土板底。 （2）内墙：位于屋架下弦者，算至屋架下弦底；无屋架者算至天棚底另加 100mm；有钢筋混凝土楼板隔层者算至楼板顶；有框架时算至梁底。 （3）女儿墙：从屋面板上表面算至女儿墙顶面（如有混凝土压顶时算至压顶表下面）。 （4）内外山墙：按其平均高度计算。 3. 围墙：高度算至压顶上表面（如有混凝土压顶时算至压顶下表面），围墙柱并入围墙体积内。 4. 框架间墙：不分内外墙按墙体净尺寸以体积计算

续表 3-20

类别	项目名称	计量单位	工程量计算规则
砌筑工程	砌块柱	m^3	按设计图示尺寸以体积计算，扣除混凝土及钢筋混凝土梁垫、梁头、板头所占体积
	石基础	m^3	按设计图示尺寸以体积计算。包括附墙垛宽出部分体积，不扣除基础砂浆防潮层及单个面积≤0.3m^2 的孔洞所占体积，靠墙暖气沟的挑檐不增加体积。基础长度：外墙按中心线，内墙按净长计算
	石勒脚	m^3	按设计图示尺寸以体积计算，扣除单个面积＞0.3m^2 的孔洞所占的体积
	石墙	m^3	按设计图示尺寸以体积计算。 扣除门窗、洞口、嵌入墙内的钢筋混凝土柱、梁、圈梁、挑梁、过梁及凹进墙内的壁龛、管槽、暖气槽、消防栓箱所占的体积，不扣除梁头、板头、檩头、垫木、木檩头、沿缘木、木砖、门窗走头、砖墙内加固钢筋、木筋、铁件、钢管及单个面积≤0.3m^2 的孔洞所占体积。凸出墙面的腰线、挑檐、压顶、窗台线、虎头砖、门窗套的体积亦不增加。凸出墙面的砖垛并入墙体体积计算。 1. 墙长度：外墙按中心线、内墙按净长计算。 2. 墙高度： (1) 外墙：斜（坡）屋面无檐口天棚者算至屋面板底；有屋架且室内外均有天棚者算至屋架下弦底另加 200mm，无天棚者算至屋架下弦底另加 300mm，出檐宽度超过 600mm 时按实砌高度计算；有钢筋混凝土楼板隔层者算至板顶；平屋顶算至钢筋混凝土板底。 (2) 内墙：位于屋架下弦者，算至屋架下弦底；无屋架者算至天棚底另加 100mm；有钢筋混凝土楼板隔层者算至楼板顶；有框架时算至梁底。 (3) 女儿墙：从屋面板上表面算至女儿墙顶面（如有混凝土压顶时算至压顶表下面）。 (4) 内外山墙：按平均高度计算。 3. 围墙：高度算至压顶上表面（如有混凝土压顶时算至压顶下表面），围墙柱并入围墙体积内
	石挡土墙	m^3	按设计图示尺寸以体积计算
	石柱		
	石栏杆	m	按设计图示以长度计算

续表 3-20

<table>
<tr><th>类别</th><th colspan="2">项目名称</th><th>计量单位</th><th colspan="8">工程量计算规则</th></tr>
<tr><td rowspan="7">砌筑工程</td><td colspan="2">石护坡</td><td rowspan="2">m^3</td><td rowspan="2" colspan="8">按设计图示尺寸以体积计算</td></tr>
<tr><td colspan="2">石台阶</td></tr>
<tr><td colspan="2">石坡道</td><td>m^2</td><td colspan="8">按设计图示以水平投影面积计算</td></tr>
<tr><td colspan="2">石地沟、明沟</td><td>m</td><td colspan="8">按设计图示以中心线长度计算</td></tr>
<tr><td colspan="2">垫层</td><td>m^3</td><td colspan="8">按设计图示尺寸以立方米计算</td></tr>
<tr><td colspan="2" rowspan="2">标准墙
计算
厚度表</td><td>砖数
（厚度）</td><td>1/4</td><td>1/2</td><td>3/4</td><td>1</td><td>$1\frac{1}{2}$</td><td>2</td><td>$2\frac{1}{2}$</td><td>3</td></tr>
<tr><td>计算厚度/
mm</td><td>53</td><td>115</td><td>180</td><td>240</td><td>365</td><td>490</td><td>615</td><td>740</td></tr>
<tr><td rowspan="12">混凝土及钢筋混凝土工程</td><td colspan="2">现浇混凝土柱：
矩形柱构造柱
异形柱</td><td>m^3</td><td colspan="8">按设计图示尺寸以体积计算。
柱高：
1. 有梁板的柱高，应自柱基上表面（或楼板上表面）至上一层楼板上表面之间的高度计算；
2. 无梁板的柱高，应自柱基上表面（或楼板上表面）至柱帽下表面之间的高度计算；
3. 框架柱的柱高，应自柱基上表面至柱顶高度计算；
4. 构造柱按全高计算，嵌接墙体部分（马牙槎）并入柱身体积；
5. 依附柱上的牛腿和升板的柱帽，并入柱身体积计算</td></tr>
<tr><td>基础</td><td>各类基础</td><td>m^3</td><td colspan="8">按设计图示尺寸以体积计算。不扣除伸入承台基础的桩头所占体积</td></tr>
<tr><td rowspan="10">现浇混凝土梁</td><td>基础梁</td><td rowspan="10">m^3</td><td rowspan="10" colspan="8">按设计图示尺寸以体积计算。伸入墙内的梁头、梁垫并入梁体积内。
梁长：
1. 梁与柱连接时，梁长算至柱侧面。
2. 主梁与次梁连接时，次梁长算至主梁侧面。
按设计图示尺寸以体积计算。扣除门窗洞口及单个面积 $>0.3m^2$ 的孔洞所占体积，墙垛及突出墙面部分并入墙体体积计算内</td></tr>
<tr><td>矩形梁</td></tr>
<tr><td>异型梁</td></tr>
<tr><td>圈梁</td></tr>
<tr><td>过梁</td></tr>
<tr><td>弧形、拱形梁</td></tr>
<tr><td>直形墙</td></tr>
<tr><td>弧形墙</td></tr>
<tr><td>短肢剪力墙</td></tr>
<tr><td>挡土墙</td></tr>
</table>

续表 3-20

类别	项目名称		计量单位	工程量计算规则
混凝土及钢筋混凝土工程	现浇混凝土板	有梁板	m^3（根）	按设计图示尺寸以体积计算。不扣除单个面积≤0.3m^2的柱、垛以及孔洞所占体积。压形钢板混凝土楼板扣除构件内压形钢板所占体积。有梁板（包括主、次梁与板）按梁、板体积之和计算，无梁板按板和柱帽体积之和计算，各类板伸入墙内的板头并入板体积内，薄壳板的肋、基梁并入薄壳体积内计算
		无梁板		
		平板		
		拱板		
		薄壳板		
		栏板		
		天沟（檐沟）、挑檐板	m^3	按设计图示尺寸以体积计算
		雨篷、悬挑板、阳台板		按设计图示尺寸以墙外部分体积计算。包括伸出墙外的牛腿和雨篷反挑檐的体积
		空心板		按设计图示尺寸以体积计算。空心板（GBF 高强薄壁蜂巢芯板等）应扣除空心部分体积
		其他板		按设计图示尺寸以体积计算
	预制件	预制混凝土柱	1. m^3 2. 根（榀）	1. 以立方米计量，按设计图示尺寸以体积计算； 2. 以根（榀）计量，按设计图示尺寸以数量计算
		预制混凝土梁		
		预制混凝土屋架	1. m^3 2. 榀	1. 以立方米计量，按设计图示尺寸以体积计算； 2. 以榀计量，按设计图示尺寸以数量计算
		平板、空心板、槽形板、网架板、折线板、带肋板、大型板	1. m^3 2. 块	1. 以立方米计量，按设计图示尺寸以体积计算，不扣除单个面积≤300mm×300mm 的孔洞所占体积，扣除空心板空洞体积； 2. 以块计量，按设计图示尺寸以数量计算
		沟盖板、井盖板、井窗	1. m^3 2. 块（套）	1. 以立方米计量，按设计图示尺寸以体积计算； 2. 以块（套）计量，按设计图示尺寸以数量计算
		预制混凝土楼梯	m^3	以立方米计量，按设计图示尺寸以体积计算。扣除空心踏步板空洞体积
			段	以段计量，按设计图示数量计算
	现浇混凝土楼梯	整体楼梯		（包括直形楼梯，弧形楼梯）水平投影面积包括休息平台、平台梁、斜梁和楼梯的连接梁。当整体楼梯与现浇楼梯无梯梁连接时，以最后一个踏步边缘加 300mm 为界
		直形楼梯	1. m^2 2. m^3	1. 以平方米计量，按设计图示尺寸以水平投影面积计算。不扣除宽度≤500mm 的楼梯井，伸入墙内部分不计算。 2. 以立方米计量，按设计图示尺寸以体积计算
		弧形楼梯		
	钢筋	现浇构件钢筋	t	按设计图示钢筋（网）长度（面积）乘以单位理论质量计算
		预制构件钢筋		
		钢筋网片		
		钢筋笼		

续表 3-20

类别	项目名称		计量单位	工程量计算规则
混凝土及钢筋混凝土工程	钢筋	先张法预应力钢筋	t	按设计图示钢筋长度乘以单位理论质量计算
混凝土及钢筋混凝土工程	钢筋	后张法预应力钢筋 预应力钢丝 预应力钢绞线	t	按设计图示钢筋（丝束、绞线）长度乘以单位理论质量计算。 1. 低合金钢筋两端均采用螺杆锚具时，钢筋长度按孔道长度减 0.35m 计算，螺杆另行计算。 2. 低合金钢筋一端采用镦头插片、另一端采用螺杆锚具时，钢筋长度按孔道长度计算，螺杆另行计算。 3. 低合金钢筋一端采用镦头插片、另一端采用帮条锚具时，钢筋增加 0.15m 计算；两端均采用帮条锚具时，钢筋长度按孔道长度增加 0.3m 计算。 4. 低合金钢筋采用后张混凝土自锚时，钢筋长度按孔道长度增加 0.35m 计算。 5. 低合金钢筋（钢绞线）采用 JM、XM、QM 型锚具，孔道长度≤20m 时，钢筋长度增加 1m 计算；孔道长度>20m 时，钢筋长度增加 1.8m 计算。 6. 碳素钢丝采用锥形锚具，孔道长度≤20m 时，钢丝束长度按孔道长度增加 1m 计算；孔道长度>20m 时，钢丝束长度按孔道长度增加 1.8m 计算。 7. 碳素钢丝束采用镦头锚具时，钢丝束长度按孔道长度增加 0.35m 计算
混凝土及钢筋混凝土工程	钢筋	注：钢筋工程量＝图示钢筋长度×单位理论质量 图示钢筋长度＝构件尺寸－保护层厚度＋弯起钢筋增加长度＋两端弯钩长度＋图纸注明搭接长度		
门与木结构工程	各类门		1. 樘 2. m^2	1. 以樘计量，按设计图示数量计算； 2. 以平方米计量，按设计图示洞口尺寸以面积计算
门与木结构工程	木屋架		1. 榀 2. m^3	1. 以榀计量，按设计图示数量计算； 2. 以立方米计量，按设计图示的规格尺寸以体积计算
门与木结构工程	木柱 木梁		m^3	按设计图示尺寸以体积计算
门与木结构工程	木楼梯		m^2	按设计图示尺寸以水平投影面积计算。不扣除宽度≤300mm 的楼梯井，伸入墙内部分不计算
门与木结构工程	其他木构件		1. m^3 2. m	1. 以立方米计量，按设计图示尺寸以体积计算； 2. 以米计量，按设计图示尺寸以长度计算
金属结构工程	钢网架		t	按设计图示尺寸以质量计算。不扣除孔眼的质量，焊条、铆钉等不另增加质量
金属结构工程	钢屋架		1. 榀 2. t	1. 以榀计量，按设计图示数量计算； 2. 以吨计量，按设计图示尺寸以质量计算。不扣除孔眼的质量，焊条、铆钉、螺栓等不另增加质量
金属结构工程	钢托架 钢桁架		t	按设计图示尺寸以质量计算。不扣除孔眼的质量，焊条、铆钉、螺栓等不另增加质量
金属结构工程	实腹钢柱 空腹钢柱		t	按设计图示尺寸以质量计算。不扣除孔眼的质量，焊条、铆钉、螺栓等不另增加质量，依附在钢柱上的牛腿及悬臂梁等并入钢柱工程量内

续表 3-20

类别	项目名称	计量单位	工程量计算规则
金属结构工程	钢管柱	t	按设计图示尺寸以质量计算。不扣除孔眼的质量，焊条、铆钉、螺栓等不另增加质量，钢管柱上的节点板、加强环、内衬管、牛腿等并入钢管柱工程量内
	实腹钢柱		按设计图示尺寸以质量计算。不扣除孔眼的质量，焊条、铆钉、螺栓等不另增加质量，依附在钢柱上的牛腿及悬臂梁等并入钢柱工程量内
	空腹钢柱		
	钢梁	t	按设计图示尺寸以质量计算。不扣除孔眼的质量，焊条、铆钉、螺栓等不另增加质量，制动梁、制动板、制动桁架、车挡并入钢吊车梁工程量内
	钢吊车梁		
	钢板楼板	m^2	按设计图示尺寸以铺设水平投影面积计算。不扣除单个面积≤0.3m^2的柱、垛及孔洞所占面积
	钢板墙板		按设计图示尺寸以铺挂展开面积计算。不扣除单个0.3m^2以内的梁、孔洞所占面积，包角、包边、窗台泛水等不另增加面积
	钢支撑、钢拉条	t	按设计图示尺寸以质量计算。不扣除孔眼的质量，焊条、铆钉、螺栓等不另增加质量
	钢檩条		
	钢天窗架		
	钢挡风架		
	钢墙架		
	钢平台		
	钢走道		
	钢梯		
	钢护栏		
	钢漏斗		按设计图示尺寸以质量计算，不扣除孔眼的质量，焊条、铆钉、螺栓等不另增加质量，依附漏斗或天沟的型钢并入漏斗或天沟工程量内
	钢板天沟		
	钢支架		按设计图示尺寸以质量计算，不扣除孔眼的质量，焊条、铆钉、螺栓等不另增加质量
	零星钢构件		
屋面及防水工程	瓦屋面	m^2	按设计图示尺寸以斜面积计算，不扣除房上烟囱、风帽底座、风道、小气窗、斜沟等所占面积，小气窗的出檐部分不增加面积
	型材屋面		
	阳光板屋面	t	按设计图示尺寸以斜面积计算，不扣除屋面面积≤0.3m^2孔洞所占面积
	玻璃钢屋面		
	膜结构屋面	m^2	按设计图示尺寸以需要覆盖的水平投影面积计算
	屋面卷材防水	m^2	按设计图示尺寸以面积计算。 1. 斜屋顶（不包括平屋顶找坡）按斜面积计算，平屋顶按水平投影面积计算； 2. 不扣除房上烟囱、风帽底座、风道、屋面小气窗和斜沟所占面积； 3. 屋面的女儿墙、伸缩缝和天窗等处的弯起部分，并入屋面工程量内
	屋面涂膜防水		

续表 3-20

类别	项目名称	计量单位	工程量计算规则
屋面及防水工程	屋面刚性层	m^2	按设计图示尺寸以面积计算。不扣除房上烟囱、风帽底座、风道等所占面积
	屋面排水管	m	按设计图示尺寸以长度计算。如设计未标注尺寸，以檐口至设计室外散水上表面垂直距离计算
	屋面排（透气）管	m	按设计图示尺寸以长度计算
	屋面（廊、阳台）泄（吐）水管	根（个）	按设计图示数量计算
	屋面天沟、檐沟	m^2	按设计图示尺寸以展开面积计算
	墙面卷材防水、墙面涂膜防水、墙面砂浆防水	m^2	按设计图示尺寸以面积计算
	楼（地）面卷材防水、楼（地）面涂膜防水、楼（地）面砂浆防水	m^2	按设计图示尺寸以面积计算。 1. 地面防水：按主墙间净空间面积计算，扣除突出地面的构筑物、设备基础等所占面积，不扣除间壁墙及单个 $0.3m^2$ 以内的柱、垛、烟囱和孔洞所占面积； 2. 楼（地）面防水反边高度≤300mm 算作地面防水，反边高度＞300mm 按墙面防水计算
	墙面变形缝	m	按设计图示以长度计算
保温、隔热、防腐工程	防腐混凝土面层	m^2	按设计图示尺寸以面积计算。 1. 平面防腐：扣除突出地面的构筑物、设备基础等以及面积＞$0.3m^2$ 孔洞、柱、垛等所占面积，门洞、空圈、暖气包槽、壁龛的开口部分不增加面积； 2. 立面防腐：扣除门、窗、洞口以及面积＞$0.3m^2$ 孔洞、梁所占面积，门、窗、洞口侧壁、垛突出部分按展开面积并入墙面积内
	防腐砂浆面层		
	防腐胶泥面层		
	玻璃钢防腐面层		
	隔离层		
	防腐涂料		
	聚氯乙烯板面层		
	块料防腐面层		
	池、槽块料防腐面层	m^2	按设计图示尺寸以展开面积计算
	砌筑沥青浸渍砖	m^3	按设计图示尺寸以体积计算
	保温隔热屋面	m^2	按设计图示尺寸以面积计算。扣除面积＞$0.3m^2$ 孔洞及占位面积
	保温隔热天棚		按设计图示尺寸以面积计算。扣除面积＞$0.3m^2$ 柱、垛、孔洞所占面积，与天棚相连的梁按展开面积计算，并入天棚工程量内
	保温隔热楼地面		按设计图示尺寸以面积计算。扣除面积＞$0.3m^2$ 柱、垛、孔洞所占面积，门洞、空圈、暖气包槽、壁龛开口部分不增加面积

续表 3-20

类别	项目名称	计量单位	工程量计算规则
保温、隔热、防腐工程	保温隔热墙面	m^2	按设计图示尺寸以面积计算。扣除门窗洞口以及面积＞0.3m^2梁、孔洞所占面积；门窗洞口侧壁以及与墙相连的柱，并入保温墙体工程量内
	保温柱、梁		按设计图示尺寸以面积计算。 1. 柱按设计图示柱断面保温层中心线展开长度乘以保温层高度以面积计算，扣除面积＞0.3m^2梁所占面积； 2. 梁按设计图示梁断面保温层中心线展开长度乘以保温层长度以面积计算
	其他保温隔热	m^2	按设计图示尺寸以展开面积计算。扣除面积＞0.3m^2空洞及占位面积
楼地面装饰工程	水泥砂浆楼地面	m^2	按设计图示尺寸以面积计算。扣除突出地面构筑物、设备基础、室内铁道、地沟等所占面积，不扣除间壁墙及≤0.3m^2的柱、垛、附墙烟囱及孔洞所占面积。门洞、空圈、暖气包槽、壁龛的开口部分不增加面积
	现浇水磨石楼地面		
	细石混凝土楼地面		
	菱苦土楼地面		
	自流坪楼地面		按设计图示尺寸以面积计算。扣除突出地面构筑物、设备基础、室内铁道、地沟等所占面积，不扣除间壁墙及≤0.3m^2柱、垛、附墙烟囱及空洞所占面积。门洞、空圈、暖气包槽、壁龛的开口部分不增加面积
	平面砂浆找平层		按设计图示尺寸以面积计算
	石材楼地面		按设计图示尺寸以面积计算。门洞、空圈、暖气包槽、壁龛的开口部分并入相应的工程量内
	块料楼地面		
	橡胶板楼地面		按设计图示尺寸以面积计算。门洞、空圈、暖气包槽、壁龛的开口部分并入相应的工程量内
	橡胶卷材楼地面		
	塑料板楼地面		
	塑料卷材楼地面		
	地毯楼地面		
	竹、木（复合）地板		
	防静电活动地板		
	金属复合地板		
	各类踢脚线	1. m^2 2. m	1. 以平方米计量，按设计图示长度乘以高度以面积计算； 2. 以米计量，按延长米计算

续表 3-20

类别	项目名称	计量单位	工程量计算规则
楼地面装饰工程	石材楼梯面层	m^2	按设计图示尺寸楼梯（包括踏步、休息平台及≤500mm的楼梯井）水平投影面积计算。楼梯与地面相连时，算至梯口梁内侧边沿；无梯口梁者，算至最上一层踏步边沿加 300mm
	块料楼梯面层		
	拼碎块料面层		
	水泥砂浆楼梯面层		
	现浇水磨石楼梯面层		
	地毯楼梯面层		
	木板楼梯面层		
	橡胶板楼梯面层		
	塑料板楼梯面层		
	各类台阶面	m^2	按设计图示尺寸以台阶（包括最上层踏步边沿加 300mm）水平投影面积计算
墙、柱面装饰与隔断、幕墙工程	墙面一般抹灰	m^2	按设计图示尺寸以面积计算。扣除墙裙、门窗洞口及单个>0.3m^2的孔洞面积，不扣除踢脚线、挂镜线和墙与构件交接处的面积，门窗洞口和孔洞的侧壁及顶面不增加面积。附墙柱、梁、垛、烟囱侧壁并入相应的墙面面积内。 1. 外墙抹灰面积按外墙垂直投影面积计算。 2. 外墙裙抹灰面积按其长度乘以高度计算。 3. 内墙抹灰面积按主墙间的净长乘以高度计算： （1）无墙裙的，高度按室内楼地面至天棚底面计算； （2）有墙裙的，高度按墙裙顶至天棚底面计算； （3）有吊顶天棚抹灰，高度算至天棚底。 4. 内墙裙抹灰面按内墙净长乘以高度计算
	墙面装饰抹灰		
	墙面勾缝		
	立面砂浆找平层		
	柱、梁面一般抹灰	m^3	1. 柱面抹灰：按设计图示柱断面周长乘以高度以面积计算； 2. 梁面抹灰：按设计图示梁断面周长乘以长度以面积计算
	柱、梁面装饰抹灰		
	柱、梁面砂浆找平		
	柱面勾缝		按设计图示柱断面周长乘以高度以面积计算
	各类材质墙面、柱面	m^2	按镶贴表面积计算
	墙面装饰板	m^2	按设计图示墙净长乘以净高以面积计算。扣除门窗洞口及单个>0.3m^2 的孔洞所占面积
	柱（梁）面装饰	m^2	按设计图示饰面外围尺寸以面积计算。柱帽、柱墩并入相应柱饰面工程量内

续表 3-20

类别	项目名称	计量单位	工程量计算规则	
墙、柱面装饰与隔断、幕墙工程	成品装饰柱	1. 根 2. m	1. 以根计量，按设计数量计算； 2. 以米计量，按设计长度计算	
	木隔断、金属隔断	m^2	按设计图示框外围尺寸以面积计算。不扣除单个≤0.3m^2的孔洞所占面积；浴厕门的材质与隔断相同时，门的面积并入隔断面积内	
	玻璃隔断、塑料隔断、其他隔断	m^2	按设计图示框外围尺寸以面积计算。不扣除单个≤0.3m^2的孔洞所占面积	
	成品隔断	1. m^2 2. 间	1. 以平方米计量，按设计图示框外围尺寸以面积计算； 2. 以间计量，按设计间的数量计算	
	全玻（无框玻璃）幕墙	m^2	按设计图示尺寸以面积计算，带肋全玻幕墙按展示面积计算	
	带骨架幕墙	m^2	按设计图示框外围尺寸以面积计算。与幕墙同种材质的窗所占面积不扣除	
天棚工程	天棚抹灰	m^2	按设计图示尺寸以水平投影面积计算。不扣除间壁墙、垛、柱、附墙烟囱、检查口和管道所占的面积，带梁天棚的梁两侧抹灰面积并入天棚面积内，板式楼梯底面抹灰按斜面积计算，锯齿形楼梯底板抹灰按展开面积计算	
	吊顶天棚	m^2	按设计图示尺寸以水平投影面积计算。天棚面中的灯槽及跌级、锯齿形、吊挂式、藻井式天棚面积不展开计算。不扣除间壁墙、检查口、附墙烟囱、柱垛和管道所占面积，扣除单个面积>0.3m^2的孔洞、独立柱及与天棚相连的窗帘盒所占面积	
措施项目				
脚手架工程	综合脚手架	m^2	按建筑面积计算	附工作内容： 1. 场内、场外材料搬运； 2. 选择附墙点与主体连接； 3. 搭、拆脚手架、斜道、上料平台； 4. 安全网的铺设； 5. 测试电动装置、安全锁等； 6. 拆除脚手架后材料的堆放
	外脚手架	m^2	按所服务对象的垂直投影面积计算	
	里脚手架	m^2	按所服务对象的垂直投影面积计算	
	悬空脚手架	m^2	按搭设的水平投影面积计算	
	外装饰吊篮	m^2	按所服务对象的垂直投影面积计算	
	满堂脚手架	m^2	按搭设的水平投影面积计算	
	整体提升架	m^2	按所服务对象的垂直投影面积计算	
	挑脚手架	m	按搭设长度乘以搭设层数以延长米计算	

续表 3-20

<table>
<tr><th>类别</th><th>项目名称</th><th>计量单位</th><th colspan="3">工程量计算规则</th></tr>
<tr><td colspan="6">措 施 项 目</td></tr>
<tr><td rowspan="17">混凝土模板及支架（撑）</td><td>基础</td><td rowspan="16">m^2</td><td colspan="2" rowspan="16">按模板与现浇混凝土构件的接触面积计算。
1. 现浇钢筋混凝土墙、板单孔面积≤0.3m^2 的孔洞不予扣除，洞侧壁模板亦不增加；单孔面积＞0.3m^2 时应予扣除，洞侧壁模板面积并入墙、板工程量内计算。
2. 现浇框架分别按梁、板、柱有关规定计算；附墙柱、暗梁、暗柱并入墙内工程量内计算。
3. 柱、梁、墙、板相互连接的重叠部分，均不计算模板面积。
4. 构造柱按图示外露部分计算模板面积</td><td rowspan="16">附模板及支架部分工作内容：
1. 模板制作；
2. 模板安装、拆除、整理堆放及场内外运输；
3. 清理模板黏结物及模内杂物、刷隔离剂等</td></tr>
<tr><td>矩形柱</td></tr>
<tr><td>构造柱</td></tr>
<tr><td>异型柱</td></tr>
<tr><td>基础梁</td></tr>
<tr><td>矩形梁</td></tr>
<tr><td>异型梁</td></tr>
<tr><td>圈梁、过梁</td></tr>
<tr><td>弧形、拱形梁</td></tr>
<tr><td>弧形、直形墙</td></tr>
<tr><td>有梁板、无梁板</td></tr>
<tr><td>平板、拱板</td></tr>
<tr><td>薄壳板、空心板</td></tr>
<tr><td>其他板</td></tr>
<tr><td>栏板</td></tr>
<tr><td>备注</td><td colspan="4">1. 原槽浇灌的混凝土基础，不计算模板。
2. 混凝土模板及支撑（架）项目，只适用于以平方米计量，按模板与混凝土构件的接触面积计算。以立方米计量的模板及支撑（支架），按混凝土及钢筋混凝土实体项目执行，其综合单价中应包含模板及支撑（支架）。
3. 采用清水模板时，应在特征中注明。
4. 若现浇混凝土梁、板支撑高度超过 3.6m 时，项目特征应描述支撑高度</td></tr>
<tr><td rowspan="10">其他措施项目</td><td>大型机械进出场及安拆</td><td>台次</td><td colspan="3">按使用机械设备的数量计算</td></tr>
<tr><td>成井</td><td>m</td><td colspan="3">按设计图示尺寸以钻孔深度计算</td></tr>
<tr><td>施工排水、降水</td><td>昼夜</td><td colspan="3">按排、降水日历天数计算</td></tr>
<tr><td>安全文明施工</td><td colspan="4" rowspan="7">参见国家标准《房屋建筑与装饰工程工程量计算规范》GB 50854—2013 的相关规定</td></tr>
<tr><td>夜间施工</td></tr>
<tr><td>二次搬运</td></tr>
<tr><td>冬雨季施工</td></tr>
<tr><td>地上、地下设施、建筑物的临时保护设施</td></tr>
<tr><td>已完工程及设备保护</td></tr>
</table>

三、管道安装工程计量规则

表 3-21 相关知识表

类别	项目名称		计量单位	工程量计算规则
通风空调工程	设备备件制作安装	空气加热器（冷却器）、空调器、风机盘管、密闭门、挡水板、过滤器、除湿机	台、台（组）、个、m^2	根据不同项目确定计量单位，一般按设计图示数量计算，过滤器按设计图示数量或以图示面积计量
	通风管道制作安装（包括部件）	碳钢通风管道，复合型风管，柔性软风管，弯头导流叶片，风管检查孔，温度、风量测定孔，阀门，蝶阀，风口，散流器，风帽，接口，消声器，静压箱	m^2、m、节、组、kg、个	根据不同项目确定计量单位。一般按设计图示确定部件数量（个），或按设计图示尺寸以展开面积计算（m^2），或设计图示部位中心线长度计算（m），或按相关部位质量计算（kg）
	备注	1. 风管展开面积，不扣除检查孔、测定孔、送风口、吸风口等所占面积；风管长度一律以设计图示中心线长度为准（主管与支管以其中心线交点划分），包括弯头、三通、变径管、天圆地方等管件的长度，但不包括部件所占的长度。风管展开面积不包括风管、管口重叠部分面积。风管渐缩管：圆形风管按平均直径，矩形风管按平均周长。 2. 穿墙套管按展开面积计算，计入通风管道工程量中。 3. 通风管道的法兰垫料或封口材料，按图纸要求应在项目特征中描述。 4. 净化通风管的空气洁净度按 100 000 级标准编制，净化通风管使用的型钢材料如要求镀锌时，工作内容应注明支架镀锌。 5. 弯头导流叶片数量，按设计图纸或规范要求计算。 6. 风管检查孔、温度测定孔、风量测定孔数量，按设计图纸或规范要求计算。 7. 通风部件如图纸要求制作安装或用成品部件只安装不制作，这类特征在项目特征中应明确描述。 8. 静压箱的面积计算：按设计图示尺寸以展开面积计算，不扣除开口的面积		

续表 3-21

<table>
<tr><th>类别</th><th colspan="3">项目名称</th><th>计量单位</th><th>工程量计算规则</th></tr>
<tr><td rowspan="6">工业管道工程</td><td rowspan="4">管道</td><td>低压管道</td><td>低压碳钢管、低压碳钢伴热管、低压衬里钢管、低压不锈钢伴热管、低压不锈钢管、低压合金钢管等</td><td rowspan="3">m</td><td>按设计图示管道中心线以长度计算</td></tr>
<tr><td>中压管道</td><td>中压碳钢管、中压螺旋卷管、中压不锈钢管、中压合金钢管、中压铜及铜合金管等</td><td>按设计图示管道中心线以长度计算</td></tr>
<tr><td>高压管道</td><td>高压碳钢管、高压合金钢管、高压不锈钢管</td><td>按设计图示管道中心线以长度计算</td></tr>
<tr><td>备注</td><td colspan="3">1. 管道工程量计算不扣除阀门、管件所占长度；室外埋设管道不扣除附属构筑物（井）所占长度；方形补偿器以其所占长度列入管道安装工程量。
2. 衬里钢管预制安装包括直管、管件及法兰的预安装及拆除。
3. 压力试验按设计要求描述试验方法，如水压试验、气压试验、泄漏性试验、真空试验等。
4. 吹扫与清洗按设计要求描述吹扫与清洗方法和介质，如水冲洗、空气吹扫、蒸汽吹扫、化学清洗、油精洗等。
5. 脱脂按设计要求描述脱脂介质种类，如二氯乙烷、三氯乙烯、四氯化碳、动力苯、丙酮或酒精等</td></tr>
<tr><td rowspan="2">管件、阀门、法兰</td><td colspan="2">低压、中压、高压管件，阀门，法兰</td><td>个、副（片）</td><td>按设计图示数量计算</td></tr>
<tr><td>备注</td><td colspan="3">1. 管件包括弯头、三通、四通、异径管、管接头、管帽、方形补偿器弯头、管道上仪表一次部件、仪表温度计扩大管制作安装等。
2. 管件压力试验、吹扫、清洗、脱脂均包括在管道安装中。
3. 在主管上挖眼接管的三通和摔制异径管，均以主管径按管件安装工程量计算，不另计制作费和主材费；挖眼接管的三通支线管径小于主管径 1/2 时，不计算管件安装工程量；在主管上挖眼接管的焊接接头、凸台等配件，按配件管径计算管件工程量。</td></tr>
</table>

续表 3-21

<table>
<tr><th>类别</th><th colspan="2">项目名称</th><th>计量单位</th><th>工程量计算规则</th></tr>
<tr><td rowspan="2">工业管道工程</td><td>管件、阀门、法兰</td><td>备注</td><td colspan="2">4. 三通、四通、异径管均按大管径计算。
5. 管件用法兰连接时执行法兰安装项目，管件本身不再计算安装。
6. 半加热外套管摔口后焊接在内套管上，每处焊口按一个管件计算；外套碳钢管如焊接不锈钢内套管上时，焊口间需加不锈钢短管衬垫，每处焊口按两个管件计算。
7. 减压阀直径按高压侧计算。
8. 电动阀门包括电动机安装。
9. 操纵装置安装按规范或设计技术要求计算。
10. 法兰焊接时，要在项目特征中描述法兰的连接形式（平焊法兰、对焊法兰、翻边活动法兰及焊环活动法兰等），不同连接形式应分别列项。
11. 配法兰的盲板不计安装工程量。
12. 焊接盲板（封头）按管件连接计算工程量</td></tr>
<tr><td>板卷管与管件制作</td><td>碳钢板直管、不锈钢板直管、铝及铝合金板直管制作，各类材质管件、虾体弯制作和煨弯管道制作</td><td>t、个</td><td>板卷管制作按设计图示质量计算。
各类材质管件制作按设计图示质量计算，虾体弯制作和煨弯管道制作按设计图示数量计算</td></tr>
<tr><td>给排水、采暖燃气工程</td><td>管道、支架及管道附件</td><td>管道包括：镀锌钢管、不锈钢管、铸铁管、塑料管、复合管、直埋式预制保温管、承插陶瓷缸瓦管、承插水泥管、室外管道碰头。
支架包括：管道支架和设备支架。
管道附件包括：各种材质阀门、法兰、减压器、仪表等</td><td>处、m、kg、套、个、组、副、块</td><td>管道根据不同项目具体内容不确定计量单位。管道长度按设计图示管道中心线以长度计算（m），管道碰头按设计图示以“处”计算。工作内容包括：管道安装、管件安装、压力试验、吹扫、冲洗，警示带铺设等。
支架规定按设计图示质量计算（kg）或者以“套”计量。套管（制作安装、除锈、刷油）按图示数量计算。
管道附件按设计图示数量计算（个、副、套、组）</td></tr>
</table>

续表 3-21

类别	项目名称		计量单位	工程量计算规则
给排水、采暖燃气工程	管道、支架及管道附件	备注		1. 安装部位，指管道安装在室内、室外。 2. 管道工程量计算不扣除阀门、管件（包括减压器、疏水器、水表、伸缩器等组成安装）及附属构筑物所占长度；方形补偿器以其所占长度列入管道安装工程量。 3. 压力试验按设计要求描述试验方法，如水压试验、气压试验、泄漏性试验、闭水试验、通球试验、真空试验等。 4. 吹、洗按设计要求描述吹扫、冲洗方法，如水冲洗、消毒冲洗、空气吹扫等。 5. 单件支架质量 100kg 以上的管道支吊架执行设备支吊架制作安装。 6. 成品支架安装执行相应管道支架或设备支架项目，不再计取制作费，支架本身价值含在综合单价中。 7. 套管制作安装，适用于穿基础、墙、楼板等部位的防水套管、填料套管、无填料套管及防火套管等，应分别列项。 8. 法兰阀门安装包括法兰连接，不得另计。阀门安装如仅为一侧法兰连接时，应在项目特征中描述。 9. 塑料阀门连接形式需注明热熔连接、粘接、热风焊接等方式。 10. 减压器规格按高压侧管道规格描述。 11. 减压器、疏水器、倒流防止器等项目包括组成与安装工作内容，项目特征应根据设计要求描述附件配置情况，或根据××图集或××施工图做法描述
	采暖、给排水设备	包括：给水设备、气压罐、集热装置、水处理器、热水器、开水炉、水箱	套、组、台、块	按设计图示数量计算
		备注		1. 变频给水设备、稳压给水设备、无负压给水设备安装，说明： （1）压力容器包括气压罐、稳压罐、无负压罐； （2）水泵包括主泵及备用泵，应注明数量； （3）附件包括给水装置中配备的阀门、仪表、软接头，应注明数量，含设备、附件之间管路连接； （4）泵组底座安装，不包括基础砌（浇）筑，应按现行国家标准《房屋建筑与装饰工程工程量计算规范》GB 50854 的相关项目编码列项。 2. 管道界限的划分： （1）给水管道室内外界限划分：以建筑物外墙皮 1.5m 为界，入口处设阀门者以阀门为界；

续表 3-21

<table>
<tr><th>类别</th><th colspan="2">项目名称</th><th>计量单位</th><th>工程量计算规则</th></tr>
<tr><td>给排水、采暖燃气工程</td><td>采暖、给排水设备</td><td>备注</td><td colspan="2">（2）排水管道室内外界限划分：以出户第一个排水检查井为界；
（3）采暖管道室内外界限划分：以建筑物外墙皮 1.5m 为界，入口处设阀门者以阀门为界；
（4）燃气管道室内外界限划分：地下引入室内的管道以室内第一个阀门为界，地上引入室内的管道以墙外三通为界</td></tr>
</table>

表 3-22 专业措施项目及其他措施项目

<table>
<tr><th colspan="2">专业措施项目</th><th>其他措施项目</th></tr>
<tr><td>项目名称</td><td>工作内容及包含范围</td><td rowspan="12">1. 安全文明施工。
（1）环境保护；
（2）文明施工；
（3）安全施工；
（4）临时设施。
2. 夜间施工增加。
3. 非夜间施工增加。
4. 二次搬运。
5. 冬雨季施工增加。
6. 已完工程及设备保护。
7. 高层施工增加</td></tr>
<tr><td>吊装加固</td><td>1. 行车梁加固；
2. 桥式起重机加固及负荷试验；
3. 整体吊装临时加固件，加固设施拆除、清理</td></tr>
<tr><td>金属抱杆安装、拆除、移位</td><td>1. 安装、拆除；
2. 位移；
3. 吊耳制作安装；
4. 拖拉坑挖埋</td></tr>
<tr><td>平台铺设、拆除</td><td>1. 场地平整；
2. 基础及支墩砌筑；
3. 支架型钢搭设；
4. 铺设；
5. 拆除、清理</td></tr>
<tr><td>顶升、提升装置</td><td rowspan="2">安装、拆除</td></tr>
<tr><td>大型设备专用机具</td></tr>
<tr><td>焊接工艺评定</td><td>焊接、试验及结果评价</td></tr>
<tr><td>胎（模）具制作、安装、拆除</td><td>制作、安装、拆除</td></tr>
<tr><td>防护棚制作安装拆除</td><td>防护棚制作、安装、拆除</td></tr>
<tr><td>特殊地区施工增加</td><td>1. 高原、高寒施工防护；
2. 地震防护</td></tr>
<tr><td>安装与生产同时进行施工增加</td><td>1. 火灾防护；
2. 噪声防护</td></tr>
</table>

续表 3-22

<table>
<tr><th colspan="2">专业措施项目</th><th>其他措施项目</th></tr>
<tr><td>项目名称</td><td>工作内容及包含范围</td><td rowspan="9">注：
1. 本表所列项目应根据工程实际情况计算措施项目费用，需分摊的应合理计算摊销费用。
2. 施工排水是为保证工程在正常条件下施工而采取的排水措施所发生的费用。
3. 施工降水是指为保证工程在正常条件下施工而采取的降低地下水位的措施所发生的费用。
4. 高层施工增加：①单层建筑物檐口高度超过 20m，多层建筑物超过 6 层时，按各附录分别列项。②突出主题建筑物顶的电梯机房、楼梯出口间、水箱间、瞭望塔、排烟机房等不计入檐口高度。计算层数时地下室不计入层数。
5. 大型机械设备进出场及安拆，按现行国家标准《房屋建筑与装饰工程工程量计算规范》GB 50854 的相关项目编码列项。
6. 脚手架按各附录分别列项</td></tr>
<tr><td>在有害身体健康环境中施工增加</td><td>1. 有害化合物防护；
2. 粉尘防护；
3. 有害气体防护；
4. 高浓度氧气防护</td></tr>
<tr><td>工程系统检测、检验</td><td>1. 起重机、锅炉、高压容器等特种设备安装质量监督检验检测；
2. 由国家或地方检测部门进行的各类检测</td></tr>
<tr><td>设备、管道施工的安全、防冻和焊接保护</td><td>保证工程施工正常进行的防冻和焊接保护</td></tr>
<tr><td>焦炉烘炉、热态工程</td><td>1. 烘炉安装、拆除、外运；
2. 热态作业劳保消耗</td></tr>
<tr><td>管道安拆后的充气保护</td><td>充气管道安装、拆除</td></tr>
<tr><td>隧道内施工的通风、供水、供气、供电、照明及通信设施</td><td>通风、供水、供气、供电、照明及通信设施安装、拆除</td></tr>
<tr><td>脚手架搭拆</td><td>1. 场内、场外材料搬运；
2. 搭、拆脚手架；
3. 拆除脚手架后材料的堆放</td></tr>
<tr><td>其他措施</td><td>为保证工程施工正常进行所发生的费用</td></tr>
</table>

四、电气设备安装工程工程量计算规则

表 3-23　相关知识表

<table>
<tr><th colspan="2">主 要 内 容</th></tr>
<tr><td>1. 变压器安装</td><td>按设计图示数量计算（台），包括：本体安装，基础型钢制作、安装，油过滤，干燥，接地，网门，保护门制作、安装，补刷（喷）油漆</td></tr>
<tr><td>2. 配电装置安装</td><td>按设计图示数量计算（台、组、个），包括：本体安装、调试，基础型钢制作、安装，基础浇筑，接地，干燥，油过滤，进箱母线安装，补刷（喷）油漆。
1. 空气断路器的储气罐及储气罐至断路器的管路应按《通用安装工程工程量计算规范》GB 50856—2013 附录 H 工业管道工程相关项目编码列项。
2. 干式电抗器项目适用于混凝土电抗器、铁芯干式电抗器、空心干式电抗器等。
3. 设备安装未包括地脚螺栓、浇注（二次灌浆、抹面），如需安装应按现行国家标准《房屋建筑与装饰工程工程量计算规范》GB 50854 的相关项目编码列项</td></tr>
<tr><td>3. 母线安装</td><td>按设计图示数量计算（台），按图示尺寸计算以单相长度计算（m）（含预留长度），按图示尺寸以质量计算（t），共箱母线和低压封闭式插接母线按设计图示尺寸以中心线长度计算（m）</td></tr>
</table>

续表 3-23

<table>
<tr><th colspan="8">主 要 内 容</th></tr>
<tr><td rowspan="12">母线安装</td><td rowspan="12">备注</td><td rowspan="12">预留长度及附加长度</td><td rowspan="2">软母线</td><td>项目</td><td>耐张</td><td>跳线</td><td>引下线、设备连接线</td></tr>
<tr><td>预留长度</td><td>2.5</td><td>0.8（m/根）</td><td>0.6</td></tr>
<tr><td rowspan="6">硬母线配置</td><td colspan="2">项目</td><td>预留长度</td><td>说明</td></tr>
<tr><td colspan="2">带形、槽形母线终端</td><td>0.3（m/根）</td><td>从最后一个支持点算起</td></tr>
<tr><td colspan="2">带形、槽形母线与分支线连接</td><td>0.5</td><td>分支线预留</td></tr>
<tr><td colspan="2">带形母线与设备连接</td><td>0.5</td><td>从设备端子接口算起</td></tr>
<tr><td colspan="2">多片重型母线与设备连接</td><td>1.0</td><td>从设备端子接口算起</td></tr>
<tr><td colspan="2">槽形母线与设备连接</td><td>0.5</td><td>从设备端子接口算起</td></tr>
<tr><td rowspan="4">盘、箱、柜的外部进出线</td><td colspan="2">各种箱、柜、盘、板、盒</td><td>高+宽</td><td>盘面尺寸</td></tr>
<tr><td colspan="2">单独安装的铁壳开关、自动开关、刀开关、启动器、箱式电阻器、变阻器</td><td>0.5</td><td>从安装对象中心算起</td></tr>
<tr><td colspan="2">继电器、控制开关、信号灯、按钮、熔断器等小电器</td><td>0.3</td><td>从安装对象中心算起</td></tr>
<tr><td colspan="2">分支接头</td><td>0.2</td><td>分支线预留</td></tr>
<tr><td colspan="3" rowspan="2">4. 控制设备及低压电器安装</td><td colspan="5">按设计图示数量计算（台、套、个、箱），包括本体安装，基础型钢制作、安装，基础浇筑，调速开关安装，端子板安装，焊、压接线端子，盘框配箱、端子接线，小母线安装，屏边安装，油漆，接地等项内容</td></tr>
<tr><td>备注</td><td colspan="4">1. 控制开关包括：自动空气开关、刀型开关、铁壳开关、胶盖刀闸开关、组合控制开关、万能转换开关、风机盘管三速开关、漏电保护开关等；
2. 小电器包括：按钮、电笛、电铃、水位电气信号装置、测量表计、继电器、电磁锁、屏上辅助设备、辅助电压互感器、小型安全变压器等；
3. 其他电器安装指：本节未列的电器项目；
4. 其他电器必须根据电器实际名称确定项目名称，明确描述工作内容、项目特征、计量单位、计算规则</td></tr>
<tr><td colspan="3">5. 滑触线装置安装</td><td colspan="5">按设计图示尺寸以单相长度计算（m）（含预留线长度）</td></tr>
<tr><td colspan="3">6. 电缆安装</td><td colspan="5">按设计图示尺寸以长度计算（m）（含预留长度及附加长度），按设计图示数量计算（个、台、处），按设计图示尺寸以面积计算（m^2），按设计图示尺寸以质量计算（kg）</td></tr>
<tr><td colspan="3">7. 防雷及接地装置</td><td colspan="5">按设计图示尺寸以长度计算（m）（含附加长度），按设计图示数量计算（根、套、台、块、个），按设计图示尺寸以展开面积计算（m^2），按设计图示尺寸以质量计算（kg）</td></tr>
</table>

续表 3-23

<table>
<tr><th colspan="6">主 要 内 容</th></tr>
<tr><td>7. 防雷及接地装置</td><td>备注</td><td colspan="4">1. 利用桩基础作接地极，应描述桩台下桩的根数，每桩台下需焊接柱筋根数，其工程量按柱引下线计算；利用基础钢筋作接地极按均压环项目编码列项。
2. 利用柱筋作引下线的，需描述柱筋焊接根数。
3. 利用圈梁筋作均压环的，需描述圈梁筋焊接根数。
4. 使用电缆、电线作接地线，应按电缆安装和照明器具安装的相关项目编码列项</td></tr>
<tr><td rowspan="2">8. 配管、配线</td><td colspan="5">按设计图示尺寸以长度计算（m），按图示数量计算（个）。包括配管、线槽、桥架、接线盒、接线箱。配线按设计图示尺寸以单线长度计算（含预留长度）</td></tr>
<tr><td>备注</td><td colspan="4">1. 配管、线槽安装不扣除管路中间的接线箱（盒）、灯头盒、开关盒所占长度。
2. 配管名称指电线管、钢管、防爆管、塑料管、软管、波纹管等。
3. 配管配置形式指明配、暗配、吊顶内、钢结构支架、钢索配管、埋地敷设、水下敷设、砌筑沟内敷设等。
4. 配线名称指管内穿线、瓷夹板配线、塑料夹板配线、绝缘子配线、槽板配线、塑料护套配线、线槽配线、车间带形母线等。
5. 配线形式指照明线路，动力线路，木结构，顶棚内，砖、混凝土结构，沿支架、钢索、屋架、梁、柱、墙，以及跨屋架、梁、柱。
6. 配线保护管遇到下列情况之一时，应增设管路接线盒和拉线盒：①管长度每超过 30m，无弯曲；②管长度每超过 20m，有 1 个弯曲；③管长度每超过 15m，有 2 个弯曲；④管长度每超过 8m，有 3 个弯曲。垂直敷设的电线保护管遇到下列情况之一时，应增设固定导线用的拉线盒：①管内导线截面为 $50mm^2$ 及以下，长度每超过 30m；②管内导线截面为 $70\sim95mm^2$，长度每超过 20m；③管内导线截面为 $120\sim240mm^2$，长度每超过 18m。在配管清单项目计量时，设计无要求时上述规定可以作为计量接线盒、拉线盒的依据。
7. 配管安装中不包括凿槽、刨沟、应按《通用安装工程工程量计算规范》GB 50856—2013 附录 D. 13 相关项目编码列项</td></tr>
<tr><td rowspan="9">9. 照明器具安装</td><td colspan="5">按设计图示数量计算（套），包括基础浇筑、立灯杆，杆座安装、灯架、灯具、端子安装、接地、油漆等内容</td></tr>
<tr><td rowspan="8">备注</td><td rowspan="8">电缆线敷设预留及附加长度</td><td>项　　目</td><td>预留（附加）长度</td><td>说明</td></tr>
<tr><td>电缆敷设弛度、波形弯度、交叉</td><td>2.5%</td><td>按电缆全长计算</td></tr>
<tr><td>电缆进入建筑物</td><td>2.0m</td><td>规范规定最小值</td></tr>
<tr><td>电缆进入沟内或吊架时引上（下）预留</td><td>1.5m</td><td>规范规定最小值</td></tr>
<tr><td>变电所进线、出线</td><td>1.5m</td><td>规范规定最小值</td></tr>
<tr><td>电力电缆终端头</td><td>1.5m</td><td>检修余量最小值</td></tr>
<tr><td>电缆中间接头盒</td><td>两端各留 2.0m</td><td>检修余量最小值</td></tr>
<tr><td>电缆进控制、保护屏及模拟盘、配电箱等</td><td>高＋宽</td><td>按盘面尺寸</td></tr>
</table>

续表 3-23

<table>
<tr><th colspan="6">主 要 内 容</th></tr>
<tr><td rowspan="9">9. 照明器具安装</td><td rowspan="9">备注</td><td rowspan="5">电缆线敷设预留及附加长度</td><td>高压开关柜及低压配电盘、箱</td><td>2.0m</td><td>盘下进出线</td></tr>
<tr><td>电缆至电动机</td><td>0.5m</td><td>从电动机接线盒算起</td></tr>
<tr><td>厂用变压器</td><td>3.0m</td><td>从地坪算起</td></tr>
<tr><td>电缆绕过梁柱等增加长度</td><td>按实计算</td><td>按被绕物的断面情况计算增加长度</td></tr>
<tr><td>电梯电缆与电缆架固定点</td><td>每处 0.5m</td><td>规范规定最小值</td></tr>
<tr><td rowspan="4">盘、箱、柜的外部进出线预留长度</td><td>各种开关箱、柜、板、盘、盒</td><td>高＋宽</td><td>盘面尺寸</td></tr>
<tr><td>单独安装的铁壳开关、自动开关、刀开关、启动器、箱式电阻器、变阻器</td><td>0.5</td><td>从安装对象中心算起</td></tr>
<tr><td>继电器、控制开关、信号灯、按钮、熔断器等小电器</td><td>0.3</td><td>从安装对象中心算起</td></tr>
<tr><td>分支接头</td><td>0.2</td><td>分支线预留</td></tr>
<tr><td>接地母线、引下线、避雷网附加长度</td><td colspan="3">接地母线、引下线、避雷网附加长度（m）</td><td>3.9%</td><td>按接地母线、引下线、避雷网全长计算</td></tr>
</table>

经典题型剖析

案例五

一、某小高层住宅楼建筑部分设计如图 3-7 和图 3-8 所示，共 12 层，每层层高均为 3m，电梯机房与楼梯间部分凸出屋面。墙体除注明者外均为 200mm 厚加气混凝土墙，轴线位于墙中。外墙采用 50mm 厚聚苯板保温。楼面做法为 20mm 厚水泥砂浆抹面压光。楼层钢筋混凝土板厚 100mm，内墙做法为 20mm 厚混合砂浆抹面压光。为简化计算首层建筑面积按标准层建筑面积计算。阳台为全封闭阳台，⑤和⑦轴上混凝土柱超过墙体宽度部分建筑面积忽略不计，门窗洞口尺寸见表 3-24，工程做法见表 3-25。

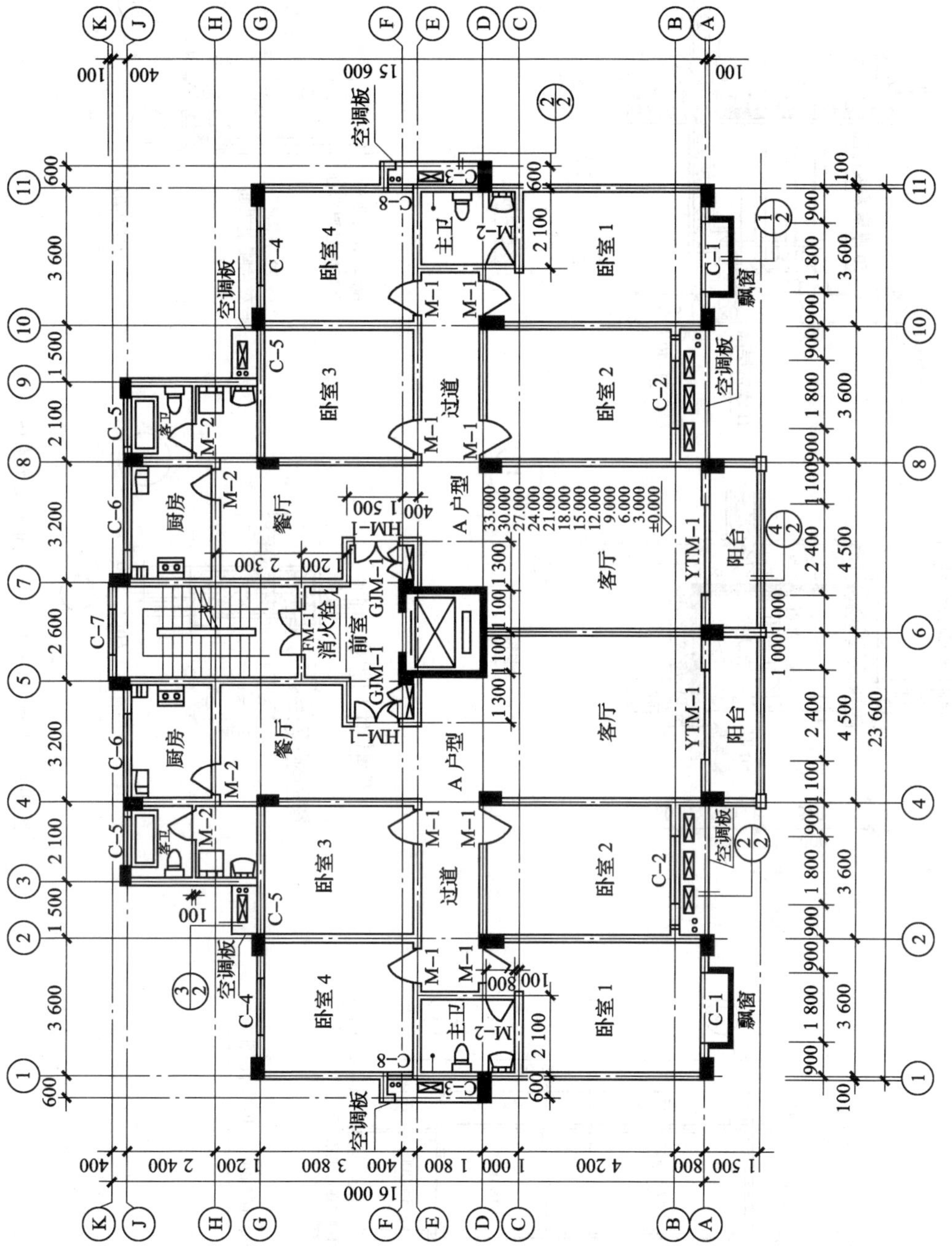
卧室1
卧室2
卧室3
卧室4
主卫
客卫
厨房
餐厅
客厅
阳台
过道
前室
消火栓
A户型
空调板
飘窗
23 600
16 000
15 600
33.000
30.000
27.000
24.000
21.000
18.000
15.000
12.000
9.000
6.000
3.000
±0.000

图 3-7 标准层平面图

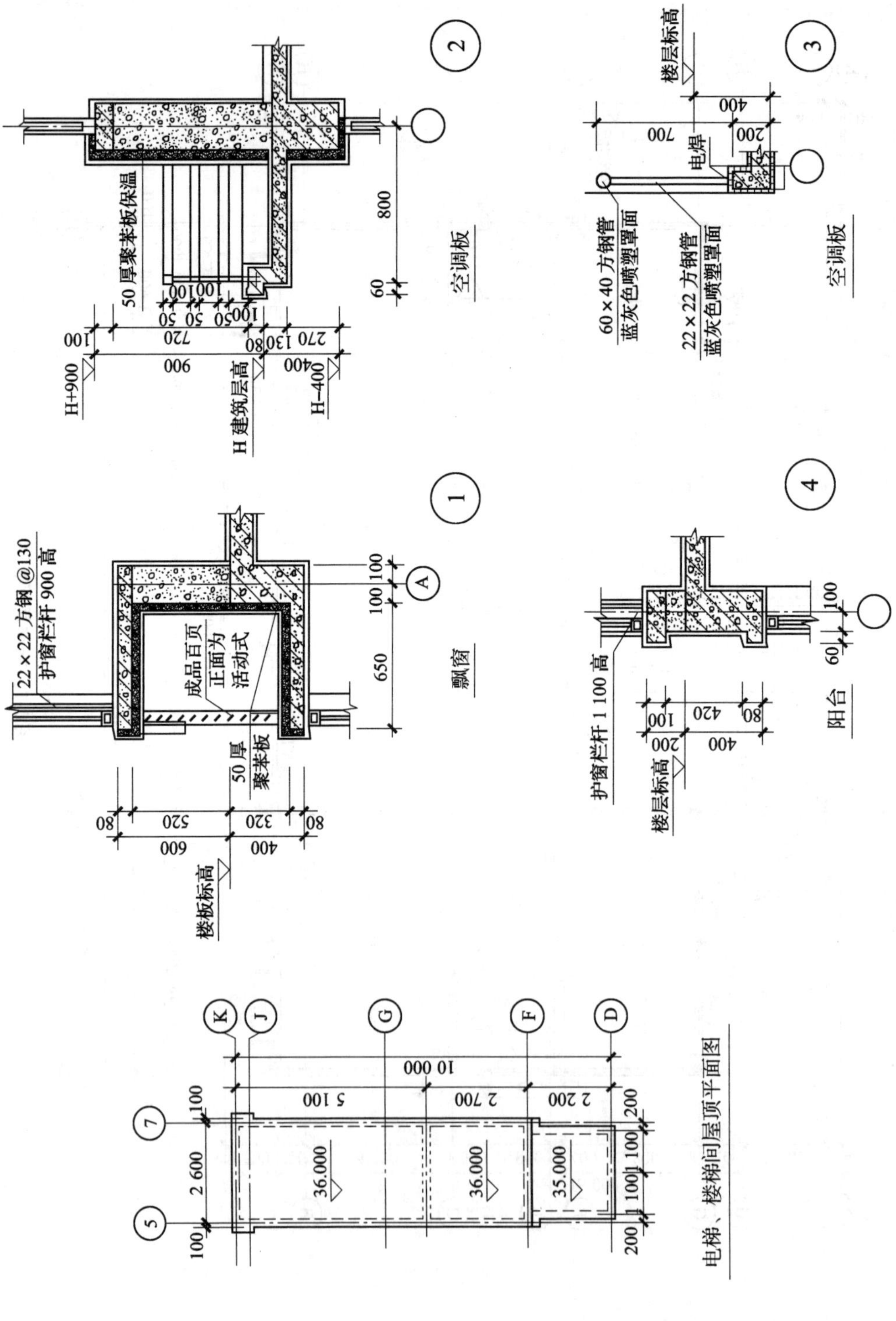

图 3-8 电梯、楼梯间屋顶平面图及节点图

表 3-24 门窗表

名　称	洞口尺寸/mm	名　称	洞口尺寸/mm
M1	900×2 100	C3	900×1 600
M2	800×2 100	C4	1 500×1 700
HM-1	1 200×2 100	C5	1 300×1 700
GJM-1	900×1 950	C6	2 250×1 700
YTM-1	2 400×2 400	C7	1 200×1 700
C1	1 800×2 000	C8	1 200×1 600
C2	1 800×1 700		

表 3-25 工程做法

序号	名　称	项目编码	工 程 做 法
1	水泥砂浆楼面	011101001	• 20mm 厚 1∶2 水泥砂浆抹面压光 • 素水泥浆结合层一道 • 钢筋混凝土楼板
2	混合砂浆墙面	011201001	• 15mm 厚 1∶1∶6 水泥石灰砂浆 • 5mm 厚 1∶0.5∶3 水泥石灰砂浆
3	水泥砂浆踢脚线 （150mm 高）	011105001	• 6mm 厚 1∶3 水泥砂浆 • 6mm 厚 1∶2 水泥砂浆抹面压光
4	混合砂浆天棚	011301001	• 钢筋混凝土板底面清理干净 • 7mm 厚 1∶1∶4 水泥石灰砂浆 • 5mm 厚 1∶0.5∶3 水泥石灰砂浆
5	聚苯板外墙外保温	011001003	• 砌体墙体 • 50mm 厚钢丝网架聚苯板锚筋固定 • 20mm 厚聚合物抗裂砂浆
6	80 系列单框中空玻璃 塑钢推拉窗 洞口 1 800×2 000	010807001	• 80 系列、单框中空玻璃推拉窗 • 中空玻璃空气间层 12mm 厚，玻璃为 5mm 厚玻璃 • 拉手、风撑

问题：

1. 计算小高层住宅楼的建筑面积，将计算过程、计量单位及计算结果填入表 3-26“建筑面积计算”。

2. 计算小高层住宅楼二层卧室 1、卧室 2、主卫的楼面工程量以及墙面工程量，将计算过程、计量单位及计算结果按要求填入表 3-27“分部分项工程量计算”。

3. 结合图纸及表 3-25“工程做法”进行分部分项工程量清单的项目特征描述，将描述和分项计量单位填入表 3-28“分部分项工程量清单”。

（计算结果均保留两位小数）

答案：

问题 1：

表 3-26 建筑面积计算

分项工程名称	计量单位	工程数量	计 算 过 程
建筑面积	m^2	4 138.16	(23.6+0.05×2)×(12+0.1×2+0.05×2)=291.51 3.6×(13.2+0.1×2+0.05×2)=48.6 0.4×(2.6+0.1×2+0.05×2)=1.16 扣除：C-2 处： −(3.6−0.1×2−0.05×2)×0.8×2=−5.28 加：阳台 9.2×(1.5−0.05)$\times\frac{1}{2}$=6.67 电梯机房： (2.2+0.1×2+0.05×2)×2.2$\times\frac{1}{2}$=2.75 楼梯间： (2.8+0.05×2)×(7.8+0.1×2+0.05×2)=2.9×8.1=23.49 (291.51+48.6+1.16+6.67−5.28)×12+2.75+23.49=4 138.16 (23.6+0.05×2)×(16+0.1×2+0.05×2)=386.31 扣除：C-2 处： −0.8×(3.6−0.1×2−0.05×2)×2=−5.28 C-4、C-5 处： −(3.6+1.5)×(1.2+2.4+0.4)×2=−40.8 C-5、C-6 处： −5.3×0.4×2=−4.24 加：阳台 9.2×(1.5−0.05)$\times\frac{1}{2}$=6.67 电梯机房： (2.2+0.1×2+0.05×2)×2.2$\times\frac{1}{2}$=2.75 楼梯间： (2.8+0.05×2)×(7.8+0.1×2+0.05×2)=2.9×8.1=23.49 (386.31−5.28−40.8−4.24+6.67)×12+2.75+23.49=4 138.16

问题 2：

表 3-27 分部分项工程量计算

分项工程名称	计量单位	工程数量	计 算 过 程
楼面工程（二层）	m^2	79.12	卧室 1： (3.4×5.8−2.1×1)×2=35.24 或 (3.4×4.8+1×1.3)×2=35.24 卧室 2： 3.4×5×2=34 主卫： 1.9×2.6×2=9.88

续表 3-27

分项工程名称	计量单位	工程数量	计算过程
墙面抹灰工程（二层）	m^2	225.88	卧室 1： [(3.4+5.8)×2×2.9−1.8×2−0.9×2.1−0.8×2.1]×2=92.38 卧室 2： [(3.4+5)×2×2.9−1.8×1.7−0.9×2.1]×2=87.54 主卫： [(1.9+2.6)×2×2.9−0.8×2.1−0.9×1.6]×2=45.96

问题 3：

表 3-28 分部分项工程量清单

序号	项目编码	项目名称	项目特征	计量单位	数量
1	011101001001	水泥砂浆楼面	1. 面层厚度：20mm； 2. 砂浆配合比：1∶2 水泥砂浆； 3. 素水泥浆结合层一道	m^2	—
2	011201001001	墙面一般抹灰	1. 墙体类型：加气混凝土墙； 2. 底层厚度、砂浆配合比：15mm 厚 1∶1∶6 水泥石灰砂浆； 3. 面层厚度、砂浆配合比：5mm 厚 1∶0.5∶3 水泥石灰砂浆	m^2	—
3	011105001001	水泥砂浆踢脚线	1. 踢脚线高：150mm； 2. 底层厚度、砂浆配合比：6mm，1∶3 水泥砂浆； 3. 面层厚度、砂浆配合比：6mm，1∶2 水泥砂浆抹面压光	m^2	—
4	011301001001	天棚抹灰	1. 基层类型：钢筋混凝土天棚； 2. 抹灰厚度、砂浆配合比、材料种类： 7mm，1∶1∶4 水泥石灰砂浆 5mm，1∶0.5∶3 水泥石灰砂浆	m^2	—
5	011001003001	保温隔热墙面	1. 部位：外墙； 2. 方式：外保温或锚筋固定； 3. 材料品种、规格：50mm 聚苯板； 4. 防护材料：20mm 聚合物抗裂砂浆	m^2	—
6	010807001001	金属（塑钢、断桥）窗	1. 类型、外围尺寸：80 系列单框推拉窗 1 800mm×2 000mm； 2. 材质：塑钢； 3. 玻璃品种、厚度：中空玻璃 5+12A+5mm； 4. 五金材料：拉手、风撑	樘	—

二、某工程楼面如图 3-9“楼层结构平面图”所示。梁纵向钢筋通长布置，8m 长一个搭接，搭接长度 $1.2L_t$，L_t 为 $40d$。梁箍筋弯钩长度按外包尺寸每个弯钩加 $11.9d$ 计算。梁混凝土保护层 25mm。

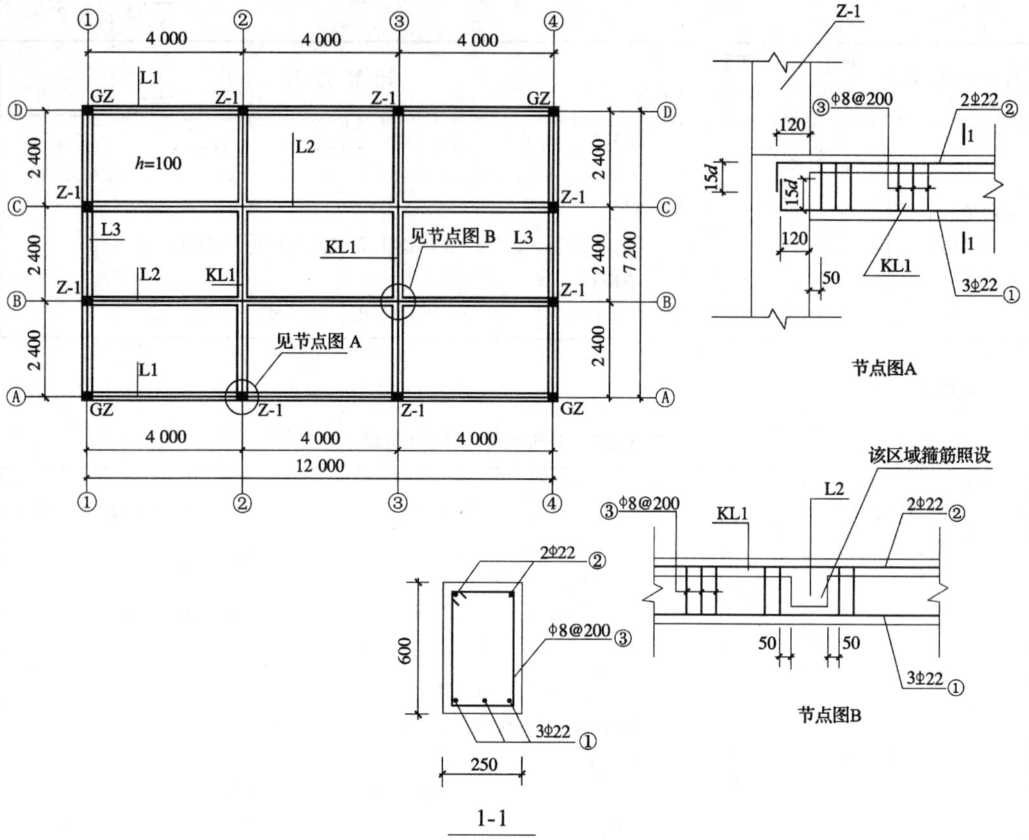

图 3-9 楼层结构平面图

注：所有墙厚均为 240，Z-1 柱、构造柱截面 240×240。

问题：

1. 计算 KL1 梁钢筋的重量，并将相关内容填入表 3-29“钢筋计算表”相应栏目中。

2. 依据《建设工程工程量清单计价规范》GB 50500—2013，将项目编码、综合单价、合价及综合单价计算过程填入表 3-30“分部分项工程量清单计价表”的相应栏目中。

答案：

问题 1：

表 3-29 钢筋计算表

<table>
<tr><td>构件名称</td><td>钢筋编号</td><td colspan="2">简 图</td><td>直径</td><td>计算长度/m</td><td>合计/根</td><td>合计质量/kg</td><td colspan="4">计 算 式</td></tr>
<tr><td rowspan="2">KL1</td><td>①
②</td><td colspan="2"></td><td>Φ22</td><td>7.86</td><td>10</td><td>234.23</td><td colspan="4">L=（7.2−0.24）+0.24+2×15×0.022
或 L=7.2+2×15×0.022</td></tr>
<tr><td>③</td><td colspan="2"></td><td>φ8</td><td>1.73</td><td>72</td><td>47.96</td><td colspan="4">（0.25+0.6）×2−8×0.02+2×11.9×0.008
g=［（7.2−0.24−0.05×2）/0.2+1］×2</td></tr>
<tr><td colspan="2" rowspan="2">钢筋质量表</td><td>直径/mm</td><td>φ8</td><td>φ12</td><td>φ16</td><td>Φ12</td><td>Φ14</td><td>Φ16</td><td>Φ18</td><td>Φ20</td><td>Φ22</td></tr>
<tr><td>每米质量/kg</td><td>0.385</td><td>0.898</td><td>1.580</td><td>0.888</td><td>1.210</td><td>1.580</td><td>2.000</td><td>2.470</td><td>2.980</td></tr>
</table>

注：表中“计算式”仅表达每根钢筋长度的计算式，KL1 梁箍筋数量及每个箍筋长度的计算式。箍筋个数取整数。

问题 2：

表 3-30　分部分项工程量清单计价表

（混凝土及钢筋混凝土工程）

序号	项目编码	项目名称	项目特征	计量单位	工程数量	工料单价/元	金额/元		综合单价计算过程
							综合单价/元	合价/元	
1	010501002001	带形基础	混凝土强度等级：商品混凝土 C30	m^3	8.76	(294.58)	350.55	3 070.82	工料单价×(1+12%+7%)
2	010502002001	构造柱	混凝土强度等级：商品混凝土 C30	m^3	3.2	(244.69)	291.18	931.78	
3	010505003001	平板	混凝土强度等级：商品混凝土 C30	m^3	5.45	(213.00)	253.47	1 381.41	
4	010515001001	现浇混凝土钢筋	HRB335 螺纹钢筋 Φ 22（Ⅱ级钢）	t	12	(3 055.12)	3 635.59	43 627.08	
5	010515001002	现浇混凝土钢筋	HPB235 光圆钢筋 Φ 8（Ⅰ级钢）	t	2	(2 986.19)	3 553.57	7 107.14	

注：表中工料单价为已知数据。

案例六　计算下列各部分管道安装工程工程量

一、某氧气加压站工艺管道图如图 3-10 所示，该工程部分分部分项工程量清单项目的工料单价见表3-31。无缝钢管 $\phi133\times6$ 的每 10m 工程量耗用 9.41m 管材，其单价为 100 元/m；管道刷油每 $10m^2$ 耗用 3.0kg 油漆，其单价为 10 元/kg。管理费、利润分别按人工费 85%、60%计。

说明：

1. 本图为氧气加压站的部分工艺管道。该管道系统工作压力为3.2MPa。图中标注尺寸标高以“m”计，其他均以“mm”计。
2. 管道：采用碳钢无缝钢管，系统连接均为电弧焊；管件：弯头采用成品冲压弯头，三通现场挖眼连接。
3. 阀门、法兰：所有法兰为碳钢对焊法兰；阀门型号除图中说明外，均为J41H-25，采用对焊法兰连接。
4. 管道支架为普通支架，其中：$\phi133\times6$管支架共5处，每处26kg；$\phi108\times5$管支架共20处，每处25kg。
5. 管道安装完毕做水压试验，然后对L3-$\phi108\times5$管道焊口均做X射线无损探伤，胶片规格为80mm×150mm，其焊口数量为6个。
6. 管道安装就位后，所有管道外壁刷油漆。缓冲罐引出管线L3-$\phi108\times5$采用岩棉管壳（厚度为60mm）做绝热层，外缠铝箔保护层。

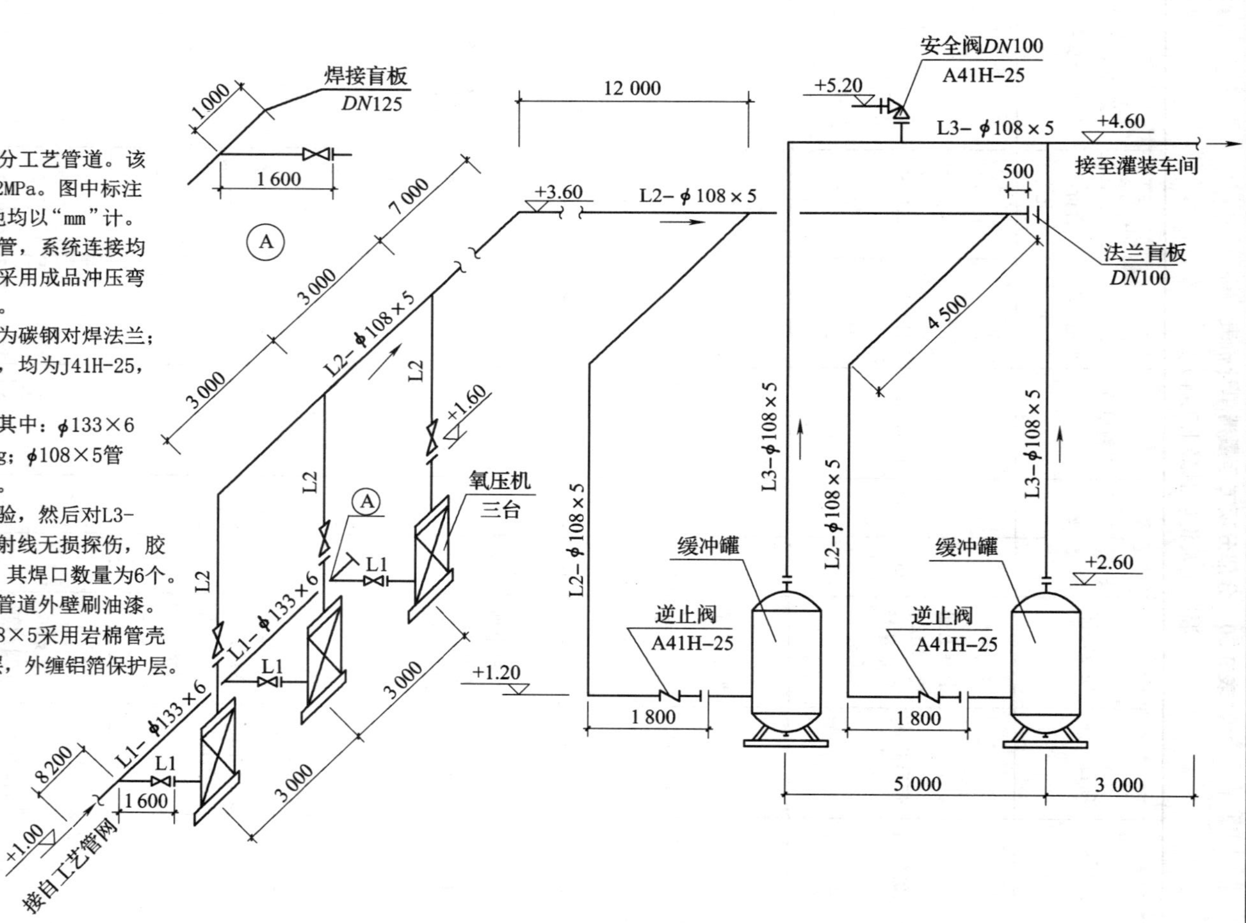

图 3-10　氧气加压站工艺管道系统图

表 3-31　分部分项工程量清单项目工料单价表

序号	工 程 名 称	计量单位	工料单价/元		
			人工费	材料费	机械费
1	无缝钢管 $\phi133\times6$	m	3.50	1.10	7.50
2	管道支架	kg	2.30	1.20	1.00
3	管道试压	100m	130.00	67.50	16.20
4	管道 X 射线探伤	张	10.70	14.60	10.50
5	管道刷油	m^2	1.50	0.10	—
6	管道绝热	m^3	130.00	27.00	7.00

问题：

1. 计算分部分项工程量。依据《全国统一安装工程预算工程量计算规则》计算工程量，并将工程量和计算过程填入表 3-32“管道安装工程分部分项工程量计算表”的相应栏目内。

2. 编列工程量清单。依据《建设工程工程量清单计价规范》GB 50500—2013 编列出管道（统一编码：略）及管道支架（统一编码：略）的分部分项工程量清单，并填入表 3-33“分部分项工程量清单”中。

3. 计算分部分项工程量清单综合单价。根据表 3-31 中的内容，计算无缝钢管 $\phi133\times6$ 一项的分部分项工程量清单综合单价，并填入表 3-34“分部分项工程量清单综合单价计算表”。

（计算结果除计量单位为“m^3”的项目保留三位小数外，其余均保留两位小数）

答案：

问题 1：

表 3-32　管道安装工程分部分项工程量计算表

序号	工 程 名 称	计量单位	工程量	计 算 过 程
1	无缝钢管 $\phi133\times6$	m	20	该项不表达计算过程
2	无缝钢管 $\phi108\times5$	m	66.5	L2：(3.6−1.6)×3+3+3+7+12+5+0.5+(4.5+3.6−1.2+1.8)×2=53.9 L3：(4.6−2.6)×2+5+3+(5.2−4.6)=12.6
3	管件 *DN*125	个	4	三通 3 个　焊接盲板 1 个
4	管件 *DN*100	个	13	弯头 7 个　三通 6 个
5	法兰阀门 *DN*125	个	3	该项不表达计算过程
6	法兰阀门 *DN*100	个	5	该项不表达计算过程
7	安全阀 *DN*100	个	1	该项不表达计算过程
8	对焊法兰 *DN*125	片	3	该项不表达计算过程
9	对焊法兰 *DN*100	副	2	该项不表达计算过程
10	对焊法兰 *DN*100	片	9	该项不表达计算过程

续表 3-32

序号	工程名称	计量单位	工程量	计算过程
11	管道支架	kg	630	5×26+20×25
12	管道试压	100m	0.865	20+66.5
13	管道X射线探伤	张	24	L3：0.108×3.14÷（0.15－0.025×2）＝3.39 取4张 4×6=24（张）
14	管道刷油	m^2	30.90	L1：3.14×0.133×20=8.35 L2：3.14×0.108×53.9=18.28 L3：3.14×0.108×12.6=4.27
15	管道绝热	m^2	0.417	L3：3.14×（0.108＋1.033×0.06）×1.033×0.06×12.6

问题2：

表 3-33 分部分项工程量清单

工程名称：工业管道安装工程

序号	项目编码	项目名称	计量单位	工程数量
1	略	中压无缝钢管 ϕ133×6	m	20.00
2	略	中压无缝钢管 ϕ108×5（L2不保温）	m	53.90
3	略	中压无缝钢管 ϕ108×5（L3保温）	m	12.60
4	略	管道普通支架	kg	630.00

问题3：

表 3-34 分部分项工程量清单综合单价计算表

计量单位：m

项目编码：030602002001　　　　工程数量：20

项目名称：中压无缝钢管 ϕ133×6　　　　综合单价：118.13元

序号	工程内容	单位	数量	其中/元					
				人工费	材料费	机械费	管理费	利润	小计
1	中压钢管安装 ϕ133×6	m	20.00	70.00	22.00	150.00			
	无缝钢管 ϕ133×6	m	18.82	—	1 882.00	—			
2	管道试压	100m	0.20	26.00	13.50	3.24			
3	管道刷油	m^2	8.35	12.53	0.84	—			
	油漆	kg	2.51	—	25.10	—			
合计		—	—	108.53	1 943.44	153.24	92.25	65.12	2 362.58

二、某化工厂内新建办公试验楼集中空调通风系统安装工程，如图3-11所示。

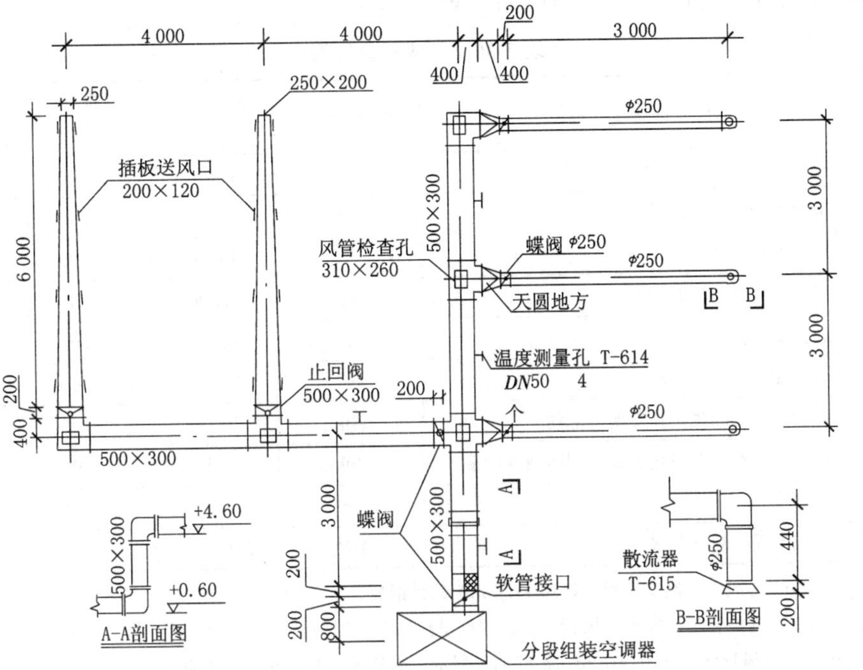

图3-11 集中空调通风管道系统布置图

说明：

1. 本图为某化工厂试验办公楼的集中空调通风管道系统，图中标注尺寸标高以"m"计，其他均以"mm"计。
2. 集中通风空调系统的设备为分段组装式空调器，落地安装。
3. 风管及其管件采用镀锌钢板（咬口）现场制作安装，天圆地方按大口径计。
4. 风管系统中的软管接口、风管检查孔、温度测定孔、插板式送风口为现场制安；阀件、散流器为供应成品现场安装。
5. 风管法兰、加固框、支托吊架除锈后刷防锈漆两遍。
6. 风管保温本项目不作考虑。
7. 其他未尽事宜均视为与《全国统一安装工程预算定额》的要求相符。

通风空调设备部件附件数据表

序号	名称	规格型号	长度/mm	单重/kg
1	空调器	分段组装 ZK-2000		3 000
2	矩形风管	500×300	图示	
3	渐缩风管	500×300/250×200	图示	
4	圆形风管	φ250	图示	
5	矩形蝶阀	500×300	200	13.85
6	矩形止回阀	500×300	200	15.00
7	圆形蝶阀	φ250	200	3.43
8	插板送风口	200×120		0.88
9	散流器	φ250	200	5.45
10	风管检查孔	310×260 T-614		4.00
11	温度测定孔	T-615		0.50
12	软管接口	500×300	200	

有关条件如下：

1. 该工程分部分项工程量清单项目的统一编码见表 3-35。

表 3-35 项目编码表

项目编码	项目名称	项目编码	项目名称
略	空调器	略	碳钢通风管道
略	碳钢调节阀	略	碳钢送风口、散流器
略	通风工程检测、调试		

2. 该工程部分分部分项工程项目的工料机单价见表 3-36。

表 3-36 工料机单价表

序号	工程项目及材料名称	计量单位	人工费/元	材料费/元	机械费/元
1	矩形风管 500×300 δ=0.75	m^2	14.00	20.00	2.00
	镀锌钢板 δ=0.75	m^2	—	50.00	—
2	矩形蝶阀 500×300	个	10.00	280.00	10.00
3	风管检查孔 310×260	kg	6.00	6.00	1.00
4	温度测定孔 *DN*50	个	15.00	10.00	5.00
5	软管接口 500×300	m^2	50.00	120.00	5.00
6	风管法兰加固框吊托支架 除锈	100kg	10.00	3.00	7.00
7	风管法兰加固框吊托支架 刷防锈漆两遍	100kg	20.00	2.00	28.00
8	防锈漆	kg	—	32.800	—
	通风工程检测、调试	系统	200.00	100.00	400.00

注：1. 每 $10m^2$ 通风管道制安工程量耗用 $11.38m^2$ 镀锌钢板。

2. 每 $10m^2$ 通风管道制安中，风管法兰加固框吊托支架耗用钢材按 52.00kg 计，其中施工损耗为 4%。

3. 每 100kg 风管法兰加固框吊托支架刷油工程量，刷防锈漆两遍耗用防锈漆 2.5kg。

3. 管理费、利润分别按人工费的 55%、45%计。

问题：

1. 根据《建设工程工程量清单计价规范》GB 50500—2013 的规定，编列出该工程的分部分项工程量清单项目，将相关内容填入表 3-37 中，并在表 3-37 的下面列式计算三种通风管道的工程量。

2. 假设矩形风管 500×300 的工程量为 40m 时，依据《建设工程工程量清单计价规范》GB 50500—2013 的规定，计算矩形风管 500×300 的工程量清单综合单价，将相关数据内容填入表 3-38 中，并在表 3-38 下面列式计算所列项目的工程量或耗用量。

（计算结果均保留两位小数）

答案：

问题 1：

表 3-37 分部分项工程量清单表

序号	项目编码	项目名称及规格型号	计量单位	工程数量
1	略	分段组装空调器 ZK—2000	kg	3 000
2	略	通风管道 500×300 δ=0.75	m^2	38.40
3	略	通风渐缩管道 500×300/250×200 δ=0.75	m^2	15
4	略	通风管道 ϕ250 δ=0.75	m^2	8.10
5	略	矩形蝶阀 500×300	个	2
6	略	矩形止回阀 500×300	个	2
7	略	圆形蝶阀 ϕ250	个	3
8	略	插板式送风口 200×120	个	16

续表 3-37

序号	项目编码	项目名称及规格型号	计量单位	工程数量
9	略	散流器　ϕ250	个	3
10	略	通风工程检测、调试	系统	1

（1）矩形风管 500×300 的工程量计算式：

3＋（4.6－0.6）＋3＋3＋4＋4＋0.4＋0.4＋0.8＋0.8＋0.8－0.2＝3＋5＋17＝24（m）

24×（0.5＋0.3）×2＝38.40（m^2）

（2）渐缩风管 500×300/250×200 的工程量计算式：

6＋6＝12（m）

12×（0.5＋0.3＋0.25＋0.2）＝12×1.25＝15（m^2）

（3）圆形风管 ϕ250 的工程量计算式：

3×（3＋0.44）＝3×3.44＝10.32（m）

10.32×3.14×0.25＝8.10（m^2）

问题 2：

表 3-38　分部分项工程量清单综合单价计算表

工程名称：（略）　　　　计量单位：m^2

项目编码：030902001001　　　　工程数量：40

项目名称：矩形风管制安 500×300　镀锌钢板　δ＝0.75　咬口　　　　综合单价：130.00 元

序号	工程内容	单位	数量	其中/元					小计
				人工费	材料费	机械费	管理费	利润	
1	通风管道制安 500×300　δ＝0.75	m^2	40	560.00	800.00	80.00	—	—	—
2	镀锌钢板　δ＝0.75	m^2	45.52	—	2 276.00	—	—	—	—
3	风管检查孔　310×260	kg	20.00	120.00	120.00	20.00	—	—	—
4	温度测定孔　*DN*50	个	4	60.00	40.00	20.00	—	—	—
5	风管法兰加固框吊托支架除锈	kg	200	20.00	6.00	14.00	—	—	—
6	风管法兰加固框吊托支架刷防锈漆两遍	kg	200	40.00	4.00	56.00	—	—	—
7	防锈漆	kg	5.00	—	164.00	—	—	—	—
合　计		—	—	800.00	3 410.00	190.00	440.00	360.00	5 200.00

（1）该项风管镀锌钢板耗用量的计算式：

40÷10×11.38＝45.52（m^2）

（2）该项风管检查孔工程量的计算式：

5×4＝20（kg）

（3）该项风管法兰、加固框、吊托支架刷油工程量的计算式：

40÷10×（52÷1.04）＝4×50＝200（kg）

（4）该项风管法兰、加固框、吊托支架刷油时，防锈漆耗用量的计算式：

200÷100×2.5=5（kg）

案例七　计算下列各部分电气工程工程量

一、某车间电气动力安装工程如图 3-12 所示。

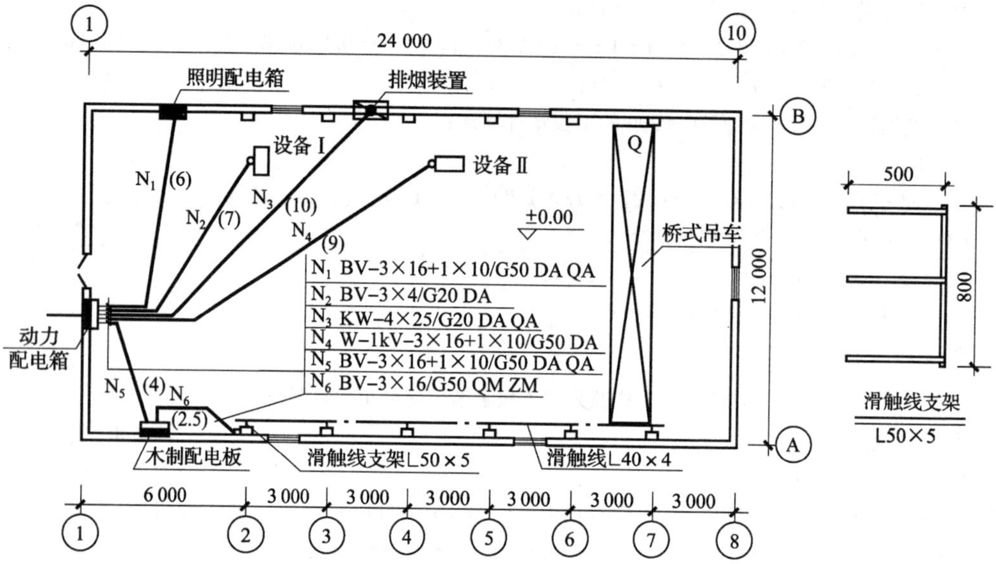

图 3-12　电气动力平面布置图

说明：

1. 室内外地坪标高相同（±0.00），图中尺寸标注均以“mm”计。
2. 配电箱、板尺寸（宽×高×厚）：

   动力配电箱 600×400×250；

   照明配电箱 500×400×220；

   木制配电板 400×300×25。
3. 滑触线支架安装在柱上标高+6.0m 处。

1. 动力箱、照明箱均为定型配电箱，嵌墙暗装，箱底标高为+1.4m。木制配电板现场制作后挂墙明装，底边标高为+1.5m，配电板上仅装置一铁壳开关。

2. 所有电缆、导线均穿钢保护管敷设。保护管除 N_6 为沿墙、柱明配外，其他均为暗配，埋地保护管标高为−0.2m。N_6 自配电板上部引至滑触线的电源配管，在②柱标高+6.0m 处，接一长度为 0.5m 的弯管。

3. 两设备基础面标高+0.3m，至设备电机处的配管管口高出基础面 0.2m，至排烟装置处的管口标高为+6.0m。均连接一根长 0.8m 同管径的金属软管。

4. 电缆计算预留长度时不计算电缆敷设弛度、波形弯度和交叉的附加长度。连接各设备处电缆、导线的预留长度为 1.0m，与滑触线连接处预留长度为 1.5m。电缆头为户内干包式，其附加长度不计。

5. 滑触线支架（∟50×50×5，每米重 3.77kg）采用螺栓固定；滑触线（∟40×40×4，每米重 2.422kg）两端设置指示灯。

6. 图 3-12 中管路旁括号内数字表示该管的平面长度。

问题：

依据《全国统一安装工程预算工程量计算规则》，计算表 3-39“电气安装工程量计算表”中分项工程工程量，并将计量单位、工程量及其计算过程填入该表的相应栏目中。

（计算结果保留两位小数）

答案：

表 3-39　电气安装工程量计算表

序号	工程名称及其规格	计量单位	工程量	计算过程
1	配电箱安装	台	2	1+1
2	木制配电板 安装	块	1	1
3	木制配电板 制作	m^2	0.12	0.4×0.3
4	钢管暗配 G20	m	27.1	N_2：7+（0.2+1.4）+0.2+0.3+0.2=9.3 N_3：10+（0.2+1.4）+0.2+6.0=17.8
5	钢管暗配 G50	m	27.8	N_1：6+（0.2+1.4）×2=9.2 N_4：9+（0.2+1.4）+0.2+0.3+0.2=11.3 N_5：4+（0.2+1.4）+（0.2+1.5）=7.3
6	钢管明配 G50	m	7.2	N_6：2.5+（6−1.5−0.3）+0.5
7	金属软管 G20	m	1.6	0.8+0.8
8	金属软管 G50	m	0.8	0.8
9	电缆敷设 VV−3×16+1×10	m	14.3	N_4：11.3+2+1.0
10	控制电缆敷设 KVV−4×2.5	m	20.8	N_3：17.8+2+1.0
11	导线穿管敷设 16mm^2	m	88.5	N_1：（9.2+0.6+0.4+0.5+0.4）×3=33.3 N_5：（7.3+0.6+0.4+0.4+0.3）×3=27 N_6：（7.2+0.4+0.3+1.5）×3=28.2
12	导线穿管敷设 10mm^2	m	20.1	N_1：9.2+0.6+0.4+0.5+0.4=11.1 N_5：7.3+0.6+0.4+0.4+0.3=9
13	导线穿管敷设 4mm^2	m	33.9	N_2：[9.3+（0.4+0.6）+1.0]×3
14	电缆终端头制作、安装 户内干包式 16mm^2	个	2	N_4：1+1
15	电缆终端头制作、安装 户内干包式 4mm^2	个	2	N_3：1+1
16	滑触线安装 L 40×40×4	m	51	（3×5+1+1）×3
17	滑触线支架制作 L 50×50×5	kg	52.03	3.77×（0.8+0.5×3）×6
18	滑触线支架安装 L 50×50×5	副	6	1×6
19	滑触线指示灯安装	套	2	1+1

二、某水泵站电气安装工程如图 3-13 所示，分项工程项目统一编码见表 3-40。

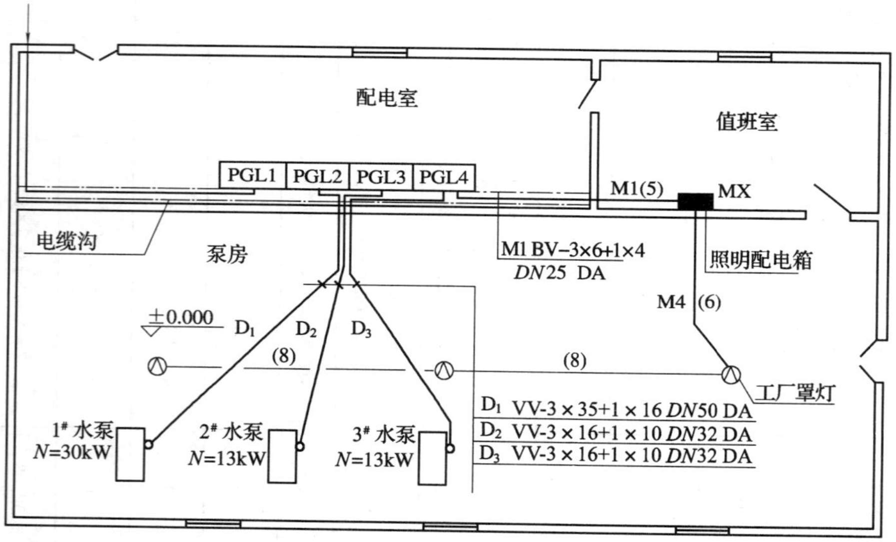

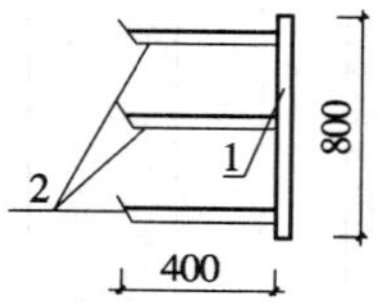

注：
1. 角钢 50×50×5，单位重量 3.77kg/m。
2. 角钢 30×30×4，单位重量 1.79kg/m。

电缆沟内支架详图

图 3-13　水泵站部分电气平面图

说明：

1. 配电室内设4台PGL型低压开关柜，其尺寸（mm）：宽×高×厚：1 000×2 000×600，安装在10#基础槽钢上。
2. 电缆沟内设15个电缆支架，尺寸见支架详图所示。
3. 三台水泵动力电缆 D_1、D_2、D_3分别由PGL2、3、4低压开关柜引出，沿电缆沟内支架敷设，出电缆沟再改穿埋地钢管（钢管埋地深度-0.2m）配至1#、2#、3#水泵电动机。其中：D_1、D_2、D_3 回路，沟内电缆水平长度分别为 2m、3m、4m；配管长度分别为 15m、12m、13m。连接水泵电机处电缆预留长度按1.0m计。
4. 嵌装式照明配电箱 MX，其尺寸（mm）：宽×高×厚：500×400×220（箱底标高+1.40m）。
5. 水泵房内设吸顶式工厂罩灯，由配电箱 MX 集中控制，以 BV-2.5mm² 导线穿 ϕ15塑料管沿墙、顶板暗配。顶板敷管标高为+3.00m。
6. 配管水平长度见图示括号内数字，单位：m。

表 3-40 分项工程项目统一编码

项目编码	项目名称
略	低压开关柜
略	配电箱
略	电气配管
略	电气配线
略	电力电缆
略	电缆支架
略	工厂灯
略	电缆保护管
略	荧光灯

问题：

1. 计算分部分项工程量。依据《全国统一安装工程预算工程量计算规则》计算工程量，并将工程量及计算过程填入表 3-41 中未列出的分部分项工程项目的相应栏目中。

（不考虑电缆敷设弛度、波形弯度和终端电缆头的附加长度。计算结果保留小数点后两位）

2. 编列工程量清单。依据《建设工程工程量清单计价规范》GB 50500—2013，按给定的统一项目编码，编列部分项目的分部分项工程量清单，将清单项目编码、计量单位填入表 3-42“分部分项工程量清单”中。

3. 依据《建设工程工程量清单计价规范》GB 50500—2013 编制“单位工程费汇总表”。设某工程按工程量清单计价，经计算分部分项工程量清单合价 348 238 元，措施项目清单合价 24 322 元，其他项目清单合计 16 000 元，规费 8 962 元，经测算，增值税、城市维护建设税、教育费附加和地方教育费附加的综合税率为 3.413%，试编制单位工程费汇总表，并将有关数据和相关内容填入表 3-43“单位工程费汇总表”中。

答案：

问题 1：

表 3-41 电气安装工程量计算表

序号	工程名称	计量单位	工程量	计算过程
1	低压配电柜 PGL	台	4	1+1+1+1
2	照明配电箱 MX	台	1	1
3	基础槽钢 10#	m	12.8	[(1+0.6)×2]×4
4	扳式暗开关单控双联	套	1	该项不表达计算过程
5	扳式暗开关单控三联	套	1	该项不表达计算过程
6	钢管暗配 *DN*50	m	15	该项不表达计算过程
7	钢管暗配 *DN*32	m	25	该项不表达计算过程
8	钢管暗配 *DN*25	m	6.6	该项不表达计算过程
9	塑料管暗配 ϕ20	m	41.1	该项不表达计算过程
10	塑料管暗配 ϕ15	m	23.2	M：3.0−1.4−0.4+6+8+8
11	电缆敷设 VV−3×35+1×16	m	22	该项不表达计算过程
12	电缆敷设 VV−3×16+1×10	m	41.6	D_2：2+0.1+0.2+1.5+3+12+1 D_3：2+0.1+0.2+1.5+4+13+1
13	塑料铜芯线 6mm^2	m	32.4	该项不表达计算过程
14	塑料铜芯线 4mm^2	m	10.8	该项不表达计算过程

续表 3-41

序号	工程名称	计量单位	工程量	计算过程
15	塑料铜芯线 $2.5mm^2$	m	141.8	该项不表达计算过程
16	工厂罩灯	套	3	该项不表达计算过程
17	吊链双管荧光灯	套	5	该项不表达计算过程
18	电缆支架制造安装	kg	77.46	(0.4×3×1.79+0.8×3.77)×15

问题 2：

表 3-42 分部分项工程量清单

工程名称：电气安装工程

序号	项目编码	项目名称	计量单位	工程数量
1	略	低压配电柜 PGL	台	4
2	略	钢管暗配 *DN*25	m	6.6
3	略	电缆敷设 VV—3×35+1×16	m	22
4	略	电缆敷设 VV—3×16+1×10	m	34.4
5	略	导线穿管敷设 BV-6	m	26.4
6	略	导线穿管敷设 BV-2.5	m	140
7	略	电缆支架制造安装	kg	77.46

问题 3：

表 3-43 单位工程费汇总表

序号	项目名称	金额/元
1	分部分项工程量清单计价合计	348 238
2	措施项目清单计价合计	24 322
3	其他项目清单计价合计	16 000
4	规费	8 962
5	税金	13 567.43
合计		411 089.43

难 题 解 析

案例一

某钢筋混凝土框架结构建筑物的某中间层楼面梁结构图如图 3-14 所示。已知抗震设防烈度为 7 度，抗震等级为三级，柱截面尺寸均为 500mm×500mm，梁断面尺寸如图 3-14 所示。梁、板、柱均采用 C30 商品混凝土浇筑。

问题：

1. 列式计算 KL5 梁的混凝土工程量。

2. 列表计算 KL5 梁的钢筋工程量。将计算过程及结果填入钢筋工程量计算表 3-44 中。已知 $\phi22$ 钢筋理论质量为 2.984kg/m，$\phi20$ 钢筋理论质量为 2.47kg/m，$\phi16$ 钢筋理论质量为 1.58kg/m，$\phi8$ 钢筋理论质量为 0.395kg/m。拉筋为 $\phi6$ 钢筋，其理论质量为 0.222kg/m。纵向受力钢筋端支座的锚固长度按现行规范计算（纵筋伸到支座对边减去保护层弯折 15d），腰筋锚入支座长度为 15d，吊筋上部平直长度为 20d。箍筋加密区为 1.5 倍梁高，箍筋长度和拉筋长度均按外包尺寸每个弯钩加 11.9d 计算，拉筋间距为箍筋非加密区间距的两倍，混凝土保护层厚度为 25mm。

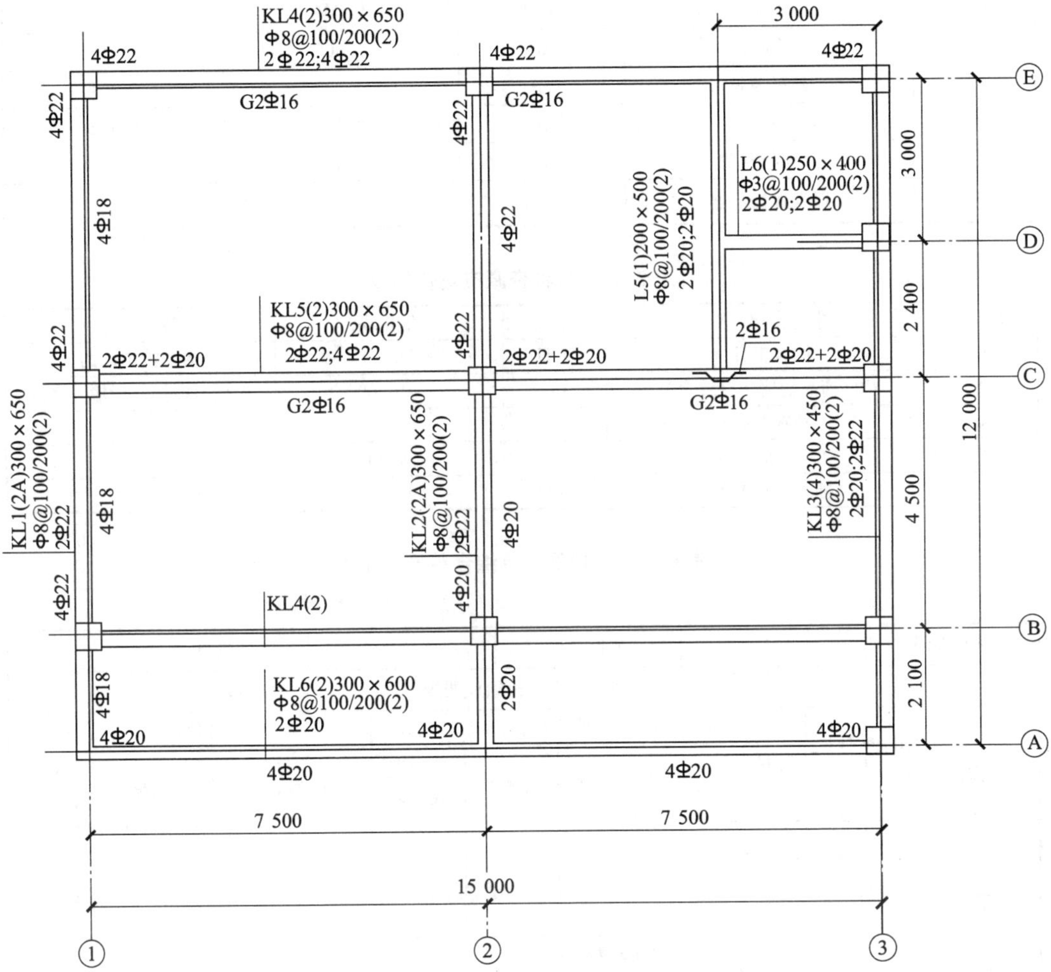

图 3-14　楼面梁结构图

表 3-44　KL5 梁钢筋工程量计算表

筋号	直径	钢筋图形	钢筋长度（根数）计算式	根数	单长/m	总长/m	总重/kg
合　计							

3. 根据表 3-45 现浇混凝土梁定额消耗量、表 3-46 各种资源市场价格和管理费、利润及风险费率标准（管理费费率为人材机费用之和的 12%，利润及风险费率为人材机、管理费用之和的 4.5%），编制 KL5 现浇混凝土梁的工程量清单综合单价分析表（清单计价规范的项目编码为 010403002），见表 3-47。

表 3-45 混凝土梁定额消耗量

定额编号			5-572	5-573
项　目		单位	混凝土浇筑	混凝土养护
人工	综合工日	工日	0.204	0.136
材料	C30 商品混凝土（综合）	m^3	1.005	
	塑料薄膜	m^2		2.412
	水	m^3	0.032	0.108
	其他材料费	元	6.80	
机械	插入式振捣器	台班	0.050	

表 3-46 各种资源市场价格表

序号	资源名称	单位	价格/元	备　注
1	综合工日	工日	50.00	包括：技工、力工
2	C30 商品混凝土（综合）	m^3	340.00	包括：搅拌、运输、浇灌
3	塑料薄膜	m^2	0.40	
4	水	m^3	3.90	
5	插入式振捣器	台班	10.74	

表 3-47 工程量清单综合单价分析表

工程名称：　　　　　　　　　　　　　　　　　　　　　标段：

<table>
<tr><td colspan="2">项目编码</td><td colspan="2"></td><td colspan="2">项目名称</td><td colspan="2"></td><td colspan="2">计量单位</td><td colspan="2"></td></tr>
<tr><td colspan="12">清单综合单价组成明细</td></tr>
<tr><td rowspan="2">定额号</td><td rowspan="2">定额项目</td><td rowspan="2">计量单位</td><td rowspan="2">数量</td><td colspan="4">单价/元</td><td colspan="4">合价/元</td></tr>
<tr><td>人工费</td><td>材料费</td><td>机械费</td><td>管理费和利润</td><td>人工费</td><td>材料费</td><td>机械费</td><td>管理费和利润</td></tr>
<tr><td></td><td></td><td></td><td></td><td></td><td></td><td></td><td></td><td></td><td></td><td></td><td></td></tr>
<tr><td></td><td></td><td></td><td></td><td></td><td></td><td></td><td></td><td></td><td></td><td></td><td></td></tr>
<tr><td colspan="2">人工单价</td><td colspan="6">小　计</td><td></td><td></td><td></td><td></td></tr>
<tr><td colspan="2">元/工日</td><td colspan="6">未计价材料/元</td><td colspan="4"></td></tr>
<tr><td colspan="8">清单项目综合单价/（元/m³）</td><td colspan="4"></td></tr>
<tr><td colspan="2" rowspan="4">材料费明细</td><td colspan="3">主要材料名称、规格、型号</td><td>单位</td><td>数量</td><td>单价/元</td><td>合价/元</td><td>暂估单价/元</td><td colspan="2">暂估合价/元</td></tr>
<tr><td colspan="3"></td><td></td><td></td><td></td><td></td><td></td><td colspan="2"></td></tr>
<tr><td colspan="5">其他材料费/元(略)</td><td></td><td></td><td></td><td colspan="2"></td></tr>
<tr><td colspan="5">材料费小计/元</td><td></td><td></td><td></td><td colspan="2"></td></tr>
</table>

[解题要点] 本案例相关知识要点涉及《建设工程工程量清单计价规范》GB 50500—2013、各《工程量计算规范》和《全国统一建筑工程预算工程量计算规则》中有关框架梁钢筋工程量计算，且框架梁结构图采用了平面整体表示法。平面整体表示法中首先要求读者掌握集中标注内容的符号应用［如 KL5（2），Φ8@100/200（2），2Φ22、4Φ22 等］，对于钢筋工程量计算过程的典型分类计算公式应能熟练应用（如箍筋、腰筋、拉筋、纵向受拉筋、通长筋、吊筋、构造筋等）。

答案：

问题 1：

混凝土工程量：$0.3\times0.65\times7\times2=2.73$（$m^3$）

问题 2：

表 3-48 KL5 梁钢筋工程量计算表

筋号	直径	钢筋图形	钢筋长度（根数）计算式	根数	单长/m	总长/m	总重/kg
上下通长筋	22		(15 000−500) ＋ [(500−25) ＋15×22] ×2	6	16.11	96.66	288.433
端支座三分之一筋	20		[(500−25) ＋15×20] ＋ (7 500−500) /3	4	3.108	12.433	30.710
中支座三分之一筋	20		7 000/3＋500＋7 000/3	2	5.167	10.333	25.523
梁侧构造钢筋	16		7 500−500＋15×16×2	4	7.480	29.92	47.274
箍筋	8		长度：(0.3＋0.65) ×2−8×0.02＋2×11.9×0.008 根数：{ [(1.5×650−50) /100＋1] ×2＋(7 000−10×100×2) /200−1} ×2	92	1.930	177.597	70.150
拉筋	6		长度：300−20×2＋2×11.9×6 根数：[(7 000−50×2) /400＋1] ×2	38	0.403	15.31	3.398
吊筋	16		20×16×2＋600×1.414×2＋200＋50×2	2	2.637	5.274	8.333
合 计							473.821

问题 3：

表 3-49 工程量清单综合单价分析表

工程名称：某钢筋混凝土框架结构工程　　　　标段：

<table>
<tr><td colspan="2">项目编码</td><td colspan="2">010403002001</td><td colspan="2">项目名称</td><td colspan="2">C30 混凝土梁</td><td colspan="2">计量单位</td><td colspan="2">m³</td></tr>
<tr><td colspan="12">清单综合单价组成明细</td></tr>
<tr><td rowspan="2">定额号</td><td rowspan="2">定额项目</td><td rowspan="2">计量单位</td><td rowspan="2">数量</td><td colspan="4">单价/元</td><td colspan="4">合价/元</td></tr>
<tr><td>人工费</td><td>材料费</td><td>机械费</td><td>管理费和利润</td><td>人工费</td><td>材料费</td><td>机械费</td><td>管理费和利润</td></tr>
<tr><td>5-572</td><td>混凝土浇筑</td><td>m³</td><td>1</td><td>10.20</td><td>341.82</td><td>0.537</td><td>60.08</td><td>10.20</td><td>341.82</td><td>0.537</td><td>60.08</td></tr>
<tr><td>5-573</td><td>混凝土养护</td><td>m³</td><td>1</td><td>6.80</td><td>1.39</td><td></td><td>1.40</td><td>6.80</td><td>1.39</td><td></td><td>1.40</td></tr>
<tr><td colspan="3">人工单价</td><td colspan="5">小计</td><td>17.00</td><td>343.21</td><td>0.537</td><td>61.48</td></tr>
<tr><td colspan="3">50 元/工日</td><td colspan="5">未计价材料/元</td><td colspan="4"></td></tr>
<tr><td colspan="8">清单项目综合单价/（元/m³）</td><td colspan="4">430.19</td></tr>
<tr><td rowspan="4">材料费明细</td><td colspan="3">主要材料名称、规格、型号</td><td>单位</td><td>数量</td><td>单价/元</td><td>合价/元</td><td colspan="2">暂估单价/元</td><td colspan="2">暂估合价/元</td></tr>
<tr><td colspan="3">C30 商品混凝土</td><td>m³</td><td>1.005</td><td>340.00</td><td>341.70</td><td colspan="2"></td><td colspan="2"></td></tr>
<tr><td colspan="5">其他材料费/元（略）</td><td></td><td></td><td colspan="2"></td><td colspan="2"></td></tr>
<tr><td colspan="5">材料费小计/元（略）</td><td></td><td></td><td colspan="2"></td><td colspan="2"></td></tr>
</table>

案例二

本试题分三个专业（Ⅰ．土建工程、Ⅱ．工业管道安装工程、Ⅲ．电气安装工程），请任选其中一题作答。

Ⅰ．土 建 工 程

某别墅部分设计如图 3-15～图 3-19 所示。墙体除注明外均为 240mm 厚。坡屋面构造做法：钢筋混凝土屋面板表面清扫干净，素水泥浆一道，20mm 厚 1∶3 水泥砂浆找平，刷热防水膏，采用 20mm 厚 1∶3 干硬性水泥砂浆防水保护层，25mm 厚 1∶1∶4 水泥石灰砂浆铺瓦屋面。卧室地面构造做法：素土夯实，60mm 厚 C10 混凝土垫层，20mm 厚 1∶2 水泥砂浆抹面压光。卧室楼面构造做法：150mm 现浇钢筋混凝土楼板，素水泥浆一道，20mm 厚 1∶2 水泥砂浆抹面压光。

问题：

1. 依据《建筑工程建筑面积计算规范》GB/T 50353—2013 的规定，计算别墅的建筑面积。将计算过程及计量单位、计算结果填入表3-57“建筑面积计算表”。

2. 依据《建设工程工程量清单计价规范》GB 50500—2013 计算卧室（不含卫生间）楼面、地面工程量，计算坡屋面工程量。将计算过程及结果填入表 3-58“分部分项工程量计算表”。

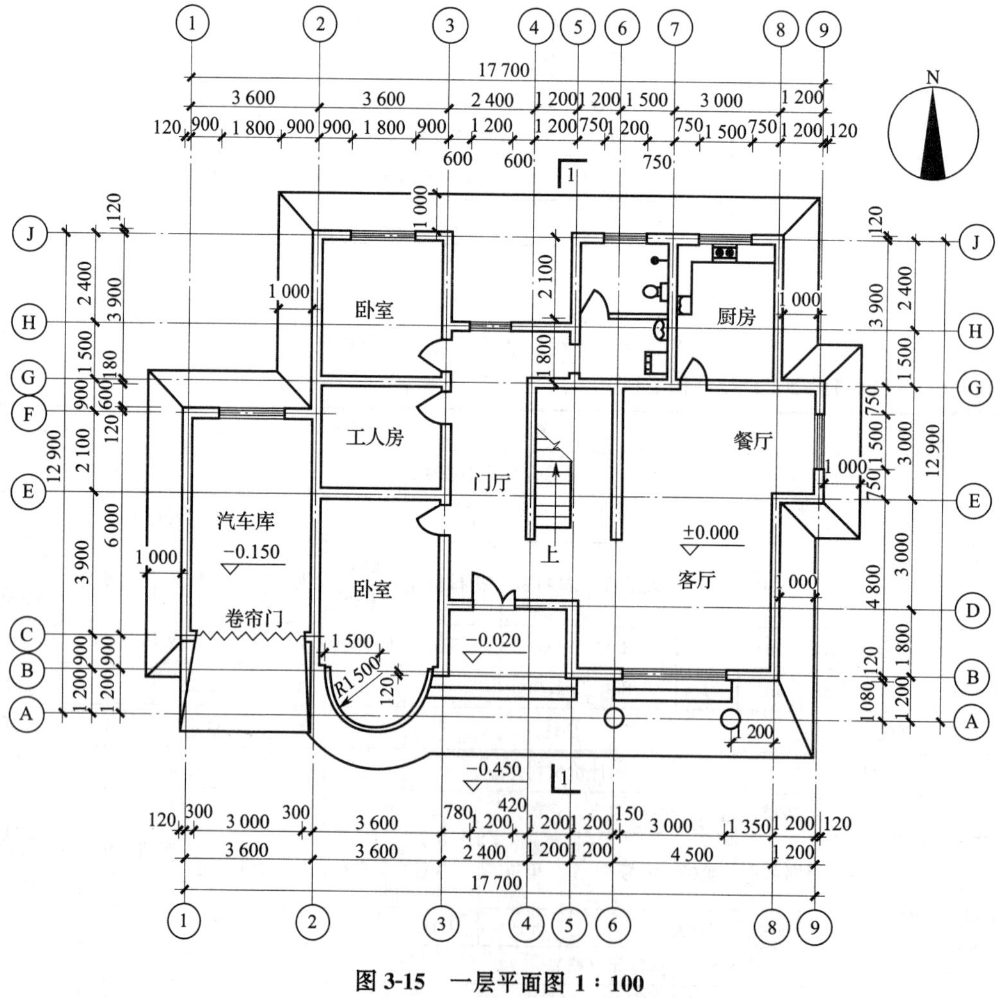

图 3-15　一层平面图 1∶100

注：弧形落地窗半径 R=1 500mm（为 B 轴外墙外边线到弧形窗边线的距离，弧形窗的厚度忽略不计）。

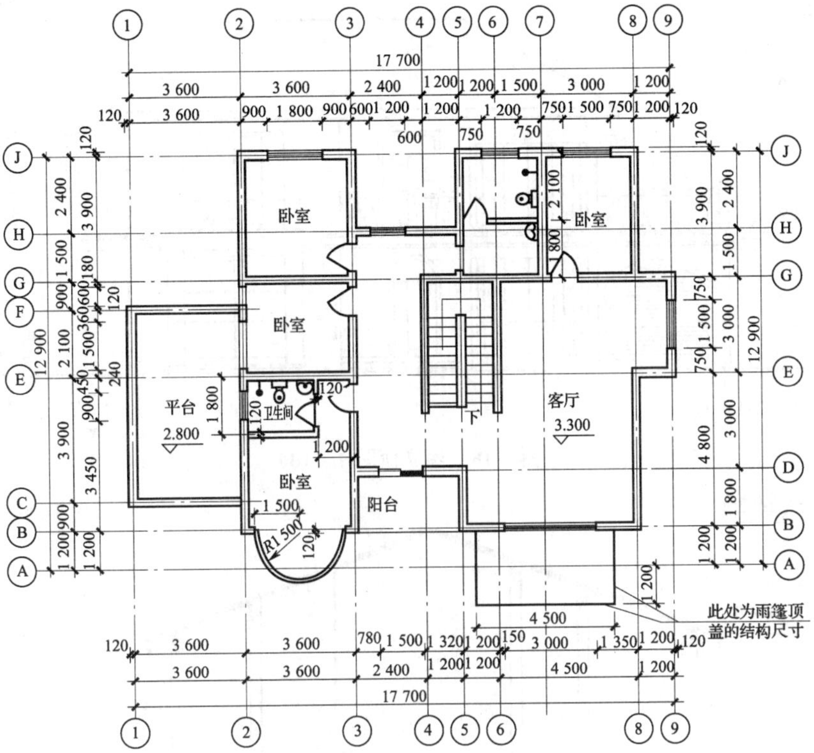

图 3-16　二层平面图 1：100

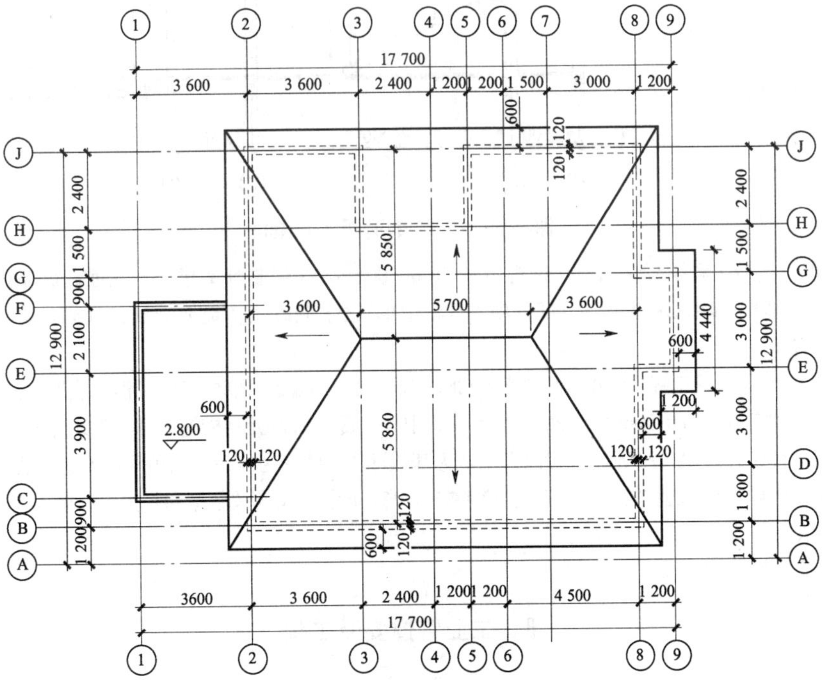

图 3-17　屋顶平面图 1：100

图 3-18 南立面图 1∶100

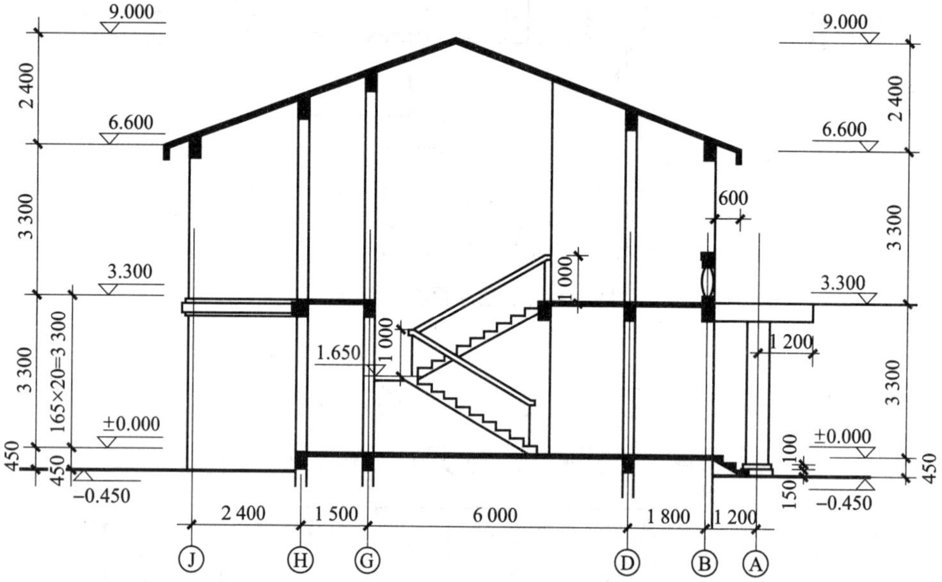

图 3-19 1—1 剖面图 1∶100

3. 依据《建设工程工程量清单计价规范》GB 50500—2013 编制卧室楼面、地面，坡屋面工程的分部分项工程量清单，填入表 3-59“分部分项工程量清单”（水泥砂浆楼地面的项目编码：略，瓦屋面的项目编码：略）。

4. 依据《建设工程工程量清单计价规范》GB 50500—2013 编制“单位工程费汇总表”。假设别墅部分项目的分部分项工程量清单计价合计 207 822 元，其中人工费 41 560 元；措施项目清单计价合价 48 492 元；其他项目清单计价合计 12 123 元；规费以人工费为基数计取，费率为 30%；增值税税率为不含税的人材机费、管理费、利润、规费之和的 3%，其综合税率按 3.413%计算。将有关数据和相关内容填入表 3-60“单位工程费汇总表”。

（计算结果均保留两位小数）

Ⅱ. 工业管道安装工程

某建设项目为两栋楼房建设施工，第一栋是商住楼工程，为三层结构，建筑高度 10.8m，层高 3.6m，施工图如图 3-20 所示，图例见表 3-50。工程消防设计说明如下：

1. 本设计室内标高±0.000 为建筑施工图中所定标高。
2. 图中所注的标高尺寸以“m”计算，其余以“mm”计算。
3. 室内消火栓安装高度为栓口中心距楼（地）面 0.9m，出水方向与设置消火栓的墙面呈 90°。
4. 本设计中消火栓箱选用 SGY24 型成套产品，室内消火栓采用 SN65 型（C19 枪，带长 25m）。
5. 室内消防水管采用镀锌钢管，螺扣连接，涂刷银色调和漆两遍。
6. 室外消防水泵结合器安装详见 GB 86S164－7－2。
7. 室外地上式消火栓安装详见 GB 88S164－4。

第二栋为砖混结构住宅楼，建筑面积为 2 232.68m²。包工包料。

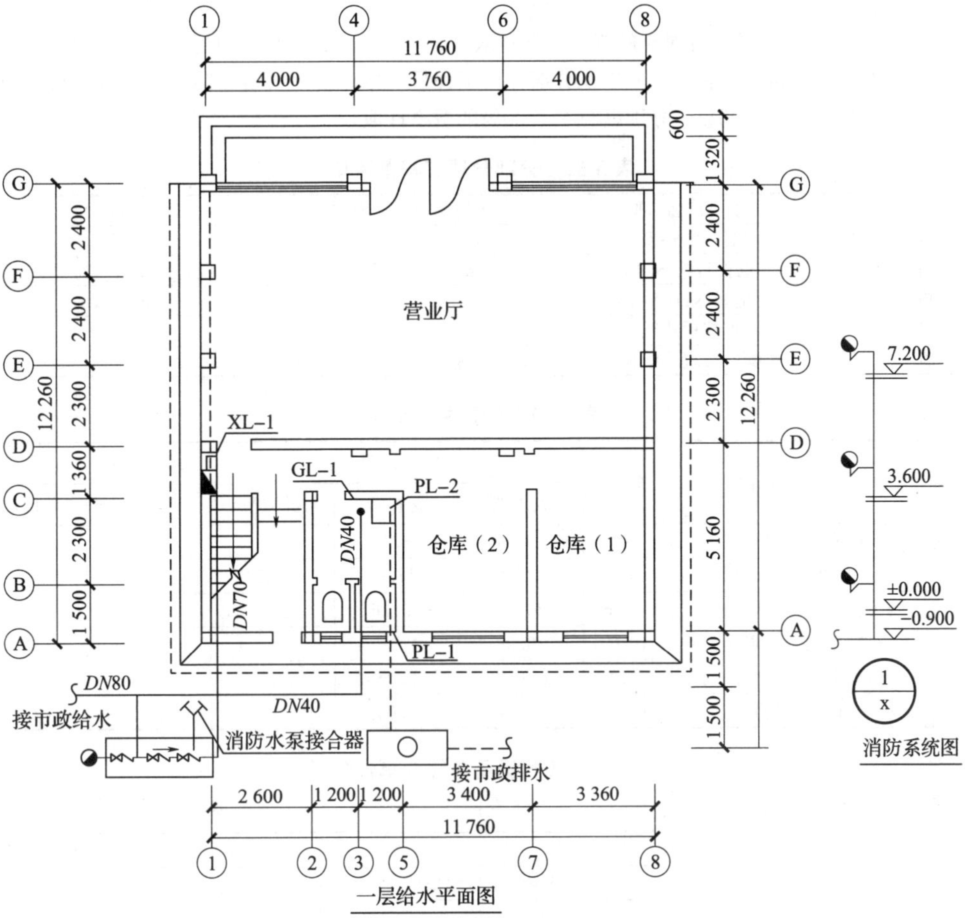

图 3-20　一层给水排水平面图及消防系统图

表 3-50　图例

图　　例	说　　明	图　　例	说　　明
——G——	给水管		止回阀
——P——	排水管		地漏
	截止阀		蹲（坐）式大便器
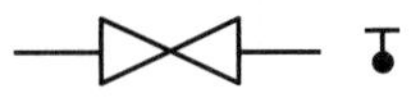	闸阀		洗脸盆

续表 3-50

图　　例	说　　明	图　　例	说　　明
	通气帽		水表
	消防栓		

问题：

1. 按照《建设工程工程量清单计价规范》GB 50500—2013，依据图 3-20，确定商住楼消防工程实际工程量。

2. 根据建筑安装工程费用构成的规定，依据表 3-51 和表 3-52 编制“钢管暗配 SC40”项目的工程量清单综合单价分析表（表 3-53）以及分部分项工程量清单计价表（表 3-54）。其管理费、利润均以人工费、机械费之和为基数，分别以 20%、30%的费率计取。

表 3-51　分部分项工程量清单

项目编码	项 目 名 称	单位	工程量	工 作 内 容
略	成套配电箱安装	台	1	本体安装
略	钢管暗配 SC40	m	12.2	钢管敷设，接线盒（25 个）安装
略	电气配线 NHBV-4mm²	m	62.5	管内穿线
略	双联单控板式暗开关	套	5	安装
略	送配电装置系统调试	系统	1	

表 3-52　计算相关费用

序号	项 目 名 称	单位	直接工程费/元			主　　材	
			人工费	材料费	机械费	消耗量	单价/元
1	成套配电箱安装	台	60.64	36.11		1.0	365
2	钢管暗配 SC40	100m	502.32	117.67	37.28	103	12.5
3	电气配线 NHBV-4mm²	100m	23.58	12.26		110	1.7
4	双联单控板工暗开关	10 套	29.98	2.23		10.2	3.5
5	送配电装置系统调试	系统	119.40	2.33	58.29		
6	接线盒暗装	10 个	15.16	7.09		10.2	2.2

表 3-53　工程量清单综合单价分析

工程名称：　　　　　　　　　　　　标段：　　　　　　　　　　第　　页　共　　页

<table>
<tr><td colspan="2">项目编码</td><td colspan="2"></td><td colspan="2">项目名称</td><td colspan="2"></td><td colspan="2">计量单位</td><td colspan="2">m²</td></tr>
<tr><td colspan="12">清单综合单价组成明细</td></tr>
<tr><td rowspan="2">定额编号</td><td rowspan="2">定额名称</td><td rowspan="2">定额单位</td><td rowspan="2">数量</td><td colspan="4">单　　价</td><td rowspan="2">人工费</td><td rowspan="2">材料费</td><td rowspan="2">机械费</td><td rowspan="2">管理费和利润</td></tr>
<tr><td>人工费</td><td>材料费</td><td>机械费</td><td>管理费和利润</td></tr>
<tr><td></td><td></td><td></td><td></td><td></td><td></td><td></td><td></td><td></td><td></td><td></td><td></td></tr>
<tr><td colspan="2">人工单价</td><td colspan="6">小计</td><td></td><td></td><td></td><td></td></tr>
<tr><td colspan="2">元/工日</td><td colspan="6">未计价材料费</td><td colspan="4"></td></tr>
<tr><td colspan="8">清单项目综合单价</td><td colspan="4"></td></tr>
<tr><td rowspan="4">材料费明细</td><td colspan="4">主要材料名称、规格、型号</td><td>单位</td><td colspan="2">数量</td><td>单价/元</td><td>合价/元</td><td>暂估单价/元</td><td>暂估合价/元</td></tr>
<tr><td colspan="4"></td><td></td><td colspan="2"></td><td></td><td></td><td></td><td></td></tr>
<tr><td colspan="7">其他材料费/元</td><td>—</td><td></td><td>—</td><td></td></tr>
<tr><td colspan="7">材料费小计/元</td><td>—</td><td></td><td>—</td><td></td></tr>
</table>

表 3-54　分部分项工程量清单与计价

工程名称：　　　　　　　　　　　　　　标段：　　　　　　　　　　　　　　第　　页 共　　页

序号	项目编码	项目名称	项目特征描述	计量单位	工程量	金额/元		
						综合单价	合价	其中：暂估价
合　计								

Ⅲ. 电气安装工程

某别墅局部照明系统 1 回路如图 3-21 和图 3-22 所示。

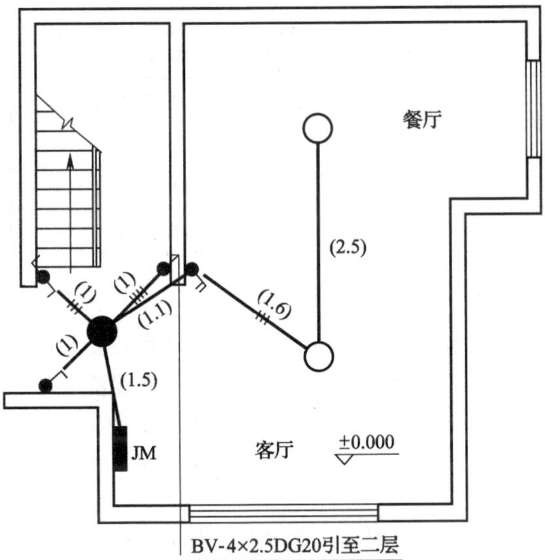

图3-21　一层平面图（局部）

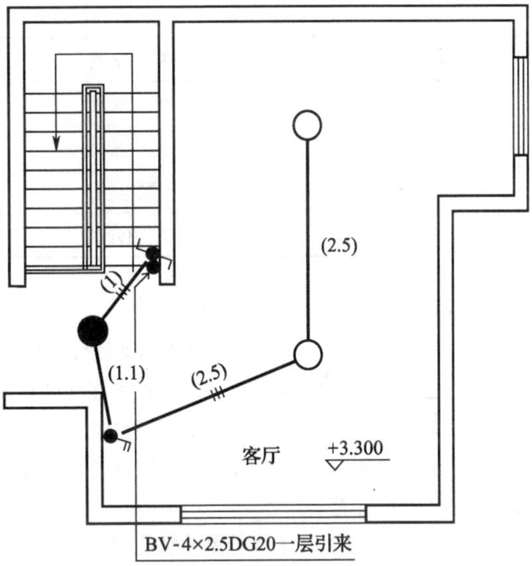

图3-22　二层平面图（局部）

说明：

1. 照明配电箱JM为嵌入式安装。
2. 管路均采用镀锌钢管*DN*20沿顶板、墙暗配，一、二层顶板内敷管标高分别为3.20m和6.50m，管内穿绝缘导线BV-2.5mm²。
3. 配管水平长度见图示括号内数字，单位为m。

序号	图例	名称、型号、规格	备注
1		照明配电箱JM 600mm×400mm×120mm（宽×高×厚）	箱底标高1.6m
2		装饰灯 FZS-164　1×100W	吸顶
3		圆球罩灯 JXD1-1　1×40W	
4		单联单控暗开关 10A　250V	安装高度1.3m
5		双联单控暗开关 10A　250V	
6		单联双控暗开关 10A　250V	

表 3-55 中数据为该照明工程的相关费用。

表 3-55 照明工程相关费用

序号	项目名称	计量单位	安装费/元			单价/元	损耗率/%
			人工费	材料费	机械使用费		
1	镀锌钢管暗配 *DN*20	m	1.28	0.32	0.18	3.50	3
2	照明线路管内穿线 BV-2.5mm^2	m	0.23	0.18	0	1.50	16
3	暗装接线盒	个	1.05	2.15	0	3.00	2
4	暗装开关盒	个	1.12	1.00	0	3.00	2

管理费和利润分别按人工费的65%和35%计。

分部分项工程量清单的统一编码见表 3-56。

表 3-56 项目编码表

项目编码	项目名称	项目编码	项目名称
略	电气配管	略	小电器
略	电气配线	略	装饰灯
略	配电箱	略	普通吸顶灯及其他灯具
略	控制开关	略	控制箱

问题：

1. 根据图示内容和《建设工程工程量清单计价规范》GB 50500—2013 的规定，计算相关工程量和编制分部分项工程量清单。将配管和配线的计算式列出，并填写表 3-63“分部分项工程量清单”。

2. 假设镀锌钢管 *DN*20 暗配和管内穿绝缘导线 BV-2.5mm^2 清单工程量分别为 30m 和 80m，依据上述相关费用数据计算以上两个项目的综合单价，并分别填写表 3-64 和表 3-65“分部分项工程量清单综合单价计算表”。

3. 依据问题 2 中计算所得的数据进行综合单价分析，将电气配管（镀锌钢管 *DN*20 暗配）和电气配线（管内穿绝缘导线 BV-2.5mm^2）两个项目的综合单价及其组成计算后填写表 3-66“分部分项工程量清单综合单价分析表”。

（计算过程和结果均保留两位小数）

[解题要点] 本例是近几年考试中经常出现的工程计量与工程计价的综合题型。一般包括：工程图、工程量、综合单价、清单编制、费用形成五个环节。结合工程实践的考核要求增加了题型难度。解题时读者应注意以下几个问题：

1. 熟悉图纸，熟悉与图纸有关的说明、识图、析图、算图、审图是案例分析考试的基本要求，读者应掌握“顺时针法”“先横后竖，先上后下，先左后右”的经验方法。

2. 工程量计算要注意工程量计算规则、计量单位、项目特征描述的统一与规范。特别要注意工程量清单项目工程量计算规则是按工程实体尺寸净量计算，不考虑施工方法和加工余量。

3. 综合单价和费用构成计算的关键要注意其构成与计算基础在试题中的约定。

分部分项工程综合单价＝（1）人工费＋（2）机械使用费＋（3）材料费＋（4）管理费＋（5）利润。

其中，（4）可以（1）＋（2）＋（3）、（1）或（1）＋（2）为计算基础。

（5）可以（1）＋（2）＋（3）＋（4）、（1）或（1）＋（2）为计算基础。

近年来出现给出综合单价、相关费率反求（1）＋（2）＋（3）或费率调整确定新单价的形式，应引起注意工程清单费用＝（1）分部分项工程费用＋（2）措施项目费用＋（3）其他项目费＋（4）规费＋（5）税金。

其中，(1)、(2)、(3) 之和称为计价项目费用，它包含了管理费、利润，但不包含规费和税金。

（4）是以（1）＋（2）＋（3）或（1）为基础进行计算。

（5）是以（1）＋（2）＋（3）＋（4）为基础进行计算。

4. 管道安装工程工程量计算过程的难点是识图算量，特别是图例符号的识别与实际施工过程要求基本相同。此类题型中图例与设计说明应细心阅读，在分部分项工程量清单与计价填写过程中应特别注意项目特征描述的准确性。

答案：

Ⅰ. 土 建 工 程

问题 1：

表 3-57　建筑面积计算表

序号	部位	计量单位	建筑面积	计 算 过 程
1	一层	m^2	172.66	$3.6\times6.24+3.84\times11.94+3.14\times1.5^2\times1/2+3.36\times7.74+5.94\times11.94+1.2\times3.24=172.66$
2	二层	m^2	150.20	$3.84\times11.94+3.14\times1.5^2\times1/2+3.36\times7.74+5.94\times11.94+1.2\times3.24=150.20$
3	阳台	m^2	3.02	$3.36\times1.8\times1/2=3.02$
4	雨篷	m^2	5.13	$(2.4-0.12)\times4.5\times1/2=5.13$
合计		m^2	331.01	

计算过程中墙厚可直接加减在计算尺寸上。

问题 2：

表 3-58　分部分项工程量计算表

序号	分项工程名称	计量单位	工程数量	计 算 过 程
1	卧室地面	m^2	31.87	$3.36\times3.66+3.36\times4.56+3.14\times1.5^2\times1/2+0.24\times3=31.87$
2	卧室楼面	m^2	47.18	$3.36\times3.66+3.36\times2.76+3.36\times4.56+3.14\times1.5^2\times1/2+0.24\times3-1.74\times2.34+2.76\times3.66=47.18$
3	屋面	m^2	211.17	$[(5.7+14.34)\times\sqrt{2.4^2+(5.85+0.12+0.6)^2}\times2]/2+$ $[13.14\times\sqrt{2.4^2+(3.6+0.12+0.6)^2}\times2]/2+$ $1.2\times4.44\times4.94/4.32$ $=140.17+64.91+6.09=211.17$ 其中：$14.34=3.6+2.4+1.2+1.2+4.5+0.72\times2$ $13.14=1.8+3+3+1.5+2.4+0.72\times2$

问题 3：

表 3-59 分部分项工程量清单

序号	项目编码	项目名称及特征	计量单位	工程数量
1	020101001001	水泥砂浆地面： 1. 垫层：素土夯实，60mm 厚 C10 混凝土； 2. 面层：20mm 厚 1∶2 水泥砂浆抹面压光	m^2	31.87
2	020101001002	水泥砂浆楼面 面层：素水泥浆一道，20mm 厚 1∶2 水泥砂浆抹面压光	m^2	47.18
3	010701001001	瓦屋面： 1. 找平层：素水泥浆一道，20mm 厚 1∶3 水泥砂浆； 2. 防水保护层：刷热防水膏，20mm 厚 1∶3 干硬水泥砂浆； 3. 面层：25mm 厚 1∶1∶4 水泥石灰砂浆铺瓦屋面	m^2	211.08

问题 4：

表 3-60 单位工程费汇总表

序号	项 目 名 称	金额/元
1	分部分项工程量清单计价合计	207 822
2	措施项目清单计价合计	48 492
3	其他项目清单计价合计	12 123
4	规费	12 468
5	税金	9 587.29
合 计		290 492.29

Ⅱ. 工业管道安装工程

问题 1：

(1) 锌钢管螺扣连接 $DN80$：

根据图 3-20 一层给水排水平面图，按比例量取接市政给水的引水管水平干管：

1.8+2.5=4.3 (m)

(2) 镀锌钢管螺扣连接 $DN70$：

根据图 3-20 一层给水排水平面图，接消防水泵接合器的水平干管：

0.8+8.1=8.9 (m)

根据图 3-20 消防系统图的标高，接消防水泵接合器的立管：

0.9+7.2+0.9=9.0 (m)

根据图 3-20 一层给水排水平面图按比例量取，接消防水泵结合器的支管：

(0.7+0.3) ×3=3.0 (m)

合计：8.9+9.0+3.0=20.9 (m)

根据消防系统图及表 3-50 得到：

（3）螺纹闸阀 $DN80$：1 个

（4）室外地上消火栓：1 套

（5）消防水泵接合器（地上式）：1 套

（6）室内消火栓（单出口 SN65）：3 套

问题 2：

表 3-61　工程量清单综合单价分析

工程名称：　　　　　　　　　　　　标段：　　　　　　　　　　　　第　　页　共　　页

项目编码		略		项目名称		钢管暗配 SC40		计量单位		m	
清单综合单价组成明细											
定额编号	定额名称	定额单位	数量	单价				人工费	材料费	机械费	管理费和利润
				人工费	材料费	机械费	管理费和利润				
	钢管暗配 SC40	100m	0.01	502.32	117.67	37.28	269.80	5.02	1.18	0.37	2.70
	接线盒暗装	10 个	0.205	15.16	7.09		7.58	3.11	1.45		1.55
人工单价/元		小　计						8.13	2.63	0.37	4.25
元/工日		未计价材料费						17.48			
清单项目综合单价/元									32.86		
材料费明细	主要材料名称、规格、型号					单位	数量	单价/元	合价/元	暂估单价/元	暂估合价/元
	钢管					m	1.03	12.50	12.88		
	接线盒					个	2.09	2.20	4.60		
	其他材料费							—		—	
	材料费小计							—	17.48	—	

表 3-62　分部分项工程量清单与计价

工程名称：　　　　　　　　　　　　标段：　　　　　　　　　　　　第　　页　共　　页

序号	项目编码	项目名称	项目特征描述	计量单位	工程量	金额/元		
						综合单价	合价	其中：暂估价
1	略	成套配电箱安装	成套配电箱本体安装	台	1	492.07	492.07	
2	略	钢管暗配	钢管暗配 SC40，钢管敷设，接线盒（25 个）安装	m	12.2	32.86	400.89	
3	略	电气配线	电气配线 NHBV-4mm^2	m	62.5	2.35	146.88	
4	略	双联单控板式暗开关	双联单控板式暗开关装	套	5	8.29	41.45	
5	略	送、配电装置系统调试		系统	1	268.87	268.87	
合　计							1 350.16	

Ⅲ. 电气安装工程

问题 1：

(1) 镀锌钢管 *DN*20 暗配工程量计算：

一层：(1.5+3.2−1.6−0.4) + (1+3.2−1.3) + (1+3.2−1.3) + (1+0.1+1.3) + (1.1+3.2−1.3) + (1.6+3.2−1.3) +2.5=19.9 (m)

二层：(1+3.2−1.3) + (1.1+3.2−1.3) + (2.5+3.2−1.3) +2.5=12.8 (m)

合计：19.9+12.8=32.7 (m)

(2) 管内穿线 BV-2.5mm^2 工程量计算：

二线：[(1.5+3.2−1.6−0.4) + (1+3.2−1.3) + (1.1+3.2−1.3) +2.5+ (1.1+3.2−1.3) +2.5] ×2=33.2 (m)

三线：[(1+3.2−1.3) + (1.6+3.2−1.3) + (1+3.2−1.3) + (2.5+3.2−1.3)] ×3=41.1 (m)

四线：(1+0.1+1.3) ×4=9.6 (m)

合计：33.2+41.1+9.6=83.9 (m)

表 3-63 分部分项工程量清单

工程项目：别墅照明工程

序号	项 目 编 码	项目名称及特征	计量单位	工程数量
1	略	配电箱 照明配电箱 JM 嵌入式安装	台	1
2	略	电气配管 镀锌钢管 *DN*20 暗配 包括灯头盒 6 个、开关盒 5 个	m	32.7
3	略	电气配线 管内穿绝缘导线 BV-2.5mm^2	m	83.9
4	略	小电器 单联单控暗开关 10A 250V	个	1
5	略	小电器 双联单控暗开关 10A 250V	个	2
6	略	小电器 单联双控暗开关 10A 250V	个	2
7	略	装饰灯 装饰灯 FZS-164 1×100W	套	4
8	略	普通吸顶灯及其他灯具 圆球罩灯 JXDI-1 1×40W	套	2

问题 2：

表 3-64　分部分项工程量清单综合单价计算表

工程名称：别墅照明工程　　计量单位：m

项目编码：略　　工程数量：30

项目名称：电气配管　镀锌钢管 *DN*20 暗配　　综合单价：9.18 元

序号	工程内容	单位	数量	其中/元					小计/元
				人工费	材料费	机械使用费	管理费	利润	
1	镀锌钢管 *DN*20 暗配 镀锌钢管 *DN*20	m m	30 30.9	38.40	9.60 108.15	5.40	24.96	13.44	91.80 108.15
2	暗装接线盒 接线盒	个 个	6 6.12	6.30	12.90 18.36	0	4.10	2.21	25.51 18.36
3	暗装开关盒 开关盒	个 个	5 5.10	5.60	5.00 15.30	0	3.64	1.96	16.20 15.30
合　计				50.3	169.31	5.40	32.70	17.61	275.32

注：有主材的，安装费和主材分行填入。

表 3-65　分部分项工程量清单综合单价计算表

工程名称：别墅照明工程　　计量单位：m

项目编码：略　　工程数量：80

项目名称：电气配线　　管内穿绝缘导线 BV-2.5mm²　　综合单价：2.44 元

工程内容	单位	数量	其中/元					小计/元
			人工费	材料费	机械使用费	管理费	利润	
管内穿线 BV-2.5mm² 绝缘导线 BV-2.5mm²	m m	82 95.12	18.86	14.76 142.68	0	12.26	6.60	52.48 142.68
合　计			18.86	157.44	0	12.26	6.60	195.16

注：82＝80＋2×（0.6＋0.4）

配电箱导线预留量

95.12＝82×（1＋16%）

考虑开关盒、接线盒导线预留量和损耗有主材的，安装费和主材分两行填入

问题 3：

表 3-66 分部分项工程量清单综合单价分析表

工程名称：别墅照明工程

序号	项目编码	项目名称	工程内容	综合单价组成					综合单价/元
				人工费	材料费	机械使用费	管理费	利润	
1	略	电气配管	镀锌钢管 *DN*20 暗配包括接线盒 6 个，开关盒 5 个，安装、接地	1.68	5.64	0.18	1.09	0.59	9.18
2	略	电气配线	管内穿绝缘导线 BV-2.5mm^2	0.24	1.97	0	0.15	0.08	2.44

第四章　工程招标投标

考 纲 要 求

1. 建设工程施工招标投标程序与相关规定；
2. 决策树法和技术经济分析方法在投标决策中的运用；
3. 投标策略与报价技巧的选择和运用；
4. 评标定标方法与相关规定；
5. 工程量清单招标的有关规定。

表 4-1　第四章历年试题结构分析

年份	考 题 内 容
2010	识别与简答题型，其内容包括：招标的范围与条件，有关时限规定，联合体招标的相关规定。题型中应根据试题背景材料识别相关事件处理的正确性并说明理由
2011	编制招标控制价的依据，招标过程招标信息发布、资格预审、投标保证金等项工作正确性识别与简答
2012	编制招标控制价，公开招标过程中具体事件的正确性识别，并说明理由
2013	招标文件内容，招标过程涉及投标保证金，文件澄清，评标委员会组成等具体事件正误识别、简答
2014	根据招标投标法及其实施条例，分析招标公告和招标文件内容的正确性；对投标、评标过程若干事件识别正确性；利用期望损益值选择投标方案
2015	招标文件设置内容正确性识别题涉及：最高投标限价，评奖加分条件，投标，保证金，履约保证金。招标实践过程中出现“清单漏项、合同条款、委托人”的处理

续表 4-1

年份	考 题 内 容
2016	识别简答题涉及：招标文件的构成、踏勘现场相关要求、评标实务、评标委员会组成相关规定
2017	识别简答题涉及：投标保证金及有效期、评标过程实务处理、投标报价局部调整、评标计算相关法规
2018	对招标文件构成内容识别简答，判断材料消耗量、损耗量、净用量关系，项目特征不符、清单缺陷问题处理
2019	对投标文件有效性的识别，对中标单位签订合同价款正确性的判断，对合同违法分包和转包的判断
2020	对投标文件有效性、招标文件内容正确性的判断，对评标、定标过程中若干事件正误的识别并简答
2021	对评标、定标过程中若干事件正误的识别并简答
2022	对投标文件有效性的识别，对评标、定标过程中若干事件正误的识别并简答
2023	招标形式的选择，投标过程中具体事件的正确性、投标保证金的识别并简答。暂估价专业工程招标的主体和费用承担主体的判断，招标报批环节的简答

考点与题型详解

考点一：建设项目招标投标工作相关知识的识别与简答

考核要求	1. 掌握《中华人民共和国招标投标法》《中华人民共和国招标投标法实施条例》（修订版）、《建设工程工程量清单计价规范》GB 50500—2013 等文件中关于工程项目招标投标工作的相关规定。 2. 根据试题背景材料对招标投标工作过程及工作程序识别其正确性，并对其中的关键知识点做出简答。 对招标投标过程中发生的具体事件判断责任，说明正确处理方法，并对有关内容做出简答。 识别投标人采用的投标策略的类型及过程的合理性。 3. 招标投标工作相关文件的构成及要求（特别是招标、公告、招标文件、投标文件、投标人须知的具体构成与区别）

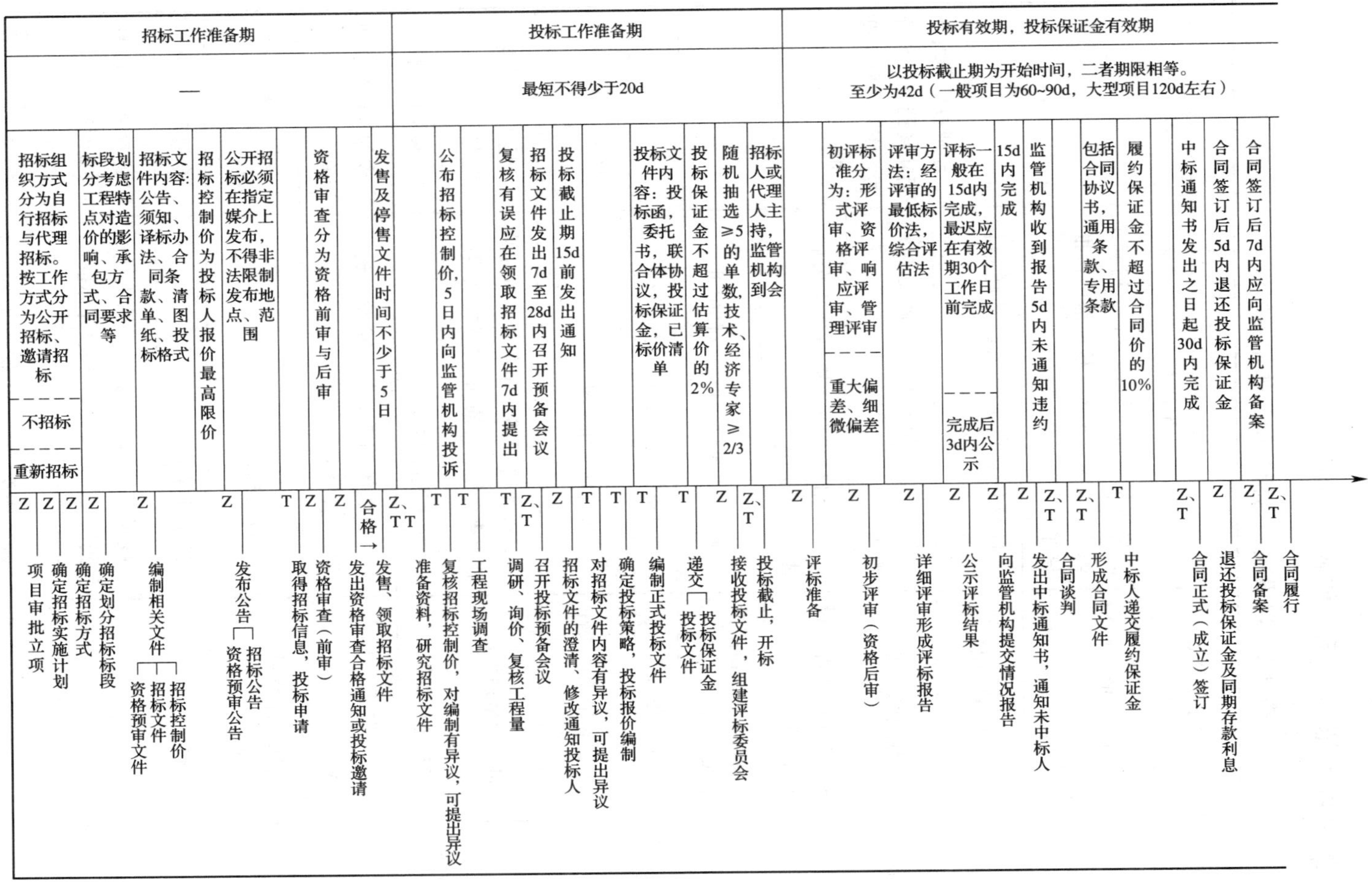

图 4-1 招标投标工作流程图

注：Z 表示招标，T 表示投标。

知识要点集成

一、建设项目招标投标工作相关知识

表 4-2 建设项目招标投标工作相关知识

阶段	主要工作步骤	工作内容	
		招标人	投标人
招标准备	申请审批、核准招标	将招标范围、招标方式、招标组织形式报项目审批、核准部门审批、核准	组成投标小组进行市场调查，准备投标资料，研究投标策略
	组建招标组织	自行建立招标组织或委托招标代理	
	策划招标方案	划分施工招标标段、确定合同类型	
	发布招标公告或投标邀请书	发布招标公告（资格预审公告）或投标邀请书	
	编制标底或最高投标限价	编制标底或确定最高投标限价	
	准备招标文件	编制资格预审文件和招标文件	
资格审查与投标	发售资格预审文件	发售资格预审文件	购买、填报资格预审文件
	进行资格预审	分析评价资格预审材料，确定资格审查合格者，通知资格预审结果	回函收到资格预审结果
	发售招标文件	发售招标文件	购买招标文件
	现场踏勘、标前会议	组织现场踏勘和标前会议，进行招标文件澄清和补遗	参加现场踏勘和标前会议
	投标文件编制、递交和接收	接收投标文件	编制、递交投标文件
开标、评标与定标	开标	组织开标会议	参加开标会议
	评标	投标文件初审、要求投标人递交澄清资料（必要时）、接收评标报告	递交澄清资料（必要时）
	定标	确定中标人，发中标通知书，合同谈判、签订	合同谈判、递交履约保函、签订合同

二、招标准备阶段相关规定

1. 建设工程施工招标方式

表 4-3　建设工程施工招标方式

方式	概念	优点	缺点
公开招标	招标人以招标公告的方式邀请不特定的法人或者其他组织投标。招标人采用公开招标方式的，应当发布招标公告。依法必须进行招标的项目的招标公告，应当通过国家指定的报刊、信息网络或者其他媒介发布	招标人可以在较广的范围内选择承包商，投标竞争激烈，择优率更高，有利于招标人将工程项目交予可靠的承包商实施，并获得有竞争性的商业报价。同时，也可在较大程度上避免招标过程中的贿标行为	准备招标、对投标申请者进行资格预审和评标的工作量大，招标时间长、费用高。同时，参加竞争的投标者越多，中标的机会就越少；投标风险越大，损失的费用也就越多，而这种费用的损失必然会反映在标价中，最终会由招标人承担，故这种方式在一些国家较少采用
邀请招标	招标人以投标邀请书的方式邀请特定的法人或者其他组织投标。招标人采用邀请招标方式的，应当向 3 个及以上具备承担招标项目能力、资信良好的特定法人或者其他组织发出投标邀请书	不发布招标公告，不进行资格预审，简化了招标程序，因而节约了招标费用、缩短了招标时间。而且由于招标人比较了解投标人以往的业绩和履约能力，从而减少了合同履行过程中承包商违约的风险	由于投标竞争的激烈程度较差，有可能会提高中标合同价，也有可能排除某些在技术上或报价上有竞争力的承包商参与投标

2. 招标范围与标准及招标方式的选择

表 4-4　招标范围与标准及招标方式的选择

主要内容	
招标范围及规模标准	1.《中华人民共和国招标投标法》规定，在中华人民共和国境内进行下列工程建设项目包括项目的勘察、设计、施工、监理以及与工程建设有关的重要设备、材料等的采购，必须进行招标： （1）大型基础设施、公用事业等关系社会公共利益、公众安全的项目； （2）全部或者部分使用国有资金投资或者国家融资的项目； （3）使用国际组织或者外国政府贷款、援助资金的项目。 2.《必须招标的工程项目规定》（国家发展改革委 2018 年第 16 号令，以下简称“16 号令”）规定： 全部或者部分使用国有资金投资或者国家融资的项目包括： （1）使用预算资金 200 万元人民币以上，并且该资金占投资额 10%以上的项目； （2）使用国有企业事业单位资金，并且该资金占控股或者主导地位的项目。 使用国际组织或者外国政府贷款、援助资金的项目包括：

续表 4-4

	主 要 内 容
招标范围及规模标准	（1）使用世界银行、亚洲开发银行等国际组织贷款、援助资金的项目； （2）使用外国政府及其机构贷款、援助资金的项目。 上述规定范围内的项目，其勘察、设计、施工、监理以及与工程建设有关的重要设备、材料等的采购达到下列标准之一的，必须招标： （1）施工单项合同估算价在 400 万元人民币以上； （2）重要设备、材料等货物的采购，单项合同估算价在 200 万元人民币以上； （3）勘察、设计、监理等服务的采购，单项合同估算价在 100 万元人民币以上。 同一项目中可以合并进行的勘察、设计、施工、监理以及与工程建设有关的重要设备、材料等的采购，合同估算价合计达到前款规定标准的，必须招标。 3.《国家发展改革委办公厅关于进一步做好〈必须招标的工程项目规定〉和〈必须招标的基础设施和公用事业项目范围规定〉实施工作的通知》（发改办法规〔2020〕770 号）规定，16 号令第二条至第四条及《必须招标的基础设施和公用事业项目范围规定》（发改法规规〔2018〕843 号）第二条规定范围的项目，其施工、货物、服务采购的单项合同估算价未达到 16 号令第五条规定规模标准的，该单项采购由采购人依法自主选择采购方式，任何单位和个人不得违法干涉；其中，涉及政府采购的，按照政府采购法律法规规定执行。 4.《中华人民共和国政府采购法实施条例》（以下简称“本条例”）规定，使用财政性资金采购的部分，适用《中华人民共和国政府采购法》（以下简称“政府采购法”）及本条例；政府采购工程依法不进行招标的，应当依照政府采购法和本条例规定的竞争性谈判或者单一来源采购方式采购
招标方式的选择	《中华人民共和国招标投标法实施条例》规定，国有资金占控股或者主导地位的依法必须进行招标的项目，应当公开招标；但有下列情形之一的，可以邀请招标： （1）技术复杂、有特殊要求或者受自然环境限制，只有少量潜在投标人可供选择； （2）采用公开招标方式的费用占项目合同金额的比例过大。 《工程建设项目施工招标投标办法》进一步规定，依法必须进行公开招标的项目，有下列情形之一的，可以邀请招标： （1）项目技术复杂或有特殊要求，或者受自然地域环境限制，只有少量潜在投标人可供选择； （2）涉及国家安全、国家秘密或者抢险救灾，适宜招标但不宜公开招标； （3）采用公开招标方式的费用占项目合同金额的比例过大
可以不招标的项目	1. 需要采用不可替代的专利或者专有技术； 2. 采购人依法能够自行建设、生产或者提供； 3. 已通过招标方式选定的特许经营项目投资人依法能够自行建设、生产或者提供； 4. 需要向原中标人采购工程、货物或者服务，否则将影响施工或者功能配套要求； 5. 国家规定的其他特殊情形

续表 4-4

主要内容	
两阶段招标	对技术复杂或者无法精确拟定技术规格的项目，招标人可以分两阶段进行招标
	第一阶段，投标人按照招标公告或者投标邀请书的要求提交不带报价的技术建议，招标人根据投标人提交的技术建议确定技术标准和要求，编制招标文件
	第二阶段，招标人向在第一阶段提交技术建议的投标人提供招标文件，投标人按照招标文件的要求提交包括最终技术方案和投标报价的投标文件。如招标人要求投标人提交投标保证金，应当在第二阶段提出
	第一阶段招标人可以设置设计方案补偿。由于存在工艺和技术的多样性，在技术方案不定的情况下开展，可以通过第一阶段招标选择合适的项目技术方案，由于每个投标人的方案可能从不同的角度进行，各有优劣，可以通过补偿的方式约定：设计成果文件的署名权由各投标人所有，所有权归采购人所有，另有约定的除外；支付补偿费之后采购人不再归还各投标人提交的有效方案设计成果文件，并有权使用方案设计成果内容的合理要素；各投标人提交的方案设计成果应保持原创性，不得包含任何侵犯第三方知识产权的材料，否则由此产生的后果由投标人承担。通过方案整合、优化，在第二阶段招标时，提出相对成熟或主导的技术方案，便于投标人在此基础上报价，方便评标
总承包招标	招标人可以依法对工程以及与工程建设有关的货物、服务的全部或者部分实行总承包招标。以暂估价（指总承包招标时不能确定价格而由招标人在招标文件中暂时估定的工程、货物、服务的金额）形式包括在总承包范围内的工程、货物、服务属于依法必须进行招标的项目范围且达到国家规定规模标准的，应当依法进行招标

3. 建设工程施工招投标相关法规内容

表 4-5 建设工程施工招标投标相关法规内容

主要内容	
审批、核准	按照国家有关规定需要履行项目审批、核准手续的依法必须进行招标的项目，其招标范围、招标方式、招标组织形式应当报项目审批、核准部门审批、核准。如公开招标，招标公告、资格预审公告应当在国务院发展改革部门依法指定的媒介发布
招标文件资格（预审文件）	招标文件应当包括招标项目的技术要求、对投标人资格审查的标准、投标报价要求和评标标准等所有实质性要求和条件以及拟签订合同的主要条款。招标文件不得要求或者标明特定的生产供应者以及含有倾向或者排斥潜在投标人的其他内容。招标人不得向他人透露已获取招标文件的潜在投标人的名称、数量及可能影响公平竞争的有关招标投标的其他情况

续表 4-5

主 要 内 容	
招标文件资格（预审文件）	依法必须进行招标的项目，自招标文件开始发出之日起至投标人提交投标文件截止之日止，最短不得少于 20 日。资格预审文件或者招标文件的发售期不得少于 5 日。招标人可以对已发出的资格预审文件或者招标文件进行必要的澄清或者修改。如澄清或者修改的内容可能影响资格预审申请文件或者投标文件编制，招标人应当在提交资格预审申请文件截止时间至少 3 日前，或者投标截止时间至少 15 日前，以书面形式通知所有获取资格预审文件或者招标文件的潜在投标人；不足 3 日或者 15 日的，招标人应当顺延提交资格预审申请文件或者投标文件的截止时间
	如潜在投标人或者其他利害关系人对资格预审文件有异议，应当在提交资格预审申请文件截止时间 2 日前提出；如对招标文件有异议，应当在投标截止时间 10 日前提出。招标人应当自收到异议之日起 3 日内作出答复；作出答复前，应当暂停招标投标活动
招标标底	建设项目招标可以分为有标底招标和无标底招标。标底可自行编制或委托相关机构编制，一个工程只能编制一个标底。标底在开标前应严格保密
最高投标限价	招标人可以自行决定是否编制标底，一个招标项目只能有一个标底，标底必须保密。招标人设有最高投标限价的，应当在招标文件中明确最高投标限价或者最高投标限价的计算方法，招标人不得规定最低投标限价。 国有资金投资的建筑工程招标的，应当设有最高投标限价。工程造价咨询人不得同时接受招标人和投标人对同一工程的最高投标限价和投标报价编制的委托。 招标人应在招标文件中公布最高投标限价的总价，以及各单位工程的分部分项工程费、措施项目费、其他项目费、规费和税金。投标人经复核认为招标人公布的最高投标限价未按规定进行编制的，应在最高投标限价公布后 5 天内向招标投标监督机构和工程造价管理机构投诉。工程造价管理机构受理投诉后，应立即对最高投标限价进行复查，组织投诉人、被投诉人或其委托的最高投标限价编制人等单位人员对投诉问题逐一核对。当复查结论与原公布的最高投标限价误差＞±3％时，应责成招标人改正

三、资格审查与投标阶段相关规定

1. 资格审查

表 4-6　资格审查

主 要 内 容	
资格预审	指在投标前对潜在投标人进行的资格审查，资格预审应当按照资格预审文件载明的标准和方法进行。国有资金占控股或者主导地位的依法必须进行招标的项目，招标人应当组建资格审查委员会审查资格预审申请文件
	资格预审结束后，招标人应当及时向资格预审申请人发出资格预审结果通知书。未通过资格预审的申请人不具有投标资格。通过资格预审的申请人少于 3 个的，应当重新招标

续表 4-6

主要内容	
资格后审	如招标人采用资格后审办法对投标人进行资格审查，应当在开标后由评标委员会按照招标文件规定的标准和方法对投标人的资格进行审查
资格审查内容	1. 具有独立订立合同的权利； 2. 具有履行合同的能力，包括专业、技术资格和能力，资金、设备和其他物质设施状况，管理能力，经验、信誉和相应的从业人员； 3. 没有处于被责令停业，投标资格被取消，财产被接管、冻结，破产状态； 4. 在最近三年内没有骗取中标和严重违约及重大工程质量问题； 5. 法律、行政法规规定的其他资格条件
不得以不合理条件限制、排斥潜在投标人或者投标人	资格审查时，招标人不得以不合理的条件限制、排斥潜在投标人或者投标人，不得对潜在投标人或者投标人实行歧视待遇。任何单位和个人不得以行政手段或者其他不合理方式限制投标人的数量。招标人有下列行为之一的，属于以不合理条件限制、排斥潜在投标人或者投标人： （1）就同一招标项目向潜在投标人或者投标人提供有差别的项目信息； （2）设定的资格、技术、商务条件与招标项目的具体特点和实际需要不相适应或者与合同履行无关； （3）依法必须进行招标的项目以特定行政区域或者特定行业的业绩、奖项作为加分条件或者中标条件； （4）对潜在投标人或者投标人采取不同的资格审查或者评标标准； （5）限定或者指定特定的专利、商标、品牌、原产地或者供应商； （6）依法必须进行招标的项目非法限定潜在投标人或者投标人的所有制形式或者组织形式； （7）以其他不合理条件限制、排斥潜在投标人或者投标人
审查办法	1. 合格制审查办法。投标申请人凡符合初步审查标准和详细审查标准的，均可通过资格预审。无论是初步审查，还是详细审查，其中有一项因素不符合审查标准的，均不能通过资格预审。 2. 有限数量制审查办法。审查委员会依据规定的审查标准和程序，对通过初步审查和详细审查的资格预审申请文件进行量化打分，按得分由高到低的顺序确定通过资格预审的申请人
清标	在评标委员会评标之前，由专业机构或专业人士对投标文件是否实质上响应了招标文件的要求进行审查，对投标文件的投标报价进行校核，对投标文件是否存在漏项、不平衡报价进行评审，并形成书面的清标情况报告，供评标委员会科学评标参考。清标工作应当客观、准确、力求全面，不得营私舞弊、歪曲事实

2. 现场踏勘与投标预备会

表 4-7 现场踏勘与投标预备会

主 要 内 容	
现场踏勘	勘察现场一般安排在投标预备会的前 1～2 天，投标人在现场勘察中如有疑问，应在投标预备会上以书面形式向招标人提出，但应给招标人留有解答时间
	1. 招标人不得组织单个或者部分潜在投标人踏勘项目现场； 2. 招标人按招标文件中规定的时间、地点组织投标人踏勘项目现场； 3. 投标人踏勘现场发生的费用自理； 4. 除招标人的原因外，投标人自行负责在踏勘现场中所发生的人员伤亡和财产损失； 5. 招标人在踏勘现场中介绍的工程场地和相关的周边环境情况，供投标人在编制投标文件时参考，招标人不对投标人据此做出的判断和决策负责
投标预备会	1. 投标预备会的目的在于澄清招标文件中的疑问，解答投标人在招标文件和现场勘察中提出的问题。 2. 投标预备会由招标人组织并主持召开，在预备会上对招标文件和现场情况做介绍或解释，并解答投标人提出的问题，包括书面提出的和口头提出的询问。 3. 在投标预备会上还应对图纸进行交底和解释。 4. 投标预备会结束后，由招标人整理会议记录和解答内容，报招标管理机构核准同意后，尽快以书面形式将问题及解答同时发送到所有获得招标文件的投标人。 5. 所有参加投标预备会的投标人应签到登记，以证明出席投标预备会。注意这时招标人不得泄露潜在投标人数量及名称等有关信息。 6. 不论是招标人以书面形式向投标人发放的任何资料文件，还是投标人以书面形式提出的问题，均应采用书面形式并按照招标文件的规定向对方确认是否收到

3. 投标文件、投标有效期和投标保证金规定

表 4-8 投标文件、投标有效期和投标保证金规定

主 要 内 容	
投标文件	投标文件包括投标函及投标函附录，法定代表人身份证明或附有法定代表人身份证明的授权委托书（原件），联合体协议书，投标保证金，已标价工程量清单，施工组织设计，项目管理机构，拟分包项目情况表，资格审查资料，投标人须知前附表规定的其他资料。 相关规定：投标文件应尽量避免涂改、行间插字或删除。如果出现上述情况，改动之处应加盖单位章或由投标人的法定代表人或其授权的代理人签字确认。逾期送达或未送达指定地点的投标文件，招标人不予受理。投标截止期前，允许投标人对已递交的投标文件修改、撤回，但应以书面形式通知招标人，修改的内容为投标文件的组成部分。投标截止日后投标人对投标文件内容进行修改无效
	投标报价由投标人自主确定，但不得低于成本，不得高于最高投标限价。投标人应当在招标文件规定的提交投标文件的截止日前，将投标文件密封送达投标地点。招标人收到投标文件后，应当向投标人出具标明签收人和签收时间的凭证，在开标前任何单位和个人不得开启投标文件。在招标文件要求提交投标文件的截止时间后送达或未送达指定地点的投标文件，为无效的投标文件，招标人不予受理

续表 4-8

	主要内容
投标保证金	投标保证金除现金外，可以是银行出具的银行保函、保兑支票、银行汇票或现金支票。 2012 年 2 月 1 日起施行的《中华人民共和国招标投标法实施条例》（2019 年 3 月 2 日修订）规定，投标保证金不得超过招标项目估算价的 2%。投标保证金有效期应当与投标有效期一致。投标人不按招标文件要求提交投标保证金的，该投标文件将被拒绝。依法必须进行招标的项目的境内投标单位，以现金或者支票形式提交的投标保证金应当从其基本账户转出。招标人不得挪用投标保证金
投标有效期	投标有效期是从投标人提交投标文件截止之日起开始计算。一般项目为 60 天到 90 天，具体在招标文件中规定
	出现特殊情况需要延长投标有效期的，招标人应以书面形式通知所有投标人延长投标有效期。投标人同意延长的，应相应延长其投标保证金的有效期，但不得要求或被允许修改或撤销其投标文件；投标人拒绝延长的，其投标失效，但投标人有权收回其投标保证金
	在投标文件的截止时间前，投标人可以补充、修改、替代或者撤回已提交的投标文件，并书面通知招标人。补充、修改的内容为投标文件的组成部分。在提交投标文件截止时间后到招标文件规定的投标有效期终止之前，投标人不得补充、修改、替代或者撤回其投标文件。投标人补充、修改、替代投标文件的，招标人不予接受；投标人撤回投标文件的，其投标保证金将被没收
联合体投标	1. 招标人应当在资格预审公告、招标公告或者投标邀请书中载明是否接受联合体投标。招标人接受联合体投标并进行资格预审的，联合体应当在提交资格预审申请文件前组成。资格预审后联合体增减、更换成员的，其投标无效。联合体各方在同一招标项目中以自己名义单独投标或者参加其他联合体投标的，相关投标均无效。由同一专业的单位组成的联合体，按照资质等级较低的单位确定资质等级。 2. 联合体各方应签订共同投标协议，明确约定各方拟承担的工作和责任。 3. 联合体中标的，联合体各方应当共同与招标人签订合同，就中标项目向招标人承担连带责任
属于投标人相互串通投标	有下列情形之一的，属于投标人相互串通投标： （1）投标人之间协商投标报价等投标文件的实质性内容； （2）投标人之间约定中标人； （3）投标人之间约定部分投标人放弃投标或者中标； （4）属于同一集团、协会、商会等组织成员的投标人按照该组织要求协同投标； （5）投标人之间为谋取中标或者排斥特定投标人而采取的其他联合行动
视为投标人相互串通投标	有下列情形之一的，视为投标人相互串通投标： （1）不同投标人的投标文件由同一单位或者个人编制； （2）不同投标人委托同一单位或者个人办理投标事宜； （3）不同投标人的投标文件载明的项目管理成员为同一人； （4）不同投标人的投标文件异常一致或者投标报价呈规律性差异；

续表 4-8

主要内容	
视为投标人相互串通投标	(5) 不同投标人的投标文件相互混装； (6) 不同投标人的投标保证金从同一单位或者个人的账户转出
招标人与投标人串通投标	有下列情形之一的，属于招标人与投标人串通投标： (1) 招标人在开标前开启投标文件并将有关信息泄露给其他投标人； (2) 招标人直接或者间接向投标人泄露标底、评标委员会成员等信息； (3) 招标人明示或者暗示投标人压低或者抬高投标报价； (4) 招标人授意投标人撤换、修改投标文件； (5) 招标人明示或者暗示投标人为特定投标人中标提供方便； (6) 招标人与投标人为谋求特定投标人中标而采取的其他串通行为

四、开标、评标与授标阶段相关规定

1. 开标的相关规定

表 4-9　开标的相关规定

开标相关规定	1. 开标应当在招标文件确定的提交投标文件截止时间的同一时间公开进行； 2. 开标地点应当为招标文件中确定的地点； 3. 开标由招标人主持，邀请所有投标人参加； 4. 设有标底的，公布标底； 5. 招标人应当按照招标文件规定的时间、地点开标； 6. 投标人少于 3 个的，不得开标，招标人应当重新招标； 7. 投标人对开标有异议的，应当在开标现场提出，招标人应当当场作出答复，并制作记录

2. 清单招标的相关规定

表 4-10　清单招标的相关规定

主要内容	
分部分项工程综合单价确定	1. 确定依据。确定分部分项工程量清单项目综合单价最重要的依据之一是该清单项目的特征描述，投标人投标报价时应依据招标文件中分部分项工程量清单项目的特征描述确定清单项目的综合单价。在招投标过程中，当出现招标文件中分部分项工程量清单特征描述与设计图纸不符时，投标人应以分部分项工程量清单的项目特征描述为准，确定投标报价的综合单价。当施工中施工图纸或设计变更与工程量清单项目特征描述不一致时，发承包双方应按实际施工的项目特征，依据合同约定重新确定综合单价。 2. 材料暂估价。招标文件中提供了暂估单价的材料，按暂估的单价计入综合单价。 3. 风险费用。招标文件中要求投标人承担的风险费用，投标人应考虑计入综合单价。在施工过程中，当出现的风险内容及其范围（幅度）在招标文件规定的范围（幅度）内时，综合单价不得变动，工程价款不作调整

续表 4-10

主要内容	
措施项目费计算	1. 措施项目的内容应依据招标人提供的措施项目清单和投标人投标时拟定的施工组织设计或施工方案。 2. 措施项目费的计价方式应根据招标文件的规定，可以计算工程费的措施清单项目采用综合单价方式报价，其余的措施清单项目采用以“项”为计量单位的方式报价。 3. 措施项目费由投标人自主确定，但其中安全文明施工费应按国家或省级、行业建设主管部门的规定确定
其他项目费计算	1. 暂列金额应按照其他项目清单中列出的金额填写，不得变动。 2. 暂估价不得变动和更改。暂估价中的材料必须按照暂估单价计入综合单价，专业工程暂估价必须按照其他项目清单中列出的金额填写。 3. 计日工应按照其他项目清单列出的项目和估算的数量，自主确定各项综合单位并计算费用。 4. 总承包服务费应依据招标人在招标文件中列出的分包专业工程内容和供应材料、设备情况，按照招标人提出的协调、配合与服务要求和施工现场管理需要自主确定
其他	规费、税金报价按照国家、省级行业主管部门的规定计算。各组成部分金额合计应与投标报价总价一致
报价	投标报价＝分部分项工程量清单报价总和＋措施项目报价总和＋其他项目报价总和＋规费＋税金 注：报价优惠要体现在组成报价的项目中，而不能只在总报价中下浮
最高投标限价的编制与计算	1. 分部分项工程费计价依据招标文件中工程量清单中的工程量，其单价应包括人工费、材料费、施工机械使用费、企业管理费、利润以及一定范围内的风险费用（招标文件提供了暂估单价的材料，应按暂估的单价计入综合单价）。 2. 措施项目清单计价是指为完成工程项目施工，发生于该工程施工准备和施工过程中的非工程实体项目的相关费用，可以计算工程量的应采用综合单价计价；其余的措施项目可以“项”为单位的方式计价，应包括除规费、税金外的全部费用，其中的安全文明施工费应按国家或省级、行业建设主管部门的规定计价，不得作为竞争性费用。 3. 其他项目费中的暂列金额一般可按分部分项工程费的 10%～15%作为参考。 （1）材料暂估单价应按工程造价管理机构发布的工程造价信息中的材料单价计算，未发布材料单价的材料，其价格应按市场调查确定的单价计算。 （2）专业工程暂估价应区分不同的专业估算。 （3）计日工包括计日工人工、材料和施工机械费用。 （4）总承包服务费计算时，若招标人仅要求对分包的专业工程进行总承包管理和协调时，按分包的专业工程估算造价的 1.5%计算；若除总承包管理、协调外，同时要求提供配合服务时，按分包的专业工程估算造价的 3%～5%计算。招标人自行供应材料的，按招标人供应材料价值的 1%计算。 4. 规费和税金按国家或省级、行业建设主管部门规定的标准计算

3. 评标方法

表 4-11 评标方法

<table>
<tr><th colspan="3">主 要 内 容</th></tr>
<tr><td rowspan="3">评标方法</td><td colspan="2">评标方法主要包括经评审的最低投标价法及综合评估法。评标方法应结合项目的特点、目标、要求等条件确定。评标委员会成员应当按照招标文件规定的评标方法评审。招标文件没有规定的评标标准和方法不得作为评标的依据</td></tr>
<tr><td>经评审的最低投标价法</td><td>经评审的最低投标价法是指评标委员会对满足招标文件实质要求的投标文件，根据详细评审标准规定的量化因素及量化标准进行价格折算，按照经评审的投标价由低到高的顺序推荐中标候选人，或根据招标人授权直接确定中标人，但投标报价低于其成本的除外。经评审的投标价相等时，投标报价低的优先；投标报价也相等的，由招标人自行确定。
经评审的最低投标价法一般适用于具有通用技术、性能标准或者招标人对其技术、性能没有特殊要求的招标项目。这种评标方法应当是一般项目的首选评标方法。
采用经评审的最低投标价法的，评标委员会应当根据招标文件中规定的评标价格调整方法，对所有投标人的投标报价以及投标文件的商务部分做必要的价格调整。
中标人的投标应当符合招标文件规定的技术要求和标准，但评标委员会无需对投标文件的技术部分进行价格折算。
根据经评审的最低投标价法完成详细评审后，评标委员会应当拟定一份“价格比较一览表”，连同书面评标报告提交招标人。“价格比较一览表”应当载明投标人的投标报价、对商务偏差的价格调整和说明以及已评审的最终投标价</td></tr>
<tr><td>综合评估法</td><td>不宜采用经评审的最低投标价法的招标项目，一般应当采取综合评估法进行评审。综合评估法是指评标委员会对满足招标文件实质性要求的投标文件，按照规定的评分标准进行打分，并按得分由高到低的顺序推荐中标候选人，或根据招标人授权直接确定中标人，但投标报价低于其成本的除外。综合评分相等时，以投标报价低的优先；投标报价也相等的，由招标人自行确定。
评标委员会对各个评审因素进行量化时，应当将量化指标建立在同一基础或者同一标准上，使各投标文件具有可比性。对技术部分和商务部分进行量化后，评标委员会应当对这两部分的量化结果进行加权，计算出每一个投标的综合评估价或者综合评估分。根据综合评估法完成评标后，评标委员会应当拟定一份“综合评估比较表”，连同书面评标报告提交招标人</td></tr>
<tr><td rowspan="2">评标要求</td><td rowspan="2">评标委员会的组建</td><td>评标委员会由招标人负责组建，负责评标活动，向招标人推荐中标候选人或者根据招标人的授权直接确定中标人。成员名单应于开标前确定，并在中标结果确定前保密</td></tr>
<tr><td>评标委员会由招标人或其委托的招标代理机构熟悉相关业务的代表，以及有关技术、经济等方面的专家组成，成员人数为 5 人以上的单数，其中技术、经济等方面的专家不得少于成员总数的 2/3。评标委员会设负责人的，负责人由评标委员会成员推举产生或者由招标人确定，评标委员会负责人与评标委员会的其他成员有同等的表决权</td></tr>
</table>

续表 4-11

主 要 内 容		
评标要求	评标委员会的组建	依法必须进行招标的项目，其评标委员会的专家成员应当从评标专家库内相关专业的专家名单中以随机抽取方式确定。任何单位和个人不得以明示、暗示等任何方式指定或者变相指定参加评标委员会的专家成员。依法必须进行招标的项目的招标人非因招标投标法及其实施条例规定的事由，不得更换依法确定的评标委员会成员。对技术复杂、专业性强或者国家有特殊要求，采取随机抽取方式确定的专家难以保证胜任评标工作的招标项目，可以由招标人直接确定技术、经济等方面的评标专家
		行政监督部门的工作人员不得担任本部门负责监督项目的评标委员会成员。评标委员会成员与投标人有利害关系的，应当主动回避
否决投标的情形	否决所有投标的规定	根据《招标投标法》的规定，评标委员会经评审，认为所有投标都不符合招标文件要求的，可以否决所有投标。所有投标文件都不符合招标文件的要求，通常有以下几种情况： （1）最低评标价大大超过标底或合同估价，招标人无力接受投标； （2）所有投标人在实质上均未响应投标文件的要求； （3）投标人过少，没有达到预期的竞争性
	评标委员会应当否决其投标的情形	有下列情形之一的，评标委员会应当否决其投标： （1）投标文件未经投标单位盖章和单位负责人签字； （2）投标联合体没有提交共同投标协议； （3）投标人不符合国家或者招标文件规定的资格条件； （4）同一投标人提交两个以上不同的投标文件或者投标报价，但招标文件要求提交备选投标的除外； （5）投标报价低于成本或者高于招标文件设定的最高投标限价； （6）投标文件没有对招标文件的实质性要求和条件作出响应； （7）投标人有串通投标、弄虚作假、行贿等违法行为
	投标文件的细微偏差	细微偏差是指投标文件在实质上响应招标文件要求，但在个别地方存在漏项或者提供了不完整的技术信息和数据等情况，并且补正这些遗漏或者不完整之处，不会对其他投标人造成不公平的结果。细微偏差不影响投标文件的有效性。 评标委员会应当书面要求存在细微偏差的投标人在评标结束前予以补正。拒不补正的，在详细评审时可以对细微偏差做不利于该投标人的量化，量化标准应当在招标文件中明确规定
澄清说明	投标文件中有含义不明确的内容、明显文字或者计算错误，评标委员会认为需要投标人作出必要澄清、说明的，应当书面通知该投标人。投标人的澄清、说明应当采用书面形式，并不得超出投标文件的范围或者改变投标文件的实质性内容。 评标委员会不得暗示或者诱导投标人作出澄清、说明，不得接受投标人主动提出的澄清、说明。 评标委员会发现投标人的报价过低，使其投标报价可能低于其个别成本的，应当要求该投标人作出书面说明并提供相关证明材料	

续表 4-11

主要内容	
提交书面评标报告和中标候选人名单	评标完成后，评标委员会应当向招标人提交书面评标报告和中标候选人名单。中标候选人应当不超过 3 个，并标明排序。评标报告应当由评标委员会全体成员签字。对评标结果有不同意见的评标委员会成员应当以书面形式说明其不同意见和理由，评标报告应当注明该不同意见。评标委员会成员拒绝在评标报告上签字又不书面说明其不同意见和理由的，视为同意评标结果。 超过三分之一的评标委员会成员认为评标时间不够的，招标人应当适当延长评标时间

4. 定标

表 4-12 定标

主要内容	
确定中标单位并公示	国有资金占控股或者主导地位的依法必须进行招标的项目，招标人应当确定排名第一的中标候选人为中标人。排名第一的中标候选人放弃中标、因不可抗力不能履行合同、不按照招标文件要求提交履约保证金，或者被查实存在影响中标结果的违法行为等情形，不符合中标条件的，招标人可以按照评标委员会提出的中标候选人名单排序依次确定其他中标候选人为中标人，也可以重新招标。 依法必须进行招标的项目，招标人应当自收到评标报告之日起 3 日内公示中标候选人，公示期不得少于 3 日
发出中标通知书	中标人确定后，招标人应当向中标人发出中标通知书，并同时将中标结果通知所有未中标的投标人。中标通知书对招标人和中标人具有法律效力。中标通知书发出后，招标人改变中标结果，或者中标人放弃中标项目的，应当依法承担法律责任。 招标人应当自确定中标人之日起 15 日内，向有关行政监督部门提交招标投标情况的书面报告
签合同、缴纳履约保证金	招标人和中标人应当自中标通知书发出之日起 30 日内，按照招标文件和中标人的投标文件订立书面合同。招标人和中标人不得再行订立背离合同实质性内容的其他协议。 招标人最迟应当在书面合同签订后 5 日内向中标人和未中标的投标人退还投标保证金及银行同期存款利息。 招标文件要求中标人提交履约保证金的，中标人应当按照招标文件的要求提交。履约保证金不得超过中标合同金额的 10%

经典题型剖析

案例一

某政府投资项目，主要分为建筑工程、安装工程和装修工程三部分，项目总投资额为 8 000 万元，其中，暂估价为 180 万元的设备由招标人采购。

招标文件中，招标人对投标有关时限的规定如下：

(1) 招标文件购买截止时间为自招标文件发售之日第 4 日上午 10：00 整；

(2) 投标截止时间为自招标文件开始出售之日起第 16 日上午 10：00 整；

(3) 接受投标文件的最早时间为投标截止时间前 24 小时；

(4) 若投标人要修改、撤回已提交的投标文件，须在投标截止时间 1 小时前提出；

(5) 投标有效期从确定中标人的时间开始计算，共 90 天；

(6) 投标文件的澄清、修改在投标截止期前 10 天发出通知。

招标人鼓励投标人组成联合体投标。在投标和评标过程中，发生如下事件：

事件 1：A、B、C 公司的联合体协议中约定：若中标，由牵头人与招标人签订合同，然后将该联合体协议送交招标人。

事件 2：联合体各成员单位按投入比例分享利润并向招标人承担责任，且需向牵头人支付各自所承担合同额部分 2%的管理费。

事件 3：在评标过程中，投标人 D 主动对自己的投标文件向评标委员会提出了书面澄清和说明。

事件 4：在评标过程中，评标委员会发现投标人 E 和投标人 F 的投标文件中载明的项目管理人员中有一人为同一人。

问题：

1. 该项目暂估价为 180 万元的设备采购是否可以不招标？说明理由。

2. 分别指出招标人对投标有关时限的规定是否正确，说明理由。

3. 指出事件 1 和事件 2 的错误之处，说明理由或写出正确做法。

4. 针对事件 3 和事件 4，评标委员会应如何处理？

答案：

问题 1：

该设备采购不需要招标，因为该项目虽然为政府投资项目，但单项采购金额未达到 200 万元，不属于必须招标的范围。

问题 2：

(1) 招标文件购买截止时间的规定不正确，因为自招标文件开始出售至停止出售的时间最短不得少于 5 日；

(2) 投标截止时间的规定不正确，因为不满足自招标文件开始出售至投标截止不得少于 20 日的规定；

(3) 接受投标文件最早时间的规定正确，因为有关法规对此没有限制性规定；

(4) 修改、撤回投标文件时限的规定不正确，因为在投标截止时间前均可修改、撤回投标文件；

(5) 投标有效期从确定中标人的时间开始计算不正确，因为投标有效期应从投标截止时间开始计算；

(6) 投标文件的澄清、修改在投标截止期前 10 天发出通知不正确，因为投标文件的澄清、修改应在投标截止期前 15 天发出通知。

问题 3：

事件 1：由牵头人与招标人签订合同错误。

正确做法：应由联合体各方共同与招标人签订合同。

与招标人签订合同后才将联合体协议送交招标人错误。

正确做法：联合体协议应当与投标文件一同提交给招标人。

事件 2：各成员单位按投入比例向业主承担责任错误。

正确做法：联合体各方应就中标项目向招标人承担连带责任。

问题 4：

针对事件 3，评标委员会不得接受投标人 D 主动提出的澄清和说明。

针对事件 4，评标委员会应视同投标人 E 和投标人 F 相互串通投标，投标人 E 和投标人 F 的投标文件均按废标处理。

案例二

某市政府拟建河海连接桥工程，主管部门委托具有相应资质的招标代理公司进行公开招标。本工程采用工程量清单的方式招标，对投标人进行资格预审。在招标投标过程中，发生如下事件：

事件 1：建设单位考虑到该项目工期紧张，为缩短招标投标工作的流程，决定采用邀请招标。

事件 2：建设单位考虑到该项目为本市重点工程项目，且政府财政紧张，要求投标人必须是资金雄厚的国有特级施工企业，且潜在投标人必须取得本省颁发的《建设工程投标许可证》。

事件 3：建设单位发布的最高投标限价为 8 000 万元且规定低于最高投标限价 10%的投标报价视为低于成本报价。

事件 4：开标前，工作人员对各投标人的资质进行审查，并对所有投标文件进行审查，确认所有投标文件均有效后，正式开标。

事件 5：招标截止时间前 5 分钟，C 公司又递交了一份补充材料，表示愿意降低报价 25 万元，再让利 1.5 个百分点。

事件 6：在招标人主持开标会议之时，经由他人提醒，E 投标人意识到自己的报价存在重大问题，于是立刻撤回了自己的投标文件。

问题：

1. 招标人对投标人进行资格预审应包括哪些内容？

2. 针对事件 1～6，分别指出相关人员的行为或观点是否正确或妥当，并说明理由。

答案：

问题 1：

招标人对投标人进行资格预审应包括以下内容：

（1）投标人签订合同的权利：营业执照和资质证书；

（2）投标人履行合同的能力：人员情况、技术装备情况、财务状况等；

（3）投标人目前的状况：投标资格是否被取消、账户是否被冻结等；

（4）近三年情况：是否发生过重大安全事故和质量事故；

（5）法律、行政法规规定的其他内容。

问题 2：

事件 1：不妥。

理由：《中华人民共和国招标投标法实施条例》规定，国有资金占控股地位或者主导地位的依法必须进行招标的项目，应当公开招标；但有下列情形之一的，可以邀请招标：

（1）技术复杂、有特殊要求或者受自然环境限制，只有少量潜在投标人可供选择；

（2）采用公开招标方式的费用占项目合同金额的比例过大。

《工程建设项目施工招标投标办法》进一步规定，对于必须招标的项目，有下列情形之一的，经批准可以进行邀请招标：

（1）项目技术复杂或有特殊要求，或者受自然地域环境限制，只有少量潜在投标人可供选择；

（2）涉及国家安全、国家秘密或抢险救灾，适宜招标但不宜公开招标的；

（3）采用公开招标方式的费用占项目合同金额的比例过大。

事件 2：不妥。

理由：《中华人民共和国招标投标法实施条例》规定，招标人不得以不合理的条件限制、排斥潜在投标人或者投标人。依法必须进行招标的项目以特定行政区域或者特定行业的业绩、奖项作为加分条件或者中标条件，依法必须进行招标的项目非法限定潜在投标人或者投标人的所有制形式或者组织形式属于以不合理条件限制、排斥潜在投标人或者投标人。

事件 3：规定最高投标限价为 8 000 万元妥当。

理由：国有资金投资的工程建设项目招标人应编制最高投标限价。

规定低于最高投标限价 10%的投标报价视为低于成本报价，不妥。

理由：根据《中华人民共和国招标投标法实施条例》，招标人不得规定最低限价。

事件 4：工作人员对所有投标文件进行审查不妥。

理由：在开标时只是检查各投标文件的密封情况。

事件 5：投标人 C 的行为正确。

理由：投标人 C 的做法属于突然降价法和许诺优惠法。

事件 6：投标人 E 撤回投标文件的行为不正确。

理由：投标截止日期后不允许撤回投标文件。对此，招标人可以没收投标人 E 的投标保证金。

案例三

某办公楼建设项目，业主委托具有相应招标代理和造价咨询资质的机构编制了招标文件和最高投标限价，并采用公开招标方式进行项目施工招标。

该项目招标公告和招标文件中的部分规定如下：

（1）招标人不接受联合体投标。

（2）投标人必须是国有企业或进入开发区合格承包商信息库的企业。

（3）投标人报价高于最高投标限价和低于最低投标限价的，均按废标处理。

（4）投标保证金的有效期应当超出投标有效期 30 天。

在项目投标及评标过程中发生了以下事件：

事件 1：投标人 A 在对设计图纸和工程量清单复核时发现分部分项工程量清单中某分项工程的特征描述与设计图纸不符。

事件 2：投标人 B 采用不平衡报价的策略，对前期工程和工程量可能减少的工程适度提高了报价；对暂估价材料采用了与最高投标限价中相同材料的单价计入了综合单价。

事件 3：投标人 C 结合自身情况，并根据过去类似工程投标经验数据，认为该工程投高标的中标概率为 0.3，投低标的中标概率为 0.6，投高标中标后，经营效果可分为好、中、差三种可能，其概率分别为 0.3、0.6、0.1，对应的损益值分别为 500 万元、400 万元、250 万元；投低标中标后，经营效果同样可分为好、中、差三种可能，其概率分别为 0.2、0.6、0.2，对应的损益值分别为 300 万元、200 万元、100 万元。编制投标文件以及参加投标的相关费用为 3 万元。经过评估，投标人 C 最终选择了投低标。

事件 4：评标中评标委员会成员普遍认为招标人规定的评标时间不够。

该项目配套项目为政府投资项目单独招标，项目法人单位委托某招标代理机构采用公开招标方式代理项目施工招标，并委托具有相应资质的工程造价咨询企业编制了招标文件和最高投标限价（该项目的最高投标限价为 4 000 万元）。招标过程中发生以下事件：

事件 5：招标信息在招标信息网上发布后，招标人考虑到该项目建设工期紧，为缩短招标时间，而改用邀请招标方式，并要求在当地承包商中选择中标人。

事件 6：资格预审时，招标代理机构审查了各个潜在投标人的专业、技术资格和技术能力。

事件 7：招标代理机构设定招标文件出售的起止时间为 3 个工作日，要求投标人提交的投标保证金为 120 万元。

事件 8：招标人向中标人发出中标通知书后，向其提出降价要求，双方经过多次谈判，签订了书面合同，合同价比中标价降低 2%。招标人在与中标人签订合同 3 周后，退还了未中标的其他投标人的投标保证金。

问题：

1. 根据招标投标法及其实施条例，逐一分析项目招标公告和招标文件中（1）～（4）项规定是否妥当，并分别说明理由。

2. 事件1中，投标人A应当如何处理？

3. 事件2中，投标人B的做法是否妥当？并说明理由。

4. 事件3中，投标人C选择投低标是否合理？并通过计算说明理由。

5. 针对事件4，招标人应当如何处理？并说明理由。

6. 配套项目招标过程中有哪些不妥之处？并说明理由。

答案：

问题1：

第（1）项规定妥当。招标人可以在招标公告中载明是否接受联合体投标。

第（2）项规定不妥。因为招标人不得以不合理的条件（必须是国有企业）限制、排斥潜在的投标人。

第（3）项规定不妥。招标人不得规定最低投标限价。

第（4）项规定不妥。投标保证金的有效期应当与投标有效期一致。

问题2：

投标人A可在规定时间内以书面形式要求招标人澄清；若招标人未按时向投标人澄清或招标人不予澄清或者修改，投标人应以分项工程量清单的项目特征描述为准，确定分部分项工程综合单价。

问题3：

“投标人B对前期工程适度提高报价”妥当。因为这样有利于投标人中标后在工程建设早期阶段收到较多的工程价款（或：这样有利于提高资金时间价值）。

“投标人B对工程量可能减少的工程适度提高报价”不妥当。因为提高工程量减少的工程报价将可能会导致工程量减少时承包商有更大损失。

“对暂估价材料采用了和最高投标限价中相同材料的单价计入了综合单价”不妥当。投标报价中应采用招标工程量清单中给定的相应材料暂估价计入综合单价。

问题4：

投高标的期望损益值为：

(500×0.3＋400×0.6＋250×0.1）×0.3＋（－3）×0.7＝122.4（万元）

投低标的期望损益值为：

(300×0.2＋200×0.6＋100×0.2）×0.6＋（－3）×0.4＝118.8（万元）

投低标的期望损益值＜投高标的期望损益值，所以投标人C选择投低标不合理，应选择投高标。

问题5：

招标人应当延长评标时间。因为根据《中华人民共和国招标投标法实施条例》的规定，超过三分之一的评标委员会成员认为评标时间不够的，招标人应当适当延长。

问题6：

配套项目招标过程不妥之处有：

招标人改用邀请招标不妥。因为该工程是政府投资的建设工程项目，未经批准不得擅自改变招标方式。

在当地承包商中选择中标人不妥。在公开招标活动中，不得限制或者排斥本地区以外的法人或者其他组织参加投标。

招标代理机构审查的内容不妥。资格审查还应审查的内容有：

（1）具有独立订立合同的权利；

（2）资金、设备和其他物资设施状况；

(3) 审查管理能力、经验、信誉和相应的从业人员情况；

(4) 审查投标资格是否有效、财产是否被冻结；

(5) 审查近三年是否发生过严重违约及重大工程质量问题；

(6) 审查法律法规规定的其他资格条件。

招标文件出售时间为3个工作日不妥。招标文件出售起止时间最短不得少于5日。

投标保证金为120万元不妥。投标保证金不得超过招标项目估算价的2%。

签订合同价比中标价降低2%不妥。合同价格应按中标价确定，招标人和中标人应按招投标文件签订合同，不再订立背离合同实施内容的其他协议。

招标人在签订合同3周后退还投标保证金不妥。招标人应在签订合同后5日内，向未中标的投标人退还投标保证金。

案例四

某依法必须公开招标的国有资产投资建设项目，采用工程量清单计价方式进行施工招标，业主委托具有相应资质的某咨询企业编制了招标文件和最高投标限价。

招标文件部分规定或内容如下：

(1) 投标有效期自投标人递交投标文件时开始计算。

(2) 评标方法采用经评审的最低投标价法：招标人将在开标后公布可接受的项目最低投标报价或最低投标报价测算方法。

(3) 投标人应当对招标人提供的工程量清单进行复核。

(4) 招标工程量清单中给出的“计日工表（局部）”见表4-13。

表4-13 计日工表（局部）

工程名称：××× 标段：××× 第×页 共×页

编号	项目名称	单位	暂定数量	实际数量	综合单价/元	合价/元	
						暂定	实际
一	人工						
1	建筑与装饰工程普工	工日	1		120		
2	混凝土工、抹灰工、建筑工	工日	1		160		
3	木工、模板工	工日	1		180		
4	钢筋工、架子工	工日	1		170		
人工小计							
二	材料						
…	……	……	……				

在编制最高投标限价时，由于某分项工程使用了一种新型材料，定额及造价信息均无该材料消耗和价格的信息。编制人员按照理论计算法计算了材料净用量，并以此净用量乘以向材料生产厂家询价确认的材料出厂价格，得到该分项工程综合单价中新型材料的材料费。

在投标和评标过程中，发生了下列事件：

事件1：投标人A发现分部分项工程量清单中某分项工程特征描述和图纸不符。

事件2：投标人B的投标文件中，有一工程量较大的分部分项工程清单项目未填写单价与合价。

问题：

1. 分别指出招标文件中（1）～（4）项的规定或内容是否妥当？并说明理由。

2. 编制最高投标限价时，编制人员确定综合单价中新型材料费的方法是否正确？并说明理由。

3. 针对事件1，投标人A应如何处理？

4. 针对事件2，评标委员会是否可否决投标人B的投标？并说明理由。

答案：

问题1：

（1）"投标有效期自投标人递交投标文件时开始计算"不妥当。理由：投标有效期从提交投标文件的截止之日起算。

（2）"招标人将在开标后公布可接受的项目最低投标报价或最低投标报价测算方法"不妥当。理由：招标人设有最高投标限价的，应当在招标文件中明确最高投标限价或者最高投标限价的计算方法。招标人不得规定最低投标限价。

（3）"投标人应当对招标人提供的工程量清单进行复核"妥当。理由：招标工程量清单的准确性和完整性应由招标人负责。投标人在编制投标报价之前，需要先对清单工程量进行复核。

（4）计日工表格中综合单价由招标人填写不妥当。理由：计日工表的项目名称、暂定数量由招标人填写，单价由投标人自主报价。

问题2：

采用理论计算法确定材料的净用量正确，用净用量乘以询价不正确。

理由：材料费＝材料消耗量×材料单价，材料消耗量＝材料净用量＋材料损耗量。材料单价应考虑材料生产厂家询价确认的材料出厂价格以及运杂费、运输损耗及采购保管费。

问题3：

针对事件1，投标人A可以以招标工程量清单的项目特征描述为准，确定投标报价的综合单价，投标人A也可向招标人提出疑问，要求招标人解答。

问题4：

针对事件2，评标委员会不能直接否决投标人B的投标。理由：未填写单价和合价的项目，可视为此项费用已包含在已标价工程量清单中其他项目的单价和合价之中。评标委员会可以书面方式要求投标人对投标文件中含意不明确的内容做必要的澄清、说明或补正。

备注：

1. 接受委托编制标底的中介机构不得参加受托编制标底项目的投标，也不得为该项目的投标人编制投标文件或者提供咨询。招标人设有最高投标限价的，应当在招标文件中明确最高投标限价或者最高投标限价的计算方法。招标人不得规定最低投标限价。根据《建设工程工程量清单计价规范》GB 50500—2013，招标工程量清单必须作为招标文件的组成部分，其准确性和完整性应由招标人负责。计日工表的项目名称、暂定数量由招标人填写，编制最高投标限价时，单价由招标人按有关计价规定确定；投标时，单价由投标人自主报价，按暂定数量计算合价计入投标总价中。结算时，按发承包双方确认的实际数量计算合价。

2.《中华人民共和国招标投标法实施条例》第五十二条规定，投标文件中有含义不明确的内容、明显文字或者计算错误，评标委员会认为需要投标人作出必要澄清、说明的，应当书面通知该投标人。投标人的澄清、说明应当采用书面形式，并不得超出投标文件的范围或者改变投标文件的实质性内容。根据《建设工程工程量清单计价规范》GB 50500—2013，招标工程量清单与计价表中列明的所有需要填写单价和合价的项目，投标人均应填写且只允许有一个报价。未填写单价和合价的项目，可视为此项费用已包含在已标价工程量清单中其他项目的单价和合价之中。

考点二：建设项目招标投标过程中的计算

考核要求	1. 按照《建筑安装工程费用组成》文件和清单计价规范确定招标标底或投标报价，确定最高投标限价； 2. 投标过程应用投标策略（不平衡报价法、多方案报价法、突然降价法）时结合价值工程分析、网络分析、资金时间价值分析、决策树分析进行投标方案评价、比较确定投标方案，或者作为评标过程的评分依据； 3. 评标计算，按照试题背景材料提供的数据、方法要求进行评标。可以分成有标底招标偏差率计算、经评审的最低报价法、综合评标法等形式评标

知识要点集成

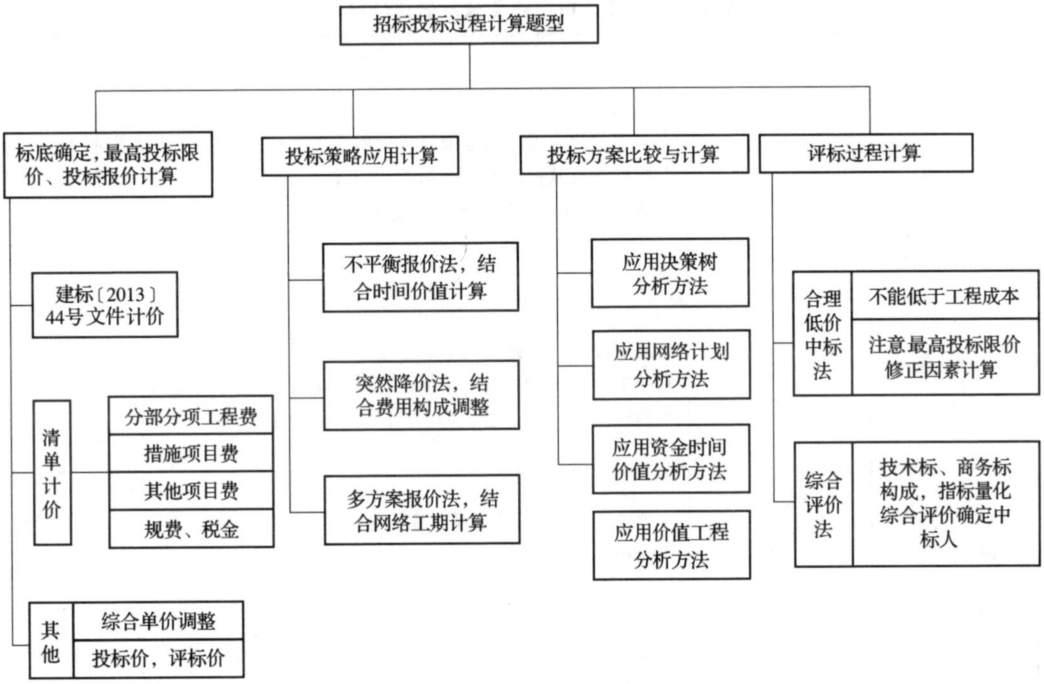

图 4-2　招标投标计算题型相关知识架构

经典题型剖析

案例五

某交通设施项目根据项目特点及相关要求，招标人自行组织公开招标。招标过程中出现了以下事件：

事件1：7月1日（星期一）发布资格预审公告。公告说明资格预审文件自7月2日起发售，资格预审申请文件于7月22日下午16：00之前递交至招标人处。某投标人因从外地赶来，7月8日（星期一）上午上班时间前来购买资格预审文件，被告知已经停售。

事件2：资格审查过程中，资格审查委员会发现某省路桥总公司提供的业绩证明材料部分是其下属第一工程有限公司业绩证明材料，且其下属的第一工程有限公司具有独立法人资格和相关资质。考虑到属于一个大单位，资格审查委员会认可了其下属公司业绩为其业绩。

事件3：投标邀请书向所有通过资格预审的申请单位发出，投标人在规定的时间内购买了招标文件。按照招标文件要求，投标人须在投标截止时间5日前递交投标保证金，因为项目较大，要求每个标段递交100万元投标保证金。

事件4：评标委员会在评标过程中，发现B单位投标报价远低于其他报价，评标委员会认定B单位报价过低，按照废标处理。

事件5：招标人根据评标委员会书面报告，确定各个标段排名第一的中标候选人为中标人，并按照要求发出中标通知书后，向有关部门提交招标投标情况的书面报告，同中标人签订合同并退还投标保证金。

该项目土建工程最高投标限价为8 800万元，期望工期为360天。甲、乙、丙、丁四个投标人初审合格，招标方采用综合评估法进行详细评审，主要评审要求与标准见表4-14，各投标单位投标报价情况见表4-15。

表4-14　详细评审指标要求及量化计算规定

量化指标	指标相对权重	计算方法	
工程报价（评分值工 x_1）	40%	规定投标人报价超过最高投标限价为废标，以最高投标限价的40%与投标人有效报价算术平均数60%的和为评标基准价；投标人报价与基准价的偏差率的绝对值超过5%为废标；报价评分值＝（1－|偏差率|）×100	
工期合理（评分值工 x_2）	10%	规定将招标方期望工期的90%定为投标工期时为100分，超过或低于期望工期10%的投标为废标；投标工期超过期望工期的10%以内扣分。工期评分值＝［（招标工期－投标工期）/招标工期］×1 000	
优质工程率（评分值 x_3）	35%	评分值＝（投标人上两年度优质工程竣工面积÷上两年度承包工程竣工面积）×100	
企业信誉（评分值 x_4）	15%	企业资质 x_{41}	特级20分，一级15分，二级及以下10分
		近两年荣誉称号 x_{42}	省部级30分，地市级25分，县级20分
		近两年工程质量奖	鲁班奖50分，省级奖40分，市级奖30分

表 4-15 各投标单位投标报价情况一览表

投标单位	工程报价/万元	投标工期/天	上两年度优良工程建筑面积/m^2	上两年度承建工程建筑面积/m^2	企业资质等级	上两年度获荣誉称号	上两年度获工程质量奖
甲	8 090	355	24 000	50 600	特级	地市级	鲁班奖
乙	8 610	365	46 000	60 090	二级	地市级	省级
丙	7 980	350	18 000	46 000	一级	县级	无
丁	8 240	340	21 500	73 060	一级	无	市级

问题：

1. 背景材料所涉及的事件中有哪些不妥当？逐一说明理由。

2. 事件 5 中，请详细说明招标人在确定中标人后应于何时做其后的这些工作？

3. 利用综合评估法确定中标人，写出计算过程。

答案：

问题 1：

事件 1～4 做法不妥当，分析如下：

事件 1 不妥当。《工程建设项目施工招标投标办法》第十五条规定，自招标公告或者资格预审文件出售之日起至停止出售之日止，最短不得少于五日。

事件 2 不妥当。《招标投标法》第二十五条规定，投标人是响应招标、参加投标竞争的法人或者其他组织。本案中，投标人或是以总公司法人的名义投标，或是以具有法人资格的子公司的名义投标。法人总公司或具有法人资格的子公司投标，只能以自己的名义、自己的资质、自己的业绩投标，不能相互借用资质和业绩。

事件 3 不妥当。《工程建设项目施工招标投标办法》第三十七条规定，投标保证金不得超过项目估算价的 2%。同时投标保证金从性质上属于投标文件，在投标截止时间前都可以递交。本案招标文件约定在投标截止时间 5 日前递交投标保证金不妥，其行为侵犯了投标人权益。

事件 4 不妥当。《评标委员会和评标方法暂行规定》第二十一条规定，在评标过程中，评标委员会发现投标人的报价明显低于其他投标报价或者在设有标底时明显低于标底，使得其投标报价可能低于其个别成本的，应当要求该投标人做出书面说明并提供相关证明材料。投标人不能合理说明或者不能提供相关证明材料的，由评标委员会认定该投标人以低于成本报价竞标，应当否决其投标。本案中，评标委员会判定 B 的投标为废标的程序存在问题。评标委员会应当要求 B 投标人做出书面说明并提供相关证明材料，仅当投标人 B 不能合理说明或者不能提供相关证明材料时，评标委员会才能认定该投标人以低于成本报价竞标，作废标处理。

问题 2：

招标人在确定中标人后，应完成以下工作：

(1) 依法必须进行招标的项目，招标人应当自收到评标报告之日起 3 日内公示中标候选人，公示期不得少于 3 日。

(2) 自确定中标人之日起 15 日内，向有关行政监督部门提交招标投标情况的书面报告。

(3) 自中标通知书发出之日起 30 日内，按照招标文件和中标人的投标文件，与中标人订立书面合同；招标文件要求中标人提交履约担保的，中标人应当在签订合同前提交，同时招标人向中标人提供工程款支付担保。

(4) 与中标人签订合同后 5 日内，向中标人和未中标的投标人退还投标保证金。

问题 3：

$$投标报价偏差率=\frac{投标人报价-评标基准价}{评标基准价}\times 100\%$$

评标基准价=8 800×40%+［(8 090+8 610+7 980+8 240）÷4］×60%=8 458（万元）

甲标偏差率=$\frac{8\ 090-8\ 458}{8\ 458}$×100%=−4.35%，同理，乙、丙，丁标偏差率分别为1.80%、−5.65%、−2.58%。

因为丙投标人报价偏差率为−5.65%，按规定应按废标处理。

投标报价评分值=（1−|偏差率|）×100，乙标得分值=（1−1.80%）×100=98.20（分），同理，甲、丁标报价得分应为95.65分、97.42分。

甲投标工期评分值=$\frac{360-355}{360}$×100=13.9（分），同理，乙、丁投标工期得分值为−13.9分和55.6分。

甲优质工程率评分值=$\frac{24\ 000}{50\ 600}$×100=47.4（分），同理，乙、丁优质工程率评分值为76.6分和29.4分。

表4-16 各投标人综合评分计算及名次表

投标人	工程报价	工期	优质工程率	企业信誉	总分	名次
	x_1×0.4	x_2×0.1	x_3×0.35	(x_{41}+x_{42}+x_{43})×0.15		
甲	95.65×0.4	13.9×0.1	47.4×0.35	(20+25+50)×0.15	70.49	2
乙	98.20×0.4	(−13.9)×0.1	76.6×0.35	(10+25+40)×0.15	75.95	1
丁	97.42×0.4	55.6×0.1	29.4×0.35	(15+0+30)×0.15	61.57	3

经计算，评标委员会推荐中标人的顺序为：投标人乙，投标人甲，投标人丁。

案例六

某建设项目经主管机构批准进行公开招标，分为Ⅰ、Ⅱ两个标段分别招标。建设单位委托招标代理机构编制了（Ⅰ）标段标底为800万元，招标文件要求（Ⅰ）标段总工期不得超过365天（按国家定额规定应为460天）。通过资格预审并参加投标的有A、B、C、D、E 5家施工单位。开标会议由招标代理机构主持，开标时5个投标人的最低报价为1 100万元。为了避免招标失败，业主提出休会，由招标代理机构重新复核和制定新的标底。招标代理机关复核后确认由于工作失误，对部分项目工程量漏算，致使标底偏低，修正错误后复会。招标代理机构重新确定了新的标底，A、B、C 3家投标人认为新的标底不合理，向招标人提出要求撤回投标文件，由于上述问题导致定标工作在原定投标有效期没有完成。评标时由于D的报价中包含了赶工措施费被认为是废标，最后确定E为中标人，但E提出由于公司资金调度原因，请招标方在签订合同同时退还投标保证金，为早日开工招标方同意了E的要求。

招标代理机构编制的（Ⅱ）标段标底为2 000万元，额定工期为20个月，招标文件对下列问题做了说明：

1. 项目公开招标采取资格后审方式。
2. 投标人应具有一级施工企业资质。
3. 评标时采用考虑其他因素的评标价为依据的最低标价法确定中标人。
4. 承包工程款按实际工程量计算，月终支付，招标人同意允许投标人提出的对工程款支付的具体要求。评标时计算投标报价按月终支付形式计算的等额支付现值与投标人具体支付方案现值的差值作为对招标方的支付优惠，在评标时予以考虑。施工后实际支付仍按投标人中标报价支付。

5. 中外联合体参加投标时，按有关规定，评标价为投标报价的93%。

6. 投标人报送施工方案中的施工工期比招标文件中规定工期提前1个月，可使招标方产生50万元超前效益，在其投标报价扣减超前效益后作为评标价。

7. 招标文件规定了施工技术方案的具体要求，并允许投标人结合企业技术水平、管理水平提出新的技术方案并报价。

G、H、I、J、K、L、M、N 8个投标人参加了投标，评标情况如表4-17所示。

表4-17　评标情况表

投标人	投标报价/万元	施工工期/月	其他情况
G	1 800	16	一级资质。投标报价文字数额为壹仟捌佰叁拾万元。按招标文件支付
H	2 050	18	中外联合体。中方资质一级，附有联合体协议。按招标文件支付
I	1 920	20	一级资质。支付条件为第3、6、9、12、15、18月共6次等额支付工程款，第20个月支取余值
J	2 010	15	一级资质。报价单中某分项工程报价错误400×1 500=48(万元)，按招标文件支付
K	1 600	22	一级资质。按招标文件支付
L	1 750	19	国内联合体。一级资质一个，三级资质两个。按招标文件支付
M	2 050	20	一级资质。投标截止期前报送补充施工方案，工期18个月，报价1 900万元。对原报价有效性未做说明
N	1 830	20	一级资质。拟将主体工程分包给T公司，此部分报价为T公司报价

问题：

1.（Ⅰ）标段招标工作存在着什么问题？撤标单位做法是否正确？招标失败可否另行招标，投标单位损失如何赔偿？

2. 确定（Ⅱ）标段8个投标人的投标文件的有效性，并说明理由。

3. 计算投标人I提出支付优惠条件的报价调整值（年折现率为12%，简化计算月折现率为1%，季折现率为3%）。

4. 列出有效投标人的评标价格计算表。

5. 确定中标人和中标价格。

答案：

问题1：

错误1：开标后重新确定标底，且未经行业监管机构批准。

错误 2：没有在投标有效期内完成定标工作，不符合招标投标法的相关规定。

错误 3：评标时确定 D 投标为废标，因为按照规定，当项目实际工期比定额工期减少 20%以上时，投标报价中允许包括赶工措施费。

错误 4：确定 E 为中标人并接受 E 提出提前归还投标保证金的要求是错误的。因为目前国内规定：招标人与中标人签订合同后 5 日内应当向中标和未中标的投标人退还投标保证金。

错误 5：A、B、C 三个投标人撤回投标文件的做法错误，因为投标是一种要约行为。当招标文件中内容（如标底）存在明显与所有投标人意向区别（如报价偏高或偏低时）可以重新招标。对投标人损失不予赔偿。

问题 2：

表 4-18 评标结论说明表

投标人	评标结论	理 由
K	废标	理由是实际工期为 22 个月超过招标文件中规定的 20 个月，即表示投标人在工期问题上与招标人要求矛盾，未做实质响应
L	废标	理由是联合体中包含三级资质企业，联合体资质评定为三级
M	废标	理由是多方案报价时投标人必须对新旧技术方案做出两种报价；投标截止期前递送补充文件合理，但应在补充文件中说明原投标文件的有效性
N	废标	理由是不能将工程主要部分分包，且报价非 N 本身报价
G	有效标	其报价应调整为 1 830 万元
H	有效标	其报价的 93%作为评标价，即扣除 2 050×7%=144.9（万元）
I	有效标	应计算报价优惠调整值
J	有效标	但其投标报价应调整，增加报价 12 万元，即 400×1 500=60（万元），60−48=12（万元）

经评标委员会符合性审查，K、L、M、N 投标为废标，不进行商务标报价评审。

问题 3：

按照 I 投标文件提出的支付方案计算其支付款现值。

投标人 I 每月平均支付工程款为 96 万元，根据其提出的支付条件现金流量图为：

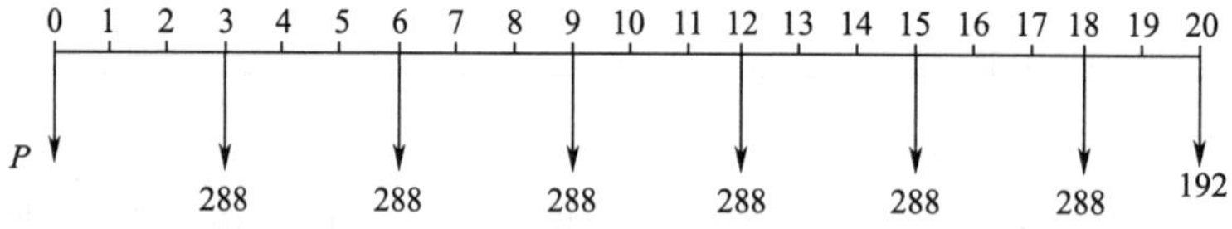

支付款现值 $=288\times[(1+3\%)^{-1}+(1+3\%)^{-2}+(1+3\%)^{-3}+(1+3\%)^{-4}+(1+3\%)^{-5}+(1+3\%)^{-6}]+192\times(1+1\%)^{-20}$

$=288\times(0.971+0.943+0.915+0.889+0.863+0.838)+192\times(0.820)$

$=1\,718.11$（万元）

I 报价按照招标文件规定的支付条件计算的支付款现值为：$96\times(P/A,190,20)=96\times\dfrac{(1+1\%)^{20}-1}{1\%\times(1+1\%)^{20}}=1\,731.15$（万元）

评标时扣减支付条件优惠值 $=1\,731.15-1\,718.11=13.04$（万元）

G、H、J 三个投标人提出按照招标文件规定的条件支付，不计算支付条件优惠值。

问题 4：

表 4-19　评标价格计算表　　单位：万元

序号	项目	投标人			
		G	H	I	J
1	投标报价	1 830	2 050	1 920	2 022
2	支付优惠	—	—	13.04	—
3	国内优惠	—	−143.5	—	—
4	工期超前收益	−200	−100	—	−250
5	评标价	1 630	1 806.5	1 906.96	1 772

问题 5：

按照评标价最低值确定中标人的规定，中标人为 G，中标价格为 1 830 万元。

案例七

某大型国有企业集团为进一步创新发展，对新区 A、B 两个 BOT 项目进行调研，收集两个项目投资、收益数据进行可行性研究。相关数据见表 4-20（初步拟定项目经营期均为 15 年）。

表 4-20　A、B 项目投资与收益数据表

项目名称	初始投资/万元	运营期每年收益/万元		
		1～5 年	6～10 年	11～15 年
A 项目	10 000	2 000	2 500	3 000
B 项目	7 000	1 500	2 000	2 500

基准折现率为 6%，资金时间价值系数见表 4-21。

表 4-21　资金时间价值系数表

n	5	10	15
$(P/F, 6\%, n)$	0.747 4	0.558 4	0.417 3
$(P/A, 6\%, n)$	4.212 3	7.360 1	9.712 2

问题：

1. 可行性研究过程中，对下列问题进行了计算，并选定意向项目。

（1）不考虑建设期的影响，分别列式计算 A、B 两个项目总收益的净现值。

（2）据估计：投 A 项目目标效益实现概率为 0.7，不实现费用损失 80 万元；投 B 项目目标效益实现概率为 0.65，不实现费用损失 100 万元。若投 B 项目目标效益实现并建成经营 5 年后，可以自行决定是否扩建，如果扩建，其扩建投资 4 000 万元，扩建后 B 项目每年运营收益增加 1 000 万元。

按以下步骤求解该问题：①计算 B 项目扩建后总收益的净现值；②将各方案总收益净现值和不实现费用损失作为损益值，绘制投标决策树；③判断 B 项目在 5 年后是否扩建？计算各机会点期望值，并作为投标决策。

（计算结果均保留两位小数）

2. 对选定项目采用工程清单公开招标方式，并委托具有相应资质的招标代理机构编制了招标文件，招标文件包括以下规定：①招标人设有最高投标限价和最低投标限价，高于最高投标限价或低于最低投标限价的投标人报价均按废标处理；②投标人应对工程量清单进行复核，招标人不对工程量清单的准确性和完整性负责；③招标人将在投标截止日后的 90 日内完成评标和公布中标候选人工作。

投标和评标过程中发生如下事件：

事件1：投标人A对工程量清单中某分项工程工程量的准确性有异议，并于投标截止时间15日前向招标人书面提出了澄清申请。

事件2：投标人B在投标截止时间前10分钟以书面形式通知招标人撤回已递交的投标文件，并要求招标人5日内退还已递交的投标保证金。

事件3：在评标过程中，投保人D主动对自己的投标文件向评标委员会提出了书面澄清、说明。

事件4：在评标过程中，评标委员会发现投标人E和投标人F的投标文件中载明的项目管理成员中有一人为同一人。

(1) 招标文件中，除了投标人须知、图纸、技术标准和要求、投标文件格式外，还应包括哪些内容?

(2) 分析招标代理机构编制的招标文件中①～③项规定是否妥当，并分别说明理由。

(3) 针对事件1和事件2，招标人应如何处理?

(4) 针对事件3和事件4，评标委员会应如何处理?

答案：

问题1：

(1) 各项目总收益净现值计算；

A项目：$PV_A=-10\ 000+2\ 000(P/A, 6\%, 5)+2\ 500(P/A, 6\%, 5)(P/F, 6\%, 5)+3\ 000(P/A, 6\%, 5)(P/F, 6\%, 10)$

$=-10\ 000+2\ 000\times4.212\ 3+2\ 500\times4.212\ 3\times0.747\ 4+3\ 000\times4.212\ 3\times0.558\ 4$

$=-10\ 000+8\ 424.60+7\ 870.68+7\ 056.44=13\ 351.73$（万元）

B项目：$PV_B=-7\ 000+1\ 500(P/A, 6\%, 5)+2\ 000(P/A, 6\%, 5)(P/F, 6\%, 5)+2\ 500(P/A, 6\%, 5)(P/F, 6\%, 10)$

$=-7\ 000+1\ 500\times4.212\ 3+2\ 000\times4.212\ 3\times0.747\ 4+2\ 500\times4.212\ 3\times0.558\ 4$

$=-7\ 000+6\ 318.45+6\ 296.55+5\ 880.37=11\ 495.37$（万元）

(2) 解答如下：

①B项目扩建后总收益净现值：

$PV'_B=11\ 495.37+[1\ 000(P/A, 6\%, 10)-4\ 000](P/F, 6\%, 5)$

$=11\ 495.37+(1\ 000\times7.360\ 1-4\ 000)\times0.747\ 4$

$=11\ 495.37+3\ 360.10\times0.747\ 4=14\ 006.71$（万元）

②绘制投标决策树：

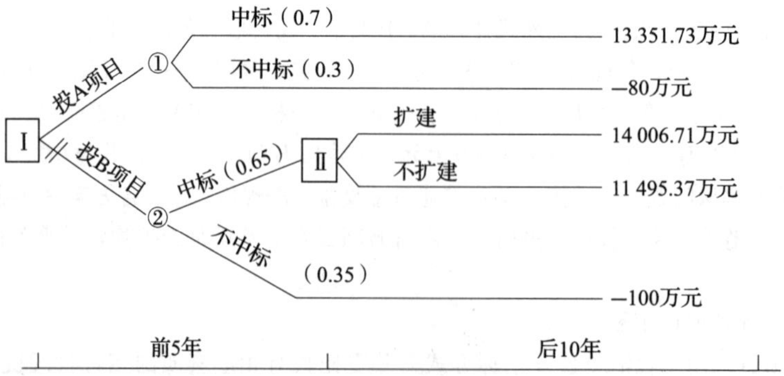

图4-3 决策树图

③5年后应该扩建。

计算各机会点期望值并做出投标决策：

点①：0.7×13 351.73+0.3×（−80）=9 322.20（万元）

点②：0.65×14 006.71+0.35×（−100）=9 069.36（万元）

所以应投 A 项目。

问题 2：

（1）招标文件还应当包括工程量清单、评标标准和方法、施工合同条款。

（2）招标代理机构编制的招标文件中：

①“招标人设有最高投标限价，高于最高投标限价的投标人报价按废标处理”妥当。《招标投标法实施条例》规定招标人可以设定最高投标限价，且根据《建设工程工程量清单计价规范》规定，国有资金投资建设项目必须编制招标控制价（最高投标限价），高于招标控制价（最高投标限价）的投标人报价按废标处理。

“招标人设有最低投标限价”不妥，《招标投标法实施条例》规定招标人不得规定最低投标限价。

②“投标人应对工程量清单进行复核”妥当，投标人复核招标人提供的工程量清单的准确性和完整性是投标人科学投标的基础。

“招标人不对工程量清单的准确性和完整性负责”不妥。根据《建设工程工程量清单计价规范》规定，工程量清单必须作为招标文件的组成部分，其准确性和完整性由招标人负责。

③“招标人将在投标截止日后的 90 日内完成评标和公布中标候选人工作”妥当，我国招标投标相关法规规定，招标人根据项目实际情况（规模、技术复杂程度等）合理确定评标时间，本题招标文件对评标和公布中标候选人工作时间的规定，并未违反相关限制性规定。

（3）针对事件 1，招标人应受理投标人 A 的书面澄清申请，并在复核工程量后做出书面回复，同时招标人应将书面回复送达所有投标人。

针对事件 2，招标人应允许投标人 B 撤回投标文件，并应在收到投标人书面撤回通知之日起 5 日内退还已收取的投标保证金。

（4）针对事件 3，评标委员会不得接受投标人 D 主动提出的澄清和说明。

针对事件 4，评标委员会应视同投标人 E 和投标人 F 相互串通投标，投标人 E 和投标人 F 的投标均按废标处理。

难 题 解 析

案例一

某国有资金投资建设项目，采用公开招标方式进行施工招标，业主委托具有相应招标代理和造价咨询资质的中介机构编制了招标文件和最高投标限价。

该项目招标文件包括如下规定：

（1）招标人不组织项目现场踏勘活动。

（2）投标人对招标文件有异议的，应当在投标截止时间 10 日前提出，否则招标人将拒绝回复。

（3）投标人报价时必须采用当地建设行政管理部门造价管理机构发布的计价定额中的分部分项工程的人工、材料、机械台班消耗量标准。

（4）招标人将聘请第三方造价咨询机构在开标后评标前开展清标活动。

（5）投标人报价低于最高投标限价幅度超过 30%的，投标人在评标时须向评标委员会说明报价较低的理由，并提供证据；投标人不能说明理由、提供证据的，将被认定为废标。

在项目的投标及评标过程中发生了以下事件：

事件1：投标人A为外地企业，对项目所在区域不熟悉，向招标人申请希望招标人安排一名工作人员陪同踏勘现场，招标人同意安排一位普通工作人员陪同投标人A踏勘现场。

事件2：清标发现，投标人A和投标人B的总价和所有分部分项工程综合单价均相差相同的比例。

事件3：通过市场调查，工程量清单中某材料暂估单价与市场调查价格有较大偏差，为规避风险，投标人C在投标报价计算相关分部分项工程项目综合单价时采用了该材料市场调查的实际价格。

事件4：评标委员会某成员认为投标人D与招标人曾经在多个项目上合作过，从有利于招标人的角度，建议优先选择投标人D为中标候选人。

问题：

1. 请逐一分析项目招标文件包括的（1）～（5）项规定是否妥当，并分别说明理由。
2. 事件1中，招标人的做法是否妥当？并说明理由。
3. 针对事件2，评标委员会应该如何处理？并说明理由。
4. 事件3中，投标人C的做法是否妥当？并说明理由。
5. 事件4中，该评标委员会成员的做法是否妥当？并说明理由。

［**解题要点**］本案例为项目招标、投标工作正确性识别简答的题型，是近年来造价工程师考试中招标、投标的典型题型。识别简答题命题要求以招标投标工作程序为主线，相关法规为依据，结合招标、投标工作实践命题。解题的关键是回答问题文字准确，用词得当，叙述要点完整。

答案：

问题1：

（1）“招标人不组织项目现场踏勘活动”妥当。根据《招标投标法》的规定，招标人根据招标项目的具体情况，可以组织潜在投标人踏勘项目现场。所以招标人可以自行决定是否组织现场踏勘。

（2）“投标人对招标文件有异议的，应当在投标截止时间10日前提出，否则招标人将拒绝回复”妥当。根据《招标投标法实施条例》，投标人对招标文件有异议的，应当在投标截止时间10日前提出。

（3）“投标人报价时必须采用当地建设行政管理部门造价管理机构发布的计价定额中的分部分项工程的人工、材料、机械台班消耗量标准”不妥。投标人可依据本企业定额、招标文件及其招标工程量清单自主确定报价成本。

（4）“招标人将聘请第三方造价咨询机构在开标后评标前开展清标活动”妥当。没有法律、法规、条例限制招标人这样做。招标人可聘请第三方造价咨询机构在开标后评标前开展清标活动以减少评标工作。

（5）“投标人报价低于最高投标限价幅度超过30%的，投标人在评标时须向评标委员会说明报价较低的理由，并提供证据；投标人不能说明理由、提供证据的，将被认定为废标”妥当。在评标过程中，评标委员会发现投标人的报价过低，使得其投标报价可能低于其个别成本的，应当要求该投标人做出书面说明并提供相关证明材料。投标人不能合理说明或者不能提供相关证明材料的，由评标委员会认定该投标人以低于成本报价竞标，其投标应作废标处理。

问题2：

不妥。招标人不得组织单个或者部分潜在投标人踏勘项目现场。

问题3：

废标。不同投标人的投标文件异常一致或者投标报价呈规律性差异，视为投标人相互串通投标。

问题4：

不妥。招标工程量清单中提供了暂估单价的材料和工程设备，按暂估的单价计入综合单价。

问题5：

不妥。评标委员会成员应当依照《招标投标法》和《招标投标法实施条例》的规定，按照招标文件规定的评标标准和方法，客观、公正地对投标文件提出评审意见。招标文件没有规定的评标标准和方法不得作为评标的依据。

案例二

国有资金投资依法必须公开招标的某建设项目，采用工程量清单计价方式进行施工招标，最高投标限价为 3 568 万元，其中暂列金额 280 万元。招标文件中规定：

（1）投标有效期 90 天，投标保证金有效期与其一致。

（2）投标报价不得低于企业平均成本。

（3）近三年施工完成或在建的合同价超过 2 000 万元的类似工程项目不少于 3 个。

（4）合同履行期间，综合单价在任何市场波动和政策变化下均不得调整。

（5）缺陷责任期为 3 年，期满后退还预留的质量保证金。

投标过程中，投标人 F 在开标前 1 小时口头告知招标人，撤回了已提交的投标文件，要求招标人 3 日内退还其投标保证金。

除 F 外还有 A、B、C、D、E 五个投标人参加了投标，其总报价（万元）分别为 3 489、3 470、3 358、3 209、3 542。评标过程中，评标委员会发现投标人 B 的暂列金额按 260 万元计取，且对招标清单中的材料暂估单价均下调 5%后计入报价；发现投标人 E 报价中混凝土梁的综合单价为 700 元/m^3，招标清单工程量为 520m^3，合价为 36 400 元。其他投标人的投标文件均符合要求。

招标文件中规定的评分标准如下：商务标中的总报价评分占 60 分，有效报价的算术平均数为评标基准价，报价等于评标基准价者得满分（60 分），在此基础上，报价比评标基准价每下降 1%，扣 1 分；每上升 1%，扣 2 分。

问题：

1. 请逐一分析招标文件中规定的（1）～（5）项内容是否妥当，并对不妥之处分别说明理由。
2. 请指出投标人 F 行为的不妥之处，并说明理由。
3. 针对投标人 B、投标人 E 的报价，评标委员会应分别如何处理？并说明理由。
4. 计算各有效报价投标人的总报价得分。

（计算结果保留两位小数）

[解题要点] 招标投标工作的识别、简答题型是案例分析考试的典型题型。其内容包括：程序识别、相关规定识别、事件正误识别、投标策略识别、相关文件识别以及报价得分的计算。读者在解题过程中要首先熟悉《招标投标法实施条例》等法规中的相关规定，细心阅读表述中的关键语句，才能得到正确的答案。

答案：

问题 1：

（1）妥当。

（2）不妥。根据招标投标法律法规的相关规定，投标报价不得低于投标企业的成本，但并不是企业的平均成本。

（3）妥当。

（4）不妥。根据清单计价规范的规定，因国家法律、法规、规章和政策发生变化影响合同价款的风险，发承包双方应在合同中约定由发包人承担。市场价格波动应在合同中约定分担的原则，在合同中不应约定所有风险、一切风险等类似语句。

（5）不妥。缺陷责任期最长为 24 个月，不是 3 年。期限届满后，扣除承包人未履行缺陷修复责任而支付的费用后，剩余的质量保证金应返还承包人。

问题 2：

（1）投标人 F 在开标前 1 小时口头告知招标人不妥。

理由：投标人 F 在开标前撤回投标文件，应在投标截止期前书面通知招标人。

（2）要求招标人 3 日内退还其投标保证金不妥。

理由：依据《中华人民共和国招标投标法实施条例》第 35 条规定，投标人撤标的，招标人应在收到投标人书面撤回通知之日起的 5 日内向所有投标人退还投标保证金。

问题 3：

（1）针对投标人 B 的报价，评标委员会应作废标处理。

理由：投标人 B 的投标报价中，暂列金额应填入其他项目清单计入投标报价总价，材料暂估价应计入分部分项工程量清单综合单价中。没有按照招标文件的要求填写，未在实质上响应招标文件，故应作废标处理。

（2）针对投标人 E 的报价，评标委员会应作废标处理。

理由：投标人 E 的混凝土梁的报价中，单价与总价不符，以单价为准修正总价，则混凝土梁的总价＝700×520＝36.4（万元），投标人 E 经修正后的报价＝3 542＋（36.4－3.64）＝3 574.76（万元），高于最高投标限价 3 568 万元，故应做废标处理。

问题 4：

有效投标共 3 家单位：投标人 A、投标人 C 和投标人 D。

有效报价算数平均数＝（3 489＋3 358＋3 209）/3＝3 352（万元）

A 投标人得分＝60－（3 489－3 352）/3 352×200＝51.83

C 投标人得分＝60－（3 358－3 352）/3 352×200＝59.64

D 投标人得分＝60－（3 352－3 209）/3 352×100＝55.73

第五章　工程合同价款管理

考纲要求

1. 工程合同价款的约定与调整起因；
2. 工程合同争议的处理；
3. 工程变更的处理；
4. 工程现场签证的处理；
5. 工程索赔的内容与分类；
6. 工程索赔成立的条件与证据；
7. 工程索赔程序；
8. 工程索赔的文件组成；
9. 工程索赔的计算。

表 5-1　第五章历年试题结构分析

年份	合同条款与管理	责任分析				网络技术分析与应用	备　注
		发包人责任	承包人责任	不可抗力	其他		
2010	清单项目特征不符，土方工程量实测有误	甲方调整施工范围		台风、暴雨出现责任分析	造价管理部门调整单价		依据《清单计价规范》《标准施工招标文件》《FIDIC合同》判别责任
2011		设计方案调整、增加工程量	劳动力供应不足			双代号图确定工期、关键路线、TF、多工序共用设备调图、确定实际工期	赶工奖励处理、工期优化计算、工期补偿、费用索赔（清单计价）
2012		甲方方案延误	施工机械故障	不可抗力事件发生责任分析		双代号图确定工期、关键路线、TF计算实际工期、赶工工期	赶工措施费处理增量、窝工费用处理（清单计价）
2013	清单计价、合同价款形成	设计变更增加新工作、施工图修改			物价上涨费用调整计算	双代号图确定工期、实际工期，多工序共用设备调图	管理费调整计算
2014		甲方提供现场条件不充分、供电中断	脚手架倾倒			双代号时标图、工期确定，TF计算标示实际进度前锋线、分析偏差	多方责任事件搭接发生关联责任分析工期索赔、费用索赔
2015	分包合同约定	甲供备件不全	承包人工作影响分包方工作	特大暴雨责任分析		双代号图确定工期、关键路线，TF、事件发生后实际工期	多单位同场作业、干扰影响、乙方赶工措施费处理、脚手架费用处理

续表 5-1

年份	合同条款与管理	责任分析				网络技术分析与应用	备注
		发包人责任	承包人责任	不可抗力	其他		
2016	清单计价相关规定	地质资料不妥、甲供备件质量	隐蔽工程质量问题、施工单位干扰			双代号图确定工期、实际工期、TF、实际施工时间	甲、乙两施工单位干扰责任分析处理工期补偿、费用补偿
2017	新增综合单价的确定	甲方地质报告不妥增加新工作		山洪暴发事件处理		双代号图确定工期、实际工期赶工采用流水施工确定新工期	赶工奖励计算、工期补偿、费用索赔
2018	清单计价、合同价款形成、综合单价调整、现场签证	地质资料不符、甲供构件提前进场			设计变更、工程量增加索赔费用计算	双代号网络图工期及关键线路的确定与调整	砖砌废井拆除工程量、工程费用计算
2019	综合单价调整、暂估价材料采购方式正确性的判断	变压器增容推迟开工			设计变更	双代号网络图工期及关键线路的确定与调整、等节奏流水施工图的绘制	工期补偿、费用索赔时效性的判断
2020	暂估材料单价上涨引起的合同价款的调整	发现地下文物	为了保证质量，扩大地基夯实范围		设计变更工程量增加索赔费用计算	双代号网络图的绘制，实际工期及共用机械的最短闲置时间计算	工期补偿、费用索赔
2021	工程价款计算		未通知监理人到场检查，私自将工程隐蔽部分覆盖		设计变更	双代号网络图的绘制	工期补偿、费用索赔计算、压缩工期可以获得的收益
2022					修改和优化设计方案	实际工期的计算	工期补偿、费用索赔计算、压缩工期可以获得的收益
2023			分包单位工程质量问题整改返工		设计变更、工程量增加索赔费用计算	组织流水施工后实际工期的计算	工期补偿、费用索赔计算、压缩工期可以获得的收益

考点与题型详解

考点一：建设项目施工合同管理

考核要求	此部分命题内容与《中华人民共和国民法典》（合同编）、《建设工程工程量清单计价规范》GB 50500—2013、《建设工程施工合同（示范文本）》（GF－2017－0201）、《中华人民共和国标准施工招标文件》《FIDIC 合同条件》的相关规定有关。合同管理内容考核一般以识别、简答判断和分析的形式出现。解题中学员应注意试题背景材料中给出的合同形式和工程背景内容。要求学员识别采用正确的合同类型，对不合理的条款与规定进行判断、分析修正。工程索赔时要利用合同条款和相关规定，根据施工承包过程中发生的具体事件，确定项目各参与方在工程实践过程中的责任与作用，确定涉及范围和应保留的权利

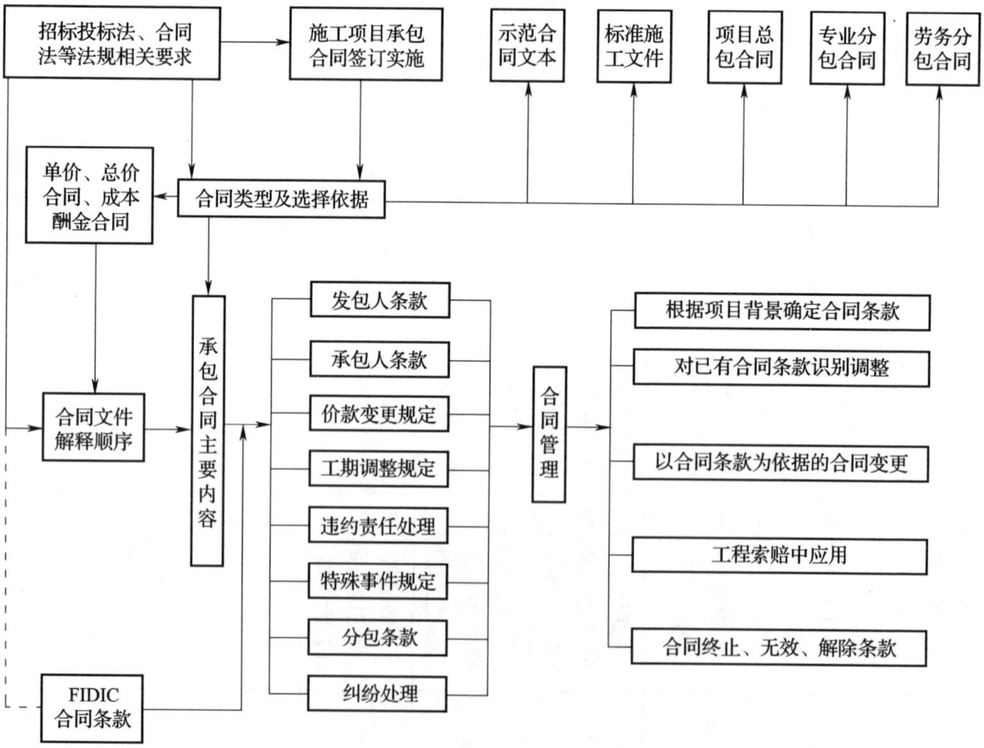

图 5-1 建设项目施工合同管理知识架构图

知识要点集成

一、合同文件的构成及施工合同相关条款

表 5-2　合同文件与施工合同条款

主要内容	
合同文件	组成合同的各项文件应互相解释，互为说明。除专用合同条款另有约定外，解释合同文件的优先顺序如下： （1）合同协议书； （2）中标通知书（如果有）； （3）投标函及其附录（如果有）； （4）专用合同条款及其附件； （5）通用合同条款； （6）技术标准和要求； （7）图纸； （8）已标价工程量清单或预算书； （9）其他合同文件。 上述各项合同文件包括合同当事人就该项合同文件所作出的补充和修改，属于同一类内容的文件，应以最新签署的为准。 在合同订立及履行过程中形成的与合同有关的文件均构成合同文件组成部分，并根据其性质确定优先解释顺序
发包人条款	发包人应按照专用合同条款约定的期限、数量和内容向承包人免费提供图纸，并组织承包人、监理人和设计人进行图纸会审和设计交底。发包人至迟不得晚于开工通知载明的开工日期前 14 天向承包人提供图纸。应在计划开工日期 7 天前向承包人发出开工通知。 除专用合同条款另有约定外，发包人应负责提供施工所需要的条件，包括： （1）将施工用水、电力、通信线路等施工所必需的条件接至施工现场内； （2）保证向承包人提供正常施工所需要的进入施工现场的交通条件； （3）协调处理施工现场周围地下管线和邻近建筑物、构筑物、古树名木的保护工作，并承担相关费用； （4）按照专用合同条款约定应提供的其他设施和条件； （5）办理施工许可证和其他法律、法规规定的申请批准手续和施工需要的有关证件，组织承包人和设计单位进行图纸会审和设计交底，协调处理现场设施保护、环境保护、文物保护工作，并承担有关费用； （6）承包人按合同约定完成施工任务后，发包人负责组织竣工验收，支付工程进度款和竣工结算款
发包人违约责任	在合同履行过程中发生的下列情形，属于发包人违约： （1）因发包人原因未能在计划开工日期前 7 天内下达开工通知的； （2）因发包人原因未能按合同约定支付合同价款的； （3）发包人违反变更的范围约定，自行实施被取消的工作或转由他人实施的； （4）发包人提供的材料、工程设备的规格、数量或质量不符合合同约定，或因发包人原因导致交货日期延误或交货地点变更等情况的；

续表 5-2

主要内容	
发包人违约责任	(5) 因发包人违反合同约定造成暂停施工的； (6) 发包人无正当理由没有在约定期限内发出复工指示，导致承包人无法复工的； (7) 发包人明确表示或者以其行为表明不履行合同主要义务的； (8) 发包人未能按照合同约定履行其他义务的。 发包人发生违约情况时，承包人可向发包人发出通知，要求发包人采取有效措施纠正违约行为。发包人收到承包人通知后 28 天内仍不纠正违约行为的，承包人有权暂停相应部位工程施工，并通知监理人。 发包人应承担因其违约给承包人增加的费用和（或）延误的工期，并支付承包人合理的利润。此外，合同当事人可在专用合同条款中另行约定发包人违约责任的承担方式和计算方法
承包人条款	根据发包人委托，在其资质允许的条件下，按合同约定完成施工图设计、工程配套设计，负责临时设施的设计、建造、维护、管理、拆除，发生费用由发包人承担。 按工程需要提供和维修施工使用的照明、围栏设施，并负责安全保卫工作。遵守有关部门对施工场地交通、施工噪声以及环境保护和安全生产管理的规定，避免对公众与他人利益的损害。按专用条款的约定做好施工现场、地下管线和邻近建筑物、古树名木、文物建筑的保护工作。按专用条款约定，向发包方提供现场办公和生活用户及设施，发生费用由发包人承担。向工程师提供年、季、月工程进度计划及相关统计报表。 已竣工工程未交付之前，应负责已完工程成品保护工作，保护期发生损坏，由承包方自费修复。承包人应对施工作业和施工方法的完备性负责和安全可靠性负责，编制施工组织设计和施工措施计划。承包人组成联合体时应共同与发包人签订合同协议，各方应为履行合同承担连带责任，要确定牵头人，负责与发包方、监理方联系，并接受指示
承包人违约责任	在合同履行过程中发生的下列情形，属于承包人违约： (1) 承包人违反合同约定进行转包或违法分包的； (2) 承包人违反合同约定采购和使用不合格的材料和工程设备的； (3) 因承包人原因导致工程质量不符合合同要求的； (4) 承包人违反材料与设备专用要求的约定，未经批准，私自将已按照合同约定进入施工现场的材料或设备撤离施工现场的； (5) 承包人未能按施工进度计划及时完成合同约定的工作，造成工期延误的； (6) 承包人在缺陷责任期及保修期内，未能在合理期限对工程缺陷进行修复，或拒绝按发包人要求进行修复的； (7) 承包人明确表示或者以其行为表明不履行合同主要义务的； (8) 承包人未能按照合同约定履行其他义务的。 承包人发生违约情况时，监理人可向承包人发出整改通知，要求其在指定的期限内改正。 承包人应承担因其违约行为而增加的费用和（或）延误的工期。此外，合同当事人可在专用合同条款中另行约定承包人违约责任的承担方式和计算方法
工期条款	施工合同工期应包括开工日期、竣工日期、实际日历天数（计算时包括法定节假日在内）。 承包人按协议书约定的开工日期不能按时开工的，应在不迟于协议书约定的开工日期前 7 天，以书面形式向工程师提出延期开工的理由和要求。工程师在接到延期开工申请后的 48 小时内以书面形式答复承包人。因发包人原因未按计划开工日期开工的，发包人应按实际开工日期顺延竣工日期。

续表 5-2

主要内容	
工期条款	承包人应当按照合同约定完成工程施工，在合同履行过程中，因下列情况导致工期延误和（或）费用增加的，由发包人承担由此延误的工期和（或）增加的费用，且发包人应支付承包人合理的利润： （1）发包人未能按合同约定提供图纸或所提供图纸不符合合同约定的； （2）发包人未能按合同约定提供施工现场、施工条件、基础资料、许可、批准等开工条件的； （3）发包人提供的测量基准点、基准线和水准点及其书面资料存在错误或疏漏的； （4）发包人未能在计划开工日期之日起 7 天内同意下达开工通知的； （5）发包人未能按合同约定日期支付工程预付款、进度款或竣工结算款的； （6）监理人未按合同约定发出指示、批准等文件的； （7）专用合同条款中约定的其他情形。 工程经竣工验收合格的，以承包人提交竣工验收申请报告之日为实际竣工日期，并在工程接收证书中载明；因发包人原因，未在监理人收到承包人提交的竣工验收申请报告 42 天内完成竣工验收，或完成竣工验收不予签发工程接收证书的，以提交竣工验收申请报告的日期为实际竣工日期；工程未经竣工验收，发包人擅自使用的，以转移占有工程之日为实际竣工日期。 发包人要求承包人提前竣工，或承包人提出提前竣工的建议能够给发包人带来效益的，合同当事人可以在专用合同条款中约定提前竣工的奖励。 施工进度计划不符合合同要求或与工程的实际进度不一致的，承包人应向监理人提交修订的施工进度计划，并附具有关措施和相关资料，发包人和监理人对承包人提交的修订的施工进度计划的确认（7 天内完成），不能减轻或免除承包人根据法律规定和合同约定应承担的任何责任或义务。 承包人认为提前竣工指示无法执行的，应向监理人和发包人提出书面异议，发包人和监理人应在收到异议后 7 天内予以答复。任何情况下，发包人不得压缩合理工期。因紧急情况需暂停施工，承包人可先暂停施工，监理人应在接到通知 24 小时内发出指示确认。 因发包人原因引起的暂停施工，发包人应承担由此增加的费用和（或）延误的工期，并支付承包人合理的利润。 因承包人原因造成工期延误的，可以在专用合同条款中约定逾期竣工违约金的计算方法和逾期竣工违约金的上限。承包人支付逾期竣工违约金后，不免除承包人继续完成工程及修补缺陷的义务
质量条款	工程质量标准必须符合现行国家有关工程施工质量验收规范和标准的要求（强制性）。有关工程质量的特殊标准或要求由合同当事人在专用合同条款中约定。 因发包人原因造成工程质量未达到合同约定标准的，由发包人承担由此增加的费用和（或）延误的工期，并支付承包人合理的利润。 工程隐蔽部位经承包人自检确认具备覆盖条件的，承包人应在共同检查前 48 小时书面通知监理人检查。承包人覆盖工程隐蔽部位后，发包人或监理人对质量有疑问的，可要求承包人对已覆盖的部位进行钻孔探测或揭开重新检查，承包人应遵照执行，并在检查后重新覆盖恢复原状。经检查证明工程质量符合合同要求的，由发包人承担由此增加的费用和（或）延误的工期，并支付承包人合理的利润；经检查证明工程质量不符合合同要求的，由此增加的费用和（或）延误的工期由承包人承担。

续表 5-2

主要内容	
质量条款	承包人未通知监理人到场检查，私自将工程隐蔽部分覆盖的，监理人有权指示承包人钻孔探测或揭开检查，无论工程隐蔽部位质量是否合格，由此增加的费用和（或）延误的工期均由承包人承担。 发包人自行供应材料、工程设备的，应在签订合同时在专用合同条款的附件《发包人供应材料设备一览表》中明确材料、工程设备的品种、规格、型号、数量、单价、质量等。 承包人应提前30天通过监理人以书面形式通知发包人供应材料与工程设备进场。 承包人负责采购材料、工程设备的，应按照设计和有关标准要求采购，并提供产品合格证明及出厂证明，对材料、工程设备质量负责。合同约定由承包人采购的材料、工程设备，发包人不得指定生产厂家或供应商，发包人违反约定指定生产厂家或供应商的，承包人有权拒绝，并由发包人承担相应责任
备注	正常使用条件下，建设工程最低保修期限为： 基础设施工程、房屋建筑工程的地基基础和主体结构工程，为设计文件规定的该工程的合理使用年限； 屋面防水工程、有防水要求的卫生间、房屋和外墙面的防渗漏为5年； 供热与供冷系统2个采暖期、供冷期，电气管线、给排水管道、设备安装和装修工程为2年
工程分包	承包人不得将其承包的全部工程转包给第三人，或将其承包的全部工程肢解后以分包的名义转包给第三人。承包人不得将工程主体结构，关键性工作及专用合同条款中禁止分包的专业工程分包给第三人，主体结构、关键性工作的范围由合同当事人按照法律规定在专用合同条款中予以明确。 承包人应按专用合同条款的约定进行分包，确定分包人。承包人应确保分包人具有相应的资质和能力。工程分包不减轻或免除承包人的责任和义务，承包人和分包人就分包工程向发包人承担连带责任。除合同另有约定外，承包人应在分包合同签订后7天内向发包人和监理人提交分包合同副本
不可抗力处理	不可抗力引起的后果及造成的损失由合同当事人按照法律规定及合同约定各自承担。不可抗力发生前已完成的工程应当按照合同约定进行支付。 《建设项目工程总承包合同（示范文本）》（GF－2020－0216）中通用合同条件第17.4款不可抗力后果的承担约定，不可抗力导致的人员伤亡、财产损失、费用增加和（或）工期延误等后果，由合同当事人按以下原则承担： （1）永久工程，包括已运至施工现场的材料和工程设备的损害，以及因工程损害造成的第三人人员伤亡和财产损失由发包人承担； （2）承包人提供的施工设备的损坏由承包人承担； （3）发包人和承包人各自承担其人员伤亡及其他财产损失； （4）因不可抗力影响承包人履行合同约定的义务，已经引起或将引起工期延误的，应当顺延工期，由此导致承包人停工的费用损失由发包人和承包人合理分担，停工期间必须支付的现场必要的工人工资由发包人承担； （5）因不可抗力引起或将引起工期延误，发包人指示赶工的，由此增加的赶工费用由发包人承担； （6）承包人在停工期间按照工程师或发包人要求照管、清理和修复工程的费用由发包人承担

续表 5-2

主 要 内 容	
计价风险	建设工程承包必须在招标文件、合同中明确计价中的风险内容及其范围，不得采取无限风险、所有风险或类似语句规定计价中的风险内容及范围。在工程建设施工发承包中实行风险共担和合理分摊的原则。 承包人应完全承担的风险是技术风险和管理风险（管理费和利润），应有限度地承担市场风险（材料价格、施工机械使用费等）；应完全不承担的是法律、法规、规章和政策变化的风险。省级主管部门发布的人工费调整和政府定价（或政府指导价）管理的原材料价格调整影响合同价款调整的，应由发包人承担。由于市场物价波动影响合同价款的，应由发承包双方合理分摊（材料价格的风险宜控制在 5%以内，施工机械使用费的风险可控制在 10%以内，超过者予以调整）。由于承包人使用机械设备、施工技术以及组织管理水平等自身原因造成施工费用增加的，应由承包人全部承担。 不可抗力发生，影响合同价款的，应采取合理分摊原则处理（见前述）

二、工程变更

表 5-3　工程变更

主 要 内 容	
变更的范围	1. 增加或减少合同中任何工作，或追加额外的工作； 2. 取消合同中任何工作，但转由他人实施的工作除外； 3. 改变合同中任何工作的质量标准或其他特性； 4. 改变工程的基线、标高、位置和尺寸； 5. 改变工程的时间安排或实施顺序
工程变更工期的申请	工程变更发生后，承包人应在 14 天内提出工期及费用的增加。工程变更引起的工期增加，如超过了该工作的总时差，超出部分可向发包人申请工期的顺延
变更价款调整方法	因工程变更引起已标价工程量清单项目或其工程数量发生变化时，应按照下列规定调整： （1）已标价工程量清单中有适用于变更工程项目的，应采用该项目的单价；但当工程变更导致该清单项目的工程数量发生变化，且工程量偏差超过 15%时，可进行调整。当工程量增加 15%以上时，增加部分的工程量的综合单价应予调低；当工程量减少 15%以上时，减少后剩余部分的工程量的综合单价应予调高。 （2）已标价工程量清单中没有适用但有类似于变更工程项目的，可在合理范围内参照类似项目的单价。 （3）已标价工程量清单中没有适用也没有类似于变更工程项目的，应由承包人根据变更工程资料、计量规则和计价办法、工程造价管理机构发布的信息价格和承包人报价浮动率提出变更工程项目的单价，并应报发包人确认后调整。 其中： 招标工程报价浮动率 $L=$（1－中标价/最高投标限价）×100%

续表 5-3

主 要 内 容	
变更价款 调整方法	非招标工程承包人报价浮动率 $L=$（1－报价值/施工图预算）×100% （4）已标价工程量清单中没有适用也没有类似于变更工程项目，且工程造价管理机构发布的信息（参考）价格缺少价格的，由承包人根据变更工程资料、计量规则、计价办法和通过市场调查等有合法依据的市场价格提出变更工程项目的单价或总价，报发包人确认后调整。 （5）工程变更引起施工方案改变，并使措施项目发生变化的，一般安全文明施工费可按实际发生变化的费用进行调整；单价措施费应按上述（1）～（4）的原则进行调整；按总价计算的措施项目费，按照实际发生变化的措施项目调整，但应考虑承包人报价浮动因素，即调整金额按照实际调整金额乘以承包人报价浮动率计算。 （6）当发包人提出的工期变更因非承包人原因删减了合同中的某项原定工作或工程，致使承包人发生的费用或（和）得到的收益不能被包括在其他已支付或应支付的项目中，也未被包含在任何替代的工作或工程中时，承包人有权提出并应得到合理的费用及利润补偿

经典题型剖析

案例一

某建设工程项目，发承包双方签订了工程施工合同。施工过程中发生如下事件：

事件 1：发包人提供的建筑材料经承包人清点入库，在专业监理工程师的见证下进行了检验，检验结果合格。其后，承包人要求发包人支付建筑材料的保管费和检验费，由于建筑材料需要进行二次搬运，发包人还应支付该批材料的二次搬运费。

事件 2：工程按期进入安装调试阶段后，由于雷电引发了一场火灾。火灾结束后 48 小时内，承包人向项目监理机构通报了火灾损失情况：工程本身损失 150 万元；总价值 100 万元的待安装设备彻底报废；承包人人员烧伤所需医疗费及补偿费预计 15 万元；租赁的施工设备损坏赔偿 10 万元；其他单位临时停放在现场的一辆价值 25 万元的汽车被烧毁。另外，大火扑灭后承包人停工 5 天，造成其他施工机械闲置损失 2 万元以及必要的管理保卫人员费用支出 1 万元，并预计工程所需清理、修复费用 200 万元。损失情况经项目监理机构审核属实。

项目配套道路工程施工过程中，又发生了如下事件：

事件 3：施工期间，承包方发现施工图纸有误，需设计单位进行修改，由于图纸修改造成停工 20 天。承包方提出工期延期 20 天与费用补偿 2 万元的要求。

事件 4：施工期间因下雨，为保证路基工程填筑质量，业主代表下达了暂停施工指令，共停工 10 天，其中连续 4 天出现低于工程所在地雨季平均降雨量的雨天气候和连续 6 天出现 50 年一遇特大暴雨。承包方提出工程延期 10 天与费用补偿 2 万元的要求，并要求发包人承担应其要求承包人保卫现场人员工资 1 万元。

事件 5：施工过程中，现场周围居民称承包方施工噪声对他们有干扰，阻止承包方的混凝土浇筑工作，影响了施工。承包方提出工期延期 5 天与费用补偿 1 万元的要求。

事件 6：由于业主要求，在原设计中的一座互通式立交桥设计长度增加了 5m，业主代表向承包方下达了变更指令，承包方收到变更批令后及时向该桥的分包商发出了变更通知。分包单位及时向承包方提出了索赔报告，报告内容包括：①由于增加立交桥长度，需增加费用 20 万元和分包合同工期延期 30 天的索赔；②此设计变更前因承包方使用而未按分包合同约定提供施工场地，导致工程材料到场二次倒运增加的费用 1 万元和分包合同工期延期 10 天的索赔。

承包方以已向分包单位支付索赔款 21 万元的凭证为索赔证据，向业主方提出要求补偿该笔费用 21 万元和延长工期 40 天的要求。

事件 7：由于某路段路基基底是淤泥，根据设计文件要求，需进行换填。在招标文件中已提供了地质技术资料。承包方原计划使用隧道出碴作为填料换填，但施工中发现隧道出碴级配不符合设计要求，需要进一步破碎以达到级配要求，承包方认为施工费用高出合同单价，如仍按原价支付不合理，需另行给予延期 20 天与费用补偿 20 万元的要求。

问题：

1. 分析施工过程中发生的事件 1、事件 2 的责任方，并说明理由，另对事件发生的相关费用如何分担加以说明。

2. 列表说明事件 3～事件 7 索赔事件的处理结果。

答案：

问题 1：

事件 1：

（1）施工单位提出建设单位应支付建筑材料的保管费的要求合理。

理由：《建设工程施工合同（示范文本）》（GF－2017－0201）规定，发包人供应的材料设备经双方共同清点接收后，由承包人妥善保管，发包人支付相应的保管费用。

（2）施工单位提出建设单位应支付建筑材料检验费的要求合理。

理由：《建设工程施工合同（示范文本）》（GF－2017－0201）规定，发包人供应的材料设备进入施工现场后需要在使用前检验或者试验的，由承包人负责检查试验，费用由发包人负责。

（3）施工单位提出建设单位应支付该批材料的二次搬运费的要求不合理。

理由：二次搬运费已包含在措施费一项中，故无须再次支付。

事件 2：

（1）火灾由雷电引起，故属于不可抗力。

（2）建设单位应承担的损失或费用包括：①工程本身的损失 150 万元；②待安装设备报废损失 100 万元；③其他单位临时停放在现场的汽车被烧毁，损失 25 万元；④管理保卫人员费用支出 1 万元；⑤工程所需清理、修复费用 200 万元。

（3）施工单位应承担的损失或费用包括：①施工单位人员烧伤所需医疗费及补偿费 15 万元；②租赁的施工设备损坏赔偿 10 万元。

问题 2：

表 5-4　道路工程索赔事件处理表

事件	责　　任	费用索赔	工期索赔
3	非承包责任，设计变更	2 万元	20 天
4	特大暴雨为不可抗力事件，而季节性降雨是一个有经验的承包商可以预见的	1 万元	6 天
5	承包方责任	—	—
6	设计变更	20 万元	30 天
	承包方责任（包括材料倒运费）	—	—

续表 5-4

事件	责任	费用索赔	工期索赔
7	投标前，投标人应进行现场踏勘，对于施工现场充分了解，是承包方的责任	—	—
合计		23 万元	56 天

案例二

某环保工程项目，发承包双方签订了工程施工合同。合同约定：管理费和利润为人材机费用之和的 18%，规费和税金为人材机费用与管理费和利润之和的 10%；人工工资标准为 80 元/工日，窝工补偿标准为 50 元/工日，施工机械窝工闲置台班补偿标准为正常台班费的 60%，人工窝工和机械窝工闲置不计取管理费和利润；工期为 38 天，每提前（或拖后）1 天奖励（或罚款）6 000 元（含税费）。承包人按时提交了施工方案和施工网络进度计划（如图 5-2 所示），并得到发包人的批准。

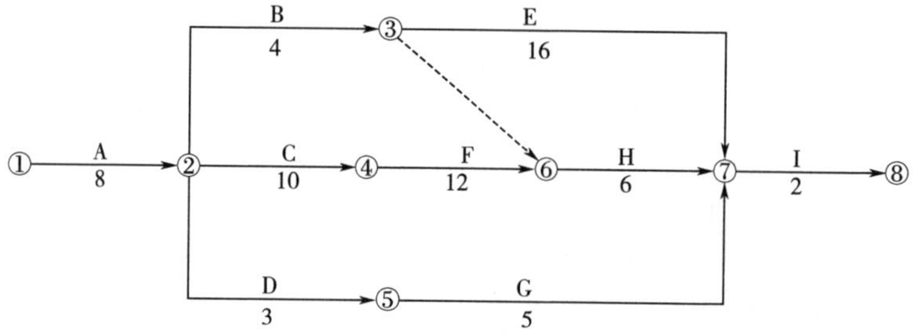

图 5-2 某工程施工网络进度计划（单位：天）

实际施工过程中发生了如下事件：

事件 1：A 分项工程施工至第 3 天后，发现局部有软弱下卧层，按发包人指示，承包人配合地质复查，配合用工为 10 个工日。地质复查后，根据经发包人批准的地基处理方案，增加人材机费用 4 万元，因地基复查和处理使 A 分项工程作业时间延长 3 天，人工窝工 15 个工日。

事件 2：在 B 分项工程施工时，因原设计尺寸不当，发包人要求拆除已施工的基础，重新定位施工。由此造成增加用工 30 个工日，材料费 1.2 万元，机械台班费 3 000 元，B 分项工程作业时间拖延 2 天。

事件 3：在 C 分项工程施工中，因施工机械故障，造成工人窝工 8 个工日，该项工作作业时间延长 2 天。

事件 4：在 F 分项工程施工基本结束时，发包人对某个部位电气暗管的敷设位置有异议，要求承包人进行剥漏检查。检查结果为该部位的偏差超出了规范允许范围，承包人根据发包人的要求进行返工处理，合格后发包人予以签字验收。该项返工及覆盖用工 20 个工日，材料费为 1 000 元。因该项电气暗管的重新检验和返工处理使 H 分项工程的开始作业时间推迟了 1 天。

事件 5：经发包人同意，承包人在 H 分项工程作业过程中采取了加快施工的技术组织措施，使该项工作作业时间缩短 2 天，该项技术组织措施人材机费用为 6 000 元。

其余各项工作实际作业时间和费用均与原计划相符。

问题：

1. 在上述事件中，承包人均及时向发包人提出工期延期和费用索赔。承包人提出的工期延期和费用索赔是否成立？并说明理由。如果成立，承包人应获得的工期延期为多少天？费用索赔额为多少元？

2. 该工程的实际施工天数为多少天？可得到的工期补偿为多少天？工期奖励（或罚款）金额为多少元？

答案：

问题 1：

(1) 事件 1 承包人提出的工期延期和费用索赔成立。

理由：不利的物质条件属于发包人应承担的责任，且该项工作位于关键线路上。

(2) 事件 2 承包人提出的费用索赔成立，工期延期要求不成立。

理由：设计变化是发包人的责任，由此增加的费用应由发包人承担，但该项工作的拖延时间（2 天）没有超出其总时差（8 天）。

(3) 事件 3 承包人提出的工期延期和费用索赔不成立。

理由：施工机械故障属于承包人应承担的责任。

(4) 事件 4 承包人提出的工期延期和费用索赔不成立。

理由：发包人有权要求承包人对已覆盖的分项工程剥离检查，检查后发现质量不合格，责任由承包人承担。

(5) 事件 5：承包人提出的工期延期和费用索赔不成立。

理由：通过采取施工技术组织措施使工期提前，可按合同规定的工期奖罚办法处理，因赶工而发生的施工技术组织措施费应由承包人承担。

(6) 工期延期：

仅有事件 1 中承包人应获得的工期延期为 3 天。

(7) 费用索赔：

由事件 1 引起的索赔款：(10×80＋40 000) × (1＋18%) × (1＋10%) ＋15×80×60%× (1＋10%) ＝53 750.40（元）

由事件 2 引起的索赔款：(30×80＋12 000＋3 000) × (1＋18%) × (1＋10%) ＝22 585.20（元）

所以，承包人应该得到的索赔款：53 750.40＋22 585.20＝76 335.60（元）

问题 2：

通过对图 5-2 的分析，该工程施工网络进度计划的关键线路为①→②→④→⑥→⑦→⑧，计划工期为 38 天。发生事件 1～事件 5 后，承包人的实际工期为 42 天。

事件 1～事件 5 发包人可补偿工期天数为 3 天，因此罚款金额：[42－(38＋3)] ×6 000＝6 000（元）

考点二：工程索赔

考核要求	工程索赔是历年案例分析课程考试中必须出现的考核内容，涉及工程索赔的相关知识（程序、证据、文件等）和结合事件背景材料利用建设项目施工合同相关条款分析具体事件发生的责任（甲方责任、乙方责任、不可抗力原因），确定索赔的内容（工期索赔、费用索赔），结合网络分析和费用构成的具体要求进行工程索赔

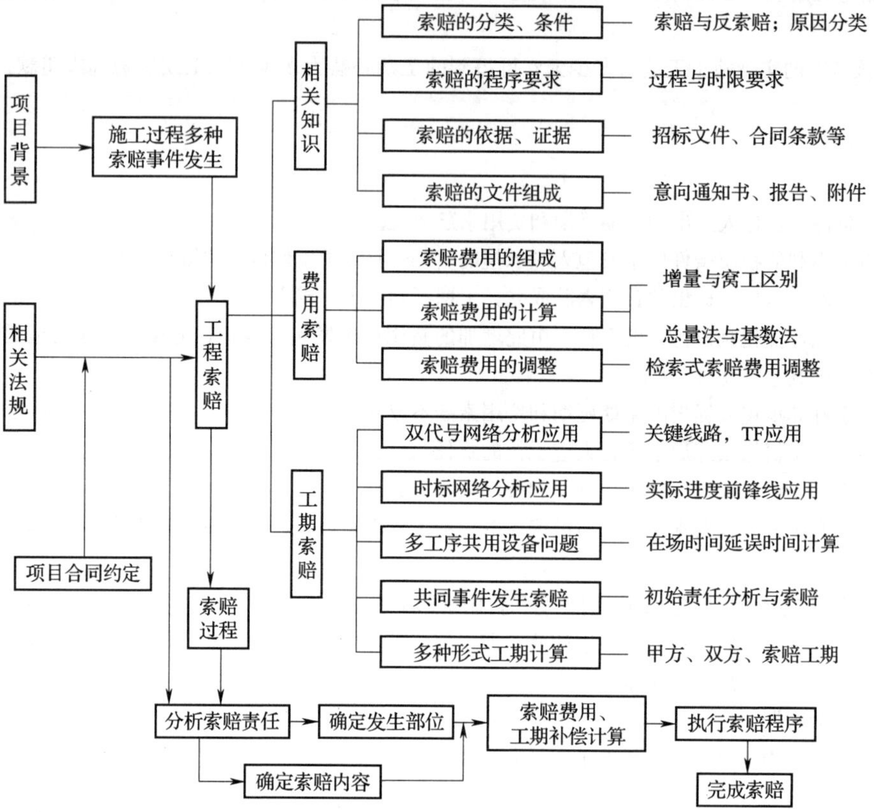

图 5-3 合同管理与工程索赔题型知识点架构图

知识要点集成

一、工程索赔相关规定

表 5-5 工程索赔相关规定

	主要内容
前提条件	事件发生的后果与合同相比较，已造成了实际的额外费用和（或）工期损失，其原因不是承包商的过失，造成费用增加和（或）工期损失不应由承包商承担，承包商在事件发生后按规定提出了索赔的书面意向通知和索赔报告
索赔依据	招标文件，施工合同，往来信件，会谈纪要，现场资料，检验报告，停水、电、气记录和证明，相关法规文件，会计核算资料、凭证等，具有真实性、全面性、关联性、及时性，具有法律证明效力
索赔原则	以合同为依据，及时合理，主动控制减少损失，协作补偿，考虑最终实际损失为分析依据

续表 5-5

主要内容	
索赔文件	索赔文件包括：索赔信（意向通知书）、索赔报告和附件，其中索赔报告中包括：总论、根据部分、计算部分、证据部分
索赔类别	按合同依据分为合同明示索赔、合同默示索赔，按索赔目的分为工期索赔、费用索赔，按索赔事件性质分为工程延期索赔、工程加速索赔、工程变更索赔、工程终止索赔、不可预见的外部障碍或条件索赔、不可抗力事件引起的索赔，按索赔对象分为索赔、反索赔（案例教材中前者为承包方向发包方索赔，后者为发包方向承包方索赔）

二、费用索赔

表 5-6　费用索赔相关规定

<table>
<tr><th colspan="5">主要内容</th></tr>
<tr><th>类别</th><th>费用构成</th><th>增加工程量</th><th colspan="2">窝工</th></tr>
<tr><td rowspan="2">人工费</td><td rowspan="2">人工费包括基本工资、工资性质津贴、加班费、奖金、法定安全福利费等。索赔人工费是指完成合同之外增加额外工作所增加的人工费，由于非承包商责任工效降低所增加的人工费，以及超过法定工作时间加班，法定人工费增长的人工费</td><td rowspan="2">增加工程量×人工费预算定额</td><td colspan="2">窝工时间×降效系数×人工费预算定额</td></tr>
<tr><td colspan="2">窝工费标准</td></tr>
<tr><td>材料费</td><td>实际用量超过计划用量而增加的材料费：
客观原因材料价格大幅度上涨，非承包商责任工程延误导致的材料价格上涨和超期储存的费用</td><td>增加工程量×材料费预算定额</td><td colspan="2">按实际消耗增加值确定</td></tr>
<tr><td rowspan="2">机械台班费</td><td rowspan="2">由于完成额外工作增加的机械使用费，非承包商责任工效降低增加的机械使用费，由于业主或监理工程师原因导致机械停工的窝工费</td><td rowspan="2">增加工程量×机械台班费预算定额</td><td colspan="2">（自有）按台班折旧费计算</td></tr>
<tr><td colspan="2">（租赁）按租金数额计算</td></tr>
<tr><td>管理费</td><td>管理费包括承包商为完成额外工作、工期延长、其他可以索赔的事项工作的现场管理费和索赔事件发生而涉及的总部、公司管理费</td><td>按正常管理费率计取</td><td colspan="2">1. 由于发包人的责任事件造成的窝工应索赔现场管理费；
2. 由于风险事件造成的窝工不能索赔现场管理费</td></tr>
<tr><td>利润</td><td>由于工程变更、设计文件缺陷、业主未能提供现场等原因引起的工程索赔</td><td>按正常费率计取</td><td colspan="2">不考虑</td></tr>
</table>

续表 5-6

主要内容			
类别	费用构成	增加工程量	窝工
规费、税金	属于不可竞争费，增加工作量或者窝工状态，均应计取		
现场签证相关内容	现场签证费用的计价方式包括两种：第一种是完成合同以外的零星工作时，按计日工作单价计算。第二种是完成其他非承包人责任引起的事件，应按合同中的约定计算		
	现场签证的范围一般包括： （1）适用于施工合同范围以外零星工程的确认； （2）在工程施工过程中发生变更后需要现场确认的工程量； （3）非承包人原因导致的工人、设备窝工及有关损失； （4）符合施工合同规定的非承包人原因引起的工程量或费用增减； （5）确认修改施工方案引起的工程量或费用增减； （6）工程变更导致的工程施工措施费增减等		
	现场签证的程序： 承包人应发包人要求完成合同以外的零星项目、非承包人责任事件等工作的，发包人应及时以书面形式向承包人发出指令，提供所需的相关资料；承包人在收到指令后，应及时向发包人提出现场签证要求。 承包人应在收到发包人指令后的 7 天内，向发包人提交现场签证报告，发包人应在收到现场签证报告后的 48h 内对报告内容进行核实，予以确认或提出修改意见。发包人在收到承包人现场签证报告后的 48h 内未确认也未提出修改意见的，视为承包人提交的现场签证报告已被发包人认可。 现场签证工作完成后的 7 天内，承包人应按照现场签证内容计算价款，报送发包人确认后，作为增加合同价款，与进度款同期支付		

三、工期索赔

表 5-7　工期索赔相关知识

主要内容	
甲方责任前提	甲方责任前提下，确定工期索赔应注意由于非承包方原因的延误时间 T 与延误事件所在工序的总时差 TF 关系（计算工期等于计划工期时）： 若 $T>TF=0$，即工序为关键工序，T 为总工期改变量，即为工期索赔值； 若 $TF \geqslant T>0$，即工序为非关键工序，总工期不改变，无工期索赔； 若 $T>TF>0$，即延误时间超过非关键工序总时差，应根据总工期改变量（$T-TF$）讨论对工期索赔值

续表 5-7

主要内容	
双方责任前提	多工序出现索赔事件（包含甲方责任和乙方责任）需讨论总工期改变与工期索赔关系。 应利用网络分析。首先按各工序网络计划工作时间确定计划工期 A；然后计算包含甲方责任延误时间的甲方延误责任工期 B；计算包含双方延误责任时间的双方责任工期 C。则 $B-A$ 为乙方可以对甲方索赔的总工期时间，$C-B>0$ 为乙方原因延误总工期的误工时间
多工序共用设备索赔	多工序共用设备的正常在场时间为 E，E＝最后使用共用设备工序 T_{EF}－最先使用共用设备工序 T_{ES}。出现非承包方责任延误条件下共用设备在场时间为 F，$F-E$ 为由于共用设备在场时间延长的索赔时间。 多工序共用设备在场合理时间为共用设备在场最短时间
	多工序共用设备索赔题型中首先要根据试题背景材料对原网络计划进行调整。调整时，若原网络图中先用共用设备的工序与后用共用设备的工序没有关联的逻辑关系，在网络图中由先使用共用设备工序的结束节点向后使用设备工序的开始节点加入虚工序表示线；加入后注意保持网络图的序号关系；调整后不能破坏网络图中原有工序间的逻辑关系；出现逻辑关系矛盾时对网络中部分节点采取分离画法调整网络图
共同事件发生工期索赔	同一时段内发生包含多起不同方责任造成的工期延误事件，分析事件发生责任时可采取“横道图”分析方法（横道图分析时，每种延误事件发生过程单独用一横道线表示）。应注意： （1）首先判别造成工期拖期的“初始延误”责任者，在“初始延误”发生作用期间，其他并发延误者不承担责任。 （2）“初始延误”者为业主，则在业主造成的延误期内，承包商可得到工期补偿，费用补偿应注意区分延误后果为增加工程量和窝工的区别。 （3）“初始延误”者为不可抗力因素时，工期和费用补偿参考本章合同条款中不可抗力部分
不可抗力事件发生前提	需注意不可抗力的影响分为全场影响和局部工序影响，其后果分别为影响总工期和局部工序工期，若后者发生时，要将对局部工序时间影响值利用多方责任前提下工期索赔方法进行处理
备注	工期索赔计算方法包括：直接法、比例分析法、网络分析法。双代号网络图确定前提下，若试题中给出工程量变动时，应同时考虑费用增加调整和对应工序工期改变与工序在网络图中的位置和工序总时差的关系。试题中出现工程量增加时应讨论工期补偿、费用补偿的可能性

四、工程索赔事件责任分析

表 5-8 工程索赔事件责任分析

工程索赔事件责任分析	1. 下列事件可认定为由发包人（业主、项目法人）负责，承担由此增加的费用和（或）延误的工期： 工程变更；发包人提供的地质水文资料存在错误和缺陷。 工程量清单缺项、漏项、工程量偏差超出专用合同条款约定范围的，未按照强制性国家现行计量规范计量的，项目特征描述有误的；停水停电；不利的物质条件（施工现场特殊岩层构造，地下管道，地下障碍物，有毒的、软弱的土层等）。 因发包人原因造成对分包人影响和损失，由分包人向承包人索赔，承包人向发包人索赔。 其他承包人与承包人同场作业，分别与发包人签订合同的，如果出现干扰影响施工的情况，应区分情况进行责任认定。 异常恶劣的气候条件（不可预见，可以克服）对施工影响的责任认定范围应在双方签订施工合同时约定。 发包人提供的材料、工程设备的规格、数量或质量不符合合同约定的；因发包人原因改变交货时间、地点出现变更对承包人造成影响的。 施工过程发现文物、古迹、化石，增加承包人的费用和工期推迟的。 发包人提供的施工现场、施工条件、开工条件存在缺陷影响承包人施工的。 监理人工作指令有错误，对具体责任事件处理不符合相关规定，增加施工费用和（或）延误工期的。 施工现场是指用于工程施工的场所，以及在专用合同条款中指明作为施工场所组成部分的其他场所，包括永久占地和临时占地。 施工条件包括以下内容： （1）将施工用水、电力、通信线路等施工所必需的条件接至施工现场内； （2）保证向承包人提供正常施工所需要的进入施工现场的交通条件； （3）协调处理施工现场周围地下管线和邻近建筑物、构筑物、古树名木的保护工作，并承担相关费用； （4）按照专用合同条款约定应提供的其他设施和条件
	2. 下列事件发生可认定为索赔不合理： 施工机械、人员、非实体材料存在故障或延误进入施工现场；承包人为保证施工质量超出合同约定的范围增加工程量的；承包人原因造成质量缺陷的；因承包人原因未进行文明施工，污染环境、扰民、出现群众闹事影响工期、增加费用的；工程所在地正常气象条件、交通条件没有合理预见，施工组织设计存在缺陷影响工期、增加费用的；承包人负责提供的建筑材料、工程设备出现问题、存在缺陷影响施工、增加费用的；招标文件涉及相关信息（取土地点等）由于投标时投标人未进行现场踏勘，开工后发现现场实际情况不符而改变施工作业方案，增加费用、延误工期的；承包人所确定的分包人施工中由于非发包人原因造成损失的；承包人要求发包人支付签约合同价中未列项的费用的；索赔事件发生后，承包人未按照法定索赔程序进行索赔的； 加速施工费用索赔，发包人原因要求承包人加快施工时，确定加速施工发生的附加费用（加班补贴、施工新单价、加班天数、成本增加值）较复杂，一般用赶工奖励形式处理

续表 5-8

工程索赔事件责任分析	3. 不可抗力事件发生。不可抗力引起的后果及造成的损失由合同当事人按照法律规定及合同约定各自承担。不可抗力发生前已完成的工程应当按照合同约定进行支付。 不可抗力导致的人员伤亡、财产损失、费用增加和（或）工期延误等后果，由合同当事人按以下原则承担： （1）永久工程，包括已运至施工现场的材料和工程设备的损害，以及因工程损害造成的第三人人员伤亡和财产损失由发包人承担； （2）承包人提供的施工设备的损坏由承包人承担； （3）发包人和承包人各自承担其人员伤亡及其他财产损失； （4）因不可抗力影响承包人履行合同约定的义务，已经引起或将引起工期延误的，应当顺延工期，由此导致承包人停工的费用损失由发包人和承包人合理分担，停工期间必须支付的现场必要的工人工资由发包人承担； （5）因不可抗力引起或将引起工期延误，发包人指示赶工的，由此增加的赶工费用由发包人承担； （6）承包人在停工期间按照工程师或发包人要求照管、清理和修复工程的费用由发包人承担。 几种不可抗力情况下的索赔分析： （1）突发公共卫生事件引起的索赔责任划分。 突发公共卫生事件应界定为不可预见、无法避免的不可抗力事件。按照突发公共卫生事件的影响范围、危害程度等，突发公共卫生事件应急响应分为Ⅰ级、Ⅱ级、Ⅲ级、Ⅳ级四个等级。Ⅱ级应急响应由省人民政府决定启动，并向各有关单位发布启动相关应急程序的命令。它的发生是双方不能控制与克服的自然干扰事件，影响到了合同的正常履行，并且会造成工期延长、费用增加。因此，承包人可以就突发公共卫生事件造成的工期和费用损失事实，根据合同条款、法律法规、政府的有关规定等积极主张工期索赔和费用索赔。 针对突发公共卫生事件引起的停工、施工降效等均可以申请工期索赔。工期索赔计算的起止时点为从启动突发公共卫生事件响应时间开始，到实际复工时间为止。若发包人要求承包人赶工，工期索赔的时间应减去赶工工期（在降效当日不赶工的降效影响工期可以进行索赔，而在降效当日赶工的降效影响工期则不予索赔），发包人要求赶工的，自然要承担因此而增加的费用。 不可预见的突发公共卫生事件的费用索赔有以下几点：①停工期间留在施工场地的看护人员的费用由发包人承担；②永久工程、已运至施工现场的材料、工程设备、周转性材料的损坏由发包人承担；③材料包装与运输增加费、材料采购合同解除损失费由发包人承担；④停工、复工的技术措施费由发包人承担；⑤突发公共卫生事件防控措施费符合《建设工程工程量清单计价规范》GB 50500—2013 第 3.1.5 条措施项目中不可竞争性费用的特征，双方应遵照执行（强制性）；⑥停工期间机械设备闲置费用由承包人承担；⑦发承包双方各自承担无法律法规和政策文件规定的其他各自损失。 （2）专门恶劣的气候条件情况下的索赔分析。 根据《建设工程施工合同（示范文本）》（GF－2017－0201）的规定，专门恶劣的气候条件是指有经验的承包人在签订合同时不可预见的，对合同履行造成实质性阻碍的，但尚未构成不可抗力事件的恶劣气候条件。合同当事人在专用合同条款中对专门恶劣的气候条件和紧急情况进行了约定，因此按合同条款的规定来处理专门恶劣的气候条件和因紧急情形需暂停施工的具体情况。因紧急情形需暂停施工时，如果监理人未及时下达暂停施工指示，承包

续表 5-8

工程索赔事件责任分析	人可先暂停施工，并及时通知监理人。并且承包人因采取合理措施而增加的费用和（或）延误的工期由发包人承担
	4. 索赔的几种情况： （1）物价上涨引起的索赔。应区分不同的合同约定进行费用计算：①固定总价合同不予调整，适用于工期短、规模小的工程；②用调价公式调整合同价，注意调值基数的时间约定；③按价差调整合同价。 （2）法律、货币及汇率变化引起的索赔。应按照现行法律法规的规定执行，双方应在专用合同条款中做出约定。 （3）拖延支付工程款的索赔。承包人可在提前通知发包人后暂停工作或减缓工作速度，可获得误期补偿。双方应在专用合同条款中就此问题做出约定
	5. 发包人不正当地终止工程引起索赔。承包人有权要求补偿损失，其数额是承包人终止工程中的人材机全部支出，以及各项管理费用、保险费、贷款利息、保函费用支出（减去已结算工程数）、盈利损失详细内容参阅《建设工程造价鉴定规范》GB/T 51262—2017
	6. 发包人向承包人索赔的内容： （1）工期延误索赔一般应考虑业主盈利损失、贷款利息增加、监理费用增加、租赁费用等其他费用； （2）质量不满足合同要求引起索赔，发包人有权追究责任补偿损失，若承包人不能在规定期限内完成缺陷修补工作，发包人有权雇佣他人完成，发生成本和利润由承包人负担，若承包人自费修复，业主可索赔重新检验费； （3）承包人不履行的保险费用索赔； （4）对指定分包人的付款索赔，在承包人未能提供已向指定分包人付款的合理证明时，发包人可直接将承包人未付给指定分包人的所有款项（扣除保留金）付给分包人，并从付给承包人的款项中扣回； （5）发包人合理终止合同或承包人不正当放弃工程索赔，发包人有权从承包人收回由新承包人完成工程所需的工程款与原合同未付部分的差额

表 5-9 《标准施工招标文件》(2007 年版) 中合同条款规定的可以合理补偿承包人索赔的条款

序号	条款号	主 要 内 容	可补偿内容		
			工期	费用	利润
1	1.10.1	施工过程发现文物、古迹以及其他遗迹、化石、钱币或物品	√	√	
2	4.11.2	承包人遇到不利物质条件	√	√	
3	5.2.4	发包人要求向承包人提前交付材料和工程设备		√	
4	5.2.6	发包人提供的材料和工程设备不符合合同要求	√	√	√
5	8.3	发包人提供基准资料错误导致承包人的返工或造成工程损失	√	√	√
6	11.3	发包人的原因造成工期延误	√	√	√
7	11.4	异常恶劣的气候条件	√		
8	11.6	发包人要求承包人提前竣工		√	
9	12.2	发包人原因引起的暂停施工	√	√	√

续表 5-9

序号	条款号	主 要 内 容	可补偿内容		
			工期	费用	利润
10	12.4.2	发包人原因造成暂停施工后无法按时复工	√	√	√
11	13.1.3	发包人原因造成工程质量达不到合同约定验收标准的	√	√	√
12	13.5.3	监理人对隐蔽工程重新检查，经检验证明工程质量符合合同要求的	√	√	√
13	16.2	法律变化引起的价格调整		√	
14	18.4.2	发包人在全部工程竣工前，使用已接收的单位工程导致承包人费用增加	√	√	√
15	18.6.2	发包人的原因导致试运行失败的		√	√
16	19.2	发包人原因导致的工程缺陷和损失		√	√
17	21.3.1	不可抗力	√		

表 5-10　FIDIC 合同条件下部分可以合理补偿承包商索赔的条款

序号	条款号	主 要 内 容	可补偿内容		
			工期	费用	利润
1	1.9	延误发放图纸	√	√	√
2	2.1	延误移交施工现场	√	√	√
3	4.7	承包商依据工程师提供的错误数据导致放线错误	√	√	√
4	4.12	不可预见的外界条件	√	√	
5	4.24	施工中遇到文物和古迹	√	√	
6	7.4	非承包商原因检验导致施工的延误	√	√	√
7	8.4 (a)	变更导致竣工时间的延长	√		
8	(c)	异常不利的气候条件	√		
9	(d)	由于传染病或其他政府行为导致工期的延误	√		
10	(e)	业主或其他承包商的干扰	√		
11	8.5	公共当局引起的延误	√		
12	10.2	业主提前占用工程		√	√
13	10.3	对竣工检验的干扰	√	√	√
14	13.7	后续法规引起的调整	√	√	
15	18.1	业主办理的保险未能从保险公司获得补偿部分		√	
16	19.4	不可抗力事件造成的损害	√	√	

经典题型剖析

案例三

某建筑公司（乙方）于某年 4 月 20 日与某厂（甲方）签订了修建建筑面积为 3 000m^2 工业厂房（带地下室）的施工合同。乙方编制的施工方案和进度计划已获工程师批准。双方约定采取单价合同计价。该工程的基坑开挖土方量为 4 500m^3，假设直接费单价为 4.2 元/m^3，综合费率为直接费的 20%。该基坑施工方案规定：土方工程采用租赁一台斗容量为 1m^3 的反铲挖掘机施工（租赁费 450 元/台班）。甲、乙双方合同约定 5 月 11 日开工，5 月 20 日完工。在基坑开挖实际施工中发生了如下事件：

事件 1：因租赁的挖掘机大修，晚开工 2 天，造成人员窝工 10 个工日。

事件 2：施工过程中，因遇软土层，接到工程师 5 月 15 日停工的指令，进行地质复查，配合用工 15 个工日，窝工 5 个工日（降效系数 0.6）。

事件 3：5 月 19 日接到工程师于 5 月 20 日复工令，同时提出基坑开挖深度加深 2m 的设计变更通知单，由此增加土方开挖量 900m^3。

事件 4：5 月 20 日～5 月 22 日，因遇到 50 年一遇的大暴雨迫使基坑开挖暂停，造成人员窝工 10 个工日。

事件 5：5 月 23 日用 30 个工日修复冲坏的永久道路，5 月 24 日恢复挖掘工作，最终基坑 5 月 30 日挖坑完毕。

上部结构施工过程中出现以下事件：

事件 1：原定于 6 月 10 日前由甲方负责供应的材料因材料生产厂所在地区出现沙尘暴，材料 6 月 15 日运至施工现场，致使施工单位停工，影响人工 100 个工日，机械台班 5 个，乙方据此提出索赔。

事件 2：6 月 12 日至 6 月 20 日乙方施工机械出现故障无法修复，6 月 21 日起乙方租赁的设备开始施工，影响人工 200 个工日，机械台班 9 个，乙方据此提出索赔。

事件 3：6 月 18 日至 6 月 22 日按甲方改变工程设计的图纸施工，增加人工 150 个工日，机械台班 10 个，乙方据此提出索赔。

事件 4：6 月 21 日至 6 月 25 日施工现场所在地区由于台风影响致使工程停工，影响人工 140 个工日，机械台班 8 个，乙方据此提出索赔。

问题：

1. 列表说明基坑开挖过程事件 1 至事件 5 工程索赔理由及工期、费用索赔的具体结果。

注：其中人工费单价 23 元/工日，增加用工所需的管理费为增加人工费的 30%。

2. 说明上部结构施工中乙方提出的工程索赔要求是否正确，正确的索赔结果是什么。

注：其中人工费单价 60 元/工日，机械使用费 400 元/台班，降效系数为 0.4。

答案：

问题 1：

表 5-11 基坑开挖施工索赔确认单

事件	索赔成立理由	工期索赔	费用索赔
1	不成立。承包方责任	—	—
2	成立。地质条件变化非承包方责任	（5.15～5.19）索赔工期 5 天	人工费：15×23+5×23×0.6=414（元） 机械费：450×5=2 250（元） 管理费：15×23×30%=103.5（元）
3	成立。设计变更非承包方责任	900÷（4 500÷10）=2（天）	直接费：900×4.2×（1+20%）=4 536（元）
4	不成立。自然灾害造成停工损失，甲方不索赔	3 天	—

续表 5-11

事件	索赔成立理由	工期索赔	费用索赔
5	成立。保证道路通畅属业主方责任	1天	人工费：30×23=690（元） 机械费：450×1=450（元） 管理费：690×30%=207（元）
合计		11天	8 650.5元

问题2：

上部结构施工过程出现的事件1至事件4属同一施工过程某时间段多方责任共同发生事件的索赔类型，应采用初始责任原则进行分析，分析过程见表5-12。

表5-12　事件关系分析表

<table>
<tr><td>时间</td><td>10</td><td>11</td><td>12</td><td>13</td><td>14</td><td>15</td><td>16</td><td>17</td><td>18</td><td>19</td><td>20</td><td>21</td><td>22</td><td>23</td><td>24</td><td>25</td></tr>
<tr><td rowspan="4">事件搭接关系</td><td colspan="5">①甲方责任</td><td colspan="11"></td></tr>
<tr><td colspan="2"></td><td colspan="9">②乙方责任</td><td colspan="5"></td></tr>
<tr><td colspan="8"></td><td colspan="5">③甲方责任</td><td colspan="3"></td></tr>
<tr><td colspan="11"></td><td colspan="5">④不可抗力</td></tr>
<tr><td>优先责任</td><td colspan="5">甲方</td><td colspan="6">乙方</td><td colspan="2">甲</td><td colspan="3">不可抗力</td></tr>
<tr><td>工期补偿</td><td colspan="5">√</td><td colspan="6">×</td><td colspan="2">√</td><td colspan="3">√</td></tr>
<tr><td>费用补偿</td><td colspan="5">√</td><td colspan="6">×</td><td colspan="2">√</td><td colspan="3">×</td></tr>
</table>

事件1：费用补偿按窝工处理，补偿费用=（60×100+400×5）×0.4=3 200（元），合同工期顺延5天。

事件2：不补偿，属乙方责任。

事件3：费用正常补偿，补偿费用=（150×60+400×10）×2/5=5 200（元），合同工期顺延2天。

事件4：不可抗力事件，只进行工期补偿，工期顺延3天。

共计补偿费用8 400元，合同工期顺延10天。

案例四

某工业项目主体工程，业主（甲方）采用工程量清单招标方式确定了承包商，并与承包商按照《建设工程施工合同（示范文本）》（GF-2017-0201）签订了工程施工合同。施工合同约定：项目生产设备由业主购买；开工日期为6月1日，合同工期为120天；工期每提前（或拖后）1天，奖励（或罚款）1万元（含规费、税金）。

工程项目开工前，承包商编制了施工总进度计划，如图5-4所示（单位：天），并得到监理人的批准。

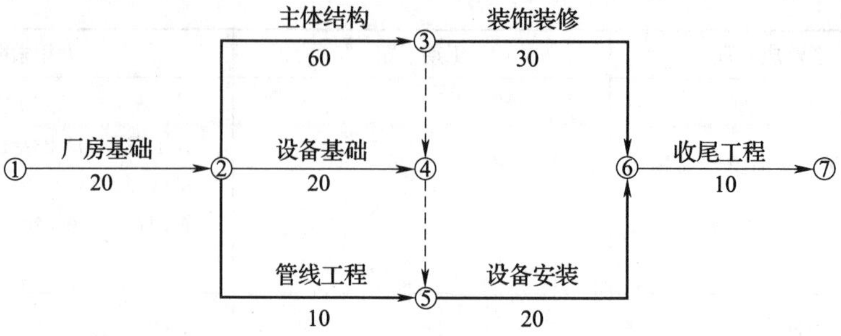

图 5-4 施工总进度计划

工程项目施工过程中，发生了如下事件：

事件 1：厂房基础施工时，地基局部存在软弱土层，因等待地基处理方案导致承包商窝工 60 个工日、机械闲置 4 个台班（台班费为 1 200 元/台班，台班折旧费为 700 元/台班）；地基处理产生人材机费用 6 000 元；基础工程量增加 $50m^3$（综合单价：420 元/m^3）。共造成厂房基础作业时间延长 6 天。

事件 2：7 月 10 日、7 月 11 日，用于主体结构的施工机械出现故障；7 月 12 日、7 月 13 日该地区供电全面中断。施工机械故障和供电中断导致主体结构工程停工 4 天、30 名工人窝工 4 天，一台租赁机械闲置 4 天（每天 1 个台班，机械租赁费 1 500 元/天），其他作业未受到影响。

事件 3：在装饰装修和设备安装施工过程中，因遭遇台风侵袭，导致进场的部分生产设备和承包商采购尚未安装的门窗损坏，承包商窝工 36 个工日。业主调换生产设备费用为 1.8 万元，承包商重新购置门窗的费用为 7 000 元，作业时间均延长 2 天。

事件 4：鉴于工期拖延较多，征得监理人同意后，承包商在设备安装作业完成后将收尾工程提前，与装饰装修作业搭接 5 天，并采取加快施工措施使收尾工作作业时间缩短 2 天，发生赶工措施费用 8 000 元。

配套工程建设一幢地下 1 层、地上 5 层的框架结构商场工程，乙施工企业与业主双方采用《建设工程施工合同（示范文本）》（GF-2017-0201）签订了合同。合同采用固定总价承包方式，合同工期为 105 天，并约定提前或逾期竣工的奖罚标准为每天 5 万元。

合同履行中出现了以下事件：

事件 1：乙方施工至首层框架柱钢筋绑扎时，甲方书面通知将首层及以上各层由原设计层高 4.30m 变更为 4.80m，当日乙方停工。25 天后甲方才提供正式变更图样，工程恢复施工。复工当日乙方立即提出停窝工损失 150 万元和顺延工期 25 天的书面报告及相关索赔资料，但甲方收到后始终未予答复。

事件 2：在工程装修阶段，乙方收到了经甲方确认的设计变更文件，调整了部分装修材料的品种和档次。乙方在施工完毕 3 个月后的结算中申报了该项设计变更增加费 80 万元，但遭到甲方的拒绝。

事件 3：从甲方下达开工令起至竣工验收合格止，本工程历时 125 天。甲方以乙方逾期竣工为由从应付款中扣减了违约金 100 万元。乙方认为逾期竣工的责任在于甲方。

问题：

1. 分别说明承包商能否就上述事件 1～事件 4 向业主提出工期和（或）费用索赔，并说明理由。

2. 承包商在事件 1～事件 4 中得到的工期索赔各为多少天？工期索赔共计多少天？该工程的实际工期为多少天？工期奖（罚）款为多少万元？

3. 如果该工程人工工资标准为 120 元/工日，窝工补偿标准为 40 元/工日。工程的管理费和利润为人材机费用之和的 15%，规费和税金为人材机费用、管理费和利润之和的 14%。分别计算承包商在事件 1～事件 4 中得到的费用索赔各为多少元？费用索赔总额为多少元？

4. 配套工程施工过程中：

①事件 1，乙方的索赔是否生效？结合合同索赔条款说明理由。

②事件 2，乙方申报设计变更增加费是否符合约定？结合合同变更条款说明理由。

③事件 3，乙方是否逾期竣工？说明理由并计算奖罚金额。

答案：

问题 1：

事件 1：能够提出工期和费用索赔，因为厂房基础为关键工序（或关键工作），地基存在局部软弱土层属于业主应承担的风险。

事件 2：不能就施工机械故障提出工期和费用索赔，因为机械故障属于承包商承担的风险，但能够就供电中断提出工期和费用索赔，因为主体结构为关键工序（或关键工作），供电中断在 8 个小时以上，属于业主应承担的风险。

事件 3：能够就装饰装修和设备安装工程损失提出工期和费用索赔，因为遭遇台风侵袭属于不可抗力，门窗重新购置费用和设备调换费用应由业主承担，装饰装修工程为关键工序（或关键工作）。

事件 4：不能提出工期和费用索赔，因为通过加快施工使工期缩短，应按工期奖（罚）处理。

问题 2：

事件 1：工期索赔 6 天

事件 2：工期索赔 2 天

事件 3：工期索赔 2 天

事件 4：工期索赔 0 天

总计工期索赔 6＋2＋2＝10（天）

该工程实际工期为：120＋6＋4＋2－5－2＝125（天）

工期奖励款为：[(120＋10)－125]×1＝5（万元）

问题 3：

事件 1：

(1) 人工窝工和机械闲置索赔款额为：

(60×40＋4×700)×(1＋14%)＝5 928（元）

(2) 地基处理索赔款额为：

6 000×(1＋15%)×(1＋14%)＝7 866（元）

(3) 基础工程量增加索赔款额为：

50×420×(1＋14%)＝23 940（元）

合计：5 928＋7 866＋23 940＝37 734（元）

事件 2：人工窝工和机械闲置索赔款额为：

(30×2×40＋2×1 500)×(1＋14%)＝6 156（元）

事件 3：承包商重新购置门窗费用索赔款额为：

7 000×(1＋14%)＝7 980（元）

事件 4：索赔为 0

费用索赔总额＝37 734＋6 156＋7 980＝51 870（元）

问题 4：

①事件 1 中，乙方的索赔是生效的。

理由：承包人应当在合同规定的调整情况发生后 14 天内，将调整原因、金额以书面形式通知工程师，工程师确认调整金额后将其作为追加合同价款，与工程进度款同期支付。工程师收到承包人通知后 14 天内不予确认也不提出修改意见，视为已经同意该项调整。

②事件 2 中，乙方申报设计变更增加费不符合约定。

理由：承包人申报时间超过了规定的 14 天的期限。

③事件 3 中，乙方没有逾期竣工。

理由：合同工期为 105 天，再加上顺延工期 25 天，承包人完成工程的合理工期为 130 天。奖励金额＝（130－125）×5＝25（万元）。

案例五

某建筑工程项目，业主和施工单位按工程量清单计价方式和《建设工程施工合同（示范文本）》（GF-2017-0201）签订了施工合同，合同工期为 15 个月。合同约定：管理费按人材机费用之和的 10%计取，利润按人材机费用和管理费之和的 6%计取，规费按人材机费用、管理费和利润之和的 4%计取，增值税税率为 9%；施工机械台班单价为 1 500 元/台班，施工机械闲置补偿按施工机械台班单价的 60%计取，人员窝工补偿为 50 元/工日，人工窝工补偿、施工待用材料损失补偿、机械闲置补偿不计取管理费和利润；措施费按分部分项工程费的 25%计取（各费用项目价格均不包含增值税可抵扣进项税额）。

施工前，施工单位向项目监理机构提交并经确认的施工网络进度计划，如图 5-5 所示（每月按 30 天计）：

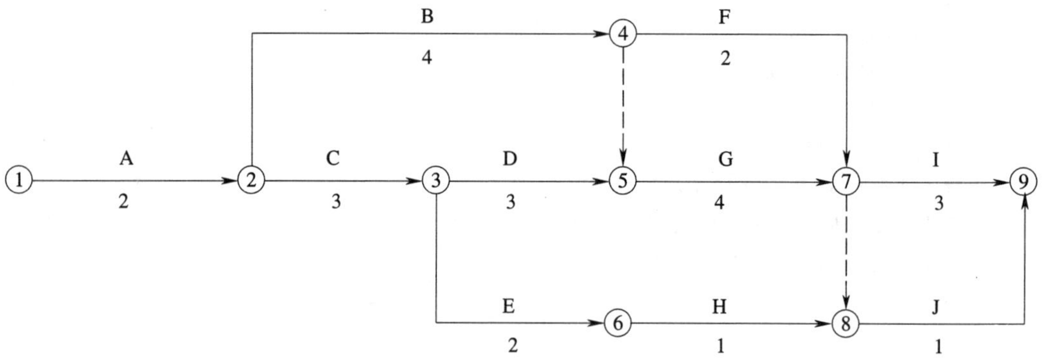

图 5-5　施工网络进度计划（单位：月）

该工程施工过程中发生如下事件：

事件 1：基坑开挖工作（A 工作）施工过程中，工程所在地陆续发生突发公共卫生事件，波及范围迅速扩大。针对该公共卫生事件发展的事态，当地省人民政府决定启动Ⅱ级应急响应，并向各有关单位发布启动相关应急程序的命令。该工程被迫停工，停工期间，工地现场留有看护人员发生费用 1 万元，承包人自有的施工机械发生闲置 20 个台班，该事件使 A 工作停工 30 天。

事件 2：基坑开挖工作（A 工作）完成后验槽时发现基坑底部部分土质与地质勘察报告不符。地勘复查后，设计单位修改了基础工程设计，由此造成施工单位人员窝工 150 工日，机械闲置 20 个台班，修改后的基础分部工程增加人材机费用 25 万元。监理工程师批准 A 工作增加工期 30 天。

事件 3：发包人负责采购的部分装配式混凝土构件提前一个月运抵合同约定的施工现场，承包人会同监理单位共同清点验收后存放在施工现场。为了节约施工场地，承包人将上述构件集中堆放，由于堆放层数过多，致使下部分构件产生裂缝。两个月后，发包人在承包人准备安装该批构件时知悉此事，遂要求承包人对构件进行检测并赔偿构件损坏的损失。承包人提出，部分构件损坏是由于发包人提前运抵现场占用施工场地所致，不同意进行检测和承担损失，而要求发包人额外增加支付两个月的构件保管费用。发包人仅同意额外增加支付一个月的保管费用。

事件 4：E 工作施工前，业主变更设计增加了一项 K 工作，K 工作持续时间为 2 个月。根据施工工艺关系，K 工作为 E 工作的紧后工作，为 I、J 工作的紧前工作。因 K 工作与原工程工作的内容和性质均不同，在已标价的工程量清单中没有适用也没有类似的项目，监理工程师编制了 K 工作的结算综合单价，经业主确认后，提交给施工单位作为结算的依据。

事件 5：考虑到上述 1～4 项事件对工期的影响，业主与施工单位约定，工程项目仍按原合同工期 15 个月完成，实际工期比原合同工期每提前 1 个月，奖励施工单位 30 万元。施工单位对进度计划进行了调整，将 D、G、I 工作的顺序施工组织方式改变为流水作业组织方式以缩短施工工期。组织流水作业的流水节拍见表 5-13。

表 5-13　流水节拍　　单位：月

施工过程	流水段		
	①	②	③
D	1	1	1
G	1	2	1
I	1	1	1

问题：

1. 针对事件 1，确定施工单位和发包人在突发公共卫生事件期间各自应承担的损失内容；计算施工单位可以获得的费用补偿数额和工期延长天数。

2. 事件 2 中，应给施工单位的窝工补偿费用为多少万元？修改后的基础分部工程增加的工程造价为多少万元？

3. 针对事件 3，分别指出承包人不同意进行检测和承担损失的做法是否正确，并说明理由。发包人只同意额外增加支付一个月的构件保管费用是否正确？并说明理由。

4. 针对事件 4，绘制批准 A 工作工期索赔和增加 K 工作后的施工网络进度计划；指出监理工程师做法的不妥之处，说明理由并写出正确做法。

5. 在事件 5 的施工网络进度计划中，D、G、I 工作的流水工期为多少个月？施工单位可获得的工期提前奖励金额为多少万元？

(计算结果保留两位小数)

答案：

问题 1：

(1) 突发公共卫生事件属于不可抗力。发包人应承担的损失内容为停工期间留在施工场地的看护人员的费用；施工单位应承担的损失内容为停工期间机械设备闲置费用。

(2) 施工单位可以获得的费用补偿为 1 万元，工期延期天数为 30 天。

问题 2：

应给施工单位的窝工补偿费用＝（150×50＋20×1 500×60%）×（1＋4%）×（1＋9%）/10 000＝2.89（万元）

修改后的基础分部工程增加的工程造价＝25×（1＋10%）×（1＋6%）×（1＋25%）×（1＋4%）×（1＋9%）＝41.31（万元）

问题 3：

针对事件 3：

(1) 承包人不同意进行检测和承担损失的做法不正确。因为双方签订的合同价中包括检验试验费，承包人应进行检测。由于保管不善导致的损失应由承包人承担相应的损失。

(2) 发包人仅同意额外增加支付一个月的构件保管费用，正确。因为发包人负责采购的混凝土构件提前一个月运抵施工现场，仅需支付一个月的保管费用。

问题 4：

调整后的施工网络进度计划如图 5-6 所示。

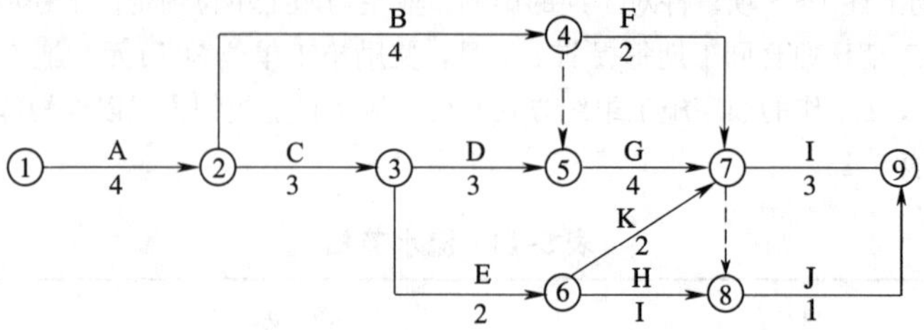

图 5-6　批准 A 工作工期索赔和增加 K 工作后，调整的施工网络进度计划

不妥之处：监理工程师编制了 K 工作的结算综合单价，经业主确认后，提交给施工单位作为结算的依据不妥。

理由：应当由施工单位按照成本加利润的原则提出综合单价，由发承包双方协商调整，协商不能达成一致意见时，由监理人提出一个暂定价格结算，最后由双方协商调整，协商不成按照有关解决争议条款处理。

问题 5：

由题意可知，D、G、I 工作宜组织无节奏专业流水施工。分析流水工期可采用累加数列错位相减法或横道图分析法。

（1）确定流水步距：大差法（累加斜减法）。

$$\begin{array}{rrrrr} & 1 & 2 & 3 & \\ -) & & 1 & 3 & 4 \\ \hline & 1 & 1 & 0 & -4 \end{array} \qquad \begin{array}{rrrrr} & 1 & 3 & 4 & \\ -) & & 1 & 2 & 3 \\ \hline & 1 & 2 & 2 & -3 \end{array}$$

$K_{D,G}=1$，$K_{D,I}=2$

由网络图和流水步距可知，I 工作为 D、G 工作的紧后工作，其间步距共计：1+2=3（月）；又根据施工工艺关系，I 工作也为 E、K 工作的紧后工作，其间步距共计：2+2=4（月）；而 D、E 工作为同时开始工作，故 I 工作与 D、E 工作的步距取较大值 4 月，即 G、I 工作间有技术间隙 $Z=1$ 月。

流水施工计划工期：$T=\sum K+\sum tn+\sum Z+\sum G-\sum C=(1+2)+(1+1+1)+1+0-0=7$（月）

（2）横道图分析法。

局部工作实际进度横道图如图 5-7 所示。

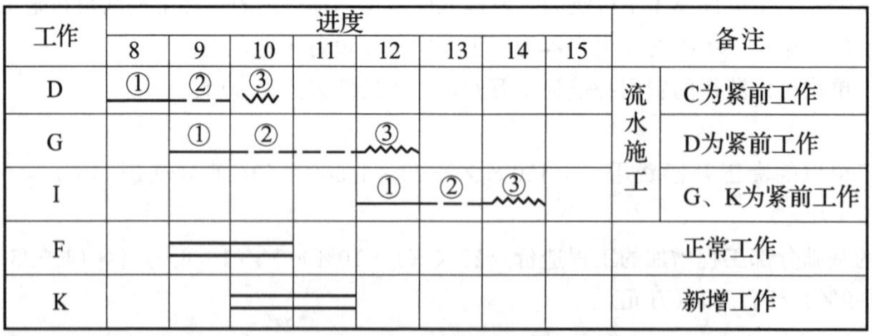

图 5-7　局部工作实际进度横道图（单位：月）

（3）将 D、G、I 工作组织流水施工后，施工网络进度计划如下：

由图 5-8 可知，关键线路是 A→C→D→G→I、A→C→E→K→I，实际工期为 4+3+7=14（个月），而合同工期为 15 个月，实际施工工期提前 1 个月。

工期提前奖励标准为 30 万元/月，施工单位共获得奖励 30 万元。

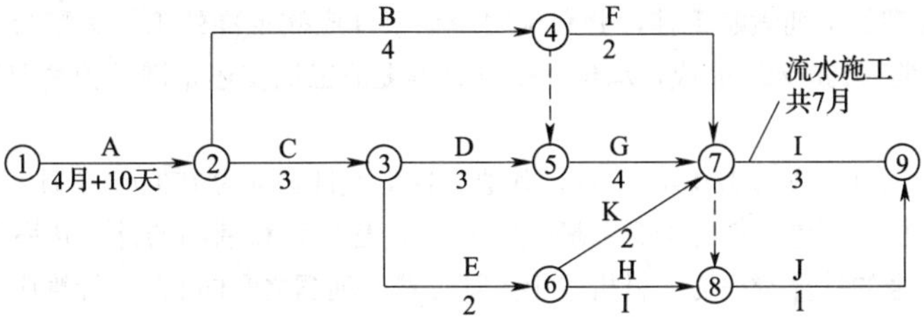

图 5-8　实际施工网络进度计划（单位：月）

案例六

某工程项目，业主通过招标方式确定了承包商，双方采用工程量清单计价方式签订了施工合同。该工程共有 10 个分项工程，工期 150 天，施工期为 3 月 3 日至 7 月 30 日。合同规定，工期每提前 1 天，承包商可获得提前工期奖 1.2 万元；工期每拖后 1 天，承包商需承担逾期违约金 1.5 万元。开工前承包商提交并经审批的施工进度计划，如图 5-9 所示。

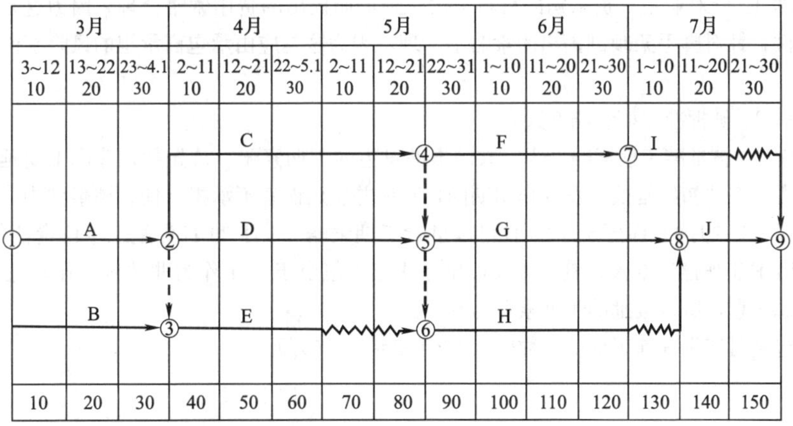

图 5-9　施工进度计划图

该工程如期开工后，在施工过程中发生了经监理人核准的如下事件：

事件 1：3 月 6 日，由于业主提供的部分施工场地条件不充分，致使工作 B 作业时间拖延 4 天，工人窝工 20 个工日，施工机械 B 闲置 5 天（台班费：800 元/台班）。

事件 2：4 月 25 日～26 日，当地供电中断，导致工作 C 停工 2 天，工人窝工 40 个工日，施工机械 C 闲置 2 天（台班费：1 000 元/台班）。工作 D 没有停工，但因停电改用手动机具替代原配动力机械 D 使工效降低，导致作业时间拖延 1 天，增加用工 18 个工日，原配动力机械 D 闲置 2 天（台班费：800 元/台班），增加手动机具使用 2 天（台班费：500 元/台班）。

事件 3：按合同规定由业主负责采购且应于 5 月 22 日到场的材料，直到 5 月 26 日清晨才到场；5 月 24 日发生了脚手架倾倒事故，因处于停工待料状态，承包商未及时重新搭设；5 月 26 日上午承包商安排 10 名架子工重新搭设脚手架；5 月 27 日恢复正常作业。由此导致工作 F 持续停工 5 天，该工作班组 20 名工人持续窝工 5 天，施工机械 F 闲置 5 天（台班费：1 200 元/台班）。

截止到 5 月末，其他工程内容的作业持续时间和费用均与原计划相符。承包商分别于 5 月 5 日（针对事件 1、2）和 6 月 10 日（针对事件 3）向监理人提出索赔。

机械台班均按每天一个台班计。

问题：

1. 分别指出承包商针对三个事件提出的工期和费用索赔是否合理，并说明理由。

2. 对于能被受理的工期索赔事件，分别说明每项事件应被批准的工期索赔为多少天。如果该工程最终按原计划工期（150天）完成，承包商是可获得提前工期奖还是需承担逾期违约金？相应的数额为多少？

3. 该工程架子工日工资为180元/工日，其他工种工人日工资为150元/工日，人工窝工补偿标准为日工资的50%；机械闲置补偿标准为台班费的60%；管理费和利润的计算费率为人材机费用之和的10%，规费和税金的计算费率为人材机费用、管理费与利润之和的9%，计算应被批准的费用索赔为多少元（本题中人工窝工补偿标准、机械闲置窝工补偿标准中已含相应现场管理费）。

4. 按初始安排的施工进度计划（图5-9），如果该工程进行到第6个月末时检查进度情况为：工作F完成50%的工作量，工作G完成80%的工作量，工作H完成75%的工作量，在答题纸上绘制实际进度前锋线，分析这三项工作进度有无偏差，并分别说明对工期的影响。

答案：

问题1：

（1）事件1：索赔失效。因为承包商提出索赔时间超过了有关规定的时效期（28天）。

（2）事件2：索赔合理。因为这是应由业主承担的风险事件。

（3）事件3：针对业主负责采购的材料未按时到场而提出的费用索赔合理，因为这是应由业主承担的风险事件；针对脚手架倾倒提出的索赔不合理，因为这是应由承包商承担的风险事件。

问题2：

（1）事件2：被批准工期索赔2天。

（2）事件3：被批准工期索赔0天。共同事件发生的工期索赔，首先判别造成工期延误的"初始延误"责任者，在"初始延误"发生作用期间，其他并发延误者不承担责任。该事件中，业主为"初始延误"责任者，5月22日至5月25日可以进行工期索赔。5月26日为施工单位责任，不予索赔。此次事件导致F工作停工5天，其中4天可给予索赔，但由于F工作为非关键工作，且总时差为10天，不影响总工期，所以被批准工期索赔为0天。

（3）承包商可获得提前工期奖，数额为2×1.2=2.4（万元）

问题3：

算法一：

（1）事件2应被批准的费用索赔：

①工作C：（40×150×50%+2×1 000×60%）×（1+9%）=4 578（元）

②工作D：[2×800×60%+（18×150+2×500）×（1+10%）]×（1+9%）=5 482.7（元）

或：

（40×150×50%+2×1 000×60%+2×800×60%）×（1+9%）+（18×150+2×500）×（1+10%）×（1+9%）=10 060.7（元）

或：

人工费：[40×150×50%+18×150×（1+10%）]×（1+9%）=6 507.3（元）

机械费：[2×1 000×60%+2×800×60%+2×500×（1+10%）]×（1+9%）=3 553.4（元）

小计：6 507.3+3 553.4=10 060.7（元）

（2）事件3应被批准的费用索赔：

（20×4×150×50%+4×1 200×60%）×（1+9%）=9 679.2（元）

或：

人工费：20×4×150×50%×（1+9%）=6 540（元）

机械费：4×1 200×60%×（1+9%）=3 139.2（元）

小计：6 540+3 139.2=9 679.2（元）

（3）应被批准的费用索赔总计为：4 578+5 482.7+9 679.2=19 739.9（元）

算法二：

人工费用索赔额：

［（40＋20×4）×150×50％＋18×150×（1＋10％）］×（1＋9％）＝13 047.3（元）

机械费用索赔额：

［（1 000＋800）×2×60％＋1 200×4×60％＋2×500×（1＋10％）］×（1＋9％）＝6 692.6（元）

应被批准的费用索赔总计为：13 047.3＋6 692.6＝19 739.9（元）

问题 4：

（1）实际进度前锋线如图 5-10 中点划线所示。

（2）工作 F 进度拖延 20 天，可能使工期延误 10 天。

工作 G 进度无拖延，对工期无影响；

工作 H 进度拖延 10 天，对工期无影响。

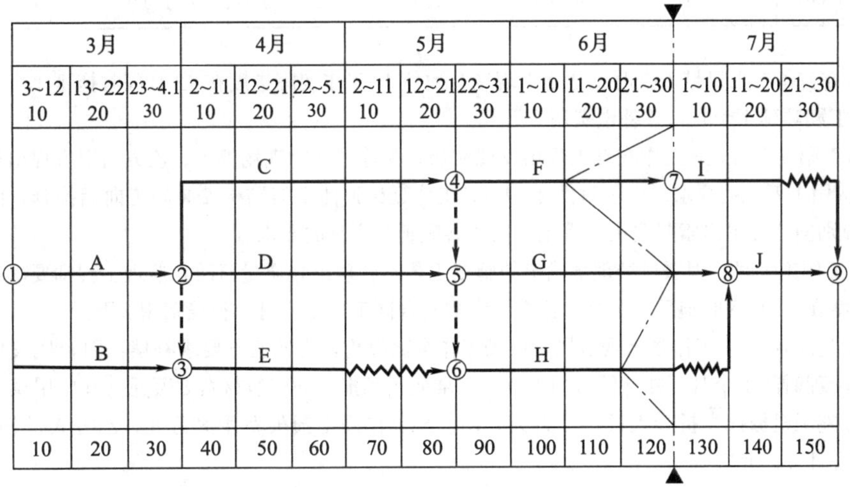

图 5-10　施工进度计划图

案例七

某单位（甲方）与施工公司（乙方）签订了厂房施工合同，合同签订后乙方将厂房钢架结构吊装分包给安装公司（丙方，网络图中为 I 子项工作），甲方与乙方共同确定了施工方案与进度计划（图 5-11）（合同中规定：窝工降效系数为 50％，本例中各项费用均含规费税金）。

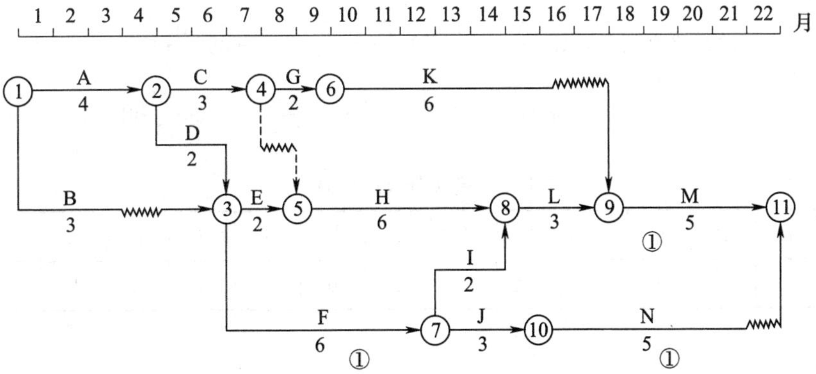

图 5-11　某工程时标网络计划图

1. 按进度计划K工作施工0.5个月后，业主方要求修改设计新增工程量300m³，K工作停工2.5个月（混凝土工程），乙方向甲方提出索赔清单如表5-14所示。

表5-14　索赔清单表

内容	数量	费用计算	备　　注
新增工程量	300m³	300×200=60 000（元）	混凝土工程量单价200元/m³，原计划工程量为600m³
机械闲置	60台班	60×100=6 000（元）	台班费100元/台班，自有设备台班折旧费为60元
人工窝工	1 800工日	1 800×28=50 400（元）	工日费：28元/工日
机上人工费	60工日	50×60=3 000（元）	机上人工费：50元/工日

2. 乙方自备施工机械未按时到达施工现场，致使H工作实际进度在12月底时拖延1个月，乙方要求合同工期顺延1个月，并补偿费用2万元。

3. 施工第9个月，F工作在施工现场发现文物，为保护文物现场停工，乙方向甲方提出补偿工期1个月，费用1万元的要求。由于事件3、4，F工作延误致使钢架结构安装施工向后拖延，丙方就事件3、4分别向乙方提出索赔费用1万元，工期共顺延2个月的要求。

4. F工作施工时，因项目经理部确定的施工工艺不合理出现质量事故，监理工程师要求返工，工作实际进度在12月底时拖后1个月，乙方要求顺延合同工期1个月，补偿费用2万元。

5. 开工后第20个工作月出现台风，现场工作全部停止，为此乙方要求补偿：因台风破坏施工现场的现场清理时间1个月，并补偿费用4万元；堆放料场损失的建筑材料8万元（其中甲供材料3万元），乙方施工机械损失折合人民币2万元，M、N工作停工损失费用8万元，乙方人员伤亡事故、医疗费用合计6万元。

问题：

1. 确定施工进度计划（时标网络图）的关键线路，计算各项工作 *TF*。
2. K、H、F三项工作施工过程中出现上述事件如何处理？
3. 因台风造成的工程损失费用应如何向施工单位进行补偿？
4. 该工程的实际工期为多少？

答案：

问题1：

网络计划中关键线路有两条：①$\xrightarrow[4]{A}$②$\xrightarrow[2]{D}$③$\xrightarrow[2]{E}$⑤$\xrightarrow[6]{H}$⑧$\xrightarrow[3]{L}$⑨$\xrightarrow[5]{M}$⑪

或①$\xrightarrow[4]{A}$②$\xrightarrow[2]{D}$③$\xrightarrow[6]{F}$⑦$\xrightarrow[2]{I}$⑧$\xrightarrow[3]{L}$⑨$\xrightarrow[5]{M}$⑪

表5-15　各工作 *TF* 计算表/月

工序代号	A	B	C	D	E	F	G	H	I	J	K	L	M	N
TF	0	3	1	0	0	0	2	0	0	1	2	0	0	1

问题2：

事件1：甲方责任，发生在非关键工作，该工序总时差为2个月。新增工程量增加费用60 000元应补偿。由于新增工程量 $300m^3$ 实际需增加工作时间 3 个月，由于 $TF=2$，所以应补偿工期 1 个月。机械闲置属于窝工，不应按台班费计算，应按折旧费计算，计算公式为 60×60=3 600（元）。人工窝工应按降效处理，不应按原人工费单价计算，计算公式为 50 400×0.5=25 200（元）。机上工作人员人工费已完全含在台班费内，不应单独索赔。

综合计算应补偿工期 3.5 个月，补偿费用 88 800 元。

事件 2：属乙方责任，工期与费用均不补偿。

事件 3：按目前有关规定，发现文物时甲方应补偿相关费用 1 万元，顺延工期 1 个月。按照因果关系递推，丙方可以向乙方就事件 3、4 提出索赔要求，应由乙方向丙方补偿费用 2 万元，顺延合同工期 2 个月（F、I 工作均为关键工作）。

事件 4：属乙方责任，工期与费用均不补偿。

问题 3：

台风属于不可抗力责任，按规定甲方应同意补偿合同工期 1 个月，而应补偿现场清理费用 4 万元（M 为关键工序，N 为非关键工作 $TF=2$），现场材料费 5 万元，合计 9 万元。乙方施工机械损失费、停工损失费、伤亡医疗费不予补偿。

问题 4：

在事件 1 中，增加工程量的责任由甲方承担，应给予工期及费用补偿。原计划工程量为 $600m^3$，对应工期为 6 个月，故新增工程量 $300m^3$，对应工期按照 3 个月计算。事件发生后，K 工作持续时间变为 9 个月，此时①$\xrightarrow[4]{A}$②$\xrightarrow[3]{C}$④$\xrightarrow[2]{G}$⑥$\xrightarrow[9]{K}$⑨$\xrightarrow[5]{M}$⑪成为新的关键线路，总工期为 23 个月。K 工作因为甲方增加工程量停工 2.5 个月，此时在关键线路上，故应给予补偿，实际工期为 25.5 个月。

在事件 5 中，第 19 个月出现台风，此时正在进行的工作有关键线路上的 M 工作和非关键线路上的 N 工作。发生不可抗力，工期应给予顺延，M 工作为关键工作，故补偿 1 个月工期。

实际工期由原计划的 22 个月增加为 26.5 个月。

难 题 解 析

案例一

某住宅建设项目，建设单位与甲、乙两家施工单位分别签订了土建工程施工合同和幕墙专业工程施工合同，合同工期分别为 120 天和 60 天。经各方协商确认和总监理工程师审核批准的施工总进度计划如图 5-12 所示。其中，工作 A1～A10 属于甲施工单位的施工任务；工作 B1、B2 属于乙施工单位的施工任务。已知该计划中各项工作均按最早开始时间安排且匀速施工。

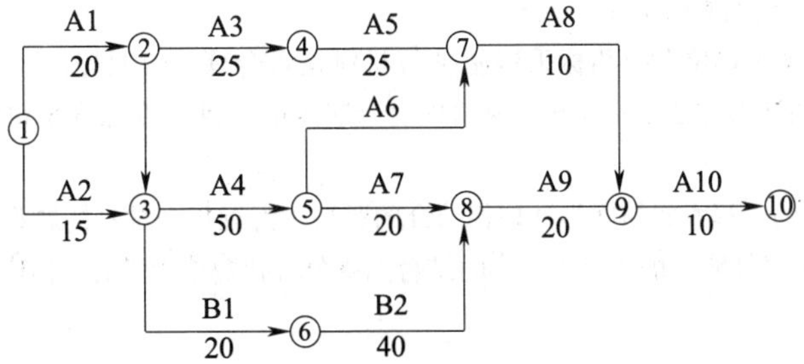

图 5-12 施工总进度计划（单位：天）

合同约定管理费和利润按照人材机费用之和的20%计取，规费和税金按人材机费用、管理费和利润之和的11%计取，各分部分项工程施工均产生相应的措施费，措施费按其相应工程费的30%计取（无特殊说明的，费用计算时均按照不含税价格考虑）。对工程量清单中采用材料暂估价格确定的综合单价，如果该种材料实际采购价格与暂估价格不符，以直接在综合单价上增减材料价差的方式调整。

工程实施过程中发生如下事件：

事件1：工作A2施工后，甲施工单位发现基坑底部实际地质情况与建设单位提供的原始资料中载明的地质条件不符，甲施工单位根据现场条件情况，立即重新修改完成专项施工方案，并履行了相关手续，造成甲施工单位停工10天，增加分项工程人材机费5万元。甲施工单位就此向项目监理机构提出工程延期10天的索赔申请。

事件2：受到工作A2实际进度拖后的影响，工作B1未能按原计划开始施工，造成乙施工单位人员窝工、机械闲置窝工费20万元。为此，乙施工单位通过项目监理机构向甲施工单位提出补偿费用损失的索赔要求，并申请工程延期10天。

事件3：施工招标时，工程量清单中Φ25规格的带肋钢筋材料单价为暂估价，暂估单价3 500/t，数量260t，施工单位按照合同约定组织招标，以3 600元/t的价格采购该批钢筋并得到建设单位确认。施工使用该材料130t，进行结算时，施工单位提出：材料实际采购价比暂估材料价格增加了2.86%，所以该项目的结算综合单价应增加2.86%，调整内容见表5-16。已知该项目的钢筋主材损耗率为2%。

表5-16 分部分项工程量综合单价调整表

序号	项目编号	项目名称	已标价清单综合单价/元					调整后综合单价/元				
			综合单价	其中				综合单价	其中			
				人工费	材料费	机械费	管理费和利润		人工费	材料费	机械费	管理费和利润
1	…	带肋钢筋Φ25	4 856.64	346.52	3 639.52	61.16	809.44	4 995.54	356.43	3 743.61	62.91	832.59

问题：

1. 确定图5-12所示施工总进度计划中的关键线路、工作B1的总时差和自由时差。

2. 事件1中，项目监理机构应批准工程延期多少天？请说明理由，并确定费用补偿为多少元？

3. 事件2中，工作B1的实际开始时间应延后多少天？指出乙施工单位的不妥之处，并写出正确做法，乙单位应获得的费用索赔为多少元？

4. 事件3中，由施工单位自行招标采购暂估价材料是否合理？说明理由。施工单位提出综合单价调整表（表5-16）的调整方法是否正确？说明理由。该清单项目结算综合单价应是多少？核定结算款应为多少？

［**解题要点**］本题为工程索赔与网络计划相结合的题型，为近年来常见的题型，读者解题时应掌握事件责任处理方法，按事件顺序进行分析，同时结合网络分析和费用构成的具体要求进行工程索赔。

答案：

问题1：

关键线路为A1→A4→A6→A8→A10、A1→A4→A7→A9→A10。

对应建设单位与甲单位合同，工作 B1 的总时差为 10 天，自由时差为 10 天。

问题 2：

事件 1 中，项目监理机构应批准工程延期 5 天，因为事件 1 属于非施工单位责任，并且工作 A2 总时差为 5 天，超过总时差为 5 天。

费用补偿＝50 000×（1＋20%）×（1＋30%）×（1＋11%）＝86 580（元）

问题 3：

（1）事件 2 中，工作 B1 的实际开始时间应延后 5 天。

（2）乙施工单位通过项目监理机构向甲施工单位提出，不妥。

正确做法：应通过项目监理机构向建设单位提出，乙施工单位与甲施工单位没有合同关系。

（3）申请工程延期 10 天，不妥。

正确做法：申请工程延期 5 天。因为 A2 和 B1 之间有 5 天间隔，只影响 B1 晚开始 5 天。

（4）乙单位应获得的费用索赔＝200 000×（1＋11%）＝222 000（元）。

问题 4：

（1）由施工单位自行招标采购暂估价材料不合理。

理由：应由建设单位组织招标或者经建设单位同意后由施工单位负责招标采购。

（2）施工单位提出综合单价调整表（表 5-16）的调整方法不正确。

理由：材料暂估价的差价直接在该综合单价上增减材料价差调整，不应当调整综合单价中的人工费、机械费、管理费和利润。

（3）该清单项目结算综合单价＝4 856.64＋（3 600－3 500）×（1＋2%）＝4 958.64（元）

核定结算款＝4 958.64×130×（1＋11%）＝715 531.75（元）

案例二

某工程项目，业主通过招标与甲建筑公司签订了土建工程施工合同，包括 A、B、C、D、E、F、G、H 八项工作，合同工期 360 天。业主与乙安装公司签订了设备安装施工合同，包括设备安装与调试工作，合同工期 180 天。通过相互的协调，编制了如图 5-13 所示的网络进度计划。

该工程施工过程中发生了以下事件：

事件 1：基础工程施工时，业主负责供应的钢筋混凝土预制桩供应不及时，使 A 工作延误 7 天。

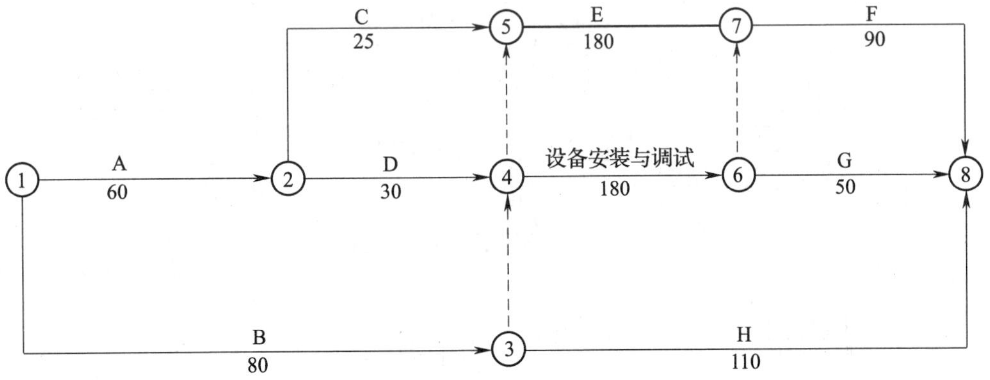

图 5-13　网络进度计划（单位：天）

事件 2：B 工作施工后进行检查验收时，发现一预埋件埋置位置有误，经核查，是由于设计图纸中预埋件位置标注错误所致。甲建筑公司进行了返工处理，损失 5 万元，且使 B 工作延误 15 天。

事件 3：甲建筑公司因人员与机械调配问题造成 C 工作增加工作时间 5 天，窝工损失 2 万元。

事件 4：乙安装公司设备安装时，因接线错误造成设备损坏，使乙安装公司安装调试工作延误 5 天，损失 12 万元。

事件 5：E、G 工序同时共用施工机械两台（其中自有设备 1 台，台班单价为 500 元；租赁设备 1 台，日租金 800 元）。E 工序原计划工程量为 18 000m³，因设计变更实际工程量为 20 700m³（合同单价 200 元/m³，实际工程量超出计划工程量 10%以上部分，单价调整系数为 0.9）。

问题：

1. 计算网络进度计划中各工序时间参数，确定关键线路。

2. 分析事件 1 至事件 5 各事件的责任方，分析业主是否应给予甲建筑公司和乙安装公司工期补偿和费用补偿。如果由于业主原因造成延期开工或工期延期，每延期 1 天补偿施工单位 6 000 元。由于施工单位造成延期开工或工期延误，每延误 1 天罚款 6 000 元。计算事件 1 至事件 4 发生时施工单位应得到的工期与费用补偿。

3. 根据事件 1 至事件 5 的背景材料绘制调整后的网络进度计划。确定 E、G 工序共用设备的正常在场时间、合理在场时间，业主应向土建公司补偿的设备台班费。计算全部工程的包含业主方责任的工期、实际工期、补偿工期。

4. 计算事件 5 发生时 E 工作的实际工程款。

5. 在施工过程中，该工程配套工程的关键线路上发生了以下几种原因引起的工期延误：

（1）由于发包人原因，设计变更后新增一项工程于 7 月 28 日至 8 月 7 日施工（新增工程款为 160 万元）；另一分项工程的图纸延误导致承包人于 8 月 27 日至 9 月 12 日停工。

（2）由于承包人原因，原计划于 8 月 5 日晨到场的施工机械直到 8 月 26 日晨才到场。

（3）由于天气原因，连续多日高温造成供电紧张，该工程所在地区于 8 月 3 日至 8 月 5 日停电，另外，该地区于 8 月 24 日晨至 8 月 28 日晚下了特大暴雨。

上述事件发生后，配套工程实际延误多少天？甲方应补偿合同工期多少天？

［**解题要点**］本例是工程索赔类题型中的难点题型，涉及多单位同场作业相互影响索赔责任分析，多工序共用设备网络调整，多事件同一时间发生责任分析。例题中将工程索赔与网络分析相结合，工期补偿与费用索赔相结合进行责任分析。

答案：

问题 1：

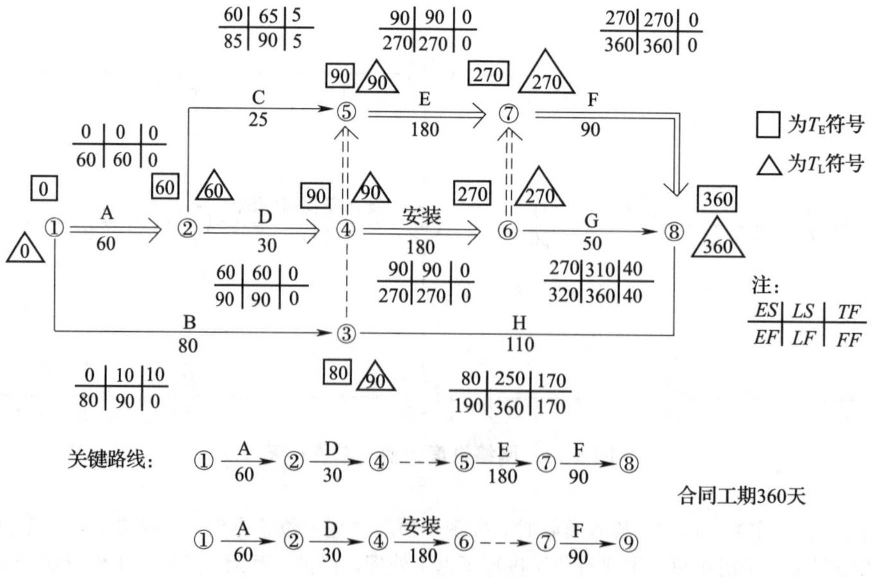

图 5-14　网络进度计划

问题2：

事件1：业主钢筋混凝土预制桩供应不及时，造成A工作延误，因为A工作是关键工作，业主应给甲公司补偿工期和相应费用（补偿工期7天，补偿费用4.2万元）。

事件2：业主应顺延乙公司的开工时间和补偿相关费用。

因设计图纸错误导致甲公司返工处理，由于B工作是非关键工作，因为已经对A工作补偿工期，B工作延误的15天，在其总时差范围以内，故不给予甲公司工期补偿，但应给甲公司补偿相应的费用（5万元）。

因对乙公司不造成影响，故不应给乙公司工期和费用补偿。

事件3：由于甲公司原因使C工作延长，不给予甲公司工期和费用补偿。

因未对乙公司造成影响，业主不对乙公司补偿。

事件4：由于乙公司的错误造成总工期延期与费用损失，业主不给予乙公司工期和费用补偿。

由此引起的对甲公司的工期延误和费用损失，业主应给予补偿（补偿工期5天，补偿费用3万元）。

事件5：E工作由于业主方原因设计变更增加工程量，业主方应按增加工程量部分补偿工程费用。E工作为关键工作，原计划180天完成18 000m^3，每天计划完成100m^3，增加工程量2 700m^3，按计划进度计算增加工期27天应予补偿。

问题3：

按照原定施工计划E工作ES=90天，G工作EF=320天，共用设备正常在场时间为320－90=230（天）。

由于业主方责任A、B工作时间延长，E工作ES=97天，持续时间为207天。G工作最早开始使用机械时间为第304天，G工作持续时间为50天，故G工作最早结束使用该机械的时间为第354天。

共用设备在场时间调整为257天，增加27天，应向业主方索赔机械使用费=（500＋800）×27=35 100（元）。

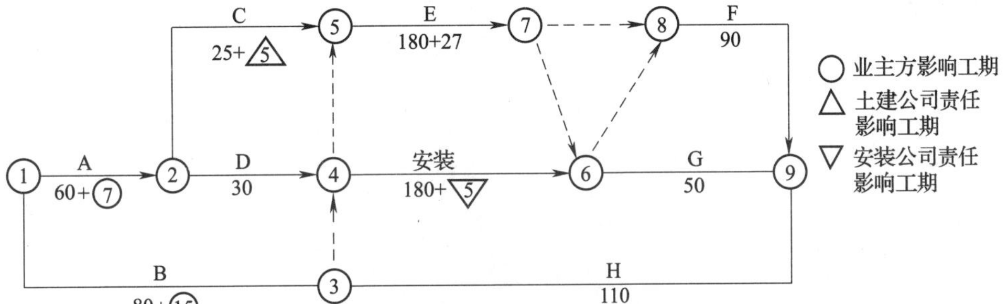

图5-15　调整后的网络进度计划

由于调整后网络图中E工作仍为关键工作，因此共用在场时间不能拖延，按第97天开始使用共用设备即为合理时间。

原计划工期为360天，包含业主方责任的工期为394天，包含业主方责任和公司方责任的工期仍为394天，实际总工期也是394天。

问题4：

事件5发生后，E工作实际工程款=（20 700－18 000×1.1）×200×0.9＋18 000×1.1×200

=162 000＋3 960 000

=4 122 000（元）

问题5：

配套工程的实际工期延误为47天，应批准的延长工期为32天。其中，新增工程属于业主应承担的责任，应批准工期延长 11 天（7 月 28 日至 8 月 7 日）。

图纸延误属于业主应承担的责任，应批准延长工期为 15 天（8 月 29 日至 9 月 12 日）。

停电属于业主应承担的责任，应批准延长工期为 3 天。

施工机械延误属于承包商责任，不予批准延长工期。

特大暴雨造成的工期延误属于业主应承担的风险范围，但 8 月 24 日～8 月 25 日属于承包商机械未到场延误在先，不予索赔，应批准延长工期 3 天（8 月 26 日～8 月 28 日）。

第六章　工程结算与决算

考纲要求

1. 建筑安装工程合同价款结算方法；
2. 工程预付款及计算；
3. 工程进度款的计算与支付；
4. 工程价款调整方法；
5. 竣工结算的相关规定；
6. 竣工决算的内容与编制；
7. 新增资产构成及其价值确定；
8. 资金使用计划编制及投资偏差、进度偏差分析。

表 6-1　第六章历年试题结构分析

年份	工程价款结算知识点							偏差分析	备注（试题结合形式）
	计价形式	价款形成	预付款	工程量调整	质保金	动态调值	90%支付		
2010	清单计价	七项费用合成计算	工程预付款		月扣5%	综合调价系数	月全额支付	进度偏差	结合双代号时标图标示前锋线、分析压缩二期方案及费用调整
2011	清单计价	费用合成计算	工程预付款、措施预付款计算		竣工后一次扣留		90%支付		结合工程索赔事件处理、填写工程款支付申请表、设计变更处理
2012	清单计价	费用合成计算	工程预付款、安全文明施工预付款计算		竣工后一次扣留		90%支付	横道图形式确定进度偏差	结合工程变更计算实际工程款、投资额分析工程进展情况
2013	清单计价	费用合成计算	材料预付款、安全文明施工预付款计算		竣工后一次扣留		90%支付		单价、总价措施项目费分别讨论，结合工程索赔、变更计算实际工程费

续表 6-1

年份	工程价款结算知识点							偏差分析	备注（试题结合形式）
	计价形式	价款形成	预付款	工程量调整	质保金	动态调值	90%支付		
2014	清单计价	费用合成计算	工程预付款、安全文明施工预付款计算	超比例（15%）	竣工后一次扣留	材料价格超5%	90%支付		单价、总价措施项目费分别讨论，涉及设计变更、现场签证费用处理
2015	清单计价	费用合成计算	工程预付款	超比例（15%）		材料价格调整	90%支付	分析进度偏差	单价、总价措施项目费分别计算，计算拟完、已完工程计划投资
2016	清单计价	费用合成计算	工程预付款、安全文明施工预付款计算		竣工后一次扣留	材料价格调整	85%支付		采用横道图形式施工进度计划、工程量、综合单价、计划工程款
2017	清单计价	费用合成计算	预付款		竣工后一次扣留		85%支付	分析进度偏差	单价、总价措施项目费分别计算，工程增值税计算（含可抵扣），竣工结算
2018	清单计价	费用合成计算	预付款与安全文明施工费计算		竣工后一次扣留	材料价格调整	90%支付	分析进度偏差	增值税计算、竣工结算、实际总造价计算
2019	清单计价	费用合成计算	预付款与安全文明施工费计算	超比例（15%）	竣工后提供工程质量保函（保函额为竣工结算价的3%）		90%支付	分析进度偏差	单价、总价措施项目费分别计算，竣工结算、实际总造价计算
2020	清单计价	费用合成计算	预付款与安全文明施工费计算		竣工后提供工程质量保函（保函额为竣工结算价的3%）		85%支付	分析进度偏差	进项税计算，单价总价措施项目费分别计算，竣工结算、实际总造价计算

续表 6-1

年份	工程价款结算知识点							偏差分析	备注（试题结合形式）
	计价形式	价款形成	预付款	工程量调整	质保金	动态调值	90%支付		
2021	清单计价	费用合成计算	预付款与安全文明施工费计算	超比例（15%）	竣工后提供工程质量保函（保函额为竣工结算价的3%）		90%支付	投资偏差和进度偏差分析	单价、总价措施项目费分别计算，竣工结算、实际总造价计算
2022	清单计价	费用合成计算	预付款与安全文明施工费计算		竣工后提供工程质量保函（保函额为竣工结算价的3%）		80%支付	投资偏差和进度偏差分析	新技术引起的综合单价、工程量变动及措施费的调整，合同价增减额及竣工结算时，发包人应支付给承包人的一次性结清的结算款计算
2023	清单计价	费用合成计算	预付款与安全文明施工费计算		竣工后提供工程质量保函（保函额为竣工结算价的3%）	材料价格调整	85%支付	投资偏差和进度偏差分析	合同价增减额及竣工结算时，发包人应支付给承包人的一次性结清的结算款计算

考点与题型详解

考点一：施工合同价款支付与结算

考核要求	
考核要求	1. 区分三种合同计价方式的典型特点。根据试题背景材料确定合同价款，特别需要注意采用清单计价形式确定合同价款时，应符合清单计价规范的规定。 2. 施工合同价款支付的基本方式与流程。 3. 确定预付款的起扣点以及扣还计算。清单形式题型要区分材料预付款（先借后还）和措施费预付款（只取不还）的数额与运用。计算保修金的扣还。 4. 对全过程合同价款支付结算、竣工结算进行整体考核。 5. 确定在施工过程中的索赔费用，价款变更费用，非合同费用；结合支付过程的凭证限制，形象进度控制，月中支付等具体要求进行支付，对合同价款调整，结合背景材料进行定性分析与定量分析结合形式考核

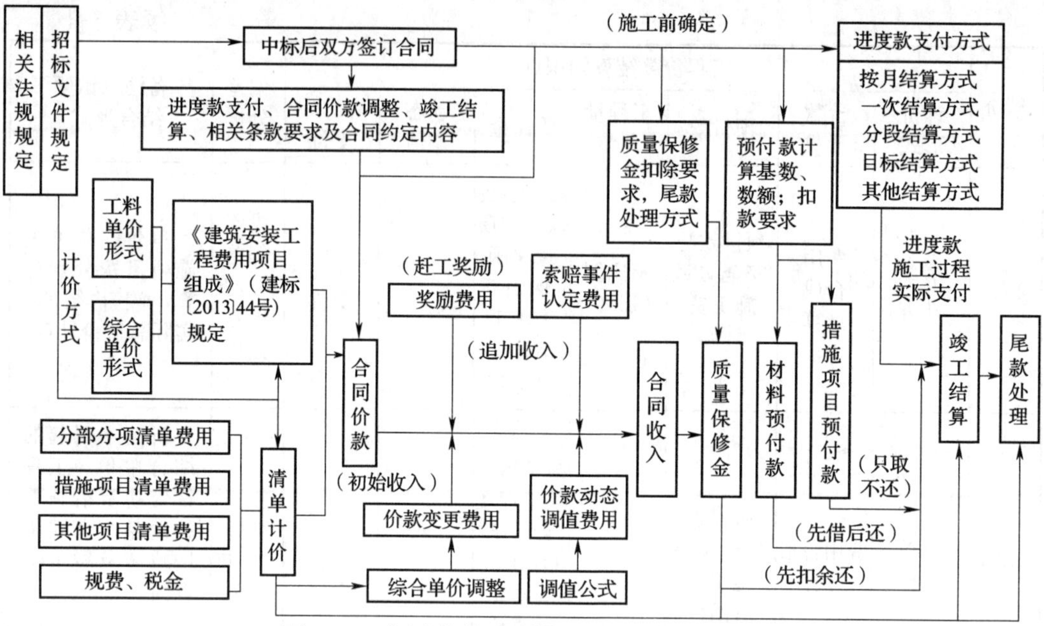

图 6-1 合同价款支付题型知识点架构图

知识要点集成

一、合同价款的形成

表 6-2 合同价款形成的相关规定

<table>
<tr><th colspan="4">主要内容</th></tr>
<tr><td rowspan="6">合同价款形成</td><td>建标〔2013〕44 号文件计价规定</td><td colspan="2">按费用构成的建筑安装工程费的计算，包括人工费、材料费、机具费、管理费、利润、规费、税金；按造价构成的建筑安装工程费的计算，包括分部分项工程费、措施项目费、其他项目费、规费、税金</td></tr>
<tr><td rowspan="5">清单计价规范规定</td><td>①分部分项工程费</td><td>等于合同工程量×分部分项工程综合单价（其中综合单价含人工费、材料费、机械费、管理费、利润）</td></tr>
<tr><td>②措施项目费</td><td>分为随工程量变化而调整部分（计算方法同①），按项计算部分（不可竞争费用为安全文明施工费）。整体构成同①</td></tr>
<tr><td>③其他项目费</td><td>分为暂列项（甲方提出），暂估价（甲方提出），计日工（甲方提出工程量，乙方独立报价），总承包服务费</td></tr>
<tr><td>④规费</td><td>构成建标〔2013〕44 号文件规定，注意计算基础一般是定额人工费或（①+②+③），也可作具体规定（不可竞争费用）</td></tr>
<tr><td>⑤税金</td><td>计税要求：税金＝（①+②+③+④）×k%（不可竞争费用）</td></tr>
</table>

续表 6-2

			人工费	材料费	机械费	管理费	利润	规费	税金	说 明
清单计价规范	含税合同价款		√	√	√	√	√	√	√	分部分项工程费、措施项目费、其他项目费的构成均为5项内容，但支付的（领取的）工程款为7项内容
	预付款		√	√	√	√	√	√	√	
	质量保证金		√	√	√	√	√	√	√	
	计价项目费	分部分项工程费	√	√	√	√	√	—	—	
		措施项目费	√	√	√	√	√	—	—	支取的返还的预付款一般以含税的（扣除暂列金额的）合同价款或分部分项工程费对应的合同价款为基数，含7项费用
		其他项目费	√	√	√	√	√	—	—	
	工程索赔	增量	√	√	√	√	√	√	√	
		窝工	√	√	√	—	—	√	√	
	分部分项工料机费用		√	√	√	—	—	—	—	清单形式索赔应注意增加工程量与窝工费用索赔区别
	措施直接费		√	√	√	—	—	—	—	
	综合单价		√	√	√	√	√	—	—	工日单价、台班单价、材料单价均为1项费用
	全费用综合单价		√	√	√	√	√	√	√	
	备注	不含税合同价＝∑计价项目费用×（1＋规费费率） 含税合同价＝不含税合同价×（1＋税率）								
计价合同类型	单价合同	单价合同是指合同当事人约定以工程量清单及其全费用综合单价进行合同价格计算、调整和确认的建设工程施工合同，在约定的范围内合同全费用综合单价不做调整。合同当事人应在专用合同条款中约定全费用综合单价包含的风险范围和风险费用的计算方法，并约定风险范围以外的合同价格的调整方法，其中因市场价格波动引起的调整按约定执行（分为固定单价合同和可调单价合同）								
	总价合同	总价合同是指合同当事人约定以施工图、已标价工程量清单或预算书及有关条件进行合同价格计算、调整和确认的建设工程施工合同，在约定的范围内合同总价不做调整。合同当事人应在专用合同条款中约定总价包含的风险范围和风险费用的计算方法，并约定风险范围以外的合同价格的调整方法，其中因市场价格波动引起的调整、因法律变化引起的调整按约定执行（分为固定总价合同和可调总价合同）								
	备注	签约合同价：[分项工程费用＋单价措施项目费用＋总价措施项目费用（包括安全文明施工费）＋（计划）计日工＋专业分包暂估价＋总承包服务费＋暂列金额]×（1＋规费费率）×（1＋税率） 说明：签约合同价又名合同价，其中各项费用均为签订合同时的计划费用								
增值税	增值税是以商品（含应税劳务）在流转过程中产生的增值额作为计税依据而征收的一种流转税，实行价外税。城市维护建设税、教育费附加为增值税的附加税。增值税应纳税额＝当期销项税额（销售额×税率）－当期进项税额。 当期进项税额为纳税人当期购进货物或接受应税劳务支付或者负担的增值税额，当期销项税额小于当期进项税额不足抵扣时，其不足部分可以结转下期继续抵扣。 在财务评价中，利润总额＝营业收入－总成本费用－增值税－增值税附加＋补贴收入。 在资本金流量表中，现金流出＝项目资本金－借款本金偿还－借款利息支付－经营成本－增值税及附加－所得税。									

续表 6-2

主要内容	
增值税	1. 纳税人身份分为小规模纳税人（建筑业年销售额在 500 万元及以下的企业）和一般纳税人（建筑业年销售额在 500 万元以上的企业）。 2. 计税方法分为简易计税方法和一般计税方法。下列情况应采取简易计税方法： 建筑业的小规模纳税人；一般纳税人实行清包工的劳务分包工程；一般纳税人为老项目（合同注明在 2016 年 4 月 30 日以前开工）提供建筑服务的工程；一般纳税人销售自产的部分地坪材料等。 除上述几种情况外，应采取一般计税方法计算增值税。 销售利用工业废渣、废料自产的某些材料（货物）免征增值税。 3. 对于建筑施工承包服务来讲，简易计税方法增值税征收税率为 3%，一般计税方法增值税征收税率为 9%。 简易计税增值税应纳税额＝不含税的销售额×税率 一般计税增值税应纳税额 { ＝不含税销售额×税率（无可抵扣进项税额） ＝销项税额－进项税额 ＝不含税销售额×税率－可抵扣进项费用×税率 ＝含税销售额/（1＋税率）－可抵扣进项费用×税率－可抵扣设备投资×税率 4. 增值税发票分为专用发票和普通发票。 不能抵扣销项税额的进项费用支出，可以索要普通发票； 能够用于抵扣销项税额的进项费用支出，可以索要专用发票，在开具之日起 180 天内认证后可以抵扣销项税额

二、预付款、质量保证金与安全文明施工费相关规定

表 6-3 预付款、质量保证金与安全文明施工费相关规定

主要内容		
预付款相关规定	预付比例	承包人应在签订合同或向发包人提供与预付款等额的预付款保函后向发包人提交预付款支付申请。发包人应在收到支付申请的 7 天内进行核实，向承包人发出预付款支付证书。签发证书的 7 天内向承包人支付预付款。预付期满后 7 天内未支付的，承包人可在期满后第 8 天起暂停施工。原则上除发、承包双方有约定之外，预付比例不低于合同金额（扣除暂列金额）的 10%，不高于 30%。重大工程项目，按年度计划逐年预付。实行工程量清单计价的工程，实体性消耗和非实体性消耗部分宜在合同中分别约定预付款比例（或金额），预付款应当用于材料、工程设备、施工设备的采购及修建临时工程、组织施工队伍进场等
	支付扣还计算要点	预付款数额＝$\dfrac{\text{年度承包工程总值}\times\text{主材比重}}{\text{年度施工天数}}$×材料储备天数（理论要求） 预付款数额＝（合同价款扣除暂列项数额）计算基数×双方约定比例（试题约定） 预付款扣还分为按比例均匀扣还和起扣点方式扣还，若合同约定：工程实施后，工程预付款从未施工工程尚需的建筑材料及设备费相当于工程预付款数额时起扣；则起扣点数额＝合同价款－$\dfrac{\text{材料预付款}}{\text{主材比重}}$；首次扣还数额＝（累计工程款－起扣点数额）×主材比重；再次扣还数额＝当月工程款×主材比重 除专用合同条款另有约定外，在颁发工程接收证书前，提前解除合同的，尚未扣完的预付款应与合同价款一并结算

续表 6-3

主 要 内 容	
质量保证金	工程项目总造价中预留一定比例的款项用于工程质量保修费用，具体计算方法由双方合同约定。可以从第一个付款周期，从进度款中按专用合同条款约定比例扣留质量保证金，直至扣留的质量保证金总额达到约定金额或比例时为止。质量保证金的计算基数不包括材料款的扣回、支付以及价格调整的金额。在约定的缺陷责任期满时，承包人向发包人申请到期应返还承包人剩余的质量保证金金额（及利息）。约定缺陷责任期满时，承包人没有完成缺陷责任的，发包人有权扣留与未履行责任剩余工作所需金额相应的质量保证金金额，并有权要求延长缺陷责任期，直到剩余工作完成为止。 清单计价形成合同价款时，扣留的质量保修金中应包括规费和税金
	质量保证金的扣留有以下四种方式： (1) 在支付工程进度款同时逐次扣留，在此情形下，质量保证金的计算基数不包括预付款的支付、扣回以及价格调整的金额； (2) 工程竣工结算时一次性扣留质量保证金总额； (3) 承包人向发包人提供所在开户银行出具的工程质量保函，保函额为竣工结算价的 3%（目前试题中采用此种方式）； (4) 双方约定的其他扣留方式。 保修期是指承包人按合同约定对工程承担保修责任的期限，从工程竣工验收合格之日起计算。 缺陷责任期自实际竣工日期起计算，合同当事人应在专用合同条款约定缺陷责任期的具体期限，是指承包人按约定承担修复的义务，但该期限最长不超过 24 个月。 单位工程先于全部工程进行验收，经验收合格并交付使用的，该单位工程缺陷责任期自单位工程验收合格之日起算。因发包人原因导致工程无法按合同约定期限进行竣工验收的，缺陷责任期自承包人提交竣工验收申请报告之日起开始计算；发包人未经竣工验收擅自使用工程的，缺陷责任期自工程转移占有之日起开始计算
安全文明施工费	安全文明施工费属于措施项目费，由发包人承担，计算基数按双方合同约定（一般按省级机构发布的费率要求）执行，发包人不得以任何形式扣减该部分费用。如果基准日期后合同所适用的法律或政府有关规定发生变化，增加的安全文明施工费由发包人承担。 承包人经发包人同意采取合同约定以外的安全措施所产生的费用由发包人承担。未经发包人同意的，如果该措施避免了发包人的损失，则发包人在避免损失的额度内承担该措施费。如果该措施避免了承包人的损失，由承包人承担该措施费。 除专用合同条款另有约定外，发包人应在开工后 28 天内预付当年应付安全文明施工费总额的 60%，其余部分与进度款同期发付。发包人逾期支付安全文明施工费超过 7 天的，承包人有权向发包人发出要求预付的催告通知，发包人收到通知后 7 天内仍未支付的，承包人有权暂停施工，并按发包人违约的情形执行

三、进度款相关规定

表 6-4 进度款计算与支付的相关规定

<table>
<tr><th colspan="3">主 要 内 容</th></tr>
<tr><td rowspan="2">概述</td><td colspan="2">进度款是指承包商当月完成的全部工程款，包括分项工程款，措施项目、专业工程、计日工、变更、索赔调整的价款</td></tr>
<tr><td colspan="2">发承包双方应在合同条款中对下列事项进行约定：
（1）预付工程款的数额、支付时间及抵扣方式；
（2）安全文明施工措施费的支付计划，使用要求等；
（3）工程计量与支付工程进度款的程序方式、比例及时间；
（4）工程价款的调整因素、方法、程序、支付比例及时间；
（5）施工索赔与现场签证的程序、金额确认与支付时间；
（6）承担计价风险的内容、范围以及超出的调整办法；
（7）工程竣工价款结算编制与核对、支付及时间；
（8）工程质量保证金的数额、扣还方式及时间；
（9）违约责任以及发生工程价款争议的解决程序方法及时间；
（10）与履行合同、支付价款有关的其他事项等</td></tr>
<tr><td rowspan="2">进度款支付规定</td><td>支付时间与要求</td><td>发包人应在收到承包人的工程进度款支付申请后 14 天内核对完毕。否则，从第 15 天起承包人递交的工程进度款支付申请视为被批准。发包人应在批准工程进度款支付申请的 14 天内，向承包人按不低于计量工程价款的 60%，不高于计量工程价款的 90%支付工程进度款</td></tr>
<tr><td>支付方式</td><td>按照双方合同约定，支付方式可以按月结算与支付，一次性结算与支付（一般是工期在 1 年之内，合同价款 100 万元以内的项目），分段结算与支付。在具体支付过程中可采用月中预支、凭证限制与支付比例限制等方法。应注意，施工过程非承包方原因给承包方造成损失的索赔费用，在认定月与当月结算的工程款同期支付。应注意区分签证进度款与签发进度款、应得工程款与应发工程款、某月工程价款与应支付工程价款、已完工程款与应支付工程款的含义</td></tr>
<tr><td>进度款计算</td><td>工程量偏差</td><td>施工合同履行期间，若应予计算的实际工程量与招标工程量清单列出的工程量出现偏差，或者因工程变更等非承包人原因导致工程量偏差，该偏差对工程量清单项目的综合单价将产生影响，是否调整综合单价以及如何调整，发承包双方应当在施工合同中约定。合同中没有约定或约定不明的，可以按以下原则办理：
（1）综合单价的调整原则。当应予计算的实际工程量与招标工程量清单出现偏差（包括因工程变更等原因导致的工程量偏差）超过 15%时，对综合单价的调整原则为：当工程量增加 15%以上时，其增加部分的工程量的综合单价应予调低；当工程量减少 15%以上时，减少后剩余部分的工程量的综合单价应予调高。至于具体的调整方法，可参见下列公式：</td></tr>
</table>

续表 6-4

<table>
<tr><th colspan="3">主 要 内 容</th></tr>
<tr><td rowspan="3">进度款计算</td><td>工程量偏差</td><td>①当 $Q_1>1.15Q_0$ 时：
$$S=1.15Q_0\times P_0+(Q_1-1.15Q_0)\times P_1$$
②当 $Q_1<0.85Q_0$ 时：
$$S=Q_1\times P_1$$
式中：S——调整后的某一分部分项工程费结算价；
Q_1——最终完成的工程量；
Q_0——招标工程量清单列出的工程量；
P_1——按照最终完成工程量重新调整后的综合单价；
P_0——承包人在工程量清单中填报的综合单价。
（2）如果工程量出现超过15％的变化，且该变化引起相关措施项目相应发生变化时，按系数或单一总价方式计价的，工程量增加的措施项目费调增，工程量减少的措施项目费调减</td></tr>
<tr><td>分项工程款</td><td>1. 人工费调整额：人工用量 $\times\dfrac{P_1-P_0}{10\ 000}\times$（1＋管理费率）×（1＋利润率）×（1＋规费费率）×（1＋税率）［P_1 为调整后单价（单位：元/工日），P_0 为调整前单价（单位：元/工日）］。
工日单价具有政策性，是由当地工程造价管理机构统一发布的。依据《建设工程工程量清单计价规范》第 3.4.2 条，人工单价调价风险由发包人承担，承包人不承担该风险。
因非承包人原因导致工期延误的，计划进度日期后续工程的价格应采用计划进度日期与实际进度日期两者的较高者；因承包人原因导致工期延误的，计划进度日期后续工程的价格应采用计划进度日期与实际进度日期两者的较低者。
2. 施工机械台班单价或施工机械使用费发生变化超过省级或行业建设主管部门或其授权的工程造价管理机构规定的范围时，按规定调整合同价格。
3. 材料价格调整。
（1）材料价格上涨的风险承担原则是，承包商投标自报材料价格，购买价上涨风险，承包商有限承担，即承包商在投标时对材料的报价的风险，其幅度在±5％以内的应由承包商承担，超过±5％以上的部分应由业主承担；
（2）业主规定招标暂估价的材料购买价格上涨风险由业主完全承担，即按实际购买价格结算。
材料费调整额：材料用量 $\times\dfrac{P_1-P_0\times(1+5\%)}{10\ 000}\times$（1＋管理费率）×（1＋利润率）×（1＋规费费率）×（1＋税率）</td></tr>
<tr><td>措施项目费的调整</td><td>工程变更引起施工方案改变并使措施项目发生变化时，承包人提出调整措施项目费的，应事先将拟实施的方案提交发包人确认，并应详细说明与原方案措施项目相比的变化情况。拟实施的方案经发承包双方确认后执行，并应按照下列规定调整措施项目费：
（1）安全文明施工费应按照实际发生变化的措施项目调整，不得浮动；
（2）采用单价计算的措施项目费，应按照实际发生变化的措施项目调整，根据前述已标价工程量清单项目的规定确定单价；</td></tr>
</table>

续表 6-4

主要内容		
进度款计算	措施项目费的调整	(3) 按总价（或系数）计算的措施项目费，按照实际发生变化的措施项目调整，但应考虑承包人报价浮动因素，即调整金额按照实际调整金额乘以承包人报价浮动率计算。 承包人报价浮动率可按下列公式计算： ①招标工程： 承包人报价浮动率 L＝（1－中标价/最高投标限价）×100% ②非招标工程： 承包人报价浮动率 L＝（1－报价值/施工图预算）×100% 如果承包人未事先将拟实施的方案提交给发包人确认，则视为工程变更不引起措施项目费的调整或承包人放弃调整措施项目费的权利
	其他项目费调整	暂列金额是指招标人在工程量清单中暂定并包括在合同价款中的一笔款项。用于工程合同签订时尚未确定或者不可预见的所需材料、工程设备、服务的采购，施工中可能发生的工程变更、合同约定调整因素出现时的合同价款调整以及发生的索赔、现场签证等确认的费用。已签约合同价中的暂列金额由发包人掌握使用。发包人按照合同的规定做出支付后，如有剩余，则暂列金额余额归发包人所有。 因发包人原因导致暂估价合同订立和履行迟延的，由此增加的费用和（或）延误的工期由发包人承担，并支付承包人合理的利润。因承包人原因导致暂估价合同订立和履行迟延的，由此增加的费用和（或）延误的工期由承包人承担。 （专业分包工程）总承包服务费调整额： （专业分包工程实际费用－专业分包工程计划费用）×相应费率×（1＋规费费率）×（1＋税率） （甲供材料设备）总承包服务费调整额： （甲供材料设备实际费用－甲供材料设备计划费用）×相应费率×（1＋规费费率）×（1＋税率）
	规费与税金	除工程内容的变更或增加，承包人可以列入相应增加的规费与税金。其他情况一般不能索赔
	赶工补偿	1. 工程发包时，招标人应当依据相关工程的工期定额合理计算工期，压缩的工期天数不得超过定额工期的20%，将其量化。超过者，应在招标文件中明示增加赶工费用。 2. 工程实施过程中，发包人要求合同工程提前竣工的，应征得承包人同意后与承包人商定采取加快工程进度的措施，并应修订合同工程进度计划。发包人应承担承包人由此增加的提前竣工（赶工补偿）费用。 3. 发承包双方应在合同中约定提前竣工每日历天应补偿额度，此项费用应作为增加合同价款列入竣工结算文件中，应与结算款一并支付。 赶工费用主要包括：①人工费的增加，例如新增加投入人工的报酬，不经济使用人工的补贴等；②材料费的增加，例如可能造成不经济使用材料而损耗过大，材料提前交货可能增加的费用以及材料运输费的增加等；③机械费的增加，例如可能增加机械设备投入，不经济使用机械等

四、合同价款调整

表 6-5 合同价款调整相关知识

主 要 内 容	
概述	工程项目建设周期长，在整个建设同期内会受到多种因素的影响，《建设工程工程量清单计价规范》GB 50500—2013 参照国内外多部合同范本，结合工程建设合同的实践经验和建筑市场的交易习惯，对所有涉及合同价款调整、变动的因素或其范围进行了归类，主要包括五大类：一是法规变化类（法律法规变化）；二是工程变更类（工程变更、项目特征不符、工程量清单缺项、工程量偏差、计日工）；三是物价变化类（物价变化、暂估价）；四是工程索赔类（不可抗力、提前竣工、索赔等）；五是其他类（现场签证等）
法律法规变化	施工合同履行过程中经常出现法律法规变化引起的合同价格调整问题。 招标工程以投标截止日前 28 天，非招标工程以合同签订前 28 天为基准日，其后因国家的法律、法规、规章和政策发生变化引起工程造价增减变化的，发承包双方应当按照省级或行业建设主管部门或其授权的工程造价管理机构据此发布的规定调整合同价款。 但因承包人原因导致工期延误的，按上述规定的调整时间，在合同工程原定竣工时间之后，合同价款调增的不予调整，合同价款调减的予以调整。 此外，如果承发包双方在商议有关合同价格和工期调整时无法达成一致的，双方可以在合同中约定由总监理工程师承担商定与确定的组织和实施责任
项目特征描述	《建设工程工程量清单计价规范》GB 50500—2013 中规定： （1）发包人在招标工程量清单中对项目特征的描述，应被认为是准确和全面的，并且与实际施工要求相符合。承包人应按照发包人提供的招标工程量清单，根据其项目特征描述的内容及有关要求实施合同工程，直到项目被改变为止。 （2）承包人应按照发包人提供的设计图纸实施工程合同，若在合同履行期间出现设计图纸（含设计变更）与招标工程量清单任一项目的特征描述不符，且该变化引起该项目的工程造价增减变化的，应按照实际施工的项目特征，按规范中工程变更相关条款的规定重新确定相应工程量清单项目的综合单价，并调整合同价款
工程变更	除专用合同条款另有约定外，合同履行过程中发生以下情形的，应按照本条约定进行变更： （1）增加或减少合同中任何工作，或追加额外的工作； （2）取消合同中任何工作，但转由他人实施的工作除外； （3）改变合同中任何工作的质量标准或其他特性； （4）改变工程的基线、标高、位置和尺寸； （5）改变工程的时间安排或实施顺序
	除专用合同条款另有约定外，变更估价按照以下约定处理： （1）已标价工程量清单或预算书有相同项目的，按照相同项目单价认定；

续表 6-5

主要内容	
工程变更	（2）已标价工程量清单或预算书中无相同项目，但有类似项目的，参照类似项目的单价认定； （3）变更导致实际完成的变更工程量与已标价工程量清单或预算书中列明的该项目工程量的变化幅度超过15%的，或已标价工程量清单或预算书中无相同项目及类似项目单价的，按照合理的成本与利润构成的原则，由合同当事人商定或确定变更工作的单价。 《建设工程工程量清单计价规范》GB 50500—2013 对这部分的规定如下： （1）合同履行期间，由于招标工程量清单中缺项，新增分部分项工程量清单项目的，应按照规范中工程变更相关条款确定单价，并调整合同价款； （2）新增分部分项工程量清单项目后，引起措施项目发生变化的，应按照规范中工程变更相关规定，在承包人提交的实施方案被发包人批准后调整合同价款； （3）由于招标工程量清单中措施项目缺项，承包人应将新增措施项目实施方案提交发包人批准后，按照规范相关规定调整合同价款
暂列金额	暂列金额是指招标人在工程量清单中暂定并包括在合同价款中的一笔款项。用于工程合同签订时尚未确定或者不可预见的所需材料、工程设备、服务的采购，施工中可能发生的工程变更、合同约定调整因素出现时的合同价款调整以及发生的索赔、现场签证确认等的费用。投标人需要直接将招标工程量清单中所列的暂列金额纳入投标总价，并且不需要在所列的暂列金额以外再考虑任何其他费用。 已签约合同价中的暂列金额由发包人掌握使用。发包人按照合同的规定作出支付后，如有剩余，则暂列金额余额归发包人所有
暂估价的确定	暂估价专业分包工程、服务、材料和工程设备的明细由合同当事人在专用合同条款中约定。 对于依法必须招标的暂估价项目，由承包人招标，对该暂估价项目的确认和批准按照以下约定执行： （1）承包人应当根据施工进度计划，在招标工作启动前14天将招标方案通过监理人报送发包人审查，发包人应当在收到承包人报送的招标方案后7天内批准或提出修改意见。承包人应当按照经过发包人批准的招标方案开展招标工作； （2）承包人与供应商、分包人在签订暂估价合同前，应当提前7天将确定的中标候选供应商或中标候选分包人的资料报送发包人，发包人应在收到资料后3天内与承包人共同确定中标人；承包人应当在签订合同后7天内，将暂估价合同副本报送发包人留存。 对于依法必须招标的暂估价项目也可以由发包人和承包人共同招标确定暂估价供应商或分包人的，承包人应按照施工进度计划，在招标工作启动前14天通知发包人，并提交暂估价招标方案和工作分工。发包人应在收到后7天内确认。确认中标人后，由发包人、承包人与中标人共同签订暂估价合同

续表 6-5

<table>
<tr><th colspan="2">主 要 内 容</th></tr>
<tr><td rowspan="2">市场价格波动引起工程款调值的方式</td><td>第 1 种方式：采用价格指数进行价格调整。
因人工、材料和设备等价格波动影响合同价格时，根据专用合同条款中约定的数据，按以下公式计算差额并调整合同价格：
$$\Delta P=P_0\left[A+\left(B_1\times\frac{F_{t1}}{F_{01}}+B_2\times\frac{F_{t2}}{F_{02}}+B_3\times\frac{F_{t3}}{F_{03}}+\cdots+B_n\times\frac{F_{tn}}{F_{0n}}\right)-1\right]$$
式中：ΔP——需调整的价格差额；
P_0——约定的付款证书中承包人应得到的已完成工程量的金额。此项金额应不包括价格调整、不计质量保证金的扣留和支付、预付款的支付和扣回。约定的变更及其他金额已按现行价格计价的，也不计在内；
A——定值权重（即不调部分的权重）；
B_1，B_2，B_3，…，B_n——各可调因子的变值权重（即可调部分的权重），为各可调因子在签约合同价中所占的比例；
F_{t1}，F_{t2}，F_{t3}，…，F_{tn}——各可调因子的现行价格指数，指约定的付款证书相关周期最后一天的前 42 天的各可调因子的价格指数（试题中有时表述为双方签订合同时的价格指数）；
F_{01}，F_{02}，F_{03}，…，F_{0n}——各可调因子的基本价格指数，指基准日期的各可调因子的价格指数</td></tr>
<tr><td>第 2 种方式：采用造价信息进行价格调整。
单价和采购数量应由发包人审批，发包人确认需调整的材料单价及数量，作为调整合同价格的依据。
1. 人工单价发生变化且符合省级或行业建设主管部门发布的人工费调整规定，合同当事人应按省级或行业建设主管部门或其授权的工程造价管理机构发布的人工费等文件调整合同价格，但承包人对人工费或人工单价的报价高于发布价格的除外。
2. 材料、工程设备价格变化的价款调整按照发包人提供的基准价格，按以下风险范围规定执行：
（1）承包人在已标价工程量清单或预算书中载明材料单价低于基准价格的：除专用合同条款另有约定外，合同履行期间材料单价涨幅以基准价格为基础超过 5%时，或材料单价跌幅以在已标价工程量清单或预算书中载明材料单价为基础超过 5%时，其超过部分据实调整。
（2）承包人在已标价工程量清单或预算书中载明材料单价高于基准价格的：除专用合同条款另有约定外，合同履行期间材料单价跌幅以基准价格为基础超过 5%时，材料单价涨幅以在已标价工程量清单或预算书中载明材料单价为基础超过 5%时，其超过部分据实调整</td></tr>
</table>

五、竣工结算与其他规定

表 6-6　竣工结算相关知识

主要内容	
结算条件	工程具备以下条件的，承包人可以申请竣工验收： （1）除发包人同意的甩项工作和缺陷修补工作外，合同范围内的全部工程以及有关工作，包括合同要求的试验、试运行以及检验均已完成，并符合合同要求； （2）已按合同约定编制了甩项工作和缺陷修补工作清单以及相应的施工计划； （3）已按合同约定的内容和份数备齐竣工资料
竣工结算要求	1. 分部分项工程费应依据双方确认的工程量、合同约定的综合单价计算，如发生调整的，以发、承包双方确认调整的综合单价计算。 2. 措施项目费的计算应遵循以下原则： （1）采用综合单价计价的措施项目，应依据发、承包双方确认的工程量和综合单价计算； （2）明确采用“项”计价的措施项目，应依据合同约定的措施项目和金额或发、承包双方确认调整后的措施项目费金额计算； （3）措施项目费中的安全文明施工费应按照国家或省级、行业建设主管部门的规定计算。施工过程中，国家或省级、行业建设主管部门对安全文明施工费进行调整的，措施项目费中的安全文明施工费应做相应调整。 3. 其他项目费应按以下规定计算： （1）计日工的费用应按发包人实际签证确认的数量和合同约定的相应项目综合单价计算； （2）暂估价中的材料单价应按发、承包双方最终确认价在综合单价中调整，专业工程暂估价应按中标价或发包人、承包人与分包人最终确认价计算； （3）总承包服务费应依据合同约定金额计算，如发生调整的，以发、承包双方确认调整的金额计算； （4）索赔费用应依据发、承包双方确认的索赔事项和金额计算； （5）现场签证费用应依据发、承包双方签证资料确认的金额计算； （6）暂列金额应减去工程价款调整与索赔、现场签证金额后计算，如有余额归发包人。 4. 规费和税金应按照国家或省级、行业建设主管部门对规费和税金的计取标准计算。 5. 发、承包双方应在合同中约定提前竣工每日历天应补偿额度，此项费用应作为增加合同价款列入竣工结算文件中，应与结算款一并支付。 赶工费用主要包括：①人工费的增加，如新增加投入人工的报酬，不经济使用人工的补贴等；②材料费的增加，如可能造成不经济使用材料而损耗过大，材料提前交货可能增加的费用、材料运输费的增加等；③机械费的增加，如可能增加机械设备投入，不经济地使用机械等 实际总造价＝签约合同价＋合同执行过程中的调整额 竣工结算款＝实际总造价×（1－质保金比例）－已支付工程款－已支付工程预付款
质量保证金返还	缺陷责任期内，承包人认真履行合同约定的责任。约定的缺陷责任期满，承包人向发包人申请返还质量保证金。发包人在接到承包人返还保证金申请后，应于 14 天内会同承包人按照合同约定的内容进行核实。如无异议，发包人应当在核实后 14 天内将剩余质量保证金连同利息返还给承包人

续表 6-6

主 要 内 容	
最终结清	发包人应在签发最终结清支付证书后的 14 天内，按照最终结清支付证书列明的金额向承包人支付最终结清款。最终结清付款后，承包人在合同内享有的索赔权利也自行终止。发包人未按期支付的，承包人可催告发包人在合理的期限内支付，并有权获得延迟支付的利息
备注	承包人已完成工程款：分项工程款＋措施项目费＋专业分包工程实际费用＋实际总承包服务费＋人工费调整额＋材料费调整额＋措施项目费调整额＋计日工＋索赔 说明：承包人已完成工程款又可称为承包人应得工程款

六、全过程合同价款支付结算、竣工结算整体考核点

表 6-7　全过程合同价款支付结算、竣工结算相关知识

考核考点		计算公式	备注
价款形成	签约合同价的计算	签约合同价＝（分部分项工程费＋措施项目费＋其他项目费）×（1＋规费费率）×（1＋增值税税率） 其中：措施项目费＝∑单价措施费＋∑总价措施费 其他项目费＝暂列金额＋暂估价＋总承包服务费＋计日工	规费以分部分项工程项目费、措施项目费、其他项目费为基数；其他项目费中暂列金额默认不含规费和税金
	签约合同价中的文明施工费	按照题目中提供的计算方式计算	—
	签约合同价中的总价措施项目费用	按照题目中提供的计算方式计算	—
开工前应支付款项	工程预付款的计算	支付约定 1：发包人以签约合同价（扣除安全文明施工费和暂列金额）为基数。 工程预付款＝［（签约合同价－（安全文明施工费＋暂列金额）×（1＋规费费率）×（1＋增值税税率）］×预付率 支付约定 2：发包人以签约合同价为基数。 工程预付款＝签约合同价×预付率	1. 发包人应在开工前按合同约定支付给承包人工程预付款（材料预付款），在后期工程款中分几个月扣回。 2. 参考近五年出题方式，给出两种预付款支付方式，答题时注意审题
	安全文明施工费工程款的计算	安全文明施工费工程款＝相应费用额×（1＋规费费率）×（1＋增值税税率）×预付率×承包人应得工程款支付比例	1. 发包人按合同约定以工程款的方式支付给承包人，因此需要乘以承包人应得工程款支付比例。 2. 支付的安全文明施工费工程款与工程预付款不同，不在后期工程款中扣回

续表 6-7

考核考点		计算公式	备注
工程进度款的支付（期中支付）	工程进度款的支付（期中支付）	工程进度款＝（分项工程费＋单价措施费＋总价措施费＋其他项目费）×（1＋规费费率）×（1＋增值税税率）	根据背景资料核对分部分项工程价款、措施项目价款、其他项目价款、变更款、索赔款、甲供材料费抵扣、预付款抵扣、支付比例等内容的具体约定
偏差分析	投资偏差	投资偏差＝已完工程计划投资－已完工程实际投资 投资偏差＝已完工程量×（计划综合单价－实际综合单价）×（1＋规费费率）×（1＋增值税税率）	—
	进度偏差	进度偏差＝已完工程计划投资－拟完工程计划投资 进度偏差＝计划综合单价×（已完工程量－计划工程量）×（1＋规费费率）×（1＋增值税税率）	—
竣工结算	合同价增减额	按照题目中提供的信息，结合各事件发生后产生合同价款的增减进行计算	—
	实际总造价/竣工结算总造价	签约合同价＋签约合同价调整额或∑承包商各阶段完成的工程款	—
	竣工结算时，发包人应支付给承包人的竣工结算款/完成结清支付时应付给承包人的结算款	签约合同价＋合同价调整额－已支付工程款（包括工程预付款、安全文明施工费工程款、施工进度款）	—
质量保证金和保修费用的处理		按合同约定以实际工程结算总造价的一定比例扣留，也可以承包人所在开户银行出具保函的形式对发包人进行工程质量担保承诺，不在承包人应得工程款中扣留	

经典题型剖析

案例一

某工程项目一期工程由 A、B、C、D 四个分项工程组成，采用工程量清单招标确定中标人，合同工期 5 个月。承包费用部分数据见表 6-8。

表 6-8　承包费用部分数据

分项工程名称	计量单位	数量	综合单价
A	m^3	5 000	50 元/m^3
B	m^3	750	400 元/m^3
C	t	100	5 000 元/t
D	m^2	1 500	350 元/m^2
措施项目费	110 000 元		
其中：通用措施项目费用	60 000 元		
专用措施项目费用	50 000 元		
暂列金额	100 000 元		

合同中有关费用支付条款如下：

（1）开工前发包人向承包人支付合同价（扣除措施项目费和暂列金额）的 30%作为预付款。预付款从工程开工后的第 2 个月开始分 3 个月均摊抵扣。

（2）工程进度款按月结算，发包人按每次承包人应得工程款的 90%支付。

（3）通用措施项目工程款在开工前和预付款同时支付，专业措施项目在开工后第 1 个月末支付。

（4）分项工程累计实际完成工程量超过（或减少）计划完成工程量的 15%时，该分项工程超出部分工程量的综合单价调整系数为 0.95（或 1.05）。

（5）承包人报价管理费率取 10%（以人工费、材料费、机械费之和为基数），利润率取 7%（以人工费、材料费、机械费和管理费之和为基数）。

（6）规费综合费率为 7.5%（以分部分项工程费、措施项目费、其他项目费之和为基数），增值税税率为 9%。

（7）发包人在承包人提交竣工结算报告后 20 天内完成审查工作，并在承包人提供所在开户行出具的工程质量保函（额度为工程竣工结算总造价的 3%）后，一次性结清竣工结算款。

各月计划和实际完成工程量如表 6-9 所示。

施工过程中，4 月份发生了如下事件：

（1）发包人确认某项临时工程计日工 50 工日，综合单价 60 元/工日；所需某种材料 120m^2，综合单价 100 元/m^2；

（2）由于设计变更，经发包人确认的人工费、材料费、机械费共计 30 000 元。

问题：

1. 工程合同价为多少元？

2. 预付款、开工前发包人应拨付的措施项目工程款为多少元？

3. 1～4 月每月发包人应拨付的工程进度款各为多少元？

4. 5 月份办理竣工结算，工程实际总造价为多少元？发包人应支付给承包人的竣工结算款为多少元？

5. 二期工程总造价为 528 万元，不含进项税额的施工成本（包括人工费、材料费、施工机具费、企业管理费和规费）为 408.4 万元，施工中进项税额 42.7 万元，其中不可抵扣的进项税额为 6.1 万元。列式计算应纳增值税，计算项目的成本利润率。

表 6-9 各月计划和实际完成工程量

工程		月份				
		1	2	3	4	5
A/m^3	计划	2 500	2 500			
	实际	2 800	2 500			
B/m^3	计划		375	375		
	实际		400	500		
C/t	计划			50	50	
	实际			50	60	
D/m^2	计划				750	750
	实际				750	750

答案：

问题 1：

分部分项工程费用：5 000×50+750×400+100×5 000+1 500×350=1 575 000（元）

措施项目费：110 000 元

暂列金额：100 000 元

工程合同价：（1 575 000+110 000+100 000）×（1+7.5%）×（1+9%）=2 091 573.75（元）

问题 2：

预付款：1 575 000×（1+7.5%）×（1+9%）×30%=553 651.88（元）

开工前发包人应拨付的通用措施项目工程款：

60 000×（1+7.5%）×（1+9%）×90%=63 274.50（元）

问题 3：

(1) 第 1 个月承包人完成工程款（含专业措施项目工程款）：（2 800×50+50 000）×（1+7.5%）×（1+9%）=222 632.50（元）

第 1 个月发包人应拨付的工程款为：222 632.50×90%=200 369.25（元）

(2) 第 2 个月 A 分项工程累计实际完成工程量：2 800+2 500=5 300（m^3）

第 2 个月 A 分项工程累计计划完成工程量=2 500+2 500=5 000（m^3）

(5 300−5 000) ÷5 000=6%<15%，不进行综合单价的调整

承包人完成工程款：(2 500×50+400×400) ×（1+7.5%）×（1+9%）=333 948.75（元）

第 2 个月发包人应拨付的工程款为：333 948.75×90%−553 651.88÷3=116 003.25（元）

(3) 第 3 个月 B 分项工程累计实际完成工程量：400+500=900（m^3）

第 3 个月 B 分项工程累计计划完成工程量=375+375=750（m^3）

(900−750) ÷750=20%>15%

超过 15%部分的工程量：900−750×（1+15%）=37.5（m^3）

超过部分的工程量结算综合单价：400×0.95=380（元/m^3）

B 分项工程款：[37.5×380+（500−37.5）×400] ×（1+7.5%）×（1+9%）=233 471.19（元）

C 分项工程款：50×5 000×（1+7.5%）×（1+9%）=292 937.50（元）

承包人完成工程款：233 471.19+292 937.50=526 408.69（元）

第 3 个月发包人应拨付的工程款为：526 408.69×90%−553 651.88÷3=289 217.19（元）

(4) 第 4 个月 C 分项工程累计实际完成工程量：50+60=110（t），第 4 个月 C 分项工程累计计划完成工程量=50+50=100（m^3），(110−100) ÷100=10%<15%

承包人完成分项工程款：(60×5 000+750×350) ×（1+7.5%）×（1+9%）=659 109.38（元）

计日工费用：(50×60+120×100) ×（1+7.5%）×（1+9%）=17 576.25（元）

变更款：30 000×（1+10%）×（1+7%）×（1+7.5%）×（1+9%）=41 374.49（元）

承包人完成工程款：659 109.38+17 576.25+41 374.49=718 060.12（元）

第 4 个月发包人应拨付的工程款为：718 060.12×90%−553 651.88÷3=461 703.48（元）

问题 4：

(1) 第 5 个月承包人完成工程款：

350×750×（1+7.5%）×（1+9%）=307 584.38（元）

(2) 工程实际造价：

60 000×（1+7.5%）×（1+9%）+（222 632.50+333 948.75+526 408.69+718 660.12+307 584.38）=2 178 939.44（元）

(3) 竣工结算款：

2 178 939.44−（553 651.88+63 274.50+200 369.25+116 003.25+289 217.19+461 703.48）=494 719.89（元）

问题 5：

销项税额=528÷（1+9%）×9%=43.60（万元）

可抵扣进项税额=42.7−6.1=36.6（万元）

应纳增值税=43.60−36.6=7（万元）

不含税造价=528÷1.09=484.40（万元）

施工成本=408.4+6.1=414.5（万元）

利润=484.40−414.5=69.90（万元）

成本利润率=69.90÷414.5×100%=16.86%

案例二

某工程项目业主采用工程量清单计价方式公开招标确定了承包人甲，双方签订了工程承包合同，合同工期为 6 个月。合同中的清单项目及费用包括：分项工程项目 4 项，总费用为 200 万元，相应专业措施费用为 16 万元；安全文明施工措施费用为 6 万元；计日工费用为 3 万元；暂列金额为 12 万元；

特种门窗工程（专业分包）暂估价为 30 万元，总承包服务费为专业分包工程费用的 5%；规费和税金综合税率为 15%。

各分项工程项目及相应专业措施费用、施工进度，见表 6-10。

表 6-10 分项工程项目及相应专业措施费用、施工进度表

分项工程项目名称	分项工程项目及相应专业措施费用/万元		施工进度/月					
	项目费用	措施费用	1	2	3	4	5	6
A	40	2.2	—— ----	—— ----				
B	60	5.4		—— ----	—— ----	—— ----	----	
C	60	4.8			——	—— ----	—— ----	----
D	40	3.6					—— ----	—— ----

注：表中粗实线为计划作为时间，粗虚线为实际作业时间；各分项工程计划和实际作业按均衡施工考虑。

合同中有关付款条款约定如下：

1. 工程预付款为签约合同价（扣除暂列金额）的 20%，于开工之日前 10 天支付，在工期最后 2 个月的工程款中平均扣回。
2. 分项工程项目费用及相应专业措施费用按实际进度逐月结算。
3. 安全文明施工措施费用在开工后的前 2 个月平均支付。
4. 计日工费用、特种门窗专业费用预计发生在第 5 个月，并在当月结算。
5. 总承包服务费、暂列金额按实际发生额在竣工结算时一次性结算。
6. 业主按每月工程款的 90%给承包商付款。
7. 发包人在承包人提交竣工结算报告后 30 天内完成审查工作，并在承包人提供所在开户行出具的工程质量保函（额度为工程竣工结算总造价的 3%）后，一次性结清竣工结算款。

问题：

1. 该工程签约合同价为多少万元？工程预付款为多少万元？
2. 列式计算第 3 个月末时的工程进度偏差，并分析工程进度情况（以投资额表示）。
3. 计日工费用、特种门窗专业费用均按原合同价发生在第 5 个月，列式计算第 5 个月末业主应支付给承包商的工程款为多少万元？
4. 在第 6 个月发生的工程变更、现场签证等费用为 10 万元，其他费用均与原合同价相同。列式计算该工程实际总造价为多少万元？发包人应支付给承包人的竣工结算款为多少万元？

（费用计算以万元为单位，结果保留三位小数）

答案：

问题 1：

签约合同价：

[200＋16＋6＋3＋12＋30×（1＋5%）]×（1＋15%）＝308.775（万元）

工程预付款：

[308.775－12×（1＋15%）]×20%＝58.995（万元）

问题 2：

第 3 个月末累计拟完工程计划投资：

[40＋2.2＋（60＋5.4）×2/3＋（60＋4.8）×1/3＋6]×（1＋15%）＝130.410（万元）

第 3 个月末累计已完工程计划投资：

[40＋2.2＋（60＋5.4）×2/4＋6]×（1＋15%）＝93.035（万元）

第 3 个月末进度偏差：

130.410－93.035＝37.375（万元）

第 3 个月末该工程进度拖延 37.375 万元。

问题 3：

第 5 个月末应支付工程款为：

$$\left[(60+5.4)\times\frac{1}{4}+(60+4.8)\times\frac{1}{3}+(40+3.6)\times\frac{1}{2}+3+30\right]\times(1+15\%)\times90\%-58.995\times\frac{1}{2}=66.499\text{（万元）}$$

问题 4：

实际总造价：

308.775－（12－10）×（1＋15%）＝306.475（万元）

或 [200＋16＋6＋3＋30×（1＋5%）＋10]×（1＋15%）＝306.475（万元）

发包人应支付给承包人的竣工结算款：306.475－[（40＋2.2）＋（60＋5.4）＋（60＋4.8）×2/3＋（40＋3.6）×1/2＋6＋3＋30）]×（1＋15%）×90%＝87.469（万元）

案例三

某工程发承包双方签订了建设工程施工合同。工期 5 个月，有关工程价款及其支付条款约定如下：

1. 工程价款：

（1）分项工程项目费合计 119.2 万元，包括 A、B、C、D 四项。清单工程量分别为 $800m^3$、$900m^2$、$1\,000m^3$、$600m^3$，综合单价分别为 280 元/m^3、380 元/m^2、434 元/m^3、320 元/m^3。分项工程造价数据与施工进度见表 6-11。

（2）总价措施项目费为分项工程项目费的 17%，其中安全文明施工费为分项工程项目费的 6.5%。安全文明施工费随计取基数调整，其他总价措施项目费不予调整。

（3）暂列金额 12 万元。

（4）上述工程费用均不包含增值税可抵扣进项税额。

（5）管理费和利润按人材机费用之和的 16%计取，规费按不含税人材机费用与管理费、利润之和的 7%计取，增值税税率为 9%。

表 6-11 分部分项工程项目费用数据与施工进度计划表

分部分项工程项目（含单价措施项目）			施工进度计划/月				
名称	工程量	综合单价	1	2	3	4	5
A	800m^3	280 元/m^3	——	——			
B	900m^2	380 元/m^2		——	——		
C	1 000m^3	434 元/m^3			——	——	
D	600m^3	320 元/m^3				——	——
每项分项工程计划进度均为匀速进度							

2. 工程款支付方面：

（1）开工前，发包人按签约合同价（扣除暂列金额和安全文明施工费）的 20%支付给承包人作为预付款（在第 2～4 月的工程款中平均扣回）。

（2）安全文明施工费工程款按签约合同价的 70%与预付款同时支付，除开工前支付的安全文明施工费以外的总价措施项目费工程款在第 1～4 月平均支付。

（3）分项工程项目工程款逐月结算。

（4）分项工程 C 所需的材料 C1 是暂估材料，使用量 1 050m^2，不含税的暂估材料投标报价为 200 元/m^2。

（5）发包人按每次承包人应得工程款的 90%支付。

（6）发包人在竣工结算报告审核完成并收到承包人提交的工程质量保函（额度为工程结算总造价的 3%）后，一次性结清竣工结算款。

3. 该工程如期开工，施工中发生了经发承包双方确认的下列事项：

（1）分项工程 B 在第 2、3、4 月分别完成 300m^2、400m^2、200m^2。

（2）分项工程 C 所需的材料 C1 含税实际采购价格为 240 元/m^2（含可抵扣进项税，税率为 13%）。

（3）分项工程 D 施工完成 40%后因变更拆除，重新施工完成。拆除分项工程 D 发生费用 1. 5 万元。

（4）其余工程内容的施工时间和价款均与原合同约定相符。

问题：

1. 该工程总价措施项目费、安全文明施工费分别为多少万元？签约合同价为多少万元？开工前发包人应支付给承包人的预付款和安全文明施工费工程款分别为多少万元？

2. 施工至第 2 个月末，承包人累计完成分部分项工程费用多少万元？发包人累计应支付给承包人的工程进度款为多少万元？进度偏差（不考虑措施项目费用的影响）为多少万元？

3. 材料 C1 实际单价与暂估单价的差异导致的合同增减额为多少万元？分项工程 D 设计变更导致的合同增减额为多少万元？

4. 该工程的竣工结算价为多少万元？竣工结算时发包人应支付给承包人的结算尾款为多少万元？（计算过程和结果有小数时，以万元为单位保留三位小数）

答案：

问题 1：

（1）总价措施项目费：119. 2×17%＝20. 264（万元）

安全文明施工费：119.2×6.5%=7.748（万元）

（2）签约合同价：（119.2+20.264+12）×（1+7%）×（1+9%）=176.652（万元）

（3）开工前发包人应支付给承包人的预付款：[176.652−（7.748+12）×（1+7%）×（1+9%）]×20%=30.724（万元）

开工前发包人应支付给承包人的安全文明施工费工程款：7.748×（1+7%）×（1+9%）×70%×90%=5.693（万元）

问题2：

（1）承包人累计完成分项工程费用：（800×280+300×380）÷10 000=33.800（万元）

（2）发包人累计应支付给承包人的工程进度款：[33.800+（20.264−7.748×70%）÷4×2]×（1+7%）×（1+9%）×90%−30.724÷3=33.026（万元）

（3）进度偏差=已完工程计划投资−拟完工程计划投资=（800×280+300×380）÷10 000×（1+7%）×（1+9%）−（800×280+900÷2×380）÷10 000×（1+7%）×（1+9%）=−6.648（万元）

进度拖后6.648万元。

问题3：

（1）材料C1不含税实际采购价格：240÷（1+13%）=212.389（元/m^2）

材料C1实际单价与暂估价的差异导致的分项工程项目费增加额：（212.389−200）×1 050×（1+16%）=1.509（万元）

材料C1实际单价与暂估价的差异导致的安全文明施工费：1.509×6.5%=0.098（万元）

材料C1实际单价与暂估价的差异导致的合同增减额：（1.509+0.098）×（1+7%）×（1+9%）=1.874（万元）

（2）分项工程D设计变更导致的合同增减额：600×40%×320×（1+7%）×（1+9%）×（1+6.5%）÷10 000+1.5×（1+7%）×（1+9%）=11.289（万元）

问题4：

（1）工程竣工结算价：176.652+1.874+11.289−12×（1+7%）×（1+9%）=175.819（万元）

（2）竣工结算时发包人应支付给承包人的结算尾款：175.819×（1−90%）=17.582（万元）

案例四

某建设项目，业主将其中一个单项工程通过工程量清单计价方式招标确定了中标单位，双方签订了施工合同，工期为6个月。每月分部分项工程项目和单价措施项目费用见表6-12。

表6-12　分部分项工程项目和单价措施项目费用表

费用名称	月份						合计
	1	2	3	4	5	6	
分部分项工程项目费用/万元	30	30	30	50	36	24	200
单价措施项目费用/万元	1	0	2	3	1	1	8

总价措施项目费用为12万元（其中安全文明施工费用6.6万元）；其他项目费用包括：暂列金额为10万元，业主拟分包的专业工程暂估价为28万元，总包服务费用按5%计算；管理费和利润以人

材机费用之和为基数计取，计算费率为8%；规费为人材机费用与管理费和利润之和的3%，增值税销项税率为9%（人材机费用与管理费均不含可抵扣的进项税）。

施工合同中有关工程款结算与支付的约定如下：

1. 开工前，业主向承包商支付预付款，包括扣除暂列金额和安全文明施工费用后的签约合同价的20%以及安全文明施工费用的60%。预付款在合同期的后3个月从应付工程款中平均扣回；

2. 开工后，安全文明施工费用的40%随工程进度款在第1个月支付，其余总价措施费用在开工后的前4个月随工程进度款平均支付；

3. 工程进度款按月结算，业主按承包商应得工程进度款的90%支付；

4. 其他项目费用按实际发生额与当月发生的其他工程款同期结算支付；

5. 当分部分项工程工程量增加（或减少）幅度超过15%时，应调整相应的综合单价，调价系数为0.9（或1.1）；

6. 施工期间材料价格上涨幅度在超过基期价格5%及以内的费用由承包商承担，超过5%以上的部分由业主承担；

7. 发包人在承包人提交竣工结算报告后28天内完成审查工作，并在承包人提供所在开户行出具的工程质量保函（额度为工程竣工结算总造价的3%）后，一次性结清竣工结算款。

施工期间，经监理人核实及业主确认的有关事项如下：

1. 第3个月发生合同外零星工作，现场签证费用4万元（含管理费和利润）；某分项工程因设计变更增加工程量20%（原清单工程量400m^3，综合单价180元/m^3），增加相应单价措施费用1万元，对工期无影响；

2. 第4个月业主的专业分包工程完成，实际费用22万元；另有某分项工程的某种材料价格比基期价格上涨12%（原清单中，该材料数量300m^2，材料价格200元/m^2）。

问题：

1. 该单项工程签约合同价为多少万元？业主在开工前应支付给承包商的预付款为多少万元？开工后第1个月应支付的安全文明施工费工程款为多少万元？

2. 第3个月承包商应得工程款为多少万元？业主应支付给承包商的工程款为多少万元？

3. 第4个月承包商应得工程款为多少万元？业主应支付给承包商的工程款为多少万元？

4. 假设该单项工程实际总造价比签约合同价增加了30万元，在竣工结算时业主应支付承包商的工程结算款应为多少万元？

答案：

问题1：

（1）签约合同价＝［200＋8＋12＋10＋28×（1＋5%）］×1.03×1.09＝291.23（万元）

（2）预付款＝［291.23－（10＋6.6）×1.03×1.09］×20%＝54.52（万元）

安全文明施工费预付款＝6.6×1.03×1.09×60%×90%＝4（万元）

开工前发包方向承包方预付合计＝54.52＋4＝58.52（万元）

开工后第1个月应支付安全文明施工费＝6.6×1.03×1.09×40%×90%＝2.67（万元）

问题2：

开工后第3个月应得工程款为：

$$\left[30+2+(12-6.6)\times\frac{1}{4}+4+400\times15\%\times\frac{180}{10\ 000}+400\times(20\%-15\%)\times180\times\frac{0.9}{10\ 000}+1\right]\times 1.03\times1.09=44.63\text{（万元）}$$

应付工程款＝44.63×90%＝40.17（万元）

问题 3：

第 4 个月应得工程款为：

$$\left[50+3+(12-6.6)\times\frac{1}{4}+22\times(1+5\%)+300\times200\times(12\%-5\%)\times\frac{(1+8\%)}{10\ 000}\right]\times1.03\times1.09=87.46\text{（万元）}$$

$$应付工程款=87.46\times90\%-\frac{54.52}{3}=60.54\text{（万元）}$$

问题 4：

竣工结算时业主应支付承包商的工程结算款＝（291.23＋30）×（1－90%）＝32.12（万元）

案例五

某工程项目发包人与承包人签订了施工合同，工期 5 个月。合同约定的工程内容及价款包括：分部分项工程项目（含单价措施项目）4 项，费用数据与施工进度计划见表 6-13。总价措施项目费为 10 万元（其中含安全文明施工费 6 万元）；暂列金额 5 万元。管理费和利润为人材机费之和的 12%，规费为人材机费与管理费、利润之和的 6%，增值税税率为 9%。

表 6-13　分项工程和单价措施造价数据与施工进度计划表

分部分项工程（含单价措施）项目				施工进度计划/月				
名称	工程量	综合单价	费用/万元	1	2	3	4	5
A	800m³	360 元/m³	28.8	━━	━━			
B	900m³	920 元/m³	37.8		━━	━━		
C	1 200m²	280 元/m²	33.6			━━	━━	━━
D	1 000m²	200 元/m²	20.0				━━	━━
合计			120.2					

注：分部分项工程计划进度均为匀速进度。

有关工程价款支付条款如下：

（1）开工前发包人按签约合同价（扣除安全文明施工费和暂列金额）的 20%作为预付款支付承包人，预付款在第 2～5 个月平均扣回，安全文明施工费的 70%作为提前支付的工程款。

（2）分部分项工程项目工程款在施工期间逐月结算支付。

（3）分部分项工程 C 所需的工程材料 C1，用量 1 250m³，承包人的投标报价为 60 元/m³（不含税）。当工程材料 C1 的实际采购价格在投标报价的±5%以内时，分部分项工程 C 的综合单价不予调整；当变动的幅度超过该范围时，调整分部分项工程 C 的综合单价。

（4）除开工前提前支付的安全文明施工费工程款的总价措施项目工程款，在施工期间的第 1～4 个月平均支付。

（5）发包人按每次承包人应得工程款的 90%支付。

（6）竣工验收通过后 45 天内办理竣工验收，并在承包人提供所在开户行出具的工程质量保函（额度为工程竣工结算总造价的 3%）后，一次性结清竣工结算款。该工程如期开工，施工中发生了经发承包双方确认的下列事项：

①分部分项工程B的实际施工时间为第2～4个月。

②分部分项工程C所需的工程材料C实际采购价格为70元/m^3（含可抵扣进项税，税率为3%）。

③承包人索赔的含税工程款为4万元。其余工程内容的施工时间和价款均与签约合同相符。

问题：

1. 该工程签约合同价（含税）为多少万元？开工前发包人应支付给承包人的预付款和安全文明施工费工程款分别为多少万元？

2. 第2个月，发包人应支付给承包人的工程款为多少万元？截止到第2个月末，分部分项工程的拟完工程计划投资、已完工程计划投资分别为多少万元？工程进度偏差为多少万元？并根据结算结果说明进度快慢情况。

3. 分部分项工程C的综合单价应调整为多少元/m^3？如果除工程材料C1外的其他进项税额为2.8万元（其中可抵扣进项税额为2.1万元），则分部分项工程C的销项税额、可抵扣进项税额和应缴纳增值税额分别为多少万元？

4. 该工程实际总造价（含税）比签订合同价（含税）增加（或减少）多少万元？假定在办理竣工结算前发包人已支付给承包人的工程款（不含预付款）累计为110万元，则竣工结算时，发包人应支付给承包人的结算尾款为多少万元？

（计算结果以元为单位的保留两位小数，以万元为单位的保留三位小数）

答案：

问题1：

（1）该工程签约合同价（含税）：(120.2+10+5)×(1+6%)×(1+9%)=156.210(万元)

（2）开工前发包人应支付给承包人的预付款：[156.210−(6+5)×(1+6%)×(1+9%)]×20%=28.700(万元)

（3）开工前发包人应支付给承包人的安全文明施工费：6×(1+6%)×(1+9%)×70%×90%=4.367(万元)

问题2：

（1）第2个月应支付的工程款={(28.8/2+37.8/3)×(1+6%)×(1+9%)+[10×(1+6%)×(1+9%)−6×(1+6%)×(1+9%)×70%]/4}×90%−28.700/4=22.409(万元)

（2）拟完工程计划投资：

(28.8+37.8/2)×(1+6%)×(1+9%)=55.113(万元)

已完工程计划投资：

(28.8+37.8/3)×(1+6%)×(1+9%)=47.834(万元)

进度偏差=47.834−55.113=−7.279（万元），进度滞后7.279万元。

问题3：

（1）C实际采购价(不含税)=70/1.03=67.96(元/m^2)

(67.96−60)/60=13.27%>5%，综合单价可以进行调整。

C1的材料单价可调整额：(67.96−60×1.05)×(1+12%)=5.56(元/m^2)

C的综合单价调整：280+5.56×1 250/1 200=285.79(元/m^2)

（2）销项税额=285.79×1 200/10 000×(1+6%)×9%=3.272(万元)

可抵扣进项税额=2.1+67.96×3%×1 250/10 000=2.355(万元)

或：可抵扣进项税额=2.1+(70−67.96)×1 250/10 000=2.355(万元)

应纳增值税额＝3.272－2.355＝0.917(万元)

问题 4：

(1) 实际总造价＝(28.8＋37.8＋1 200×285.79/10 000＋20＋10)×(1＋6%)×(1＋9%)＋4＝155.236(万元)

签约合同价＝156.210（万元）

155.236－156.210＝－0.974(万元)，实际总造价（含税）比签约合同价（含税）减少了 0.974 万元。

(2) 竣工结算尾款＝155.236－110－28.700＝16.536(万元)

考点二：资金使用计划与偏差分析

考核要求	1. 结合横道图、双代号网络图、双代号时标网络图分析形式进行偏差分析。应注意图中的各种投资表示线的区别，注意图中绘出的信息分析和利用试题背景材料在图中加入表示线，并分析相应变化的结果。利用三种累计投资计算投资偏差、进度偏差（两种形式）并分析其实际含义。 2. 利用背景材料（调值系数、调值公式、工程量变更数据）等计算拟完工程计划投资，已完工程计划投资，已完工程实际投资（计算中要注意单项工程投资与时间单位投资的关系和计算要求）。 3. 注意偏差分析与工程价款结算、工程索赔等考核内容的结合

知识要点集成

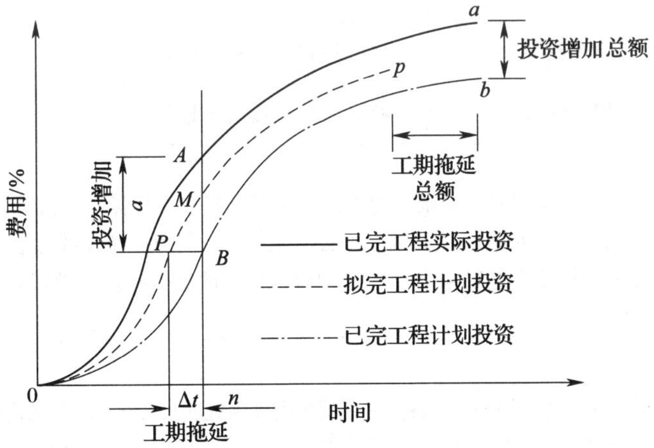

图 6-2　S 形曲线分析示意图

表 6-14 偏差分析相关知识构成表

<table>
<tr><th colspan="4">主 要 内 容</th></tr>
<tr><td rowspan="8">基本概念</td><td rowspan="3">投资类型</td><td>拟完工程计划投资（$BCWS$）</td><td>指在某一确定时间内，根据进度计划安排所应当完成的工作所需的计划投资。除非合同变更，一般保持不变（计划工程量可以用单位工程计划工程量÷单项工程计划进度时间的结果代替）。
$BCWS=$计划工程量$\times$计划单价</td></tr>
<tr><td>已完工程实际投资（$ACWP$）</td><td>指到某一时刻止，已完成的工作所实际投入的资金（实际单价可用计划单价×调价系数计算）。
$ACWP=$已完工程量$\times$实际单价</td></tr>
<tr><td>已完工程计划投资（$BCWP$）</td><td>指在某一时间内已经完成的工作计划投入的资金。
$BCWP=$已完工程量$\times$计划单价（已完工程量可用单位工程实际工程量÷单位工程实际进度时间的结果代替）</td></tr>
<tr><td rowspan="4">偏差类型</td><td>投资偏差（CV）</td><td>$CV=BCWP-ACWP$
$CV<0$ 表示投资增加，$CV=0$ 表示投资正常，$CV>0$ 表示投资节约</td></tr>
<tr><td>进度偏差（SV）</td><td>$SV=BCWP-BCWS$
$SV<0$ 表示工期拖延，$SV=0$ 表示进度正常，$SV>0$ 表示工期提前</td></tr>
<tr><td>绝对偏差</td><td>实际投资值－投资计划值</td></tr>
<tr><td>相对偏差</td><td>绝对偏差÷投资计划值</td></tr>
<tr><td>S形曲线</td><td colspan="2">横坐标为时间间隔，纵坐标为累计投资值，累计工程量（或占总量百分比）考试中可要求根据计算数据绘制 a、b、c 三条S曲线，利用三条曲线检查日期的 a、b 曲线对应点横坐标差为进度偏差，c、b 曲线对应点的纵坐标差为投资偏差</td></tr>
<tr><td>偏差分析常用方法</td><td>横道图形式</td><td colspan="2">该形式应用的前提是假定各分项工程每周计划进度与实际进度均为均衡进度，且各分项工作实际完成总工程量与计划完成总工程量相等。计算时分项工程的实际工程计划投资与实际工程实际投资发生的时间相同，分项工程的拟完工程计划投资值与实际工程计划投资值相同。试题中一般给出 a、c 后根据上述关系确定 b 后，再产生两种偏差</td></tr>
</table>

续表 6-14

<table>
<tr><td colspan="3">主 要 内 容</td></tr>
<tr><td rowspan="2">偏差分析常用方法</td><td rowspan="2">时标网络计划形式</td><td>若时标网络计划中给出每项工作的单位时间内的拟完工程计划投资，在不考虑实际进度前锋线的情况下可以求出累计的拟完工程计划投资；如果考虑实际进度前锋线的影响，利用已给出的计划投资值可以求出实际进度前锋线所对应的已完工程计划投资累计值。此种形式中已完工程实际投资值可以与网络计划无关，也可以用其他形式给出</td></tr>
<tr><td>若背景材料中给出单项工程的计划投资，以其为分子，单项工程的计划进度时间为分母，即可求出每个单位时间单项工程计划投资。以单项工程计划投资为分子，单项工程实际进度时间为分母，即可求出每个单位时间的实际工程计划投资。计划进度时间依据网络计划直接产生，实际进度时间依据实际前锋线确定，实际工程量、计划单价、实际单价形成要求由背景材料给出。产生 3 种投资后再计算两种偏差</td></tr>
</table>

经典题型剖析

案例六

某项目确定承包商后双方签订可调单价合同，施工后投资方进行资金使用偏差分析，相关数据见表 6-15。

表 6-15　投资偏差分析数据表

工序代号	计量单位	估算工程量	综合单价/元	计划工期/月	实际工程量	实际工期
A	m^3	3 000	50	1～3	3 000	1～3
B	m^3	5 000	25	2～6	6 000	3～7
C	m^3	3 000	100	4～7	4 000	6～9
D	m^3	3 000	40	6～9	3 000	7～11
E	m^3	2 000	30	8～10	2 000	10～12
F	m^3	1 000	30	10～12	2 000	10～12

施工过程中因外部环境因素变化根据合同规定，综合单价调整系数 5～12 月为 1.2。

问题：

1. 根据背景材料，列表计算各单项工程计划投资，实际投资。
2. 采用横道图形式表示各单项工程拟完工程计划投资，已完工程计划投资，已完工程实际投资。
3. 编制累计投资计算表，计算 6、8 月份投资偏差，进度偏差。
4. 根据累计投资数据，绘制三种投资 S 形曲线。

答案：

问题 1：

各单项工程计划投资、实际投资见表 6-16。

表 6-16　投资数据计算表

工序代号	A	B	C	D	E	F
估算工程量	3 000	5 000	3 000	3 000	2 000	1 000
计划单价	50	25	100	40	30	30
计划合价	150 000	125 000	300 000	120 000	60 000	30 000
计划施工时间	1～3	2～6	4～7	6～9	8～10	10～12
月均计划投资	50 000	25 000	75 000	30 000	20 000	10 000

续表 6-16

工序代号	A	B	C	D	E	F
单价调整	50	2～4 25 5～7 30	4 100 5～9 120	48	36	36
实际工程量	3 000	6 000	4 000	3 000	2 000	2 000
实际施工时间	1～3	3～7	6～9	7～11	10～12	10～12
实际合价	150 000	168 000	480 000	144 000	72 000	72 000
月均实际投资	50 000	33 600	120 000	28 800	24 000	24 000

注：1. 月均计划投资即为拟完工程计划投资。

2. 月均实际投资即为已完工程实际投资。

问题 2：

表 6-17 投资数据（横道图）表 单位：万元

工程		1	2	3	4	5	6	7	8	9	10	11	12
A	拟完工程计划投资	5	5	5									
	已完工程计划投资	5	5	5									
	已完工程实际投资	5	5	5									
B	拟完工程计划投资		2.5	2.5	2.5	2.5	2.5						
	已完工程计划投资			3	3	3	3	3					
	已完工程实际投资			3	3	3.6	3.6	3.6					
C	拟完工程计划投资				7.5	7.5	7.5	7.5					
	已完工程计划投资						10	10	10	10			
	已完工程实际投资						12	12	12	12			
D	拟完工程计划投资						3	3	3	3			
	已完工程计划投资							2.4	2.4	2.4	2.4	2.4	
	已完工程实际投资							2.88	2.88	2.88	2.88	2.88	
E	拟完工程计划投资								2	2	2		
	已完工程计划投资										2	2	2
	已完工程实际投资										2.4	2.4	2.4
F	拟完工程计划投资										1	1	1
	已完工程计划投资										2	2	2
	已完工程实际投资										2.4	2.4	2.4

注：“————”表示拟完工程计划投资；“〰〰”表示已完工程计划投资；“– – – –”表示已完工程实际投资。已完工程计划投资表示线位置同于已完工程实际投资表示线位置，投资值总和同于拟完工程计划投资单项工程值。

问题 3：

表 6-18　累计投资计算表　　　　单位：万元

月　　份	1	2	3	4	5	6	7	8	9	10	11	12	备　　注
拟完工程计划投资	5	7.5	7.5	10	10	13	10.5	5	5	3	1	1	投资值为同一时间内不同单项工程投资值之和。累计②④⑥行数据为①③⑤行数据累计
累计拟完工程计划投资	5	12.5	20	30	40	53	63.5	68.5	73.5	76.5	77.5	78.5	
已完工程计划投资	5	5	8	3	3	13	15.4	12.4	12.4	6.4	6.4	4	投资值为同一时间内不同单项工程投资值之和。累计②④⑥行数据为①③⑤行数据累计
累计已完工程计划投资	5	10	18	21	24	37	52.4	64.8	77.2	83.6	90	94	
已完工程实际投资	5	5	8	3	3.6	15.6	18.48	14.88	14.88	7.68	7.68	4.8	
累计已完工程实际投资	5	10	18	21	24.6	40.2	58.68	73.56	88.44	96.12	103.8	108.6	

6 月份　投资偏差＝已完工程计划投资－已完工程实际投资＝37－40.2＝－3.2（万元）

进度偏差＝已完工程计划投资－拟完工程计划投资＝37－53＝－16（万元）

8 月份　投资偏差＝64.8－73.56＝－8.76（万元）

进度偏差＝64.8－68.5＝－3.7（万元）

问题 4：

依据累计投资计算表编制投资曲线图（图 6-3）：

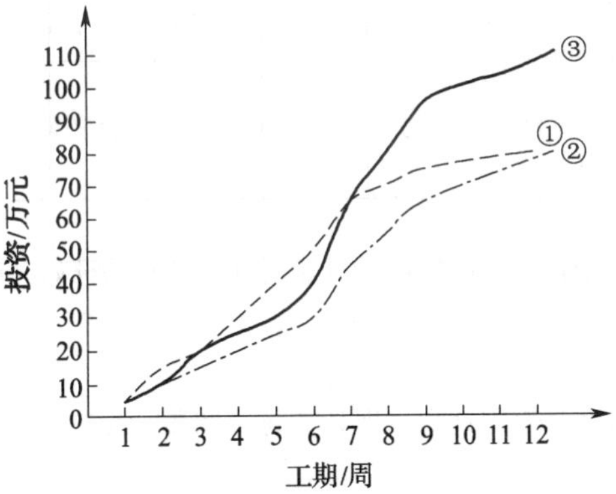

图 6-3　S 形曲线图

注：①累计拟完工程计划投资；②累计已完工程计划投资；③累计已完工程实际投资。

案例七

某工程项目施工合同于 2019 年 12 月签订，约定 2020 年 1 月开始正式施工，施工单位按合同工期要求编制了混凝土结构工程施工进度时标网络计划（图 6-4），并经监理工程师审核批准。

该项目的各项工作均按最早开始时间安排，且各工作每月所完成的工程量相等。各工作的计划工程量和实际工程量如表 6-19 所示。工作 D、E、F 的实际工作持续时间与计划工作持续时间相同。

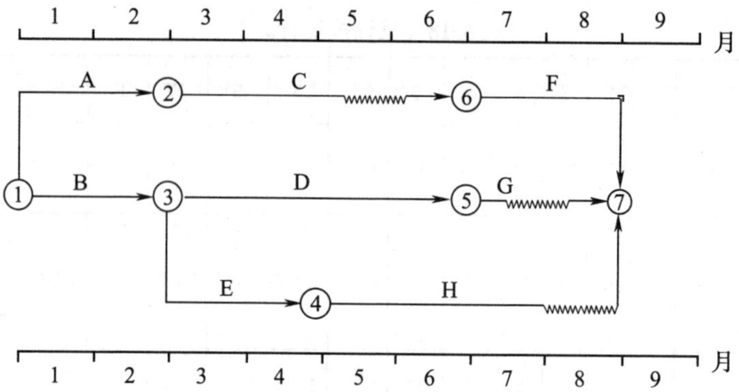

图 6-4　某工程时标网络计划图

表 6-19　各单项工程的计划工程量和实际工程量

单项工程	A	B	C	D	E	F	G	H
计划工程量/m³	8 600	9 000	5 400	10 000	5 200	6 200	1 000	3 600
实际工程量/m³	8 600	9 000	5 400	9 200	5 000	5 800	1 000	5 000

合同约定，混凝土结构工程全费用综合单价为 1 000 元/m³，按月结算。结算价按项目所在地混凝土结构工程价格指数进行调整，项目实施期间各月的混凝土结构工程价格指数如表 6-20 所示。

表 6-20　项目实施期间各月的混凝土结构工程价格指数

时　　间	2019 年 12 月	2020 年 1 月	2020 年 2 月	2020 年 3 月	2020 年 4 月	2020 年 5 月	2020 年 6 月	2020 年 7 月	2020 年 8 月	2020 年 9 月
混凝土结构工程价格指数/%	100	115	105	110	115	110	110	120	110	110

施工期间，由于建设单位原因使工作 H 的开始时间比计划的开始时间推迟 1 个月，并由于工作 H 工程量的增加使该工作的持续时间延长了 1 个月。

问题：

1. 按施工进度计划编制资金使用计划（即计算每月和累计拟完工程计划费用），简要写出其步骤，计算结果填入数据表中。

2. 计算工作 H 各月的已完工程计划费用和已完工程实际费用。

3. 列式计算 8 月末的费用偏差和进度偏差（用费用额表示）。

答案：

问题 1：

将各工作计划工程量与单价相乘后，除以该工作持续时间，得到各工作每月拟完工程计划费用额，再将时标网络计划中各工作分别按月纵向汇总得到每月拟完工程计划费用额，然后逐月累加得到各月累计拟完工程计划费用额。

根据上述步骤，参考时标网络图上相关数据按时间编制费用计划。计算结果见表 6-21～表 6-23。

表 6-21 基本数据表（一）

单项工程	A	B	C	D	E	F	G	H	单位	备注
计划工程量	8 600	9 000	5 400	10 000	5 200	6 200	1 000	3 600	m^3	计划进度由时标网络图中相关数据确定，实际进度根据背景材料确定
实际工程量	8 600	9 000	5 400	9 200	5 000	5 800	1 000	5 000	m^3	
计划单价	1 000	1 000	1 000	1 000	1 000	1 000	1 000	1 000	元/m^3	
实际单价	按项目实施期间工程价格指数调整计算									
计划进度时间	1～2	1～2	3～5	3～6	3～4	7～8	7	5～7	月	
实际进度时间	1～2	1～2	3～5	3～6	3～4	7～8	7	6～9	月	

表 6-22 基本数据表（二）

项目	月份								
	1	2	3	4	5	6	7	8	9
（1）计划工作项目	A，B	A，B	C，D，E	C，D，E	C，D，H	D，H	F，G，H	F	—
（2）实际工作项目	A，B	A，B	C，D，E	C，D，E	C，D	D，H	F，G，H	F，H	H
（3）计划工程量/m^3	4 300+4 500	4 300+4 500	1 800+2 500+2 600	1 800+2 500+2 600	1 800+2 500+1 200	2 500+1 200	3 100+1 000+1 200	3 100	—
（4）实际工程量/m^3	4 300+4 500	4 300+4 500	1 800+2 300+2 500	1 800+2 300+2 500	1 800+2 300	2 300+1 250	2 900+1 000+1 250	2 900+1 250	1 250
（5）计划单位费用/（元/m^3）	1 000	1 000	1 000	1 000	1 000	1 000	1 000	1 000	1 000
（6）实际单位费用/（元/m^3）	1 150	1 050	1 100	1 150	1 100	1 100	1 200	1 100	1 100
备注	拟完工程计划投资＝（3）×（5），已完工程计划投资＝（4）×（5），已完工程实际投资＝（5）×（6）								

表 6-23 数据表 单位：万元

项目	费用数据								
	1	2	3	4	5	6	7	8	9
每月拟完工程计划费用	880	880	690	690	550	370	530	310	—
累计拟完工程计划费用	880	1 760	2 450	3 140	3 690	4 060	4 590	4 900	—
每月已完工程计划费用	880	880	660	660	410	355	515	415	125
累计已完工程计划费用	880	1 760	2 420	3 080	3 490	3 845	4 360	4 775	4 900
每月已完工程计划费用	1 012	924	726	759	451	390.5	618	456.5	137.5
累计已完工程计划费用	1 012	1 936	2 662	3 421	3 872	4 262.5	4 880.5	5 337	5 474.5

问题 2：

H 工作 6 月至 9 月每月完成工作量为：5 000÷4=1 250（m^3/月）

（1）H 工作 6 月至 9 月已完成工程计划费用均为：1 250×1 000=125（万元）

（2）H 工作已完工程实际费用：

6 月：125×110% = 137.5（万元）

7 月：125×120% = 150.0（万元）

8 月：125×110% = 137.5（万元）

9 月：125×110% = 137.5（万元）

问题 3：

8 月末偏差计算：

费用偏差=已完工程计划费用－已完工程实际费用

= 4 775－5 337

=－562（万元），超支 562 万元。

进度偏差=已完工程计划费用－拟完工程计划费用

= 4 775－4 900

=－125（万元），滞后 125 万元。

考点三：形成资产法确定新增资产构成与竣工决算的相关知识

考核要求	总投资估算（属于第一章财务评价内容）与新增资产形成计算（属于第六章竣工决算内容）是两项相互关联的知识点，前者发生在项目前期可行性研究阶段，后者发生在项目建成之后。考试要求读者了解相关知识

知识要点集成

表 6-24　竣工决算与新增资产相关知识构成表

<table>
<tr><th colspan="3">主要内容</th></tr>
<tr><td colspan="2">竣工决算</td><td>建设项目竣工决算是由建设单位编制的反映建设项目实际造价和投资效果的文件，应包括从筹集到竣工投产全过程的全部实际费用，即包括建筑工程费、安装工程费、设备工器具购置费以及预备费和投资方向调节税等费用。按照财政部、国家计委和建设部的有关文件规定竣工决算是由竣工财务决算说明书、竣工财务决算报表、工程竣工图和工程竣工造价对比分析四部分组成。前两部分又称建设项目竣工财务决算，是竣工决算的核心内容</td></tr>
<tr><td rowspan="4">新增资产价值构成（交付资产）</td><td>新增固定资产价值构成</td><td>含义是建设项目竣工投资后所增加的固定资产价值，是以价值形态表示的固定资产投资最终成果的综合性指标。是以独立发挥生产能力的单项工程为对象，其建成验收合格正式移交生产或使用即应计算新增固定资产价值。其主要特征是为生产商品提供劳务、出租或经营管理而持有的有形资产，其使用寿命超过 1 个会计年度
新增固定资产包括以下内容：
①建筑、安装工程造价；②达到固定资产标准的设备和工器具的购置费用；③形成固定资产的其他费，包括：项目建设管理费，可行性研究费，研究试验费，勘察设计费，环境影响评价费，场地准备及临时设施费，引进技术和引进设备其他费，工程保险费，联合试运转费，特殊设备安全监督检验费，市政公用设施及绿化费。土地征用及土地补偿费（计算方法按项目所在地相关规定，列项计算时，按建筑工程造价比例分摊）。
其中项目建设管理费中达到固定资产标准部分（办公设备、生活家具、用具和交通工具购置费）列项计算时，由建筑工程费、安装工程费、需安装设备价值总额按比例分摊。其他的费用一般按单项工程比例分摊。
注：使用期在一年以上，单件价值在 2 000 元以上费用为固定资产标准</td></tr>
<tr><td>流动资产价值</td><td>指可以在一年内或者超过一年的一个营业周期内变现或者运用的资产，包括现金、存款、货币资金、短期投资、存货、应收款、预付款以及其他流动资产。还包括使用期限在一年之内的单件价值在 2 000 元以下的设备、工具、器具等</td></tr>
<tr><td>无形资产价值</td><td>我国作为评估对象的无形资产通常包括专利权、非专利技术、生产许可证、特许经营权、租赁权、土地使用权、矿产资源勘探权和采矿权、商标权、版权、计算机软件及商誉等</td></tr>
<tr><td>其他资产</td><td>其他资产费用系指建设投资中除形成固定资产和无形资产以外的部分，如生产准备及开办费（即项目建设管理费中未计入固定资产的其他费用、生产职工培训费），出国人员费用，来华人员费用，图纸资料翻译复制费用，样品样机购置费和农业开荒费，以租赁方式租入的固定资产改良工程支出等</td></tr>
</table>

经典题型剖析

案例八

某项目生产某种化工产品A，主要技术和设备拟从国外引进。该项目主要设施包括生产主车间，与工艺生产相适应的辅助生产设施、公用工程以及有关的生产管理、生活福利等设施。生产规模为年产2.3万tA产品，该项目拟用3年建成。

项目主要生产项目设备拟从国外进口，设备重量680t，离岸价（FOB价）为1 200万美元。其他有关费用参数为：国际运费标准为480美元/t；海上运输保险费25.61万元；银行财务费率为0.5%；外贸手续费率为1.5%；关税税率为20%；增值税税率为17%；设备的国内运杂费率为3%；美元汇率为8.31元人民币。进口设备全部需要安装。

建筑工程费、设备及工器具购置费和安装工程费情况见表6-25，工程建设其他费用为3 042万元，预备费中基本预备费为3 749万元，涨价预备费2 990.38万元，项目建设期利息为3 081万元。

表6-25 竣工决算数据表 单位：万元

序号	项　目	设备工器具购置费	建设工程费	安装工程费	生产工具器具购置费
1	主要生产项目		1 031	7 320	180
2	辅助生产项目	1 052	383	51	135
3	公用工程项目	2 488	449	1 017	15
4	服务性工程项目	1 100	262	38	45
5	环境保护工程	248	185	225	20
6	总图运输		52		45
7	生活福利工程		1 104		60

项目达到设计生产能力后，劳动定员240人，年标准工资为1.5万元/人，年福利为工资总额的14%。年其他费用20 820万元（其中其他制造费用820万元），年外购原材料、燃料动力费9 482万元。年修理费为218万元（建设投资中工程建设其他费用全部形成无形及其他资产）。年经营成本为50 000万元。年营业费用为19 123万元，各项流动资金最低周转天数分别为：应收账款45天，现金30天，应付账款60天，原材料、燃料、动力90天，在产品3天，产成品20天。

工程建设项目，需要征用耕地100亩，征用费为每亩3万元，土地补偿安置费用为150万元。另外，项目需有限期租用土地15 000m^2。经计算土地使用权出让金600万元。

该项目的项目建设管理费为600万元（其中450万元构成固定资产），未达到固定资产标准的工器具购置费100万元，勘察设计费200万元，专利费100万元，非专利技术费50万元，获得商标权120万元，生产职工培训费50万元，生产线试运转支出35万元，试生产销售款10万元，报废工程损失费为50万元。

问题：

1. 计算主要生产设备价值。
2. 计算流动资金价值。
3. 计算固定资产投资价值。
4. 计算新增资产价值。

答案：

问题1：

表6-26 主要生产项目设备购置费表 单位：万元

序号	费用构成	估算额	计算方法
1	原价		(1)
1.1	离岸价	9 972.00	(2) =1 200×8.31
1.2	国际运费	271.24	(3) =480×680×8.31/10 000
1.3	运输保险费	25.61	(4)
	以上合计为到岸价	10 268.85	(5) = (2) + (3) + (4)
1.4	进口关税	2 053.77	(6) = (5) ×20%
1.5	增值税	2 094.85	(7) =[(5) + (6)] ×17%
1.6	外贸手续费	154.03	(8) = (5) ×1.5%
1.7	银行财务费	49.86	(9) = (2) ×0.5%
	以上合计为原价	14 621.36	(10) = (5) + (6) + (7) + (8) + (9)
2	国内运杂费	438.64	(11) = (10) ×3%
	以上合计为设备购置费	15 059.99	(12) = (10) + (11)

设备购置费（达到标准部分）＝15 059.99＋1 052＋2 488＋1 100＋248＝19 947.99（万元）

问题2：

外购原材料燃料动力＝年外购原材料燃料动力/周转次数

＝9 482/4＝2 371（万元）

在产品＝（年外购原材料燃料动力＋年工资及福利费＋年修理费＋年其他制造费用）/周转次数

＝［9 482＋240×1.5×（1＋14%）＋218＋820］/120＝91（万元）

产成品＝（年经营成本－年营业费用）/周转次数＝（50 000－19 123）/18

＝30 877/18＝1 715（万元）

应收账款＝年经营成本/周转次数

＝50 000/8＝6 250（万元）

现金＝年工资及福利＋年其他费用/周转次数

＝［240×1.5×（1＋14%）＋20 820］/12＝1 769（万元）

应付账款＝年外购材料、燃料动力/周转次数

＝9 482/6＝1 580（万元）

流动资金＝流动资产－流动负债

＝2 371＋91＋1 715＋6 250＋1 769－1 580＝10 616（万元）

问题3：

表6-27 建设投资估算表 单位：万元

序号	费用项目	建筑工程	设备购置	安装工程	其他费用	合计
1	工程费用					32 065
1.1	主要生产项目	1 031	15 060	7 320		23 411
1.2	辅助生产项目	383	1 052	51		1 486
1.3	公用工程项目	449	2 488	1 017		3 954

续表 6-27

序号	费用项目	建筑工程	设备购置	安装工程	其他费用	合　计
1.4	服务性工程项目	262	1 100	38		1 400
1.5	环境保护工程	185	248	225		658
1.6	总图运输	52				52
1.7	生活福利工程	1 104				1 104
2	工程建设其他费				3 042	3 042
3	预备费					6 739.38
3.1	基本预备费				3 749	3 749
3.2	涨价预备费				2 990.38	2 990.38
4	建设投资（不含建设期利息）					41 846.38
5	建设期利息					3 081
6	总计	3 466	19 948	8 651	9 781.38	44 927.38

问题 4：

新增固定资产价值＝建筑安装工程造价＋达到固定资产标准的设备和工器具购置费＋土地征用及土地补偿费＋联合试运转费用＋勘察设计费＋报废工程损失费＋摊入项目建设管理费－试营收入

达到固定资产标准的工器具购置费＝（180＋135＋15＋45＋20＋45＋60）－100＝400（万元）

土地征用及补偿费＝3×100＋150＝450（万元）

新增固定资产价值＝44 927.38＋400＋450＋35＋200＋50＋450－10＝46 502.38（万元）

流动资产＝达不到固定资产标准的设备和工器具购置费＋流动资金＝100＋10 616＝10 716（万元）

无形资产＝专利费＋非专利技术费＋商标权＋土地使用权出让金

＝100＋50＋120＋600＝870（万元）

其他资产＝开办费＋生产职工培训费＝（600－450）＋50＝200（万元）

难 题 解 析

案例一

某施工项目发承包双方签订了工程合同，工期为 8 个月。有关工程内容及价款约定如下：

1. 分项工程（含单价措施，下同）项目 6 项，有关数据如表 6-28 所示。

2. 总价措施项目费用 30 万元，其中安全文明施工费 20 万元。

3. 其他项目费用包括暂列金额 18 万元，计日工费用 8 万元；管理费和利润为不含税人材机费用之和的 15%；规费为人材机费用、管理费和利润之和的 8%；增值税税率为 9%，窝工只计取规费税金。

表 6-28　分项工程项目相关数据与计划进度表

分项工程项目				每月计划完成工程量/m^3 或 t							
名称	工程量	综合单价	费用/万元	1	2	3	4	5	6	7	8
A	600m^3	1 200 元/m^3	72	200	200	200					

续表 6-28

分项工程项目				每月计划完成工程量/m^3 或 t							
名称	工程量	综合单价	费用/万元	1	2	3	4	5	6	7	8
B	680m^3	300 元/m^3	20.4	340	340						
C	800m^3	800 元/m^3	64				400	400			
D	120t	5 000 元/t	60			30	30	30	30		
E	760m^3	500 元/m^3	38			380	380				
F	400m^3	350 元/m^3	14							200	200
分项工程项目费用合计/万元			268.4	34.2	34.2	58	66	47	15	7	7

有关工程价款支付条件如下：

1. 开工日期 10 日前，发包人向承包人支付签约合同价款（扣除暂列金额和计日工费用）的 20% 作为工程预付款，在施工期间的第 4～7 个月的每月工程款中等额平均扣回；

2. 安全文明施工费工程款于开工前支付 75%，其余部分的安全文明施工费工程款和其他总价措施工程价款在施工期间的第 1～5 个月分五次平均支付；

3. 分项工程实际工程量超过计划工程量的±15%以上时，调整综合单价，调价系数为 0.95 和 1.05；

4. 开工前和施工期间，发包人按承包人每次应得工程款的 80%支付；

5. 发包人在承包人提交竣工结算报告后 20 天内完成审查工作，并在承包人提供所在开户银行出具的工程质量保函（保函额为竣工结算价的 3%）后，一次性结清竣工结算款。

该工程如期开工，工程施工期间发生了经发承包双方确认的下列事项：

1. 第 5 个月发生现场签证计日工费用 6 万元；

2. 第 3 个月 D 分项工程由于发包人的错误指令，窝工 300 工日，窝工补偿标准 60 元/工日，工期延误 1 个月；

3. C 分项工程开工前因设计变更增加工程量 200m^3，C 分项工程每月工作效率不变，单价措施项目费用按分项工程费用的 20%计算；

4. E 分项工程在第 4～6 个月平均完成，工程费用不变。

其余工程内容的施工时间和费用均与原合同约定相符。

问题：

1. 该工程签约合同价为多少万元？发包人在开工前应支付给承包人的工程预付款、安全文明施工费工程款分别为多少万元？

2. 截至第 3 个月末，分项工程项目的进度偏差（用投资表示）为多少？

3. 第 5 个月发包人应支付承包人的工程进度款为多少万元？

4. 该工程实际总造价为多少万元？竣工结算款为多少万元？

（计算以万元为单位的保留三位小数，以元为单位的保留两位小数）

答案：

问题 1：

签约合同价：(268.4＋30＋18＋8) ×（1＋8%）×（1＋9%）＝381.884（万元）

工程预付款：[381.884－（18＋8）×（1＋8%）×（1＋9%）] ×20%＝70.255（万元）

安全文明施工费工程款：20×（1＋8%）×（1＋9%）×75%×80%＝14.126（万元）

问题 2：

第 3 个月末拟完工程计划投资累计＝（72＋20.4＋60/4＋38/2）×（1＋8%）×（1＋

9%）=148.798（万元）

第3个月末已完工程计划投资累计=（72+20.4）×（1+8%）×（1+9%）=108.773（万元）

分项工程项目的进度偏差=108.773−148.798=−40.025（万元），进度拖延。

问题3：

第5个月承包人完成工程款：[64/2+60/4+38/3+（30−20×75%）/5+6]×（1+8%）×（1+9%）=80.834（万元）

发包人应支付承包人工程款：80.834×80%−70.255/4=47.103（万元）

分项工程C工作效率不变，分项工程C增加的工程量需要在第6个月才能完成，故第5个月不考虑调价及措施费调整。

问题4：

分项工程C增加的分项工程项目费用=[800×15%×800+（200−800×15%）×800×0.95]×（1+20%）/10 000=18.816（万元）

实际总造价=（381.884+6+300×60/10 000+18.816）×（1+8%）×（1+9%）−（18+8）×（1+8%）×（1+9%）=450.279（万元）

竣工结算款=450.279×（1−80%）=90.056（万元）

案例二

某工程项目发包人与承包人签订了施工合同，工期5个月。分项工程和单价措施项目的造价数据与经批准的施工进度计划如表6-29所示；总价措施项目费用9万元（其中含安全文明施工费3万元）；暂列金额12万元。管理费和利润为人材机费用之和的15%，规费为人材机费用与管理费、利润之和的6%，增值税税率为9%。

表6-29 分项工程和单价措施项目造价数据与施工进度计划表

分项工程和单价措施项目				施工进度计划/月				
名称	工程量	综合单价	合价/万元	1	2	3	4	5
A	$600m^3$	180元/m^3	10.8	━━	━━			
B	$900m^3$	360元/m^3	32.4		━━	━━		
C	1 000m^2	280元/m^2	28.0		━━	━━	━━	
D	$600m^2$	90元/m^2	5.4				━━	━━
合　计			76.6	计划与实际施工均为匀速进度				

有关工程价款结算与支付的合同约定如下：

1. 开工前发包人向承包人支付签约合同价（扣除总价措施费和暂列金额）的20%作为预付款，预付款在第3、4个月平均扣回；

2. 安全文明施工费工程款于开工前一次性支付；除安全文明施工费之外的总价措施项目费用工程款在开工后的前3个月平均支付；

3. 施工期间除总价措施项目费用外的工程款按实际施工进度逐月结算；

4. 发包人按每次承包人应得工程款的85%支付；

5. 发包人在承包人提交竣工结算报告后的30天内完成审查工作，承包人向发包人提供所在开户银行出具的工程质量保函（保函额为竣工结算价的3%），并完成结清支付；

6. C分项工程所需的甲种材料用量为500m²，在招标时确定的暂估价为80元/m²，乙种材料用量为400m²，投标报价为40元/m²。工程款逐月结算时，甲种材料按实际购买价调整，乙种材料当购买价在投标报价的±5%以内变动时，C分项工程综合单价不予调整，变动超过±5%以上时，超过部分的价格调整至C分项工程综合单价中。

该工程如期开工，施工中发生了经发承包双发确认的下列事项：

1. B分项工程的实际施工时间为2～4月；

2. C分项工程的甲种材料实际购买价为85元/m²，乙种材料的实际购买价为50元/m²；

3. 第4个月发生现场签证零星工作费用2.4万元。

问题：

1. 该工程签约合同价为多少万元？开工前发包人应支付给承包人的预付款和安全文明施工费工程款分别为多少万元？

2. C分项工程结算时应采用的综合单价为多少（元/m²）？第3个月承包人完成的分项工程和单价措施项目费用为多少万元？发包人应支付给承包人的工程价款为多少万元？

3. 第3个月末分项工程和单价措施项目的拟完工程计划投资、已完工程实际投资、已完工程计划投资及投资偏差、进度偏差分别为多少万元？根据计算结果说明投资增减和进度快慢情况。

4. 如果除现场签证零星工作费用外的其他应从暂列金额中支付的工程费用为8.7万元，则该工程实际总造价为多少万元？发包人实际应支付的竣工结算款为多少万元？

（计算结果保留三位小数）

［解题要点］ 该案例涉及工程价款费用合成计算、工程预付款、安全文明施工费工程款计算、材料价格调整、投资偏差分析及进度偏差分析、竣工结算及实际总造价的支付，是近年来造价工程师工程结算与决算的典型题型。读者应先注意解题的思路与程序，再注意计算中的细节处理。

答案：

问题1：

签约合同价：（76.6＋9＋12）×（1＋6%）×（1＋9%）＝112.767（万元）

预付款：76.6×（1＋6%）×（1＋9%）×20%＝17.701（万元）

安全文明施工费工程款：3×（1＋6%）×（1＋9%）×85%＝2.946（万元）

问题2：

（1）甲种材料价格为85元/m²，甲增加材料款＝500×（85－80）×（1＋15%）＝2 875（元）

由于（50－40）/40＝25%＞5%，乙增加材料款＝400×（50－40×1.05）×（1＋15%）＝3 680（元）

C分项工程的综合单价＝280＋（2 875＋3 680）/1 000＝286.555（元/m²）

（2）第3个月承包人完成的分项工程和单价措施项目费用：32.4/3＋286.555×1 000/10 000/3＝20.352（万元）

（3）发包人应支付给承包人的工程价款：

20.352×（1＋6%）×（1＋9%）×85%＋（9－3）/3×（1＋6%）×（1＋9%）×85%－17.701/2＝13.101（万元）

问题3：

第3个月末分项工程和单价措施项目：

拟完工程计划投资＝（10.8＋32.4＋28×2/3）×（1＋6%）×（1＋9%）＝71.481（万元）

已完工程实际投资＝（10.8＋32.4×2/3＋1 000×2/3×286.555/10 000）×（1＋6%）×（1＋9%）＝59.507（万元）

已完工程计划投资＝（10.8＋32.4×2/3＋28×2/3）×（1＋6%）×（1＋9%）＝59.002（万元）

投资偏差=已完工程计划投资-已完工程实际投资=59.002-59.507=-0.505（万元），投资增加。

进度偏差=已完工程计划投资-拟完工程计划投资=59.002-71.481=-12.479（万元），进度拖延。

问题4：

实际造价=（76.6+9+2.4+8.7）×（1+6%）×（1+9%）=111.727（万元）

竣工结算款=111.727×（1-85%）=16.759（万元）

模拟自测题一

试题一

某城市拟建设一条收费通行的高速公路工程，与项目相关的信息如下：

1. 根据项目的设计方案及投资估算，该项目建设投资为 120 000 万元，建设期 2 年，建设投资全部形成固定资产。

2. 该项目拟采用 BOT 模式投资建设，政府与社会资本出资人合作签订特许权协议，授予签约方的社会资本出资人来承担该项目的投资、融资、建设和维护。项目资本金为项目建设投资的 30%，其中，社会资本出资人出资 90%，占项目公司股权的 90%，政府出资 10%，占项目公司股权的 10%。假定政府不承担项目公司亏损，不参与项目公司利润分配。

3. 除项目资本金外的项目建设投资由项目公司贷款，贷款年利率为 6%（按年计息），贷款合同约定的还款方式为项目投入使用后 10 年内等额还本付息。项目资本金和贷款均在建设期内均衡投入。

4. 该项目投入使用（通车）后，前 10 年年均支出费用 2 800 万元，后 10 年年均支出费用 4 200 万元，用于项目公司经营、项目维护和修理。道路两侧的广告收益权归项目公司所有，预计广告业务收入为每年 1 000 万元。

5. 固定资产采用直线法折旧，项目公司适用的企业所得税税率为 25%，为简化计算不考虑销售环节相关税费。

6. BOT 项目合同约定，项目特许经营期为 22 年，该期限从建设期起算。项目投入使用（通车）后连续 20 年内，政府不参与盈利，通行费用全部归项目公司所有，特许经营期满后，项目公司需将该道路无偿移交给政府。

问题：

1. 列式计算项目建设期贷款利息和固定资产投资额。

2. 列式计算项目投入使用第 1 年项目公司应偿还银行的本金和利息。

3. 列式计算项目投入使用第 1 年的总成本费用。

4. 若贷款偿还后正常年份社会资本出资人要求的最低资本金净利润率为 12%，试计算在此期间内每年需融资的最低金额。假定该高速公路年平均综合收费标准为 0.5 元/km，平均每辆汽车在该路段行驶里程为 8 500km/年，则此项目建成后正常年份每年通行车次至少要达到多少才能满足社会资本金净利润率的最低要求？

（计算过程和结果保留两位小数）

答案：

问题 1：

项目建设期贷款总额＝120 000×70%＝84 000.00（万元）

第 1 年建设期贷款利息＝84 000×50%×1/2×6%＝1 260.00（万元）

第 2 年建设期贷款利息＝（84 000×50%＋1 260.00＋84 000×50%×1/2）×6%＝3 855.60（万元）

建设期贷款利息＝1 260.00＋3 855.60＝5 115.60（万元）

固定资产投资额＝120 000＋5 115.60＝125 115.60（万元）

问题 2：

项目投入使用第 1 年项目公司应偿还银行的本息额＝（84 000＋5 115.60）（A/P，6%，10）＝12 107.95（万元）

项目投入使用第1年项目公司应偿还银行的利息＝（84 000＋5 115.60）×6%＝5 346.94（万元）

项目投入使用第1年项目公司应偿还银行的本金＝12 107.95－5 346.94＝6 761.01（万元）

问题3：

政府出资＝120 000×30%×10%＝3 600.00（万元）

固定资产折旧费＝125 115.60/20＝6 255.78（万元）

第1年总成本费用＝经营成本＋折旧＋摊销＋利息＋维持运营投资

＝2 800＋6 255.78＋5 346.94＝14 402.72（万元）

问题4：

假设社会资本出资人每年融资的金额为Y万元，则：

正常年份的每年总成本费用＝4 200＋6 255.78＝10 455.78（万元）

正常年份的净利润＝（1 000＋Y－10 455.78）×（1－25%）

社会资本的资本金＝120 000×30%×90%＝32 400.00（万元）

社会资本的资本金净利润率＝正常年份的净利润/社会资本的资本金×100%

［（1 000＋Y－10 455.78）×（1－25%）］/32 400.00×100%≥12%

Y≥14 639.78

高速公路通行车次＝14 639.78/（0.5×8 500×10^{-4}）＝34 446.54（万辆）

故社会资本出资人在此期间每年需融资的最低金额应为14 639.78万元，此项目建成后正常年份每年通行车次至少要达到34 446.54万辆。

试题二

某建设项目分为一期和二期，某承包人在一期施工中拟订了三个可供选择的施工方案。专家组为此进行技术经济分析，对各方案的技术经济指标打分见表1-2-1，并一致认为各技术经济指标的重要程度为：F_1相对于F_2很重要，F_1相对于F_3较重要，F_2和F_4同等重要，F_3和F_5同等重要。

表1-2-1　各方案的技术经济指标得分

技术经济指标	A	B	C
F_1	10	9	9
F_2	8	10	10
F_3	9	10	9
F_4	8	9	10
F_5	9	9	8

该项目二期工程建设单位采用公开招标的方式选择施工单位，实施过程中发生如下事件：

事件1：建设单位提议评标委员会由5人组成，包括建设单位代表1人、招标监管机构工作人员1人和评标专家库随机抽取的技术、经济专家3人。

事件2：评标时，评标委员会评审发现A投标人为联合体投标，没有提交联合体共同投标协议；B投标人的投标文件未经投标单位负责人签字；C投标人的投标报价高于招标文件设定的最高投标限价。评标委员会决定否决上述各投标人的投标。

事件3：评标委员会某成员认为D投标人为一期工程的施工单位，从有利于招标人的角度，建议优先选择D投标人为中标候选人。

问题：

1. 采用0—4评分法计算各技术经济指标的权重，将计算结果填入表1-2-2中。

2. 列表计算各方案的功能指数，将计算结果填入表 1-2-3 中。

3. 已知 A、B、C 三个施工方案的成本指数分别为 0.343 9、0.316 7、0.339 4，请采用价值指数法选择最佳施工方案。

4. 针对事件 1，建设单位的提议有什么不妥，说明理由。

5. 针对事件 2，分别指出评标委员会决定否决 A、B、C 投标人的投标是否正确，并说明理由。

6. 针对事件 3，该评标委员会成员的做法是否妥当，并说明理由。

答案：

问题 1：

根据背景材料，各技术经济指标的计算结果见表 1-2-2。

表 1-2-2 各技术经济指标权重计算表

项目	F_1	F_2	F_3	F_4	F_5	得分	权　重
F_1	×	4	3	4	3	14	14/40=0.350
F_2	0	×	1	2	1	4	4/40=0.100
F_3	1	3	×	3	2	9	9/40=0.225
F_4	0	2	1	×	1	4	4/40=0.100
F_5	1	3	2	3	×	9	9/40=0.225
合　计						40	1.000

问题 2：

列表计算各方案的功能指数，计算结果见表 1-2-3。

表 1-2-3 各方案功能指数

项目	权重	A	B	C
F_1	0.350	10×0.350=3.5	9×0.350=3.15	9×0.350=3.15
F_2	0.100	8×0.100=0.8	10×0.100=1	10×0.100=1
F_3	0.225	9×0.225=2.025	10×0.225=2.25	9×0.225=2.025
F_4	0.100	8×0.100=0.8	9×0.100=0.9	10×0.100=1
F_5	0.225	9×0.225=2.025	9×0.225=2.025	8×0.225=1.8
合计	1.000	9.15	9.325	8.975
功能指数		9.15/（9.15+9.325+8.975）=0.333 3	9.325/（9.15+9.325+8.975）=0.339 7	8.975/（9.15+9.325+8.975）=0.327 0

问题 3：

根据背景材料，各方案的价值指数分别为：

$$V_A=\frac{0.333\ 3}{0.343\ 9}=0.969\ 2,\ V_B=\frac{0.339\ 7}{0.316\ 7}=1.072\ 6,\ V_C=\frac{0.327\ 0}{0.339\ 4}=0.963\ 5$$

因为 B 方案的价值指数最大，所以 B 方案为最佳方案。

问题 4：

针对事件 1，招标监管机构工作人员作为评标委员会成员不妥。

理由：招标监管机构工作人员不能作为评标委员会的成员。

评标专家库随机抽取的技术、经济专家 3 人不妥。

理由：技术、经济等方面的专家不得少于成员总数的 2/3。

问题 5：

针对事件 2，否决 A 投标人的投标妥当。

理由：联合体投标未提交联合体协议书的，投标无效。

否决 B 投标人的投标妥当。

理由：投标文件未经投标单位负责人签字，评标委员会应否决其投标。

否决 C 投标人的投标妥当。

理由：投标人的投标报价不能高于招标文件设定的最高投标限价。

问题 6：

针对事件 3，该评标委员会成员的做法不妥当。

理由：评标委员会成员应当依照《招标投标法》和《招标投标法实施条例》的规定，按照招标文件规定的评标标准和方法，客观、公正地对投标文件提出评审意见。招标文件没有规定的评标标准和方法不得作为评标的依据。

试题三

背景材料：某政府投资建设工程项目，采用《建设工程工程量清单计价规范》GB 50500—2013计价方式招标，发包方与承包方签订了施工合同，合同工期为 110 天（5 月 1 日～8 月 18 日）。

施工合同中约定：

（1）工期每提前（或拖延）1 天，奖励（或罚款）3 000元（含税金）。

（2）各项工作实际工程量在清单工程量变化幅度±15%以外的，调价系数为 0.95 和 1.05；变化幅度在±15%以内的，综合单价不予调整。

（3）发包方原因造成机械闲置，其补偿单价按照机械台班单价的 50%计算，人员窝工补偿单价按照 50 元/工日计算。因发生甲方的风险事件导致的工人窝工和机械闲置费用，只计取规费和税金，因甲方的责任事件导致的工人窝工和机械闲置，除计取规费和税金外，还应补偿现场管理费，按人工费和机械费之和的 5%计算现场管理费。

（4）规费和税金合计为人工费、机械费、材料费、管理费、利润之和的 18%。

工程项目开工前，承包方按时提交了施工方案及施工进度计划，施工进度计划如图 1-3-1 所示，所有工作都按最早开始时间安排，并获得发包方工程师的批准。

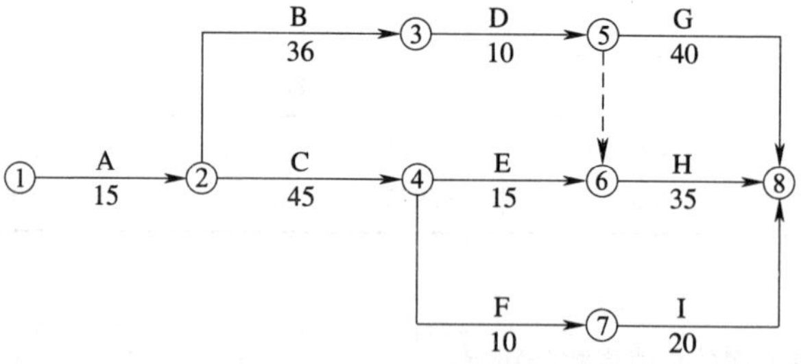

图 1-3-1 施工进度计划

该工程项目施工中依次发生如下事件：

事件 1：A、C、E、I 工作需要使用同一台机械施工，该机械的台班单价为1 000元/台班。

事件 2：5 月 1 日由于区域停电，A 工作迟开工 6 天，承包商 10 名工人窝工 6 天，机械窝工 6 个台班。

事件 3：B 工作施工中，因设计方案调整，导致 B 工作持续时间延误 12 天，造成承包方人员窝工 120 个工日。

事件 4：E 工作由于设计变更工程量由 $450m^3$（综合单价 400 元/m^3）增至 $600m^3$。

事件 5：H 工作施工中，遇到持续特殊高温天气，工作效率下降，使该工作拖延 5 天，多用工 20 个工日。

事件 6：I 工作施工中，承包商收购了业主推荐的某设备制造厂生产的工程设备，设备到场后检验发现缺少一关键配件，使该设备无法正常安装，导致 I 工作作业时间拖延 2 天，窝工人工费损失 2 000元，窝工机械费损失1 500元。

上述事件发生后，承包方及时向发包方提出了索赔并得到了相应的处理。

问题：

1. 根据事件 1 的要求重新绘制施工进度计划。依据调整后的施工进度计划确定关键线路、总工期，计算 A、B、E、H、I 工序 *TF*。

根据该进度安排，事件 1 中的施工机械是否是最经济的安排方式？按照最经济的安排方式，该施工机械第几天进场？第几天离场？

2. 承包方是否可以分别就事件 2～6 向发包人提出工期和费用索赔？说明理由。

3. 承包方可得到的合理工期补偿为多少天？该工程的实际工期是多少天？工期奖罚为多少元？

4. 承包方可得到的总的费用索赔为多少？

（计算过程和结果均以元为单位，结果取整数）

答案：

问题 1：

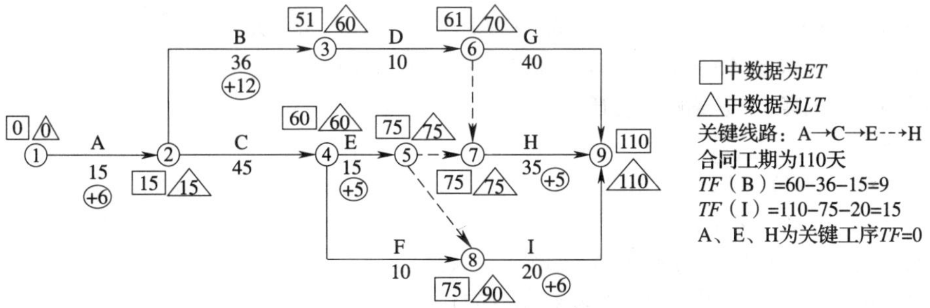

图 1-3-2 网络计算图（一）

注：图中⊕数字为施工实际增加时间，将其纳入网络计算，可知实际总工期为 26 天。

共用设备开工第 1 天开始使用，最后使用设备工序 *EF*＝75＋20＝95。

所以最经济的安排方式是第 1 天进场，第 96 天离场。

问题 2：

事件 2：能够提出工期和费用索赔，因为区域停电是业主的风险，造成承包方费用增加由业主承担，且 A 工作为关键工作。

事件 3：能够提出工期和费用索赔，因为设计方案调整是业主的责任，造成承包方费用增加由业主承担，且延误的时间 12 天超过 B 工作的总时差 3（12－9＝3）天。

事件 4：能够提出工期和费用索赔，因为设计变更是业主的责任，造成承包方费用增加由业主承担，且 E 工作增加的时间（600－450）/（450÷15）＝5（天）超过 E 工作的总时差 5（5－0＝5）天。

事件 5：不能提出费用索赔，因为特殊高温天气属于不可抗力，费用损失由承包商自己承担。可以提出工期索赔，特殊高温天气虽然属于不可抗力，但 H 工作是关键工作。

事件 6：不能提出工期和费用索赔，承包商购买的设备质量问题由承包商负责。

问题 3：

事件 2：工期索赔 6 天（A 工序）；

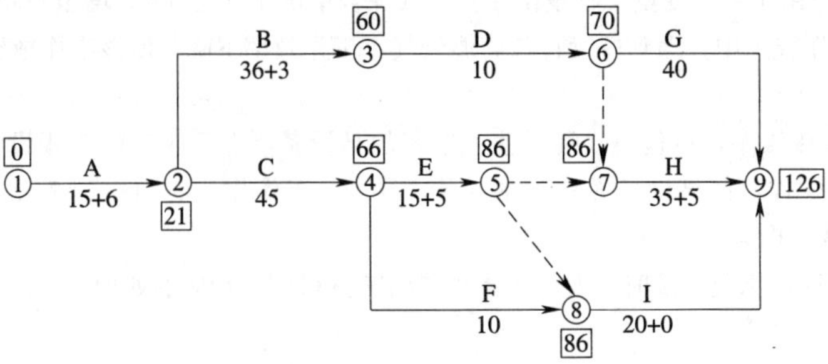

图 1-3-3 网络计算图（二）

注：工序线下方数据为原施工时间与该工序工期索赔时间之和，将其纳入网络可知新工期为 126 天。新工期与实际工期之差为确定赶工奖励或误工罚款的依据。

事件 3：工期索赔 3 天（B 工序）；

事件 4：工期索赔 5 天（E 工序）；

事件 5：工期索赔 5 天（H 工序）；

事件 6：工期索赔 0 天（I 工序）。

该工程实际工期为：(15＋6) ＋45＋ (15＋5) ＋ (35＋5) ＝126（天）

工期罚款为：[126－ (110＋16)] ×3 000＝0（元）

问题 4：

事件 2：(6×10×50＋1 000×50％×6) × (1＋18％) ＝7 080（元）

事件 3：120×50× (1＋5％) × (1＋18％) ＝7 434（元）

甲方责任造成窝工时应索赔现场管理费。

事件 4：

450× (1＋15％) ＝517.5（m^3）

600－517.5＝82.5（m^3）

[82.5×400×0.95＋ (150－82.5) ×400] × (1＋18％) ＝68 853（元）

费用索赔：7 080＋7 434＋68 853＝83 367（元）

试题四

某施工项目发承包双方签订了工程合同，工期 5 个月，合同约定的工程内容及其价款包括：分项工程（含单价措施）项目 4 项，费用数据与施工进度计划如表 1-4-1 所示；安全文明施工费为分项工程费用的 6％，其余总价措施项目费用为 8 万元；暂列金额为 12 万元；管理费和利润为不含税人材机费用之和的 12％；规费为人材机费用和管理费、利润之和的 7％；增值税税率为 9％。

表 1-4-1 分项工程项目费用数据与施工进度计划表

分项工程项目				施工进度计划/月				
名称	工程量/m^3	综合单价/（元/m^3）	合价/万元	1	2	3	4	5
A	600	300	18.0	——	——			
B	900	450	40.5		——	——		
C	1 200	320	38.4		——	——	——	
D	1 000	240	24.0				——	——
合计			120.9	每项分项工程计划进度均为匀速进度				

有关工程价款支付约定如下：

1. 开工前，发包人按签约合同价（扣除安全文明施工费和暂列金额）的 20%支付给承包人作为工程预付款（在施工期间第 2～4 月工程款中平均扣回），同时将安全文明施工费按工程款方式提前支付给承包人。

2. 分项工程进度款在施工期间逐月结算支付。

3. 总价措施项目工程款（不包括安全文明施工费工程款）按签约合同价在施工期间第 1～4 月平均支付。

4. 其他项目工程款在发生当月按实结算支付。

5. 发包人按每次承包人应得工程款的 85%支付。

6. 发包人在承包人提交竣工结算报告后 45 日内完成审查工作，并在承包人提供所在开户行出具的工程质量保函（保函额为竣工结算价的 3%）后，支付竣工结算款。

该工程如期开工，施工期间发生了经发承包双方确认的下列事项：

1. 分项工程 B 在第 2、3、4 月分别完成总工程量的 20%、30%、50%。

2. 第 3 月新增分项工程 E，工程量为 300m^2，每平方米不含税人工、材料、机械的费用分别为 60 元、150 元、40 元，可抵扣进项增值税综合税率分别为 0%、9%、5%。相应的除安全文明施工费之外的其余总价措施项目费用为 4 500 元。

3. 第 4 月发生现场签证、索赔等工程款 3.5 万元。

其余工程内容的施工时间和价款均与原合同约定相符。

问题：

1. 该工程签约合同价中的安全文明施工费为多少万元？签约合同价为多少万元？开工前发包人应支付给承包人的工程预付款和安全文明施工费工程款分别为多少万元？

2. 施工至第 2 月末，承包人累计完成分项工程的费用为多少万元？发包人累计应支付的工程进度款为多少万元？分项工程进度偏差为多少万元（不考虑总价措施项目费用的影响）？

3. 分项工程 E 的综合单价为多少？可抵扣增值税进项税额为多少元？工程款为多少万元？

4. 该工程合同价增减额为多少万元？如果开工前和施工期间发包人均按约定支付了各项工程价款，则竣工结算时，发包人应支付给承包人的结算款为多少万元？（计算过程和结果有小数时，以万元为单位的保留三位小数，其他单位的保留两位小数）

答案：

问题 1：

（1）该工程签约合同价中的安全文明施工费：120.9×6%=7.254（万元）

（2）该工程签约合同价：（120.9+8+7.254+12）×（1+7%）×（1+9%）=172.792（万元）

（3）开工前发包人应支付给承包人的工程预付款：［172.792－（7.254+12）×（1+7%）×（1+9%）］×20%=30.067（万元）

（4）预付安全文明施工费工程款：7.254×（1+7%）×（1+9%）×85%=7.191（万元）

问题 2：

（1）承包人累计完成分项工程的费用：18.0+40.5×20%+38.4/3=38.900（万元）

（2）发包人累计应支付的工程进度款：（38.900+8/4×2）×（1+7%）×（1+9%）×85%－30.067/3=32.507（万元）

（3）分项工程进度偏差：

已完工程计划投资：38.900×（1+7%）×（1+9%）=45.369（万元）

拟完工程计划投资：（18.0+40.5/2+38.4/3）×（1+7%）×（1+9%）=59.540（万元）

进度偏差=已完工程计划投资－拟完工程计划投资=45.369－59.540=－14.171（万元）

工程进度拖后 14.171 万元。

问题 3：

（1）分项工程 E 的综合单价：（60＋150＋40）×（1＋12％）＝280（元/m^2）

（2）分项工程 E 可抵扣增值税进项税额：（60×0％＋150×9％＋40×5％）×300＝4 650（元）

（3）分项工程 E 工程款：［280×300×（1＋6％）＋4 500］×（1＋7％）×（1＋9％）＝10.910（万元）

问题 4：

该工程合同价增减额：10.910＋3.5－12×（1＋7％）×（1＋9％）＝0.414（万元）

竣工结算款：（172.792＋0.414）×（1－85％）＝25.981（万元）

试题五

本试题分三个专业（Ⅰ．土建工程、Ⅱ．工业管道安装工程、Ⅲ．电气安装工程），请任选其中一题作答。若选作多题，按所答的第一题（卷面顺序）计分。

Ⅰ．土 建 工 程

某工程独立基础见图 1-5-1，共 18 个。已知：土壤类别为三类土；基础垫层为 C10 混凝土，独立基础及上部结构柱为 C20 混凝土；弃土运距 200m；基础回填土夯填；土方挖、填计算均按天然密实土。

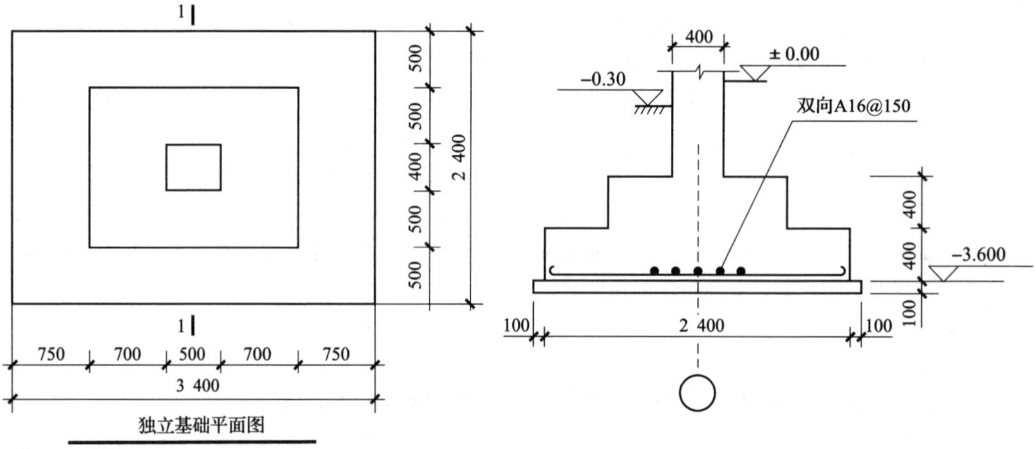

图 1-5-1 基础图

问题：

1. 列式计算表 1-5-1 所示的±0.00 以下分部分项工程清单工程量，并按表 1-5-2 的格式编制分部分项工程量清单项目表。

表 1-5-1 分部分项工程量清单的统一项目编码表

项目编码	项目名称	项目编码	项目名称	项目编码	项目名称
略	挖基础土方	略	独立基础	略	基础回填土
略	基础垫层	略	矩形柱		

表 1-5-2　±0.00 以下分部分项工程量清单项目表

序号	项目编码	项目名称	项目特征	计量单位	工程量	备注

2. 某承包商拟投标该工程，根据地质资料，确定柱基础为人工放坡开挖，边坡系数为 0.33，工作面 300mm；余土用翻斗车外运 200m。试计算土方开挖、余土外运、基础回填土的施工工程量（均按自然方计算）。

3. 该承包商使用的消耗量定额如下：挖 $1m^3$ 土方人工 0.48 工日（包括基底钎探用工）；土方运输（外运 200m）每立方米土方需人工 0.10 工日、翻斗车 0.069 台班。已知：翻斗车台班单价为 82.85 元/台班，人工工资为 45 元/工日。管理费率为 12%，利润率为 6%。按表 1-5-3 编制基础土方工程量清单的综合单价分析表。

表 1-5-3　人工挖基础土方综合单价分析表

<table>
<tr><td colspan="2">项目编码</td><td colspan="3"></td><td colspan="2">项目名称</td><td colspan="2"></td><td colspan="2">计量单位</td><td></td></tr>
<tr><td colspan="12">清单综合单价组成明细</td></tr>
<tr><td rowspan="2">定额编号</td><td rowspan="2">定额名称</td><td rowspan="2">定额单位</td><td rowspan="2">数量</td><td colspan="4">单价/元</td><td colspan="4">合价/元</td></tr>
<tr><td>人工费</td><td>材料费</td><td>机械费</td><td>管理费和利润</td><td>人工费</td><td>材料费</td><td>机械费</td><td>管理费和利润</td></tr>
<tr><td></td><td></td><td></td><td></td><td></td><td></td><td></td><td></td><td></td><td></td><td></td><td></td></tr>
<tr><td></td><td></td><td></td><td></td><td></td><td></td><td></td><td></td><td></td><td></td><td></td><td></td></tr>
<tr><td colspan="2">人工单价</td><td colspan="6">小　计</td><td></td><td></td><td></td><td></td></tr>
<tr><td colspan="2"></td><td colspan="6">未计价材料/元</td><td colspan="4"></td></tr>
<tr><td colspan="8">清单项目综合单价/（元/m^3）</td><td colspan="4"></td></tr>
<tr><td rowspan="5">材料费明细</td><td colspan="4">主要材料名称、规格、型号</td><td>单位</td><td colspan="2">数量</td><td>单价/元</td><td>合价/元</td><td>暂估单价/元</td><td>暂估合价/元</td></tr>
<tr><td colspan="4"></td><td></td><td colspan="2"></td><td></td><td></td><td></td><td></td></tr>
<tr><td colspan="4"></td><td></td><td colspan="2"></td><td></td><td></td><td></td><td></td></tr>
<tr><td colspan="7">其他材料费/元</td><td></td><td></td><td></td><td></td></tr>
<tr><td colspan="7">材料费小计/元</td><td></td><td></td><td></td><td></td></tr>
</table>

注：工程量计算保留三位小数，价格保留两位小数。

Ⅱ. 工业管道安装工程

1. 某住宅区室外热水管网布置如图 1-5-2 所示。

管网部分分部分项工程量清单项目的统一编码见表 1-5-4。

表 1-5-4 项目编码表

项 目 编 码	项 目 名 称	项 目 编 码	项 目 名 称
略	钢管	略	低压碳钢管
略	管道支架制作安装	略	管道支架制作安装
略	焊接法兰阀门	略	低压法兰阀门
略	法兰	略	低压碳钢平焊法兰
略	水表	略	低压碳钢管件
略	伸缩器	略	采暖系统调整费

2. 有一输气管线工程需用 ϕ 1 020×6 的碳钢板卷管直管，按管道安装设计施工图示直管段净长度（不含阀门、管件等）共5 000m，采用埋弧自动焊接。所用钢材均由业主供应标准成卷钢材。某承包商承担了该项板卷管直管的制作工程，板卷管直管制作的工料机单价和相关要求说明如表 1-5-5 所示。

表 1-5-5 数据表

序号	工程项目及材料名称	计量单位	人工费/元	材料费/元	机械费/元
1	碳钢板卷直管制作 ϕ 1 020×6	t	200.00	320.00	280.00
2	碳钢卷板开卷与平直	t	100.00	50.00	350.00
3	碳钢卷板	t	—	4 800.00	—

注：1. ϕ 1 020×6 的碳钢板卷管直管重量按 150kg/m 计。

2. 按照以下规定：碳钢板卷管安装的损耗率为 4%。每制作 1t 的板卷管直管工程量耗用钢板材料 1.05t；钢卷板开卷与平直的施工损耗率为 3%。

3. 管理费、利润分别按人工费的 60%、40%计。

问题：

1. 将各项管道和管道支架制作安装清单项目工程量的计算过程，分别写在表格中相应位置。根据《建设工程工程量清单计价规范》GB 50500—2013 的有关规定。编制如图 1-5-2 所示管网系统的分部分项工程量清单项目，将结果填入表 1-5-10“分部分项工程量清单表”第 2、3、4、5 栏内。

2. 在表格中相应位置写出要求的有关项目的计算过程：①ϕ 1 020×6 碳钢板直管制作工程量；②制作碳钢板直管前，需对成卷碳钢板进行开卷与平直的工程量；③发包人所供应标准成卷钢材的数量及其费用；④承包人应该向发包方计取的该项钢板卷管制作分部分项工程量清单费用数额。依据《建设工程工程量清单计价规范》GB 50500—2013、《全国统一安装工程预算定额》的有关规定，计算出 ϕ 1 020×6 碳钢板直管制作的分部分项工程量清单综合单价，将相关数据填入表 1-5-11“分部分项工程量清单综合单价计算表”中。

（以上计算结果保留两位小数）

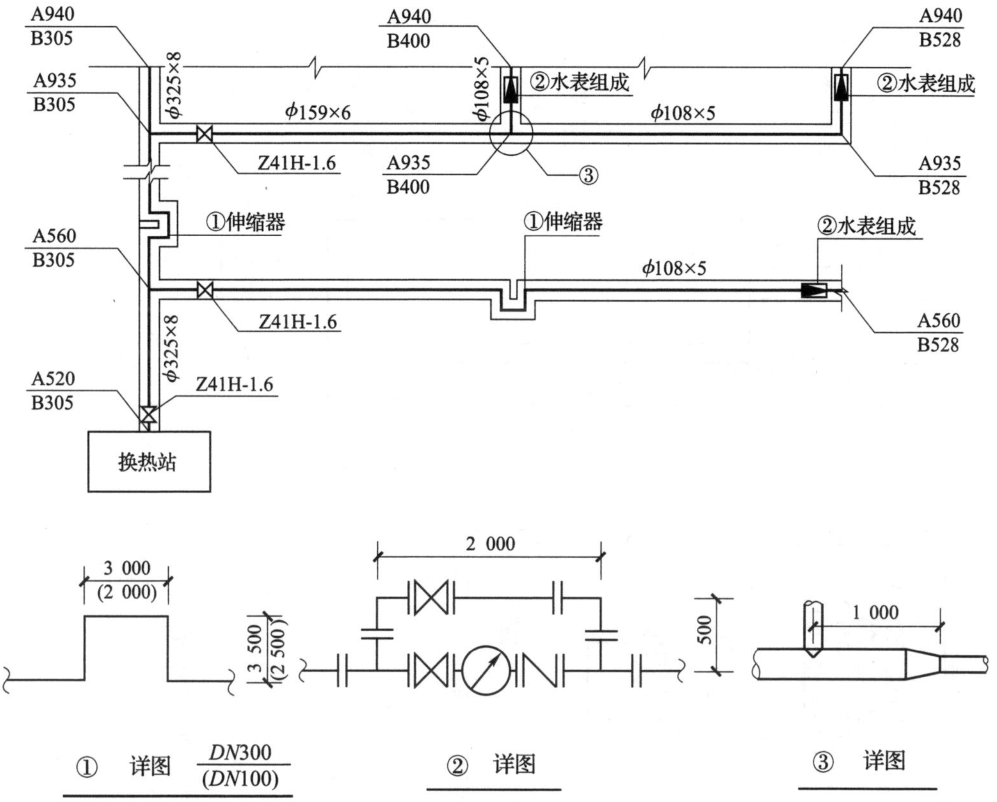

图 1-5-2 某住宅小区室外热水管网平面图

说明：

1. 本图所示为某住宅小区室外热水管网平面布置图，该管道系统工作压力为 1.0MPa，热水温度为 95℃。图中平面尺寸均以相对坐标标注，单位以“m”计；详图尺寸以“mm”计。
2. 管道敷设于管沟（高 600mm×宽 800mm）内，管道均采用 20# 碳钢无缝钢管，弯头采用成品冲压弯头、异径管，三通现场挖眼连接。管道系统全部采用手工电弧焊接。
3. 闸阀型号为 Z41H－1.6，止回阀型号为 H41H－1.6，水表采用水平螺翼式法兰连接，管网所用法兰均采用碳钢平焊法兰连接。
4. 管道支架为型钢横担，管座采用碳钢板现场制作。φ325×8 管道每 7m 设一处，每处重量为 16kg；φ159×6 管道每 6m 设一处，每处重量为 15kg；φ108×5 管道每 5m 设一处，每处重量为 12kg。其中施工损耗率为 6%。
5. 管道安装完毕用水进行水压试验和消毒冲洗，之后管道外壁进行除锈，刷红丹防锈漆两遍，外包岩棉管壳（厚度为 60mm）作绝热层，外缠铝箔作保护层。
6. 管道支架进行除锈后，均刷红丹防锈漆、调和漆各两遍。

Ⅲ. 电气安装工程

某氮气站动力安装工程如图 1-5-3 所示：

1. PD1、PD2 均为定型动力配电箱，落地式安装，基础型钢用 10# 槽钢制作，其重量为 10kg/m。

2. PD1 至 PD2 电缆沿桥架敷设，其余电缆均穿钢管敷设，埋地钢管标准高为－0.2m。埋地钢管至动力配电箱出口处高出地坪＋0.1m。

3. 4 台设备基础标高均为＋0.3m，至设备电机处的配管管口高出基础面 0.2m，均连接 1 根长 0.8m 同管径的金属软管。

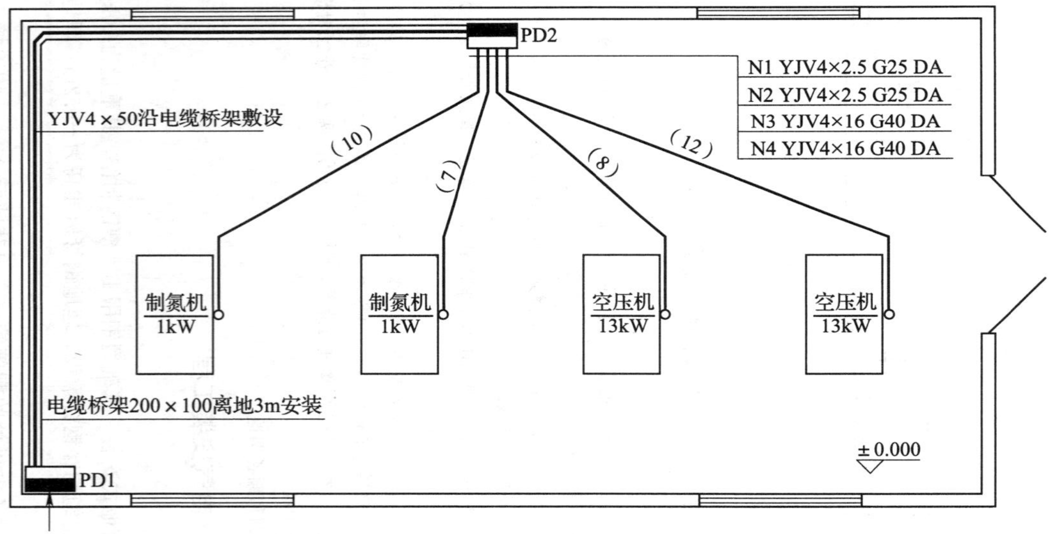

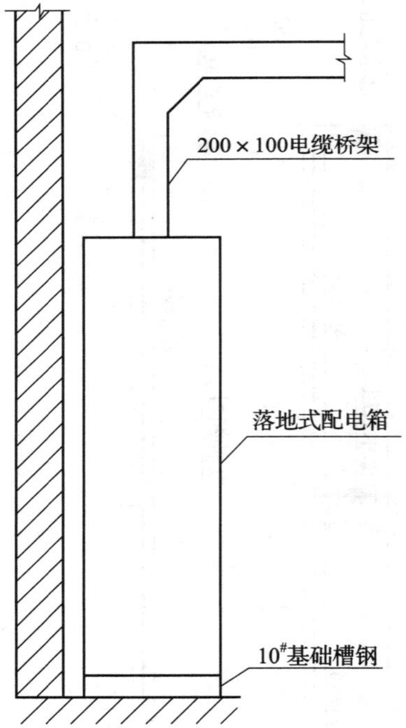

配电箱安装示意图

图 1-5-3 氮气站动力平面图

说明：

1. 动力配电箱 PD1、PD2 为落地式安装，其尺寸为 900×2 000×600（宽×高×厚）。
2. 配管水平长度见图示括号内数字，单位为 m。

4. 计算电缆长度时不计算电缆敷设弛度、波形弯度和交叉的附加长度，连接电机处，出管口后电缆的预留长度为1m，电缆头为户内干包式，其附加长度不计。

5. 电缆桥架（200×100）的水平长度为22m。

6. 表1-5-6中数据为计算该动力安装工程的相关费用：

表1-5-6 相关费用数据表

序号	项目名称	计量单位	安装费/元			主材	
			人工费	材料费	机械使用费	单价/元	损耗率/%
1	成套配电箱安装（落地式）	台	69.66	31.83	0		
2	基础槽钢制作	kg	5.02	1.32	0.41	3.50	5
3	基础槽钢安装	m	9.62	3.35	0.93		
4	铜芯电力电缆敷设16mm²	m	3.26	1.64	0.05	81.79	1
5	户内干包式电力电缆终端头制作安装16mm²	个	12.77	67.14	0		

管理费和利润分别按人工费的55%和45%计。

分部分项工程量清单的统一编码见表1-5-7。

表1-5-7 项目编码表

项目编码	项目名称	项目编码	项目名称
略	电气配管	略	小电器
略	电气电缆	略	控制台
略	电缆桥架	略	配电（电源）屏
略	电机检查接线及调试低压交流异步电动机	略	配电箱

问题：

1. 根据图示内容和《建设工程工程量清单计价规范》GB 50500—2013的规定，计算相关工程量和编制分部分项工程量清单。将配管、电缆敷设和电缆桥架工程量的计算式填入表格中的相应位置，并填写表1-5-12“分部分项工程量清单”。

2. 假设电力电缆YJV4×16穿管敷设的清单工程量为30m，依据上述相关费用数据计算配电箱（落地式安装）和电力电缆YJV4×16穿管敷设两个项目的综合单价，并分别填入表1-5-13和表1-5-14“分部分项工程量清单综合单价计算表”。

（计算过程和结果均保留两位小数）

答案：

Ⅰ. 土建工程

问题1：

（1）清单工程量计算：

1）挖基础土方：(2.4+0.1×2)×(3.4+0.1×2)×(3.6+0.1−0.3)=31.824（m^3）

2）基础垫层：(2.4+0.1×2)×(3.4+0.1×2)×0.1=0.936（m^3）

3）独立基础：2.4×3.4×0.4+1.9×1.4×0.4=4.328（m^3）

4）矩形柱：0.4×0.5×(3.6−0.8)=0.56（m^3）

5）回填土：31.824－［0.936＋4.328＋0.4×0.5×（3.6－0.8－0.3）］

＝31.824－5.764＝26.06（m^3）

（2）基础工程分部分项工程量清单项目见表 1-5-8。

表 1-5-8　±0.00 以下分部分项工程量清单项目表

序号	项目编码	项目名称	项 目 特 征	计量单位	工程量	备注
1	010101002001	挖基础土方	三类土，独立基础，开挖深度 3.4m，基底面积 3.6m×2.6m；弃土运距 200m	m^3	31.824	
2	010501001001	基础垫层	C10 混凝土，商品混凝土，厚 100mm	m^3	0.936	
3	010501003001	独立基础	C20 混凝土，商品混凝土，基底标高－3.6m，两步台高 2×0.4m	m^3	4.328	
4	010502001001	矩形柱	C20 混凝土，商品混凝土，断面 0.4×0.5m，±0.00 以下	m^3	0.56	
5	010103001001	基坑回填土	基坑原位土，夯填，无运距	m^3	26.06	

问题 2：

（1）挖基础土方：（3.6＋0.3×2）×（2.6＋0.3×2）×0.1＋（3.6＋0.3×2＋3.3×0.33）×（2.6＋0.3×2＋3.3×0.33）×3.3＋1/3×0.33^2×3.3^3＝77.508（m^3）

（2）余土外运：5.824m^3

（3）基础回填土：77.508－5.824＝71.684（m^3）

问题 3：

表 1-5-9　人工挖基础土方综合单价分析表

项目编码	010101002001			项目名称			人工挖基础土方		计量单位		m^3
清单综合单价组成明细											
定额编号	定额名称	定额单位	数量	单价/元				合价/元			
				人工费	材料费	机械费	管理费和利润	人工费	材料费	机械费	管理费和利润
	基础挖土	m^3	2.436	21.60			4.04	52.62	0	0	9.85
	余土外运	m^3	0.183	4.50		5.72	1.97	0.82	0	1.05	0.35
人工单价		小　计						53.44	0	1.05	10.20
45 元/工日		未计价材料/元									
清单项目综合单价/（元/m^3）								64.69			
材料费明细	主要材料名称、规格、型号			单位		数量		单价/元	合价/元	暂估单价/元	暂估合价/元
	其他材料费/元										
	材料费小计/元										

Ⅱ. 工业管道安装工程

问题 1：

写出下列分部分项清单项目工程量的计算式：

(1) 管道 DN300 工程量的计算式：

(940－520) ＋2×3.5＝420＋7＝427 (m)

(2) 管道 DN150 工程量的计算式：

(400－305) ＋1＝96 (m)

(3) 管道 DN100 工程量的计算式：

(528－305＋2×2.5) ＋ (528－400－1) ＋ (940－935) ×2＝228＋127＋10＝365 (m)

(4) 管道支架制作安装工程量的计算式：

(427÷7×16) ＋ (96÷6×15) ＋ (365÷5×12) ＝976＋240＋876＝2 092 (kg)

表 1-5-10　分部分项工程量清单表

序号	项目编码	项 目 名 称	计量单位	工程数量
1	略	钢管　ϕ325×8 (或 DN300) 20# 无缝钢管　电弧焊接 手工除轻锈刷红丹防锈漆两遍 岩棉管壳绝热　铝箔保护层	m	427
2	略	钢管　ϕ159×6 (或 DN150) 20# 无缝钢管　电弧焊接 手工除轻锈刷红丹防锈漆两遍 岩棉管壳绝热　铝箔保护层	m	96
3	略	钢管　ϕ108×5 (或 DN100) 20# 无缝钢管　电弧焊接 手工除轻锈刷红丹防锈漆两遍 岩棉管壳绝热　铝箔保护层	m	365
4	略	管道支架制安 普通管架　电弧焊接 手工除轻锈　刷红丹防锈漆、调和漆各两遍	kg	2 092
5	略	焊接法兰阀门 闸阀 Z41T－1.6　DN300	个	1
6	略	闸阀 Z41T－1.6　DN150	个	1
7	略	闸阀 Z41T－1.6　DN100	个	1
8	略	水平式螺翼水表 DN100	组	3

续表 1-5-10

序号	项目编码	项 目 名 称	计量单位	工程数量
9	略	方形伸缩器 $DN300$ 无缝钢管 冲压弯头	个	1
10	略	方形伸缩器 $DN100$ 无缝钢管 冲压弯头	个	1

问题 2：

各有关项目的计算过程：

（1）ϕ 1 020×6 碳钢板直管制作工程量：

5 000×0.15×1.04=780（t）

（2）制作碳钢板直管前，需对成卷碳钢板进行开卷与平直的工程量：

780×1.05=819（t）

（3）业主应供应标准成卷板材的数量及其费用：

标准成卷板材的数量：819×（1+3%）=843.57（t）

标准成卷板材的费用：843.57×4 800=4 049 136（元）

（4）承包商应向业主计取的该项碳钢板直管制作分部分项工程量清单费用数额：

5 320 536−4 049 136=1 271 400（元）

表 1-5-11 分部分项工程量清单综合单价计算表

项目编码：030613001001　　计量单位：t

工程数量：780

项目名称：碳钢板直管制作 ϕ 1 020×6（略）　　综合单价：6 821.2 元（或：1 630元）

序号	工 程 内 容	单位	数量	其 中/元					
				人工费	材料费	机械费	管理费	利润	小计
1	碳钢板直管制作 ϕ 1 020×6	t	780	156 000	249 600	218 400			
2	钢卷板开卷平直	t	819	81 900	40 950	286 650			
3	钢卷板	t	843.57	—	4 049 136	—	—	—	
合 计				237 900	4 339 686 （或： 290 550）	505 050	142 740	95 160	5 320 536 （或： 1 271 400）

Ⅲ. 电气安装工程

问题 1：

1. 钢管 ϕ25 工程量计算：

10+7+（0.2+0.1）×2+（0.2+0.3+0.2）×2=19（m）

2. 钢管 ϕ40 工程量计算：

8+12+（0.2+0.1）×2+（0.2+0.3+0.2）×2=22（m）

3. 电缆 YJV4×2.5 工程量计算：

10+7+（0.2+0.1）×2+（0.2+0.3+0.2）×2=19（m）

4. 电缆 YJV4×16 工程量计算：

8+12+（0.2+0.1）×2+（0.2+0.3+0.2）×2=22（m）

5. 电缆桥架 200×100 工程量计算：

22+［3−(2+0.1)］×2=23.8（m）

6. 电缆 YJV4×50 工程量计算：

22+［3−(2+0.1)］×2=23.8（m）

表 1-5-12　分部分项工程量清单

工程项目：氮气站动力工程

序号	项 目 编 号	项 目 名 称	计量单位	工程数量
1	略	电气配管（ϕ25 钢管暗敷）	m	19
2	略	电气配管（ϕ40 钢管暗敷）	m	22
3	略	电力电缆（YJV4×2.5 穿管敷设）	m	19
4	略	电力电缆（YJV4×16 穿管敷设）	m	22
5	略	电力电缆（YJV4×50 沿桥架敷设）	m	23.8
6	略	电缆桥架（200×100）	m	23.8
7	略	配电箱（落地式安装）	台	2
8	略	电机检查接线及调试（低压交流异步电动机 1kW）	台	2
9	略	电机检查接线及调试（低压交流异步电动机 13kW）	台	2

问题 2：

表 1-5-13　分部分项工程量清单综合单价计算表

工程名称：氮气站动力工程　　计量单位：台

项目编码：略　　工程数量：2

项目名称：配电箱（落地式安装）　　综合单价：705.06 元

序号	工 程 内 容	单位	数量	其中/元					小计
				人工费	材料费	机械使用费	管理费	利润	
1	成套配电箱安装（落地式）	台	2	139.32	63.66	0			
2	基础槽钢制作 10# 槽钢	kg kg	60 63	301.20	79.2 220.50	24.60			
3	基础槽钢安装	m	6	57.72	20.10	5.58			
合 计				498.24	383.46	30.18	274.03	224.21	1 410.12

表 1-5-14　分部分项工程量清单综合单价计算表

工程名称：氮气站动力工程　　　　　　　　　　　　　　计量单位：m

项目编码：略　　　　　　　　　　　　　　　　　　　　工程数量：30

项目名称：电力电缆 YJV4×16 穿管敷设　　　　　　　　综合单价：121.34 元

序号	工 程 内 容	单位	数量	其中/元					小计
				人工费	材料费	机械使用费	管理费	利润	
1	铜芯电力电缆敷设 $16mm^2$	m	36	117.36	59.04	1.80			
	电力电缆 YJV4×16	m	36.36		2 973.88				
2	户内干包式电力电缆终端头制作安装 $16mm^2$	个	4	51.08	268.56	0			
合　计				168.44	3 301.48	1.80	92.64	75.80	3 640.16

表 1-5-14 中数量是按图 1-5-4 计算的。

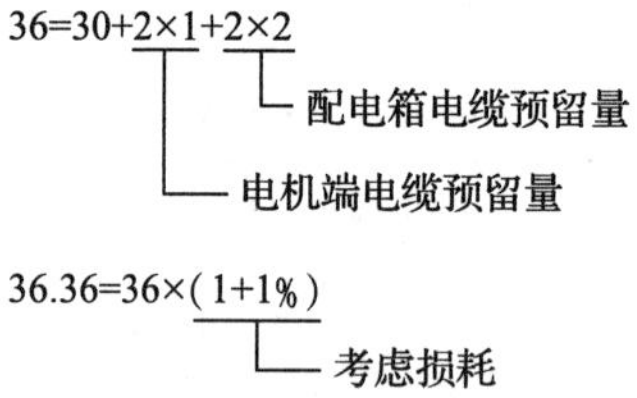

图 1-5-4　数量计算

模拟自测题二

试题一

某企业投资新建一项目，生产一种市场需求较大的产品。项目的基础数据如下：

1. 项目建设投资估算为 1 800 万元（含可抵扣进项税 112 万元），建设期为 1 年，运营期为 8 年。建设投资（不含可抵扣进项税）全部形成固定资产，固定资产使用年限为 8 年，残值率为 5%，按直线法折旧。

2. 项目流动资金估算为 200 万元，运营期第 1 年年初投入，在项目的运营期末全部回收。

3. 项目资金来源为自有资金和贷款，建设投资贷款利率为 6%（按年计息），流动资金利率为 5%（按年计息）。建设投资贷款的还款方式为运营期前 4 年等额还本、利息照付方式。

4. 项目正常年份的设计产能为 10 万件，运营期第 1 年的产能为正常年份产能的 70%。目前市场同类产品的不含税销售价格约为 65～75 元/件。

5. 项目资金投入、收益及成本等基础测算数据见表 2-1-1。

6. 该项目产品适用的增值税税率为 13%，增值税附加综合税率为 7%，所得税税率为 25%。

表 2-1-1　项目资金投入、收益及成本表　　单位：万元

序号	项目	年份					
		1	2	3	4	5	6～9
1	建设投资	1 800					
	其中：自有资金	800					
	贷款本金	1 000					
2	流动资金		200				
	其中：自有资金		100				
	贷款本金		100				
3	年产销量/万件		7	10	10	10	10
4	年经营成本		210	300	300	300	330
	其中：可抵扣进项税		14	20	20	20	25

问题：

1. 列式计算项目的建设期贷款利息及年固定资产折旧额。

2. 若产品的不含税销售单价确定为 70 元/件，列式计算项目运营期第 1 年的增值税、税前利润、所得税、税后利润。

3. 若企业希望项目运营期第 1 年不借助其他资金来源能够满足建设投资贷款还款要求，产品的不含税销售单价至少应确定为多少？

4. 项目运营后期（建设期贷款偿还完成后），考虑到市场成熟后产品价格可能下降，产品单价拟在 70 元的基础上下调 10%，列式计算运营后期正常年份的资本金净利润率。

（计算过程和结果有小数的，保留两位小数）

答案：

问题 1：

建设期利息：1 000/2×6%＝30（万元）

年固定资产折旧额＝固定资产原值×（1－残值率）/使用年限＝（1 800－112＋30）×（1－5%）/8＝204.01（万元）

问题 2：

（1）营业收入＝7×70＝490（万元）

增值税＝490×13%－14－112＝－62.30（万元）＜0

所以，运营期第一年增值税为 0 元。

（2）增值税附加：0 元。

（3）运营期第 1 年税前利润（利润总额）＝销售收入（不含税）－总成本费用（不含税）－增值税附加

销售收入＝70×7＝490（万元）

总成本费用＝经营成本＋折旧费＋摊销费＋利息支出＝（210－14）＋204.01＋0＋［（1 000＋30）×6%＋100×5%］＝466.81（万元）

税前利润＝490－466.81－0＝23.19（万元）

（4）所得税＝税前利润×所得税税率＝23.19×25%＝5.80（万元）

（5）税后利润（净利润）＝税前利润－所得税＝23.19－5.80＝17.39（万元）

问题 3：

运营期第 1 年还本＝（1 000＋30）/4＝257.50（万元）

若不借助其他资金来源满足建设期贷款还款要求，则

折旧费＋摊销费＋未分配利润（净利润）＝运营期应还本金

设净利润为 x 万元，204.01＋0＋x＝257.50，计算净利润 x＝53.49（万元）

税前利润＝53.49/（1－25%）＝71.32（万元）

根据利润总额公式列盈亏平衡计算一元一次方程，设不含税销售价格为 y 元/件，

销售收入－总成本费用－增值税附加＝利润总额

$7y$－［（210－14）＋204.01＋（1 030×6%＋100×5%）］＝71.32

解得 y＝76.88

问题 4：

销售收入（不含税）＝70×（1－10%）×10＝630（万元）

总成本费用＝经营成本＋折旧费＋摊销费＋利息支出＝（330－25）＋204.01＋0＋100×5%＝514.01（万元）

运营期第 5 年时，建设投资中的可抵扣进项税（112 万元）已经全部抵扣完，

运营后期正常年份增值税附加＝（销项税－进项税）×增值税附加税率＝（630×13%－25）×7%＝3.98（万元）

运营后期正常年份不需要弥补前年度亏损，故：

净利润＝利润总额×（1－25%）＝（630－514.01－3.98）×（1－25%）＝84.01（万元）

资本金净利润率＝运营期内年平均净利润/项目资本金额＝84.01/（800＋100）＝9.33%

试题二

某隧洞工程，施工单位与项目业主签订了120 000万元的施工总承包合同。合同约定：每延长（或缩短）1 天工期，处罚（或奖励）金额 3 万元。

施工前，施工单位拟订了三种隧洞开挖施工方案，并测算了各方案的施工成本，见表 2-2-1。

表 2-2-1 各施工方案施工成本 单位：万元

施工方案	施工准备工作成本	不同地质条件下的施工成本	
		地质较好	地质不好
先拱后墙法	4 300	101 000	102 000
台阶法	4 500	99 000	106 000
全断面法	6 800	93 000	—

当采用全断面法施工时，在地质条件不好的情况下，须改用其他施工方法。如果改用先拱后墙法施工，需再投入3 300万元的施工准备工作成本；如果改用台阶法施工，需再投入1 100万元的施工准备工作成本。

根据对地质勘探资料的分析评估，地质情况较好的可能性为0.6。

该隧道工程的附属工程招标时，业主委托具有相应招标代理和造价咨询资质的某咨询企业编制招标文件和最高投标限价（该项目的最高投标限价为3 000万元）。咨询企业编制招标文件和最高投标限价过程中发生如下事件：

事件1：为了响应业主对潜在投标人择优选择的高要求，咨询企业的项目经理在招标文件中将投标人近5年获得过鲁班奖、本省省级质量奖等奖项作为加分条件；

事件2：招标文件中要求项目的投标保证金为70万元，且投标保证金必须从投标企业的基本账户转出；

事件3：项目经理认为招标文件中的合同条款是基本的粗略条款，只需将政府有关管理部门出台的施工合同示范文本添加项目基本信息后附在招标文件中即可。

问题：

1. 绘制事件1中施工单位施工方案的决策树。
2. 列式计算事件1中施工方案选择的决策过程，并按成本最低原则确定最佳施工方案。
3. 针对事件1～3，分别指出相关人员的行为或观点是否正确或妥当，并说明理由。

答案：

问题1：

施工方案决策树如图2-2-1所示。

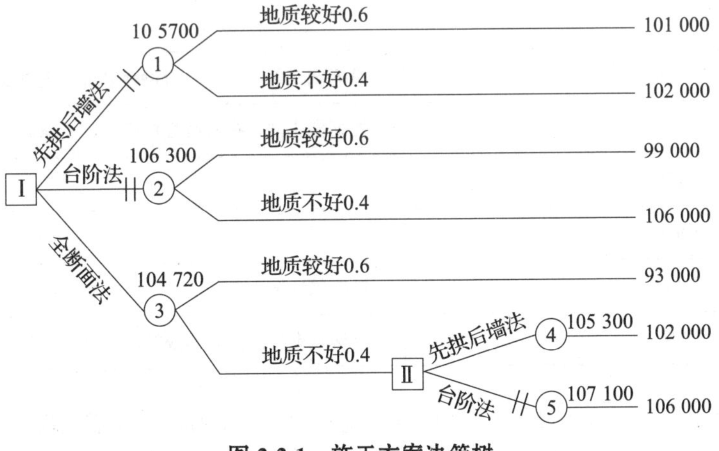

图 2-2-1 施工方案决策树

问题2：

①计算二级决策点各备选方案的期望值并做出决策：

机会点4成本期望值＝102 000＋3 300＝105 300（万元）

机会点 5 成本期望值＝106 000＋1 100＝107 100（万元）

由于机会点 5 的成本期望值大于机会点 4 的成本期望值，所以地质情况不好时，应采用先拱后墙方法。

②计算一级决策点各备选方案的期望值并做出决策：

机会点 1 总成本期望值＝101 000×0.6＋102 000×0.4＋4 300＝105 700（万元）

机会点 2 总成本期望值＝99 000×0.6＋106 000×0.4＋4 500＝106 300（万元）

机会点 3 总成本期望值＝93 000×0.6＋6 800＋105 300×0.4＝104 720（万元）

由于机会点 3 的成本期望值小于机会点 1 和机会点 2 的成本期望值，所以应当优选机会点 3 全断面法的方案。

问题 3：

事件 1：对获得过鲁班奖的企业加分妥当，鲁班奖属于全国性奖项，获得该奖可反映企业的实力。

对获得过本省省级质量奖项的企业加分不妥当，因为以特定区域的奖项作为加分条件属于以不合理条件限制、排斥潜在投标人或投标人。

事件 2："项目的投标保证金为 70 万元"不妥当，项目保证金 70 万元超过招标项目估算价（最高投标限价）的 2%。

"投标保证金必须从投标企业的基本账户转出"妥当，投标保证金必须从投标企业的基本账户转出有利于防止投标人以他人名义投标。

事件 3：项目经理的观点错误，合同条款是投标人报价的依据，咨询机构应参照示范文本并结合该项目特点、业主的要求及实际情况等编制项目合同条款，招标文件应附完整的合同条款。

试题三

某国有资金投资新建工程，建设单位委托某招标代理机构编制招标控制价为 7 900 万元（暂列金额 500 万元）的建筑安装工程组织招标，A、B、C、D、E、F、G（H、I 组成联合体 G 投标）共七家公司参与投标，投标保证金 75 万元。投标人报价相关信息见表 2-3-1。

表 2-3-1　投标人报价相关信息

投标人	投标报价/万元	暂列金额/万元	备注
A	7 636	500	
B	7 004	500	投标截止前递交了一份设计方案补充建议
C	7 960	500	投标截止前补充修改投标报价，投标报价为 7 860 万元
D	7 750	510	
E	7 980	500	
F	7 456	500	投标保证金 80 万元
G	7 660	500	资格预审后，联合体成员增加投标人 F

招标项目采用综合评分法，其中商务标总分 60 分。投标基准价等于各有效投标总报价的算术平均值的 96%。当投标总价每高于评标基准价 1 个百分点时扣 1 分，每低于评标基准价 1 个百分点时扣 1 分；高于或低于不足 1 个百分点时按 1 个百分点计入。

通过招标确定承包单位后，发承包双方签订了施工承包合同。合同中有关工程计价的部分条款约定：管理费按人材机费之和的 15%计取；利润按人材机费、管理费之和的 6%计取；措施费按分部分项工程费的25%计取；规费和增值税按分部分项工程费和措施费之和的13%计取。

事件1：某分项工程招标工程量为38m^2，实际工程量62m^2，分项投标综合单价550元/m^2，工程量增加超过15%以上时，管理费费率调整为原有的70%，利润调整为原有的60%；因增加工程量产生土方开挖外运费用9 500元。

事件2：施工过程中某种暂估价材料实际采购价446.35元/m^2（含可抵扣进项税13%），该材料的暂估单价为360元/m^2，监理工程师确认该材料使用数量为9 000m^2。

问题：

1. 指出投标人A～投标人G无效的投标报价，并说明理由。
2. 计算有效投标的综合评分。
3. 计算事件1超过15%部分调整后的综合单价，并计算其工程价款增加额。
4. 计算事件2的索赔费用，并说明若该材料属于招标采购项目，应如何确定实际采购价。

（计算结果以万元为单位的保留三位小数，以元为单位的保留两位小数）

答案：

问题1：

评标委员会应否决D投标人的投标，理由：暂列金额应按照招标人提供的其他项目清单中列出的金额填写，不得变动。

评标委员会应否决E投标人的投标，理由：投标报价不得超过招标控制价。

评标委员会应否决F、G投标人的投标，理由：联合体各方在同一招标项目中以自己名义单独投标或者参加其他联合体投标的，相关投标均无效。

问题2：

评标基准价＝（7 636＋7 004＋7 860）/3×96%＝7 200（万元）

投标人A报价综合评分：

（7 636－7 200）/7 200×100%＝6.06%

60－7%×100＝53（分）

投标人B报价综合评分：

（7 004－7 200）/7 200×100%＝－2.72%

60－3%×100＝57（分）

投标人C报价综合评分：

（7 860－7 200）/7 200×100%＝9.17%

60－10%×100＝50（分）

问题3：

（62－38）/38＝63.16%＞15%，故综合单价需要调整：

人材机＝550/［（1＋15%）（1＋6%）］＝451.19（元）

管理费＝451.19×15%×70%＝47.37（元）

利润＝451.19×（1＋15%）×6%×60%＝18.68（元）

超过15%部分调整后的综合单价＝451.19＋47.37＋18.68＝517.24（元/m^2）

分项工程费用增加额＝38×15%×550＋［62－38×（1＋15%）］×517.24＝12 600.49（元）

工程价款增加额＝（12 600.49＋9 500）×（1＋25%）×（1＋13%）＝31 216.94（元）

问题4：

不含税材料采购价＝446.35/（1＋13%）＝395（元/m^2）

材料的调整价差＝395－360＝35（元/m^2）

合同价款增加额（包含措施费）＝9 000×35×（1＋15%）×（1＋6%）×（1＋25%）×（1＋13%）＝542 378.81（元）

属于依法必须招标的项目，发包人在招标工程量清单中给定暂估价的材料和工程设备属于依法必须招标的，由发承包双方以招标的方式选择供应商，依法确定中标价格后，以此为依据取代暂估价，调整合同价款。

试题四

某工程项目发包人与承包人签订了施工合同，工期 4 个月。工程内容包括 A、B 两项分项工程，综合单价分别为 360.00 元/m^3、220.00 元/m^3；管理费和利润为人材机费用之和的 16%；规费和税金为人材机费用、管理费和利润之和的 10%。各分项工程每月计划和实际完成工程量及单价措施项目费用见表 2-4-1。

表 2-4-1 分项工程工程量及单价措施项目费用数据表

工程量和费用名称		月份				合计
		1	2	3	4	
A 分项工程/m^3	计划工程量	200	300	300	200	1 000
	实际工程量	200	320	360	300	1 180
B 分项工程/m^3	计划工程量	180	200	200	120	700
	实际工程量	180	210	220	90	700
单价措施项目费用/万元		2	2	2	1	7

总价措施项目费用 6 万元（其中安全文明施工费 3.6 万元）；暂列金额 15 万元。

合同中有关工程价款结算与支付约定如下：

1. 开工日 10 天前，发包人应向承包人支付合同价款（扣除暂列金额和安全文明施工费）的 20% 作为工程预付款，工程预付款在第 2、3 个月的工程价款中平均扣回；

2. 开工后 10 日内，发包人应向承包人支付安全文明施工费的 60%，剩余部分和其他总价措施项目费用在第 2、3 个月平均支付；

3. 发包人按每月承包人应得工程进度款的 90% 支付；

4. 当分项工程工程量增加（或减少）幅度超过 15% 时，应调整综合单价，调整系数为 0.9（或 1.1）；措施项目费按无变化考虑；

5. B 分项工程所用的两种材料采用动态结算方法结算，该两种材料在 B 分项工程费用中所占比例分别为 12% 和 10%，基期价格指数均为 100。

施工期间，经监理工程师核实及发包人确认的有关事项如下：

1. 第 2 个月发生现场计日工的人材机费用 6.8 万元；

2. 第 4 个月 B 分项工程动态结算的两种材料价格指数分别为 110 和 120。

问题：

1. 该工程合同价为多少万元？工程预付款为多少万元？

2. 第 2 个月发包人应支付给承包人的工程价款为多少万元？

3. 到第 3 个月末 B 分项工程的进度偏差为多少万元？

4. 第 4 个月 A、B 两项分项工程的工程价款各为多少万元？发包人在该月应支付给承包人的工程价款为多少万元？

（计算结果保留三位小数）

答案：

问题1：

（1）合同价：

［（1 000×360.00＋700×220.00）/10 000＋7＋6＋15］×（1＋10%）＝87.340（万元）

（2）工程预付款：［87.34－（15＋3.6）×（1＋10%）］×20%＝13.376（万元）

或：［（1 000×360.00＋700×220.00）/10 000＋7＋6－3.6］×（1＋10%）×20%＝13.376（万元）

问题2：

（1）工程价款：

［（320×360.00＋210×220.00）/10 000＋2＋（6－3.6×60%）×50%＋6.8×（1＋16%）］×（1＋10%）＝30.743（万元）

（2）应扣工程预付款：13.376×50%＝6.688（万元）

（3）应支付工程价款：30.743×90%－6.688＝20.981（万元）

问题3：

（1）已完工程计划投资：［（180＋210＋220）×220.00/10 000］×（1＋10%）＝14.762（万元）

（2）拟完工程计划投资：［（180＋200＋200）×220.00/10 000］×（1＋10%）＝14.036（万元）

（3）进度偏差：14.762－14.036＝0.726（万元）即进度超前0.726万元。

或：［（180＋210＋220）－（180＋200＋200）×220.00/10 000］×（1＋10%）＝0.726（万元）

问题4：

（1）A分项工程价款：

①工程量增加幅度超过计划总工程量15%以上的工程量：1 180－1 000×（1＋15%）＝30（m^3）

②工程价款：［30×360.00×0.9＋（300－30）×360.00］/10 000×（1＋10%）＝11.761（万元）

（2）B分项工程价款：

解法1（调值公式法）：

①不调值部分比例：1－（0.12＋0.10）＝0.78

②工程价款：$90\times220.00/10\,000\times\left(0.78+0.12\times\frac{110}{100}+0.10\times\frac{120}{100}\right)\times(1+10\%)=2.248$（万元）

解法2（清单计价法）：

$90\times220/10\,000\times\left\{1+\left[12\%\times\left(\frac{110}{100}-1\right)+10\%\times\left(\frac{120}{100}-1\right)\right](1+16\%)\right\}\times(1+10\%)=2.259$（万元）

（3）应支付工程价款：［11.761＋2.248＋1×（1＋10%）］×90%＝13.598（万元）

或：［11.761＋2.259＋1×（1＋10%）］×90%＝13.608（万元）

试题五

本试题分三个专业（Ⅰ.土建工程、Ⅱ.工业管道安装工程、Ⅲ.电气安装工程），请任选其中一题作答。若选作多题，按所答的第一题（卷面顺序）计分。

Ⅰ.土 建 工 程

某工程采用工程量清单招标。按工程所在地的计价依据规定，措施费和规费均以分部分项工程费中人工费（已包含管理费和利润）为计算基础，经计算该工程分部分项工程费总计为6 300 000元，其中人工费为1 260 000元。其他有关工程造价方面的背景材料如下：

1.条形砖基础工程量160m^3，基础深3m，采用M5水泥砂浆砌筑，多孔砖的规格240mm×

115mm×90mm。实心砖内墙工程量1 200m^3，采用 M5 混合砂浆砌筑，蒸压灰砂砖规格 240mm×115mm×53mm，墙厚 240mm。

现浇钢筋混凝土矩形梁模板及支架工程量 420m^2，支模高度 2.6m。现浇钢筋混凝土有梁板模板及支架工程量 800m^2，梁截面 250mm×400mm，梁底支模高度 2.6m，板底支模高度 3m。

2. 安全文明施工费率 25%，夜间施工费费率 2%，二次搬运费费率 1.5%，冬雨季施工费费率 1%。

按合理的施工组织设计，该工程需大型机械进出场及安拆费26 000元，施工排水费2 400元，施工降水费22 000元，垂直运输费120 000元，脚手架费166 000元。以上各项费用中已包含管理费和利润。

3. 招标文件中载明，该工程暂列金额330 000元，材料暂估价100 000元，计日工费用20 000元，总承包服务费20 000元。

4. 养老保险费率 15%，失业保险费率 2%，医疗保险费率 6%，女工生育保险费率 1%，危险作业意外伤害保险费率 0.48%，住房公积金费率 6%，增值税税率 3%，综合税金率 3.413%。

问题：

依据《建设工程工程量清单计价规范》GB 50500—2013 的规定，结合工程背景材料及所在地计价依据的规定，编制最高投标限价。

1. 编制砖基础和实心砖内墙的分部分项清单及计价，编制“分部分项工程量清单与计价表”。项目编码：砖基础010301004，实心砖墙010302001；综合单价：砖基础 240.18 元/m^3，实心砖内墙 249.11 元/m^3。

2. 编制“措施项目清单与计价表（一）”和“措施项目清单与计价表（二）”。补充的现浇钢筋混凝土模板及支架项目编码：梁模板及支架 AB001，有梁板模板及支架 AB002；综合单价：梁模板及支架 25.60 元/m^2，有梁板模板及支架 23.20 元/m^2。

3. 编制其他项目清单与计价汇总表。

4. 编制规费、税金项目清单与计价表。

5. 计算该工程的最高投标限价，编制“单位工程最高投标限价汇总表”。

（计算结果均保留两位小数）

Ⅱ．工业管道安装工程

工程背景资料如下：

1. 图 2-5-1 为某泵房工艺及伴热管道系统部分安装图。

2. 假设管道安装工程的分部分项清单工程量如下：

Φ325×8 低压管道 7m；Φ273.1×7.1 中压管道 15m；Φ108×4.5 管道 5m，其中低压 2m，中压 3m；Φ89×4.5 管道 1.5m，Φ60×4 管道 40m，均为中压。

3. 相关分部分项工程量清单统一项目编码见表 2-5-1。

表 2-5-1　项目编码表

项目编码	项目名称	项目编码	项目名称
030801001	低压碳钢管	030807003	低压法兰阀门
030802001	中压碳钢管	030808003	中压法兰阀门
030803001	高压碳钢管	030809002	高压法兰阀门
031201001	管道刷油	031208002	管道绝热

4. Φ325×8 碳钢管道安装工程定额的相关数据见表 2-5-2。

表 2-5-2 相关数据表

定额编号	项目名称	单位	基价/元			未计价主材	
			人工费	材料费	机械费	单价	耗用量
6-38	低压管道电弧焊安装	10m	244.32	54.67	223.20	6.50 元/kg	9.36m
6-56	低压管道氩电联焊安装	10m	262.03	63.02	257.60	6.50 元/kg	9.36m
6-413	中压管道氩电联焊安装	10m	341.38	88.66	321.86	6.50 元/kg	9.36m
6-2430	中低压管道水压试验	100m	623.35	204.60	24.62		
11-1	管道人工除锈	$10m^2$	27.15	6.76			
6-2477	管道水冲洗	100m	373.84	242.72	48.95		
6-2484	管道空气吹扫	100m	205.63	272.94	32.60		
11-51、52	管道刷红丹防锈漆二遍	$10m^2$	43.89	4.06			

该管道安装工程的管理费和利润分别按人工费的 20%和 10%计。

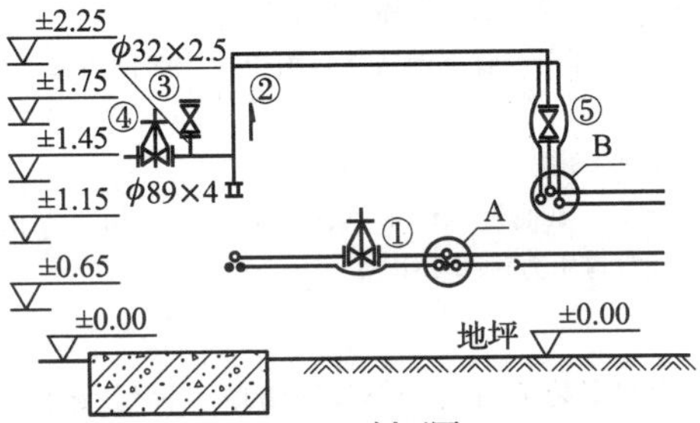

1—1 剖面图

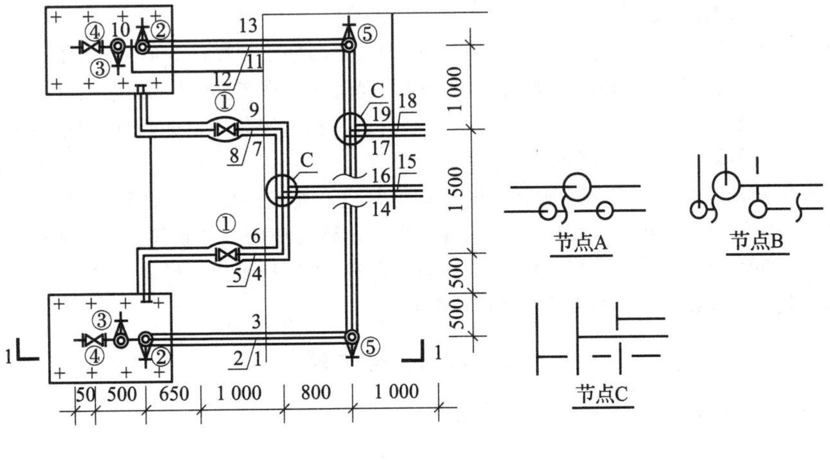

编号	管道规格	相对标高
18	泵后油管道 Φ273.1×7.1	▼+1.15
17、19	伴热管道 Φ60×4	▼+1.15
10	泵后油管道 Φ89×4	▼+1.45
5、8、15	泵前油管道 Φ325×8	▼+0.65
4、6、7、9、14、16	伴热管道 Φ60×4	▼+0.65
2、12	泵后油管道 Φ273.1×7.1	▼+2.25
1、3、11、13	伴热管道 Φ60×4	▼+2.25

设备材料表

编号	型号及规格	单位	数量	备注
⑤	钢法兰闸阀 Z41H-25 *DN*250	个	2	
④	钢法兰闸阀 Z41H-25 *DN*80	个	2	
③	钢法兰闸阀 Z41H-25 *DN*20	个	2	接压力表
②	钢法兰止回阀 H44H-25 *DN*250	个	2	
①	钢法兰闸阀 Z41H-16C *DN*300	个	2	

图 2-5-1　泵房工艺及伴热管道系统安装图

说明：

1. 本图为某泵房工艺及伴热管道系统部分安装图，标高以“m”计，其余尺寸均以“mm”计。
2. 管道材质为 20# 无缝钢管，管件均为成品，法兰为对焊法兰。焊接方式为氩电联焊。
3. 管道焊缝进行 X 射线无损检验，水压强度和严密性试验合格后，压缩空气吹扫。
4. 伴热管用镀锌铁丝捆绑在油管道外壁上，水平管段捆绑在油管下部两侧。图中标注的伴热管道标高、平面位置为示意，可视为与相应油管道等同。
5. 管道就位后，其外壁进行人工除锈，再刷红丹防锈漆二遍。
6. 管线采用岩棉保温，保温层厚度有伴热管的为 50mm，其他为 30mm，玻璃布防潮，0.5mm 厚铝皮保护。
7. 伴热管和泵后油管道设计压力为 2.0MPa，泵前油管道压力为 0.4MPa。

问题：

1. 按照图 2-5-1 所示内容，列式计算管道、管件安装项目的分部分项清单工程量（注：其中伴热管道工程量计算不考虑跨越三通、阀门处的摵弯增加量。图 2-5-1 中所标注伴热管道的标高、平面位置按与相应油管道的标注等同计算）。

2. 按照背景资料 2 和 3 中给出的管道工程量和相关分部分项工程量清单统一编码，以及图 2-5-1 的技术要求和所示阀门数量，根据《通用安装工程工程量计算规范》GB 50856—2013 和《建设工程工程量清单计价规范》GB 50500—2013 规定，编制管道、阀门安装项目的分部分项工程量清单，填入分部分项工程和单价措施项目清单计价表中。

3. 按照背景资料 4 中的相关定额，根据《通用安装工程工程量计算规范》GB 50856—2013 和《建设工程工程量清单计价规范》GB 50500—2013 规定，编制 Φ325×8 低压管道（单重 62.54kg/m）安装分部分项工程量清单“综合单价分析表”(假设 Φ325×8 低压管道工程量为 10m)。

（以上价格都不含税，计算结果保留两位小数）

Ⅲ. 电气安装工程

某控制室照明系统中Ⅰ回路如图 2-5-2 所示。

表 2-5-3 中数据为计算该照明工程的相关定额。

表 2-5-3 计算该照明工程的相关定额

序号	项目名称	计量单位	安装费/元			主材	
			人工费	材料费	机械使用费	单价	损耗率/%
1	镀锌钢管 ϕ15 暗配	100m	344.18	64.22		4.10 元/m	3
2	暗装接线盒	10 个	18.48	9.76		1.8 元/个	2
3	暗装开关盒	10 个	19.72	4.52		1.5 元/个	2

人工单价为 41.80 元/工日，管理费和利润分别按人工费的 30%和 10%计。

问题：

1. 根据图示内容和《建设工程工程量清单计价规范》GB 50500—2013 的相关规定计算工程量，管线工程量根据表 2-5-4 给定的统一项目编码编制分部分项工程量清单及计价表（不计算计价部分），填入表 2-5-13 中。

表 2-5-4 工程量清单统一项目编码

项目编码	项目名称	项目编码	项目名称
略	配电箱	略	电气配线
略	控制开关	略	普通吸顶灯及其他灯具
略	小电器	略	荧光灯
略	电气配管	略	装饰灯

2. 假设镀锌钢管 ϕ15 暗配的清单工程量为 50m，其余条件不变，依据上述相关定额计算分析镀锌钢管 ϕ15 暗配项目的综合单价，并填入“工程量清单综合单价分析表”中。

（金额保留两位小数，其余保留三位小数）

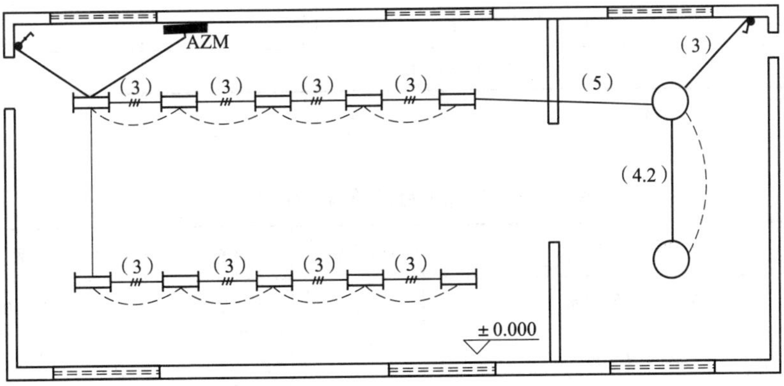

序号	图例	名称、型号、规格	备　注
1	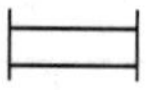	双管荧光灯 YG2－2　2×40W	吸顶
2	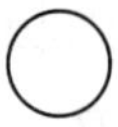	装饰灯 FZS－164　1×100W	
3		单联单控暗开关 10A，250V	安装高度 1.4m
4		双联单控暗开关 10A，250V	
5		照明配电箱 AZM 400mm×200mm×120mm 宽×高×厚	箱底高度 1.6m

图 2-5-2　控制室照明平面图

说明：

1. 照明配电箱 AZM 由本层总配电箱引来，配电箱为嵌入式安装。
2. 管路均为镀锌钢管 ϕ15 沿墙、楼板暗配，顶管敷设标高 4.50m，管内穿绝缘导线 ZRBV－500 2.5mm^2。
3. 配管水平长度见括号内数字，单位为 m。

答案：

Ⅰ. 土 建 工 程

问题 1：

表 2-5-5　分部分项工程量清单与计价表

项目编码	项目名称	项目特征	计量单位	工程量	金额/元	
					综合单价	合价
010301004001	砖基础	M5 水泥砂浆砌筑多孔砖条形基础，砖规格 240mm×115mm×90mm，基础深 3m	m^3	160	240.18	38 428.80
010302001001	实心砖内墙	M5 混合砂浆砌筑蒸压灰砂砖内墙，砖规格 240mm×115mm×53mm，墙厚 240mm	m^3	1 200	249.11	298 932.00
本 页 小 计						337 360.80

问题 2：

表 2-5-6　措施项目清单与计价表（一）

序号	项目名称	计算基础	费率/%	金额/元
1	安全文明施工费	人工费 (或1 260 000)	25	315 000.00
2	夜间施工费		2	25 200.00

续表 2-5-6

序号	项目名称	计算基础	费率/%	金额/元
3	二次搬运费	人工费 (或1 260 000)	1.5	18 900.00
4	冬雨季施工费		1	12 600.00
5	大型机械进出场及安拆费			26 000.00
6	施工排水费			2 400.00
7	施工降水费			22 000.00
8	垂直运输费			120 000.00
9	脚手架费			166 000.00
合　　计				708 100.00

注：本表只列以“项”计价的措施项目。

表 2-5-7　措施项目清单与计价表（二）

序号	项目编码	项目名称	项目特征	计量单位	工程量	金额/元	
						综合单价	合价
1	AB001	现浇钢筋混凝土矩形梁模板及支架	矩形梁，支模高度 2.6m	m^2	420	25.60	10 752.00
2	AB002	现浇钢筋混凝土有梁板模板及支架	矩形梁，梁截面 250mm×400mm 梁底支模高度 2.6m，板底支模高 3m	m^2	800	23.20	18 560.00
本 页 小 计							29 312.00

问题 3：

表 2-5-8　其他项目清单与计价汇总表

序号	项目名称	计算单位	金额/元	备注
1	暂列金额	元	330 000.00	
2	材料暂估价	元	—	
3	计日工	元	20 000.00	
4	总承包服务费	元	20 000.00	
合　　计			370 000.00	

问题 4：

表 2-5-9　规费、税金项目清单与计价表

序号	项目名称	计算基础	费率/%	金额/元
1	规费	人工费（或1 260 000元）		384 048.00
1.1	社会保险费			302 400.00
(1)	养老保险费		15	189 000.00
(2)	失业保险费		2	25 200.00
(3)	医疗保险费		6	75 600.00
(4)	女工生育保险费		1	12 600
(5)	危险作业意外伤害保险		0.48	6 048.00
1.2	住房公积金		6	75 600.00
2	税金	分部分项工程费+措施项目费+其他项目费+规费（或7 791 460元）	3.413	265 922.53
合　计				649 970.53

问题 5：

表 2-5-10　单位工程最高投标限价汇总表

序号	汇总内容	金额/元	其中：暂估价/元
1	分部分项工程	6 300 000.00	
2	措施项目	737 412.00	
2.1	措施项目清单（一）	708 100.00	
2.2	措施项目清单（二）	29 312.00	
3	其他项目	370 000.00	
4	规费	384 048.00	
5	税金	265 922.53	
	最高投标限价合计	8 057 382.53	

Ⅱ．工业管道安装工程

问题 1：

管道：

(1) Φ325×8

低压管道：1＋0.8＋1.5＋(1＋0.65＋0.5)×2＝7.6(m)

(2) Φ273.1×7.1

中压管道：[(2.25－1.15)＋0.65＋1＋0.8＋(2.25－1.15)]×2＋1＋1.5＋0.5＋0.5＋1＝13.8(m)

(3) Φ89×4

中压管道：(0.15＋0.5)×2＝1.3(m)

(4) Φ60×4 中压管道：

泵前油管伴热管：[1＋0.8＋1.5＋(1＋0.65＋0.5)×2]×2＝7.6×2＝15.2(m)

泵后油管伴热管（泵后出来的这段立管上无伴热管）：

{[0.65＋1＋0.8＋(2.25－1.15)]×2＋1＋1.5＋0.5＋0.5＋1}×2＝11.6×2＝23.2(m)

小计:15.2＋23.2＝38.4(m)

(5) Φ32×2.5 中压管道：(1.75－1.45)×2＝0.6(m)

管件：

(1) *DN*300 低压：弯头 4 个；三通 1 个

(2) *DN*250 中压：弯头 6 个

三通 3 个（1 个 *DN*250×250 等径三通，2 个 *DN*250×80 异径三通）

(3) *DN*80 中压：三通 2 个

(4) *DN*50 中压：

弯头：泵前 6×2＝12(个)；泵后 6×2＝12(个)

小计 12＋12＝24(个)

三通：(1＋1)×2＝4(个)

问题 2：

表 2-5-11　分部分项工程和单价措施项目清单计价表

工程名称：工艺及伴热管道 标段：泵房管道安装

序号	项目编码	项目名称	项目特征描述	计量单位	工程量	金额/元		
						综合单价	合价	其中：暂估价
1	030801001001	低压碳钢管	20# 无缝钢管、氩电联焊、水压试验、空气吹扫 Φ325×8	m	7			
2	030801001002	低压碳钢管	20# 无缝钢管、氩电联焊、水压试验、空气吹扫 Φ108×4.5	m	2			
3	030802001001	中压碳钢管	20# 无缝钢管、氩电联焊、水压试验、空气吹扫 Φ273.1×7.1	m	15			
4	030802001002	中压碳钢管	20# 无缝钢管、氩电联焊、水压试验、空气吹扫 Φ108×4.5	m	3			
5	030802001003	中压碳钢管	20# 无缝钢管、氩电联焊、水压试验、空气吹扫 Φ89×4.5	m	1.5			

续表 2-5-11

序号	项目编码	项目名称	项目特征描述	计量单位	工程量	金额/元		
						综合单价	合价	其中：暂估价
6	030802001004	中压碳钢管	20# 无缝钢管、氩电联焊、水压试验、空气吹扫 Φ60×4	m	40			
7	030807003001	低压法兰阀门	钢法兰闸阀 Z41H-16C *DN*300	个	2			
8	030808003001	中压法兰阀门	钢法兰闸阀 Z41H-25 *DN*250	个	2			
9	030808003002	中压法兰阀门	钢法兰止回阀 H44H-25 *DN*250	个	2			
10	030808003003	中压法兰阀门	钢法兰闸阀 Z41H-25 *DN*80	个	2			
11	030808003004	中压法兰阀门	钢法兰闸阀 Z41H-25 *DN*20	个	2			

问题 3：

表 2-5-12 综合单价分析表

工程名称：工艺及伴热管道 标段：泵房管道安装

项目编码	030801001001	项目名称	低压碳钢管道 Φ325×8		计量单位	m		工程量	10	
清单综合单价组成明细										
定额编号	定额项目名称	定额单位	数量	单价/元				合价/元		
				人工费	材料费	机械费	管理费和利润	人工费	材料费	机械费	管理费和利润
6-56	低压管道氩电联焊	10m	0.1	262.03	63.02	257.60	78.61	26.20	6.30	25.76	7.86
6-2430	中低压管道水压试验	100m	0.01	623.35	204.60	24.62	187.01	6.23	2.05	0.25	1.87
6-2484	管道空气吹扫	100m	0.01	205.63	272.94	32.60	61.69	2.06	2.73	0.33	0.62
人工单价		小计						34.49	11.08	26.34	10.35
50 元/工日		未计价材料费/元						380.51 或 380.49			
清单项目综合单价/（元/m）								462.77 或 462.75			

续表 2-5-12

材料费明细	主要材料名称、规格、型号	单位	数量	单价/元	合价/元	暂估单价/元	暂估合价/元
	20# 碳钢无缝钢管 Φ325×8	kg	58.54	6.5	380.51	—	—
	或：20# 碳钢无缝钢管 Φ325×8	m	0.936	406.51	380.49	—	—
	其他材料费/元			—	11.08	—	—
	材料费小计/元			—	391.59 或 391.57	—	—

注：1. Φ325×8 低压管道 62.54kg/m，单价 6.50 元/kg。62.54kg/m×6.50 元/kg=406.51 元/m。
2. 当工程量为 1m 时，消耗量 0.936m，折算为 0.936m×62.54kg/m=58.54kg。

Ⅲ. 电气安装工程

问题 1：

镀锌钢管 ϕ15 工程量计算：

(4.5－1.6－0.2) ＋ (4.5－1.4) ＋3×8＋5＋4.2＋3＋ (4.5－1.4)

＝2.7＋3.1＋24＋5＋4.2＋6.1＝45.1 (m)

阻燃绝缘导线 ZRBV－500 2.5mm^2 工程量计算：

2.7×2＋ [(4.5－1.4)] ×2＋3×4×3＋3×4×2＋5×2＋4.2×2＋ [3＋ (4.5－1.4)] ×2

＝5.4＋6.2＋36＋24＋10＋8.4＋12.2＝102.2 (m)

表 2-5-13 分部分项工程量清单与计价表

工程名称：控制室照明工程

序号	项目编码	项目名称	项目特征描述	计量单位	工程量	金额/元		
						综合单价	合价	其中：暂估价
1	略	荧光灯安装	YG2－2 双管 40W 吸顶灯安装	套	10			
2	略	装饰灯具安装	FZS－164 1×100W 吸顶灯安装	套	2			
3	略	配电箱安装	AZM 嵌入式安装 400mm×200mm×120mm	台	1			
4	略	单联单控暗开关安装	10A，250V	个	1			
5	略	双联单控暗开关安装	10A，250V	个	1			
6	略	镀锌钢管暗配	ϕ15 暗配，接线盒 12 个、开关盒 2 个	m	45.1			
7	略	管内穿线	ZRBV－500 2.5mm^2	m	102.2			
分部小计								
本页小计								
合计								

问题 2:

表 2-5-14 工程量清单综合单价分析表（一）

工程名称：控制室照明工程

项目编码	略			项目名称			镀锌钢管 ϕ15 暗配		计量单位		m
清单综合单价组成明细											
定额编号	定额名称	定额单位	数量	单价/元				合价/元			
				人工费	材料费	机械使用费	管理费和利润	人工费	材料费	机械使用费	管理费和利润
	镀锌钢管 ϕ15 暗配	100m	0.01	344.18	64.22		137.67	3.44	0.64		1.38
	暗配接线盒	10 个	0.024	18.48	9.76		7.39	0.44	0.23		0.18
	暗配开关盒	10 个	0.004	19.72	4.52		7.89	0.08	0.02		0.03
人工单价		小计						3.96	0.89		1.59
41.8 元/工日		未计价材料费						4.72			
清单项目综合单价								11.16			

材料费明细	主要材料名称、规格、型号	单位	数量	单价/元	合价/元	暂估单价/元	暂估合价/元
	镀锌钢管 ϕ15	m	1.03	4.10	4.22		
	接线盒	个	0.245	1.80	0.44		
	开关盒	个	0.041	1.50	0.66		
	其他材料费			—		—	
	材料费小计			—	4.72	—	

也可按表 2-5-15 进行计算：

表 2-5-15　工程量清单综合单价分析表（二）

工程名称：控制室照明工程

<table>
<tr><td colspan="2">项目编码</td><td colspan="2">略</td><td colspan="3">项目名称</td><td colspan="3">镀锌钢管 φ15 暗配</td><td>计量单位</td><td>m</td></tr>
<tr><td colspan="12">清单综合单价组成明细</td></tr>
<tr><td rowspan="2">定额编号</td><td rowspan="2">定额名称</td><td rowspan="2">定额单位</td><td rowspan="2">数量</td><td colspan="4">单价/元</td><td colspan="4">合价/元</td></tr>
<tr><td>人工费</td><td>材料费</td><td>机械使用费</td><td>管理费和利润</td><td>人工费</td><td>材料费</td><td>机械使用费</td><td>管理费和利润</td></tr>
<tr><td rowspan="3"></td><td>镀锌钢管 φ15 暗配</td><td>100m</td><td>0.50</td><td>344.18</td><td>64.22</td><td></td><td>137.67</td><td>172.09</td><td>32.11</td><td></td><td>68.84</td></tr>
<tr><td>暗配接线盒</td><td>10 个</td><td>1.2</td><td>18.48</td><td>9.76</td><td></td><td>7.39</td><td>22.18</td><td>11.71</td><td></td><td>8.87</td></tr>
<tr><td>暗配开关盒</td><td>10 个</td><td>0.2</td><td>19.72</td><td>4.52</td><td></td><td>7.89</td><td>3.94</td><td>0.90</td><td></td><td>1.58</td></tr>
<tr><td colspan="2">人工单价</td><td colspan="6">小　　计</td><td>198.21</td><td>44.72</td><td></td><td>70.29</td></tr>
<tr><td colspan="2">41.8 元/工日</td><td colspan="6">未计价材料费</td><td colspan="4">236.24</td></tr>
<tr><td colspan="8">清单项目综合单价</td><td colspan="4">11.17</td></tr>
<tr><td rowspan="7">材料费明细</td><td colspan="5">主要材料名称、规格、型号</td><td>单位</td><td>数量</td><td>单价/元</td><td>合价/元</td><td>暂估单价/元</td><td>暂估合价/元</td></tr>
<tr><td colspan="5">镀锌钢管 φ15</td><td>m</td><td>51.5</td><td>4.10</td><td>211.15</td><td></td><td></td></tr>
<tr><td colspan="5">接线盒</td><td>个</td><td>12.24</td><td>1.80</td><td>22.03</td><td></td><td></td></tr>
<tr><td colspan="5">开关盒</td><td>个</td><td>2.04</td><td>1.50</td><td>3.06</td><td></td><td></td></tr>
<tr><td colspan="5"></td><td></td><td></td><td></td><td></td><td></td><td></td></tr>
<tr><td colspan="7">其他材料费</td><td>—</td><td></td><td>—</td><td></td></tr>
<tr><td colspan="7">材料费小计</td><td>—</td><td>236.24</td><td>—</td><td></td></tr>
</table>

模拟自测题三

试题一

某企业针对某拟建项目进行了基础数据测算，结果如下：

1. 建设投资中工程费用为 6 000 万元，工程建设其他费用为 850 万元，基本预备费率 10%，建设期物价年平均上涨率为 5%，建设前期年限为 2 年，建设期 2 年，建设期静态投资计划为第 1 年 70%，第 2 年 30%。

2. 建设投资 90%形成固定资产（含可抵扣固定资产进项税额 800 万元），使用年限为 12 年，残值率 5%，按直线法折旧，余值在运营期末收回，另外 10%形成无形资产，按 8 年进行摊销。

3. 建设投资中 2 600 万元是贷款，其余为项目资本金。建设期第 1 年借入 2 000 万元，第 2 年借入 600 万元，贷款年利率为 6%，按年计息，建设期贷款在项目投产后前 5 年按等额还本付息的方法偿还。

4. 项目投产即达产，运营期 8 年，项目生产能力为 150 万件，其产品不含税售价为 50 元/件，增值税税率为 13%，增值税附加税率为 12%，年经营成本为 2 000 万元（含可抵扣的进项税 200 万元）。

5. 项目流动资金为 900 万元，其中 200 万元是借款，借款利率为 5%，其余是自有资金，在投产期的第 1 年、第 2 年均衡投入，流动资金运营期末收回。

6. 运营期第 5 年投入 50 万元（无抵扣进项税额）作为维持运营投资，该费用计入年度总成本。

7. 假定行业基准收益率为 8%，企业所得税税率为 25%。

问题：

1. 列式计算拟建项目的预备费、建设投资和无形资产摊销费。

2. 列式计算该项目计算期第 3 年的增值税及税后利润。

3. 从资本金现金流量表的角度，计算项目运营期第 1 年及最后 1 年的净现金流量。

4. 假设单价为 50 元/件时，资本金净现金流的净现值为 2 500 万元，若单价上涨 5%，净现值为 3 700 万元，在保证项目可行的前提下，试计算单价下浮的临界百分比为多少？

（计算过程和结果保留两位小数）

答案：

问题 1：

（1）基本预备费＝（6 000＋850）×10%＝685.00（万元）

静态投资＝6 000＋850＋685.00＝7 535.00（万元）

建设期第 1 年价差预备费＝7 535.00×70%×［$(1+5\%)^{2+0.5}$－1］＝684.24（万元）

建设期第 2 年价差预备费＝7 535.00×30%×［$(1+5\%)^{2+1+0.5}$－1］＝420.93（万元）

价差预备费合计＝684.24＋420.93＝1 105.17（万元）

预备费＝685.00＋1 105.17＝1 790.17（万元）

（2）建设投资＝7 535.00＋1 105.17＝8 640.17（万元）

（3）无形资产摊销费＝8 640.17×10%÷8＝108.00（万元）

问题 2：

（1）计算期第 3 年（即运营期第 1 年）：

增值税＝150×50×13%－200－800＝－25.00（万元）

应纳增值税为0，应纳增值税附加为0。

（2）建设期借款利息：

第1年＝2 000÷2×6%＝60.00（万元）

第2年＝（2 000＋60＋600÷2）×6%＝141.60（万元）

合计＝60＋141.60＝201.60（万元）

折旧＝（8 640.17－800＋201.60）×（1－5%）×$\frac{1}{12}$＝636.64（万元）

建设期借款本利和＝2 600＋201.60＝2 801.60（万元）

建设期借款本利和在运营期第1年产生的利息＝2 801.60×6%＝168.10（万元）

流动资金借款产生的利息＝100×5%＝5.00（万元）

利息支出＝168.10＋5.00＝173.10（万元）

总成本费用（不含税）＝2 000－200＋636.64＋173.10＋108.00＝2 717.74（万元）

利润总额＝150×50－2 717.74－0＝4 782.26（万元）

所得税＝4 782.26×25%＝1 195.57（万元）

税后利润＝4 782.26－1 195.57＝3 586.69（万元）

问题3：

（1）运营期第1年：

现金流入＝150×50×（1＋13%）＝8 475.00（万元）

建设期借款本利和在运营期的还本付息额＝2 801.60×$(1+6\%)^5$×6%/［$(1+6\%)^5$－1］＝665.09（万元）

运营期第1年应还的本金＝665.09－168.10＝496.99（万元）

现金流出＝（900－200）÷2＋496.99＋173.10＋2 000－200＋200＋1 195.57＝4 215.66（万元）

净现金流量＝8 475.00－4 215.66＝4 259.34（万元）

（2）运营期最后1年：

余值＝（8 640.17－800＋201.60）×5%＋（12－8）×636.64＝2 948.65（万元）

现金流入＝150×50×（1＋13%）＋2 948.65＋900＝12 323.65（万元）

总成本费用＝2 000－200＋636.64＋200×5%＋108.00＝2 554.64（万元）

增值税附加＝（150×50×13%－200）×12%＝93.00（万元）

利润总额＝150×50－2 554.64－93.00＝4 852.36（万元）

所得税＝4 852.36×25%＝1 213.09（万元）

现金流出＝200＋10＋2 000－200＋200＋1 213.09＝3 423.09（万元）

净现金流量＝12 323.65－3 423.09＝8 900.56（万元）

问题4：

设临界点不含税销售价格为X元。

$$(50-X)/[50\times(1+5\%)-X]=2\,500/3\,700$$

解得：X＝44.79

单价下浮的临界百分比＝（50－44.79）÷50＝10.42%

试题二

某设计院承担了长约1.8km的高速公路项目的设计任务，为控制工程成本，拟对选定的设计方案进行价值工程分析。专家组选取了四个主要功能项目，8名专家进行了功能项目评价。其打分结果见表3-2-1。

表 3-2-1 功能项目评价得分表

功能项目	专家							
	A	B	C	D	E	F	G	H
地基工程	10	9	8	10	10	9	9	8
路基及路面工程	5	6	4	6	7	5	7	6
交通照明工程	8	8	6	8	7	8	6	7
绿化工程	6	5	4	6	4	4	5	5

经测算，该四个功能项目的目前成本见表 3-2-2，其目标总成本拟限定在 18 700 万元。

表 3-2-2 各功能项目目前成本

功能项目成本	目前成本
地基工程	6 500
路基及路面工程	3 940
交通照明工程	5 280
绿化工程	3 360

该高速公路途经一座桥梁，该桥梁需要加固或拆除，发包人委托设计院拟定了以下两个投资方案。

方案 1：在原桥基础上加固、扩建。该方案预计投资 40 000 万元，建成后可通行 20 年。这期间每年需维护费用 1 000 万元。每 10 年需进行一次大修，每次大修费用为 3 000 万元，运营 20 年后报废时没有残值。

方案 2：拆除原桥，在原址建一座新桥。该方案预计投资 120 000 万元，建成后可通行 60 年。这期间每年需维护费用 1 500 万元。每 20 年需进行一次大修，每次大修费用为 5 000 万元，运营 60 年后报废时可回收残值 5 000 万元。不考虑两方案建设期的差异，基准收益率为 6%。

资金时间价值系数见表 3-2-3。

表 3-2-3 资金时间价值系数表

n	10	20	30	40	50	60
$(P/F, 6\%, n)$	0.558 4	0.311 8	0.174 1	0.097 2	0.054 3	0.030 3
$(A/P, 6\%, n)$	0.135 9	0.087 2	0.072 6	0.066 5	0.063 4	0.061 9

问题：

1. 计算该设计方案中各功能项目得分，将计算结果填写在表 3-2-4 中。

表 3-2-4 各功能项目得分表

功能项目	专家								功能得分
	A	B	C	D	E	F	G	H	
地基工程	10	9	8	10	10	9	9	8	
路基及路面工程	5	6	6	6	7	5	7	6	
交通照明工程	8	8	4	8	7	8	6	7	
绿化工程	6	5	4	6	4	4	5	5	

2. 计算该设计方案中各功能项目的价值指数、目标成本和目标成本降低额，将计算结果填写在表 3-2-5 中。

表 3-2-5 各功能项目的价值指数、目标成本和目标成本降低额

功能项目	功能	功能指数	目前成本/万元	成本指数	价值指数	目标成本/万元	目标成本降低额/万元
地基工程							
路基及路面工程							
交通照明工程							
绿化工程							
合计							

3. 确定功能改进的前两项功能项目。
（计算过程保留四位小数，计算结果保留三位小数）
4. 列式计算两方案的年费用，并选择最优方案。
（计算结果保留两位小数）

答案：

问题 1：

各功能项目得分结果见表 3-2-6。

表 3-2-6 各功能项目得分表

功能项目	专家								功能得分
	A	B	C	D	E	F	G	H	
地基工程	10	9	8	10	10	9	9	8	9.125
路基及路面工程	5	6	4	6	7	5	7	6	5.750
交通照明工程	8	8	6	8	7	8	6	7	7.250
绿化工程	6	5	4	6	4	4	5	5	4.875

问题 2：

各功能项目的价值指数、目标成本和目标成本降低额见表 3-2-7。

表 3-2-7 各功能项目的价值指数、目标成本和目标成本降低额

功能项目	功能评分	功能指数	目前成本/万元	成本指数	价值指数	目标成本/万元	目标成本降低额/万元
地基工程	9.125 0	0.338 0	6 500	0.340 7	0.992 1	6 320.600 0	179.400
路基及路面工程	5.750 0	0.213 0	3 940	0.206 5	1.031 5	3 983.100 0	−43.100
交通照明工程	7.250 0	0.268 5	5 280	0.276 7	0.970 4	5 020.950 0	259.050
绿化工程	4.875 0	0.180 5	3 360	0.176 1	1.025 0	3 375.350 0	−15.350
合计	27.000	1.000	19 080	1.000	4.019	18 700.000	380.000

问题 3：

目标成本降低额从大到小排序为交通照明工程、地基工程，其余两项均已低于目标成本。所以功能改进的前两项分别为交通照明工程、地基工程。

问题 4：

方案 1 的年费用 $=1\,000+[40\,000+3\,000\times(P/F, 6\%, 10)]\times(A/P, 6\%, 20)$
$=1\,000+(40\,000+3\,000\times0.558\,4)\times0.087\,2=4\,634.08$（万元）

方案 2 的年费用 $=1\,500+\{120\,000+5\,000\times[(P/F, 6\%, 20)+(P/F, 6\%, 40)]-5\,000\times(P/F, 6\%, 60)\}\times(A/P, 6\%, 60)$
$=1\,500+[120\,000+5\,000\times(0.311\,8+0.097\,2)-5\,000\times0.030\,3]\times0.061\,9$
$=9\,045.21$（万元）

方案 1 的寿命周期年费用较小，故方案 1 为最优方案。

试题三

某工业项目发包人采用工程量清单计价方式，与承包人按照《建设工程施工合同（示范文本）》签订了工程施工合同。合同约定：项目的成套生产设备由发包人采购；管理费和利润为人材机费用之和的18%，规费和税金为人材机费用与管理费和利润之和的10%；人工工资标准为80元/工日，窝工补偿标准为50元/工日，施工机械窝工闲置台班补偿标准为正常台班费的60%，人工窝工和机械窝工闲置不计取管理费和利润；工期260天，每提前（或拖后）1天奖励（或罚款）5 000元（含税费）。

承包人经发包人同意将设备与管线安装作业分包给某专业分包人，分包合同约定，分包工程进度必须服从总包施工进度计划的安排，各项费用、费率标准约定与总承包施工合同相同。开工前，承包人编制并得到监理工程师批准的施工网络进度计划如图3-3-1所示。图中箭线下方括号外数字为工作持续时间（单位：天），括号内数字为每天作业班组工人数。所有工作均按最早可能时间安排作业。

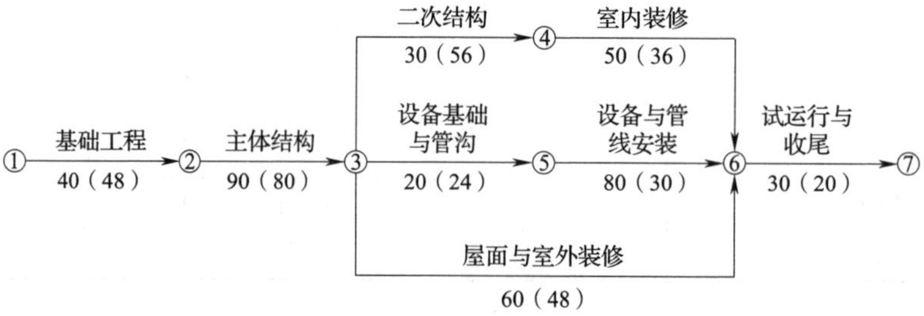

图 3-3-1 施工网络进度计划

施工过程中发生了如下事件：

事件1：主体结构作业20天后，遇到持续2天的特大暴风雨，造成工地堆放的承包人部分周转材料损失费用2 000元；特大暴风雨结束后，承包人安排该作业队中20人修复倒塌的模板及支撑，30人进行工程修复和场地清理，其他人在现场停工待命，修复和清理工作持续了1天时间。施工机械A、B持续窝工闲置3个台班（台班费分别为：1 200元/台班、900元/台班）。

事件2：设备基础与管沟完成后，专业分包人对其进行技术复核，发现有部分基础尺寸和地脚螺栓预留孔洞位置偏差过大。经沟通，承包人安排10名工人用了6天时间进行返工处理，发生人材机费用1 260元，使设备基础与管沟工作持续时间增加4天。

事件3：设备与管线安装作业中，因发包人采购成套生产设备的配套附件不全，专业分包人自行决定采购补全，发生采购费用3 500元，并造成作业班组整体停工3天，因受干扰降效增加作业用工60个工日，施工机械C闲置3个台班（台班费：1 600元/台班），设备与管线安装工作持续时间增加3天。

事件4：为抢工期，经监理工程师同意，承包人将试运行部分工作提前安排，和设备与管线安装搭接作业 5 天，因搭接作业相互干扰降效使费用增加10 000元。

其余各项工作的持续时间和费用没有发生变化。

上述事件发生后，承包人均在合同规定的时间内向发包人提出索赔，并提交了相关索赔资料。

该工程施工中需要采用技术复杂且需采用大型专用施工设备，经有关主管部门批准，发包人采用邀请招标方式，共邀请 A、B、C 三家国有特级施工企业参加投标。招标文件中规定：最高投标限价为4 000 万元；投标保证金统一定为 75 万元；评标采用综合评估法，技术标和商务标各占 50%。

在评标过程中，鉴于各投标人的技术方案大同小异，发包人决定将评标方法改为经评审的最低投标价法。评标委员会根据修改后的评标方法确定的评标结果排名顺序为 A 公司、C 公司、B 公司。发包人于 7 月 8 日确定 A 公司中标，于 7 月 15 日向 A 公司发出中标通知书，并于 7 月 18 日与 A 公司签订了合同。在签订合同过程中，经审查，A 公司所选择的设备安装分包单位不符合要求，发包人遂指定国有一级安装企业 D 公司作为 A 公司的分包单位。建设单位于 7 月 28 日将中标结果通知了 B、C 两家公司，并将投标保证金退还给这两家公司。建设单位于 7 月 31 日向当地招标投标管理部门提交了该工程招标投标情况的书面报告。

问题：

1. 分别说明各事件工期、费用索赔能否成立，简述其理由。

2. 各事件工期索赔分别为多少天？总工期索赔为多少天？实际工期为多少天？

3. 事件 3 中专业分包人可以得到的费用索赔为多少元？专业分包人应该向谁提出索赔？

4. 承包人可以得到的各事件费用索赔为多少元？总费用索赔额为多少元？工期奖励（或罚款）为多少元？

5. 该发包人及评标委员会在招标工作中有哪些不妥之处？请逐一说明理由。

答案：

问题 1：

事件 1：工期索赔成立，因为特大暴风雨属于不可抗力，因不可抗力事件导致工期延误的，工期相应顺延；工程修复和场地清理费用索赔成立，因为不可抗力事件发生后工程所需清理修复费用由发包人承担；承包人周转材料损失，以及修复和人员窝工、机械窝工闲置的费用索赔不成立，不可抗力发生后承包人人员伤亡及窝工、机械设备损坏及停工损失由承包人承担。

事件 2：工期和费用索赔均不成立，因为出现工程施工质量问题是承包人的责任，其返工处理的时间和费用损失应由承包人承担。

事件 3：工期索赔成立，因为成套设备采购是发包人应承担的责任，且设备与管线安装位于关键线路上；工人窝工和增加作业工日及机械窝工闲置费用索赔成立，因为发包人采购的设备配套附件不全导致损失是发包人应承担的责任；配套附件采购费用索赔不成立，专业分包人未受委托自行采购的费用应由自己承担。

事件 4：工期和费用索赔均不成立，因为通过采取施工组织技术措施使工期加快，可按合同约定的工期奖罚办法处理，赶工而发生的费用应由承包人承担。

问题 2：

1. 各事件工期索赔为：

事件 1 工期索赔为：2＋1＝3（天）；事件 3 工期索赔为：3 天。

2. 总计工期索赔为：3＋3＝6（天）

3. 实际工期为：260＋6－5＝261（天）

问题 3：

1. 事件 3 中专业分包人可得到的费用索赔为：

［（30×3×50＋3×1 600×60%）＋60×80×（1＋18%）］×（1＋10%）＝14 348.40（元）

2. 应向承包人提出索赔。

问题4：

1. 各事件费用索赔为：

事件1：30×80×（1+18%）×（1+10%）=3 115.20（元）

事件3：14 348.40元

2. 总费用索赔额为：3 115.20+14 348.40=17 463.60（元）

3. 工期奖励为：[（260+6）−261]×5 000=25 000（元）

问题5：

该建设单位在招标工作中有下列不妥之处：

（1）在评标过程中，建设单位决定将评标方法改为经评审的最低投标价法不妥，因为评标委员会应当按照招标文件确定的评标标准和方法进行评标。

（2）评标委员会根据修改后的评标方法确定评标结果的排名顺序不妥，因为评标委员会应当按照招标文件确定的评标标准和方法（即综合评估法）进行评标。

（3）建设单位指定D公司作为A公司的分包单位不妥，因为招标人不得直接指定分包人。

（4）建设单位于7月28日将中标结果通知B、C两家公司（未中标人）不妥，因为中标人确定后，招标人应当在向中标人发出中标通知的同时将中标结果通知所有未中标的投标人。

（5）建设单位于7月28日将投标保证金退还给B、C两家公司不妥，招标人最迟应当在与中标人签订合同后5日内，向中标人和未中标的投标人退还投标保证金及银行同期存款利息。

（6）建设单位于7月31日向当地招标投标管理部门提交该工程招标投标情况的书面报告不妥，因为招标人应当自确定中标人之日起15日内，向有关行政监督部门提交招标投标情况的书面报告。

试题四

某工程项目发承包双方签订了施工合同，工期为4个月。有关工程价款及其支付条款约定如下：

1. 工程价款：

（1）分项工程项目费用合计59.2万元，包括A、B、C三项分项工程，清单工程量分别为600m^3、800m^3、900m^2，综合单价分别为300元/m^3、380元/m^3、120元/m^2。

（2）单价措施项目费用6万元，不予调整。

（3）总价措施项目费用8万元，其中，安全文明施工费按分项工程和单价措施项目费用之和的5%计取（随计取基数的变化在第4个月调整），除安全文明施工费之外的其他总价措施项目费用不予调整。

（4）暂列金额5万元。

（5）管理费和利润按人材机费用之和的18%计取，规费按人材机费和管理费、利润之和的5%计取，增值税税率为9%。

（6）上述费用均不包含增值税可抵扣进项税额。

2. 工程款支付：

（1）开工前，发包人按分项工程和单价措施项目工程款的20%支付给承包人作为预付款（在第2～4个月的工程款中平均扣回），同时将安全文明施工费工程款全额支付给承包人。

（2）分项工程价款按完成工程价款的85%逐月支付。

（3）单价措施项目和除安全文明施工费之外的总价措施项目工程款在工期第1～4个月均衡考虑，按85%比例逐月支付。

（4）其他项目工程款的85%在发生当月支付。

(5) 第4个月调整安全文明施工费工程款，增（减）额当月全额支付（扣除）。

(6) 竣工验收通过后30天内进行工程结算，扣留工程总造价的3%作为质量保证金，其余工程款作为竣工结算最终付款一次性结清。

施工期间分项工程计划和实际进度见表3-4-1。

表3-4-1 分项工程计划和实际进度表

分项工程及其工程量		第1个月	第2个月	第3个月	第4个月	合计
A	计划工程量/m^3	300	300			600
	实际工程量/m^3	200	200	200		600
B	计划工程量/m^3	200	300	300		800
	实际工程量/m^3		300	300	300	900
C	计划工程量/m^2		300	300	300	900
	实际工程量/m^2		200	400	300	900

在施工期间第3个月，发生一项新增D分项工程。经发承包双方核实确认，其工程量为300m^2，每m^2所需不含税人工和机械费用为110元，每m^2机械费可抵扣进项税额为10元；每m^2所需甲、乙、丙三种材料不含税费用分别为80元、50元、30元，可抵扣进项税率分别为3%、9%、17%。

问题：

1. 该工程签约合同价为多少万元？开工前发包人应支付给承包人的预付款和安全文明施工费工程款分别为多少万元？

2. 第2个月，承包人完成合同价款为多少万元？发包人应支付合同价款为多少万元？截止到第2个月末，B分项工程的进度偏差为多少万元？

3. 新增D分项工程的综合单价为多少元/m^2？该分项工程费为多少万元？销项税额、可抵扣进项税额、应缴纳增值税额分别为多少万元？

4. 该工程竣工结算合同价增减额为多少万元？如果发包人在施工期间均已按合同约定支付给承包商各项工程款，假定累计已支付合同价款87.099万元，则竣工结算最终付款为多少万元？

（计算过程和结果保留三位小数）

答案：

问题1：

(1) 该工程签约合同价＝（59.2＋6＋8＋5）×（1＋5%）×（1＋9%）＝89.500（万元）

(2) 发包人应支付给承包人的预付款＝（59.2＋6）×（1＋5%）×（1＋9%）×20%＝14.924（万元）

发包人应支付给承包人的安全文明施工费工程款＝（59.2＋6）×5%×（1＋5%）×（1＋9%）＝3.731（万元）

问题2：

(1) 第2个月，承包人完成合同价款＝｛（200×300＋300×380＋200×120）/10 000＋［6＋8－（59.2＋6）×5%］/4｝×（1＋5%）×（1＋9%）＝25.734（万元）

(2) 发包人应支付合同价款＝25.734×85%－14.924/3＝16.899（万元）

(3) 截止到第2个月末，B分项工程的进度偏差为：

已完工程计划投资＝300×380/10 000×（1＋5%）×（1＋9%）＝13.048（万元）

拟完工程计划投资＝（200＋300）×380/10 000×（1＋5%）×（1＋9%）＝21.746（万元）

进度偏差＝已完工程计划投资－拟完工程计划投资＝13.048－21.746＝－8.698（万元）

即B分项工程的进度拖后8.698万元工程量。

问题3：

（1）新增D分项工程的综合单价＝（110＋80＋50＋30）×（1＋18%）＝318.600（元/m^2）

（2）该分项工程费＝300×318.6/10 000＝9.558（万元）

（3）销项税额＝9.558×（1＋5%）×9%＝0.903（万元）

可抵扣进项税额＝300×（10＋80×3%＋50×9%＋30×17%）/10 000＝0.660（万元）

应缴纳增值税额＝0.903－0.660＝0.243（万元）

问题4：

B分部分项价款增减＝（900－800）×380/10 000×（1＋5%）×（1＋9%）＝4.349（万元）

B分项工程安全文明施工费调整＝4.349×5%＝0.217（万元）

新增D分项工程价款增减＝9.558×（1＋5%）×（1＋9%）＝10.939（万元）

新增D分项工程安全文明施工费调整＝10.939×5%＝0.547（万元）

该工程竣工结算合同价增减额＝4.349＋0.217＋10.939＋0.547－5×（1＋5%）×（1＋9%）＝10.330（万元）

试题五

本试题分三个专业（Ⅰ.土建工程、Ⅱ.工业管道安装工程、Ⅲ.电气安装工程），请任选其中一题作答。若选作多题，按所答的第一题（卷面顺序）计分。

Ⅰ.土建工程

某工程基础平面图如图3-5-1所示，现浇钢筋混凝土带形基础、独立基础的尺寸如图3-5-2所示。混凝土垫层强度等级为C15，混凝土基础强度等级为C20，按外购商品混凝土考虑。混凝土垫层支模板浇筑，工作面宽度300mm，槽坑底面用电动夯实机夯实，费用计入混凝土垫层和基础中。

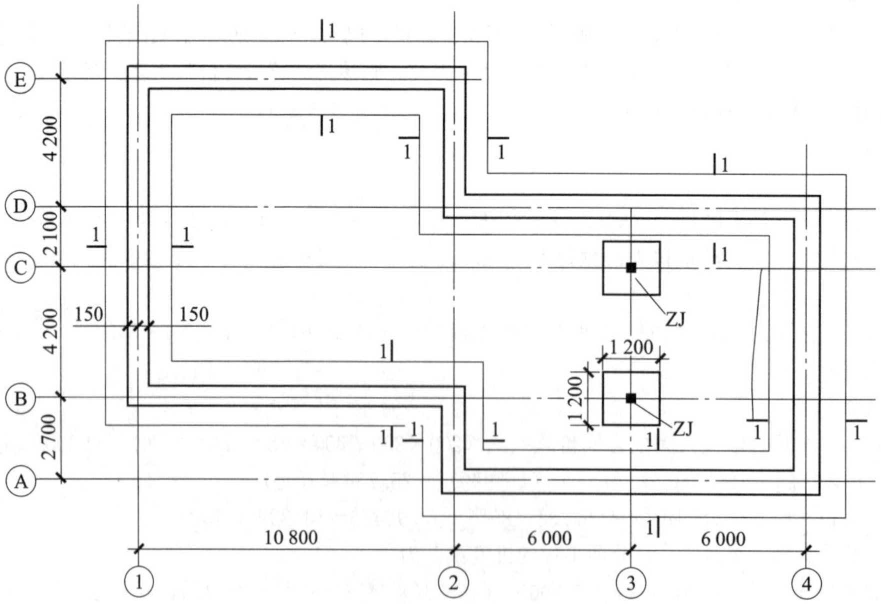

图3-5-1 基础平面图

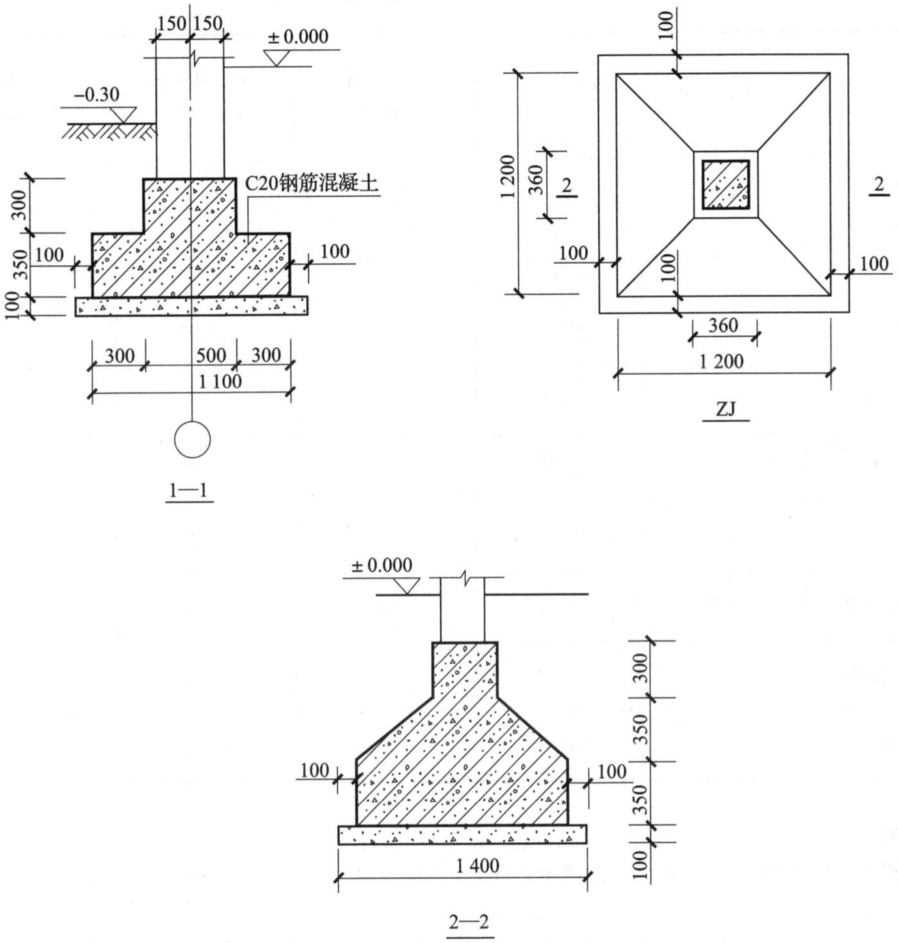

图 3-5-2 基础剖面图

分部分项工程的单价组成，见表 3-5-1。

表 3-5-1 分部分项工程的单价组成

序号	项目名称	计量单位	费用组成/元			
			人工费	材料费	机械使用费	单价
1	带形基础组合钢模板	m^2	8.85	21.53	1.60	31.98
2	独立基础组合钢模板	m^2	8.32	19.01	1.39	28.72
3	垫层木模板	m^2	3.58	21.64	0.46	25.68

基础定额表，见表 3-5-2。

依据《建设工程工程量清单计价规范》GB 50500—2013 计算原则，以人工费、材料费和机械使用费之和为基数，取管理费率 5%、利润率 4%；以分部分项工程量清单计价合计和模板及支架清单项目费之和为基数，取临时设施费率 1.5%、环境保护费率 0.8%、安全和文明施工费率 1.8%。

表 3-5-2 基础定额表

项目			基础槽底夯实	现浇混凝土基础垫层	现浇混凝土带形基础
名称	单位	单价/元	$100m^2$	$10m^3$	$10m^3$
综合人工	工日	52.36	1.42	7.33	9.56
混凝土 C15	m^3	252.40		10.15	
混凝土 C20	m^3	266.05			10.15
草袋	m^2	2.25		1.36	2.52
水	m^3	2.92		8.67	9.19
电动打夯机	台班	31.54	0.56		
混凝土振捣器	台班	23.51		0.61	0.77
翻斗车	台班	154.80		0.62	0.78

问题：

依据《建设工程工程量清单计价规范》GB 50500—2013 的规定（有特殊注明除外）完成下列计算：

1. 计算现浇钢筋混凝土带形基础，独立基础、基础垫层的工程量。将计算过程及结果填入表 3-5-7“分部分项工程量计算表”。

棱台体体积公式为：

$$V=\frac{1}{3}\times h\times (a^2+b^2+a\times b)$$

2. 编制现浇混凝土带形基础、独立基础的分部分项工程量清单，说明项目特征。（带形基础的项目编码为010401001，独立基础的项目编码为010401002）填入表 3-5-8“分部分项工程量清单”。

3. 依据提供的基础定额数据，计算混凝土带形基础的分部分项工程量清单综合单价，填入表 3-5-9“分部分项工程量清单综合单价分析表”，并列出计算过程。

4. 计算带形基础、独立基础（坡面不计算模板工程量）和基础垫层的模板工程量，将计算过程及结果填入表 3-5-10“模板工程量计算表”。

5. 现浇混凝土基础工程的分部分项工程量清单计价合价为57 686.00 元，计算措施项目清单费用，填入表 3-5-11“措施项目清单计价表”，并列出计算过程。

（计算结果均保留两位小数）

Ⅱ. 工业管道安装工程

1. 某办公楼卫生间给排水系统工程设计，如图 3-5-3 和图 3-5-4 所示。

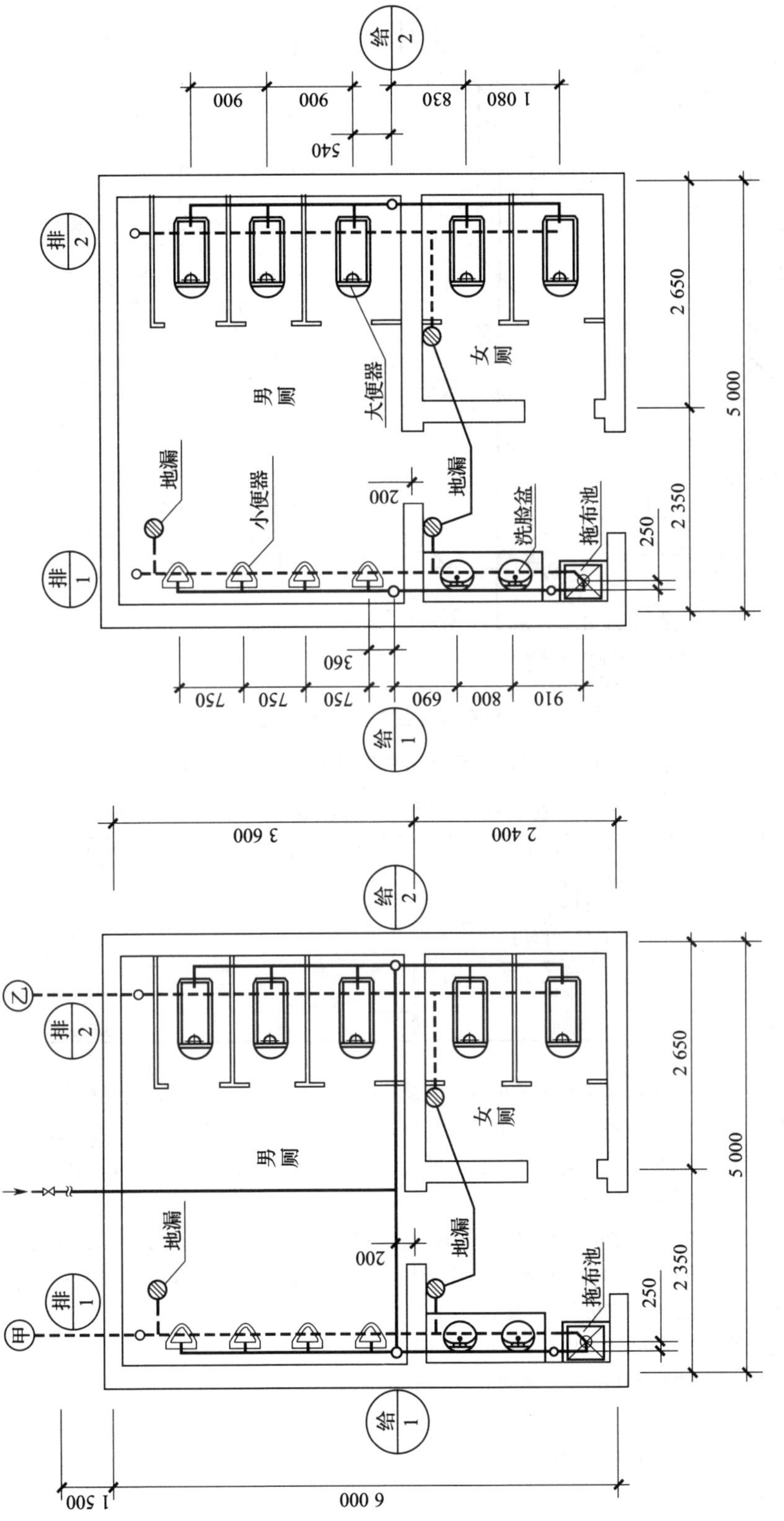

某办公楼卫生间二、三层平面图

某办公楼卫生间底层平面图

图 3-5-3　某办公楼平面图

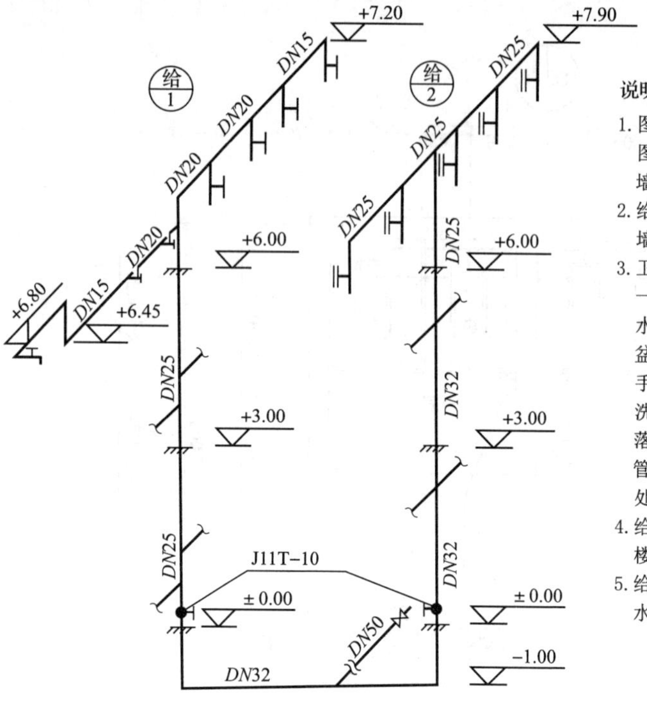

某办公楼卫生间给水系统图
（一、二层同三层）

说明：

1. 图示为某办公楼卫生间，共三层，层高为3m，图中平面尺寸以“mm”计，标高均以“m”计。墙体厚度为240mm。
2. 给水管道均为镀锌钢管，螺纹连接，给水管道与墙体的中心距离为200mm。
3. 卫生器具全部为明装，安装要求均符合《全国统一安装工程预算定额》所指定标准图的要求，给水管道工程量计算至与大便器、小便器、洗脸盆支管连接处止。其安装方式为：蹲式大便器为手压阀冲洗；挂式小便器为延时自闭式冲洗阀；洗脸盆为普通冷水嘴；混凝土拖布池为500×600落地式安装，普通水龙头，排水地漏带水封；立管检查口设在一、三层排水立管上，距地面0.5m处。
4. 给排水管道穿外墙均采用防水钢套管，穿内墙及楼板均采用普通钢套管。
5. 给排水管道安装完毕，按规范进行消毒、冲洗、水压试验和试漏。

图 3-5-4　某办公楼卫生间给水系统图

给水管道系统及卫生器具有关分部分项工程量清单项目的统一编码，见表 3-5-3。

表 3-5-3　项目编码数据表

项目编码	项目名称	项目编码	项目名称
略	镀锌钢管	略	钢管
略	承插铸铁管	略	螺纹阀门
略	焊接法兰阀门	略	洗脸盆
略	大便器	略	小便器
略	排水栓	略	水龙头
略	地漏	略	地面扫除口

2. 某单位参与投标一碳钢设备制作安装项目，该设备净重1 000kg，其中：设备筒体部分净重 750kg，封头、法兰等净重为 250kg。该单位根据类似设备制作安装资料确定本设备制作安装有关数据如下：

(1) 设备筒体制作安装钢材损耗率为 8%，封头、法兰等钢材损耗率为 50%。钢材平均价格为 6 000元/t。其他辅助材料费为2 140元。

(2) 基本用工：基本工作时间为 100 小时，辅助工作时间为 24 小时，准备与结束工作时间为 20 小时，其他必须耗用时间为工作延续时间的 10%。其他用工（包括超运距和辅助用工）为 5 个工日。人工幅度差为 12%。综合工日单价为 50 元。

(3) 施工机械使用费为2 200元。

(4) 企业管理费、利润分别按人工费的 60%、40%计算。

问题：

1. 根据图 3-5-3 和图 3-5-4，按照《建设工程工程量清单计价规范》GB 50500—2013 及其有关规定，完成以下内容：

(1) 计算出所有给水管道的清单工程量，并写出其计算过程；

(2) 编列出给水管道系统及卫生器具的分部分项工程量清单项目，相关数据填入表 3-5-12 “分部分项工程量清单表”内。

2. 根据背景 2 的数据，计算碳钢设备制作安装工程的以下内容，并写出其计算过程：

(1) 计算该设备制作安装需要的钢材、钢材综合损耗率、材料费用。

(2) 计算该设备制作安装的时间定额（基本用工），该台设备制作安装企业所消耗工日数量、人工费用。

(3) 计算出该设备制作安装的工程量清单综合单价。

（计算结果均保留两位小数）

Ⅲ. 电气安装工程

某综合楼防电接地系统如图 3-5-5 所示。

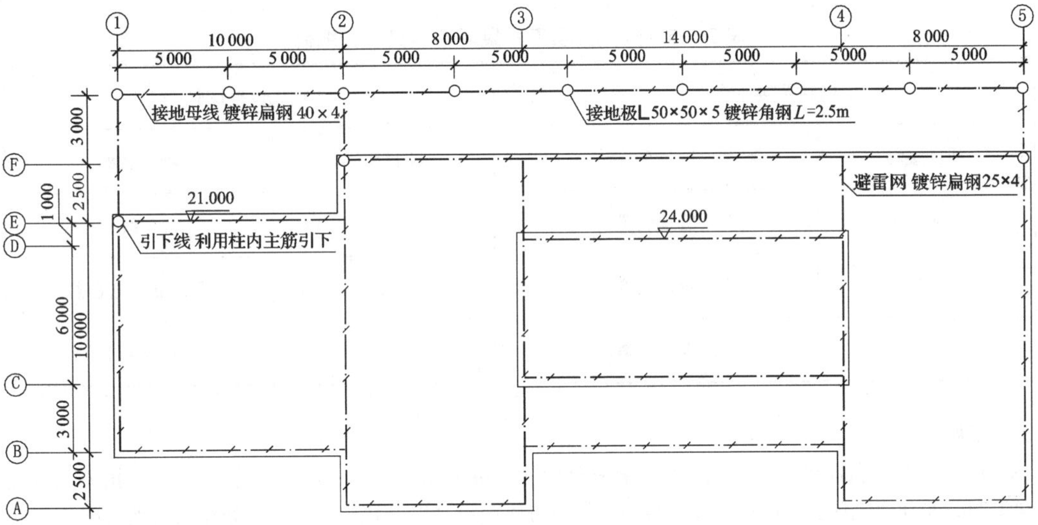

图 3-5-5　综合楼防雷接地平面图

说明：

1. 图示标高以室外地坪为±0.000 计算。不考虑墙厚，也不考虑引下线与避雷网、引下线与断接卡子的连接消耗量。
2. 避雷网均采用－25×4 镀锌扁钢，Ⓒ—Ⓓ/③—④部分标高为 24m，其余部分标高均为 21m。
3. 引下线利用建筑物柱内主筋引下，每一处引下线均需焊接 2 根主筋；每一引下线距地坪 1.8m 处设一断接卡子。
4. 户外接地母线均采用－40×4 镀锌扁钢，埋深 0.7m。
5. 接地极采用L 50×50×5 镀锌角钢制作，L＝2.5m。
6. 接地电阻要求小于 10Ω。
7. 图中标高单位以“m”计，其余均为“mm”。

表 3-5-4 中数据为计算该防雷接地工程的相关费用。

表 3-5-4　防雷接地工程相关费用

序号	项 目 名 称	计量单位	安装费/元			主材	
			人工费	材料费	机械使用费	单价/元	耗用量
1	角钢接地极制作安装	根	14.51	1.89	14.32	42.40	1.03
2	户外接地母线敷设－40×4	m	7.14	0.09	0.21	6.30	1.05
3	引下线利用建筑物柱内主筋引下	m	1.92	0.29	3.34	—	

续表 3-5-4

序号	项目名称	计量单位	安装费/元			主材	
			人工费	材料费	机械使用费	单价/元	耗用量
4	避雷网敷设－25×4	m	2.15	0.89	0.69	3.90	1.05
5	断接卡子制作、安装	套	8.42	2.20	0.01	—	
6	接地电阻测试	系统	18.72	1.49	14.52	—	

管理费和利润分别按人工费的55%和45%计算。

分部分项工程量清单项目统一编码见表3-5-5。

表3-5-5　分部分项工程量清单项目统一编码

防雷及接地装置		电气调整试验	
项目编码	项目名称	项目编码	项目名称
略	接地装置	略	母线
略	避雷装置	略	避雷器、电容器
略	半导体少长针消雷装置	略	接地装置

问题：

1. 根据图示内容和《建设工程工程量清单计价规范》GB 50500—2013的规定，计算相关工程量和编制分部分项工程量清单计价表。将户外接地母线敷设（以断接卡子1.8m处作为接地母线与引下线分界点）、引下线利用建筑物柱内主筋引下和避雷网敷设的工程量计算式写在表3-5-6下方，并填写表3-5-6“分部分项工程量清单计价表”。

表3-5-6　分部分项工程量清单计价表

工程项目：综合楼防雷接地工程

序号	项目编码	项目名称	计量单位	工程数量	金额/元		
					综合单价	合价	暂估价/元
		合　计					

（1）户外接地母线敷设工程量计算式。

（2）引下线利用建筑物柱内主筋引下工程量计算式。

（3）避雷网敷设工程量计算式。

2. 依据上述相关费用数据计算避雷装置项目的工程量清单综合单价，并分别填入表3-5-14“分部分项工程量清单综合单价计算表”。

（计算结果均保留两位小数）

答案：

Ⅰ. 土 建 工 程

问题 1：

表 3-5-7　分部分项工程量计算表

序号	分项工程名称	计量单位	工程数量	计 算 过 程
1	带形基础	m^3	38.52	22.80×2+10.5+6.9+9=72 (1.10×0.35+0.5×0.3)×72=38.52
2	独立基础	m^3	1.55	$\left[1.20\times1.20\times0.35+\frac{1}{3}\times0.35\times(1.20^2+0.36^2+1.20\times0.36)+0.36\times0.36\times0.30\right]\times2=(0.504+0.234+0.039)\times2=1.55$
3	垫层	m^3	9.75	1.3×0.1×72+1.4×1.4×0.1×2=9.75

问题 2：

表 3-5-8　分部分项工程量清单

序号	项 目 编 码	项目名称及特征	计量单位	工程数量
1	010501002001	混凝土带形基础： 1. 垫层材料种类、厚度：C15 混凝土，100 厚； 2. 混凝土强度等级：C20 混凝土； 3. 混凝土拌和料要求：外购商品混凝土	m^3	38.52
2	010501003001	混凝土独立基础： 1. 垫层材料种类、厚度：C15 混凝土，100 厚； 2. 混凝土强度等级：C20 混凝土； 3. 混凝土拌和料要求：外购商品混凝土	m^3	1.55

问题 3：

表 3-5-9　分部分项工程量清单综合单价分析表

项目编码	项目名称	工程内容	综合单价组成					综合单价
			人工费	材料费	机械使用费	管理费	利润	
010501002001	带形基础	1. 槽底夯实； 2. 垫层混凝土浇筑； 3. 基础混凝土浇筑	62.02	336.23	17.19	20.77	16.62	452.83

槽底夯实：槽底面积：(1.30+0.3×2)×72=136.8 (m^2)

人工费：0.014 2×52.36×136.8=101.71（元）

机械费：0.005 6×31.54×136.8=24.16（元）

垫层混凝土：工程量：1.30×0.1×72=9.36 (m^3)

人工费：0.733×52.36×9.36=359.24（元）

材料费：(1.015×252.40+0.867×2.92+0.136×2.25)×9.36

=2 424.46（元）

机械费：(0.061×23.51+0.062×154.80)×9.36=103.26（元）

基础混凝土：工程量：38.52（m^3）

人工费：0.956×52.36×38.52=1 928.16（元）

材料费：(1.015×266.05+0.919×2.92+0.252×2.25)×38.52
=10 527.18（元）

机械费：(0.077×23.51+0.078×154.80)×38.52=534.84（元）

综合单价组成：人工费：(101.71+359.24+1 928.16)÷38.52=62.02（元）

材料费：(2 424.46+10 527.18)÷38.52=336.23（元）

机械费：(24.16+103.26+534.84)÷38.52=17.19（元）

直接费：62.02+336.23+17.19=415.44（元）

管理费：415.44×5%=20.77（元）

利润：415.44×4%=16.62（元）

综合单价：415.44+20.77+16.62=452.83（元/m^3）

问题4：

表 3-5-10 模板工程量计算表

序号	模板名称	计量单位	工程数量	计算过程
1	带形基础组合钢模板	m^2	93.6	(0.35+0.30)×2×72=93.6
2	独立基础组合钢模板	m^2	4.22	(0.35×1.20+0.30×0.36)×4×2=4.22
3	垫层木模板	m^2	15.52	带形基础垫层：0.1×2×72=14.4 独立基础：1.4×0.1×4×2=1.12 合计：14.4+1.12=15.52

问题5：

模板及支架：(93.6×31.98+4.22×28.72+15.52×25.68)×(1+5%+4%)=3 829.26（元）

临时设施：(57 686+3 829.26)×1.5%=922.73（元）

环境保护：(57 686+3 829.26)×0.8%=492.12（元）

安全和文明施工：(57 686+3 829.26)×1.8%=1 107.27（元）

合计：3 829.26+922.73+492.12+1 107.27=6 351.38（元）

表 3-5-11 措施项目清单计价表

序号	项目名称	金额/元
1	模板及支架	3 829.26
2	临时设施	922.73
3	环境保护	492.12
4	安全和文明施工	1 107.27
合计		6 351.38

Ⅱ. 工业管道安装工程

问题 1：

给水管道工程量的计算：

(1) $DN50$ 的镀锌钢管工程量的计算式：

1.5＋（3.6－0.2）＝1.5＋3.4＝4.9（m）

(2) $DN32$ 的镀锌钢管工程量的计算式：

(水平管：5－0.2－0.2）＋［立管：(左 1＋0.45）＋（右 1＋1.9＋3）］＝4.6＋7.35＝11.95（m）

(3) $DN25$ 的镀锌钢管工程量的计算式：

(立管 1：6.45－0.45）＋（立管 2：7.9－4.9）＋［水平 2：(1.08＋0.83＋0.54＋0.9＋0.9）］×3

＝6＋3＋12.75＝21.75（m）

(4) $DN20$ 的镀锌钢管工程量的计算式：

(立管 7.2－6.45）＋［水平管（0.69＋0.8）＋（0.36＋0.75＋0.75）］×3

＝0.75＋10.05＝10.8（m）

(5) $DN15$ 的镀锌钢管工程量的计算式：

［0.91＋0.25＋（6.8－6.45）＋0.75］×3＝2.26×3＝6.78（m）

表 3-5-12 分部分项工程量清单表

序号	项 目 编 号	项 目 名 称	计量单位	工程数量
1	030801001001	室内给水管道 $DN50$ 镀锌钢管 螺纹连接 普通钢套管	m	4.9
2	030801001002	室内给水管道 $DN32$ 镀锌钢管 螺纹连接 普通钢套管	m	11.95
3	030801001003	室内给水管道 $DN25$ 镀锌钢管 螺纹连接 普通钢套管	m	21.75
4	030801001004	室内给水管道 $DN20$ 镀锌钢管 螺纹连接 普通钢套管	m	10.8
5	030801001005	室内给水管道 $DN15$ 镀锌钢管 螺纹连接	m	6.78
6	030803001001	螺纹阀门 $DN50$	个	1
7	030803003002	螺纹阀门 J11T－10 $DN32$	个	2
8	030804003001	洗脸盆 普通冷水嘴（上配水）	组	6
9	030804012001	大便器 手压阀冲洗	套	15
10	030804013001	小便器 延时自闭式阀冲洗	套	12
11	030804016001	水龙头 普通水嘴	个	3
12	030804017001	地漏（带水封）	个	12

问题 2：

（1）设备制作安装所需钢材：0.75×（1+8%）+0.25×（1+50%）=1.185（t）

设备制作安装的钢材综合损耗率：（1.185−1）×100%=18.5%

该设备制作安装的材料费：1.185×6 000+2 140=9 250（元）

（2）该设备制作安装的时间定额：

设制作安装设备所用的工作延续时间为 X，

即 X=（100+24+20）+10%X，X=160（小时/台）=20（工日/台）

设备制作安装企业所消耗的工日数量是：

（时间定额+其他用工）×（1+人工幅度差）

=（20+5）×（1+12%）=25×1.12=28（工日）

该设备制作安装的人工费用是：28×50=1 400（元）

（3）该设备制作安装工程量清单的综合单价：

人工费+材料费+机械费+企业管理费+利润

=1 400+9 250+2 200+（1 400×60%）+（1 400×40%）

=1 400+9 250+2 200+840+560=14 250（元）

Ⅲ. 电气安装工程

问题 1：

填写分部分项工程量清单计价表（表 3-5-13）。

表 3-5-13 分部分项工程量清单计价

工程项目：综合楼防雷接地工程

序号	项目编码	项目名称	项目特征描述	计量单位	工程数量	金额/元		
						综合单价	合价	暂估价/元
1	略	避雷装置	角钢接地极∟50×50×5 9根 户外接地母线−40×4 61.30m 引下线利用建筑物柱内主筋引下 57.60m 避雷网−25×4 197.41m 断接卡子制作、安装 3 套	项	1	4 555.96	4 555.96	
2	略	接地装置	接地电阻测试	系统	1	53.45	53.45	
合计							4 609.41	

（1）户外接地母线敷设工程量计算式：[（5×8）+（3+2.5）+3+3+（0.7+1.8）×3]×（1+3.9%）=59×1.039=61.30（m）

（2）引下线利用建筑物柱内主筋引下工程量计算式：（21−1.8）×3=57.60（m）

（3）避雷网敷设工程量计算式：[（2.5+10+2.5）×4+10+（10+8+14+8）×2+14×2+（24−21）×4]×（1+3.9%）=190×1.039=197.41（m）

问题 2：

填写分部分项工程量清单综合单价计算表（表 3-5-14）。

表 3-5-14　分部分项工程量清单综合单价计算表

工程名称：综合楼防雷接地工程　　　　　　标段：　　　　　　第　　页 共　　页

项目编码	略		项目名称		避雷装置		计量单位		项		
清单综合单价组成明细											
定额编号	定额名称	定额单位	数量	单价				人工费	材料费	机械费	管理费和利润
				人工费	材料费	机械费	管理费和利润				
	角钢接地极制作、安装	根	9	14.51	45.56	14.32	14.51	130.59	410.06	128.88	130.59
	户外接地母线敷设—40×4	m	61.3	7.14	6.71	0.21	7.14	437.68	411.02	12.87	437.68
	引下线利用建筑物柱内主筋引下	m	57.6	1.92	0.29	3.34	1.92	110.59	16.70	192.38	110.59
	避雷网敷设—25×4	m	197.41	2.15	4.99	0.69	2.15	424.43	984.09	136.21	424.43
	断接卡子制作、安装	套	3	8.42	2.20	0.01	8.42	25.26	6.60	0.03	25.26
人工单价		小　计						1 128.55	1 828.47	470.37	1 128.55
元/工日		未计价材料费									
清单项目综合单价								4 555.94			

材料费明细	主要材料名称、规格、型号	单位	数量	单价/元	合价/元	暂估单价/元	暂估合价/元
	角钢接地极L 50×50×5	m	9.72	42.4	393.05		
	镀锌扁钢—40×4	m	64.37	6.3	405.50		
	镀锌扁钢—25×4	m	207.28	3.9	808.39		
	其他材料费			—		—	
	材料费小计			—	1 606.94	—	

2021年度全国一级造价工程师职业资格考试试卷

试题一：（20分）

某企业拟投资建设一个生产市场急需产品的工业项目。该项目建设2年，运营期8年。项目建设的其他基本数据如下：

1. 项目建设投资估算5 300万元（包含可抵扣进项税300万元），预计全部形成固定资产，固定资产使用年限8年。按直线法折旧，期末净残值率为5%。

2. 建设投资资金来源于自有资金和银行借款，借款年利率6%（按年计息）。借款合同约定还款方式为在运营期的前5年等额还本付息。建设期内自有资金和借款均为均衡投入。

3. 项目所需流动资金按照分项详细估算法估算，从运营期第1年开始由自有资金投入。

4. 项目运营期第1年，外购原材料、燃料费为1 680万元，工资及福利费为700万元，其他费用为290万元，存货估算为385万元。项目应收账款年周转次数、现金年周转次数、应付账款年周转次数分别为12次、9次、6次。项目无预付账款和预收账款情况。

5. 项目产品适用的增值税税率为13%，增值税附加税率为12%，企业所得税税率为25%。

6. 项目的资金投入、收益、成本费用见表1.1。

表1.1　项目资金投入、收益、成本费用表　　单位：万元

序号	项　目	运营期				
		2	3	4	5	6～10
1	建设投资 其中：自有资金 借款本金	 1 150 1 500				
2	营业收入（不含销项税）		3 520	4 400	4 400	4 400
3	经营成本（不含可抵扣进项税）		2 700	3 200	3 200	3 200
4	经营成本中的可抵扣进项税		200	250	250	250
5	流动资产			855	855	855
6	流动负债			350	350	350

问题：

1. 列式计算项目运营期年固定资产折旧额。
2. 列式计算项目运营期第1年应偿还的本金、利息。
3. 列式计算项目运营期第1年、第2年应投入的流动资金。
4. 列式计算项目运营期第1年应缴纳的增值税。
5. 以不含税价格列式计算项目运营期第1年的总成本费用和税后利润，并通过计算说明项目运营期第1年能够满足还款要求。

（计算过程和结果保留两位小数）

试题二：（20分）

某利用原有仓储库房改建养老院项目，有三个可选设计方案。

方案一：不改变原建筑结构和外立面装修，内部格局和装修做部分调整；方案二：部分改变原建筑结构，外立面装修全部拆除重做，内部格局和装修做较大调整；方案三：整体拆除新建。三个方案的基础数据见表2.1。假设初始投资发生在期初，维护费用和残值发生在期末。

表2.1　各设计方案的基础数据

项　目	方案一	方案二	方案三
初始投资/万元	1 200	1 800	2 100
维护费用/（万元/年）	150	130	120
使用年限/年	30	40	50
残值/万元	20	40	70

经建设单位组织的专家组评审，决定从施工工期（Z_1）、初始投资（Z_2）、维护费用（Z_3）、空间利用（Z_4）、使用年限（Z_5）、建筑能耗（Z_6）六个指标对设计方案进行评价。专家组采用0～1评分方法对各指标的重要程度进行评分，评分结果见表2.2。专家组对各设计方案的评价指标打分的算术平均值见表2.3。

表2.2　指标重要程度评分表

指标	Z_1	Z_2	Z_3	Z_4	Z_5	Z_6
Z_1	×	0	0	1	1	1
Z_2	1	×	1	1	1	1
Z_3	1	0	×	1	1	1
Z_4	0	0	0	×	0	1
Z_5	0	0	0	1	×	1
Z_6	0	0	0	0	0	×

表2.3　各设计方案评价指标打分算术平均值

指标	方案一	方案二	方案三
Z_1	10	8	7
Z_2	10	7	6
Z_3	8	9	10
Z_4	6	9	10
Z_5	6	8	10
Z_6	7	9	10

问题：

1. 利用答题卡表2.5，计算各评价指标的权重。

2. 按 $Z_1 \sim Z_6$ 组成的评价指标体系，采用综合评审法对三个方案进行评价，并推荐最优方案。

3. 为了进一步对三个方案进行比较，专家组采用结构耐久度、空间利用、建筑能耗、建筑外观四个指标作为功能项目，经综合评价确定的三个方案的功能指数分别为：方案一 0.241，方案二 0.351，方案三 0.408。在考虑初始投资、维护费用和残值的前提下，已知方案一和方案二的寿命期年费用分别为 256.415 万元和 280.789 万元，试计算方案三的寿命期年费用，并用价值工程方法选择最优方案。年复利率为 8%，现值系数见表 2.4。

4. 在选定方案二的前提下，设计单位提出，通过增设护理监测系统降低维护费用，该系统又有 A、B 两个设计方案。A 方案初始投资 60 万元，每年降低维护费用 8 万元，每 10 年大修一次，每次大修费用 20 万元；B 方案初始投资 100 万元，每年降低维护费用 11 万元，每 20 年大修一次，每次大修费用 50 万元，试分别计算 A、B 两个方案的净现值，并选择最优方案。

（计算过程和结果均保留三位小数）

表 2.4 现值系数表

n	10	20	30	40	50
$(P/A, 8\%, n)$	6.710	9.818	11.258	11.925	12.233
$(P/F, 8\%, n)$	0.463	0.215	0.099	0.046	0.021

试题三：（20 分）

某国有资金投资项目，业主依据《标准施工招标文件》通过招标确定了施工总承包单位，双方签订了施工总承包合同，合同约定，管理费按人材机费之和的 10%计取，利润按人材机费和管理费之和的 6%计取，规费和增值税按人材机费、管理费和利润之和的 13%计取，人工费单价为 150 元/工日，施工机械台班单价为 1 500 元/台班；新增分部分项工程的措施费按该分部分项工程费的 30%计取（除特殊说明外，各费用计算均按不含增值税价格考虑）。合同工期 220 天，工期提前（延误）的奖励（惩罚）金额为 1 万元/天。

合同签订后，总承包单位编制并被批准的施工进度计划如图 3.1 所示。

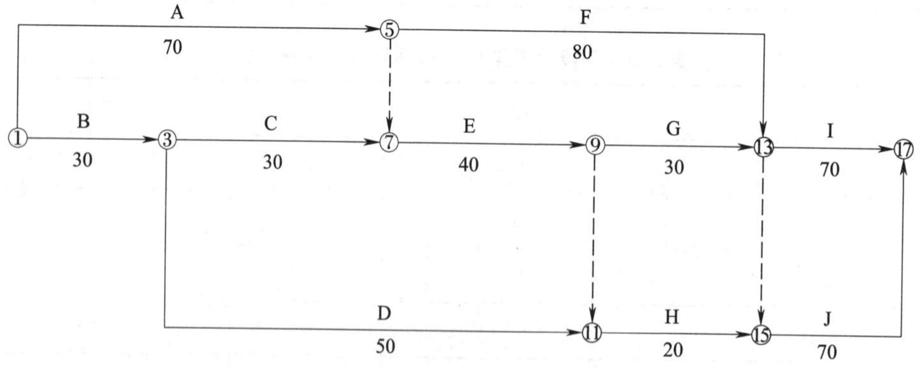

图 3.1 施工进度计划（单位：天）

施工过程中发生如下事件：

事件 1：为改善项目使用功能，业主进行了设计变更，该变更增加了一项 Z 工作，根据施工工艺要求，Z 工作为 A 工作的紧后工作、为 G 工作的紧前工作，已知 Z 工作持续时间为 50 天，用人工 600 工日，施工机械 50 台班，材料费 16 万元。

事件 2：E 工作为隐蔽工程。E 工作施工前，总承包单位认为工期紧张，监理工程师到场验收会延误时间，即自行进行了隐蔽，监理工程师得知后，要求总承包单位对已经覆盖的隐蔽工程剥露重新验收。经检查验收，该隐蔽工程合格。总承包单位以该工程检查验收合格为由，提出剥露与修复隐蔽工程的人工费、材料费合计 1.5 万元和延长工期 5 天的索赔。

事件 3：为获取提前竣工奖励，总承包单位确定了五项可压缩工作持续时间的工作 F、G、H、I、J，并测算了相应增加的费用，见表 3.1。

表 3.1　可压缩的工作持续时间和相应的费用增加表

工作	持续时间/天	可压缩的时间/天	压缩一天增加的费用/（元/天）
F	80	20	2 000
G	30	10	5 000
H	20	10	1 500
I	70	10	6 000
J	70	20	8 000

已知施工总承包合同中的某分包专业工程暂估价 1 000 万元，具有技术复杂、专业性强的工程特点，由总承包单位负责招标。招标过程中发生如下事件：

（1）鉴于采用随机抽取方式确定的评标专家难以保证胜任该分包专业工程评标工作，总承包单位便直接确定了评标专家。

（2）对投标人进行资格审查时，评标委员会认为，招标文件中规定投标人必须提供合同复印件作为施工业绩认定的证明材料，不足以反映工程合同履行的实际情况，还应提供工程竣工验收单。所以对投标文件中提供了施工业绩的合同复印件和工程竣工验收单的投标人通过资格审查，对施工业绩仅提供了合同复印件的投标人做出不予通过资格审查的处理决定。

（3）评标结束后，总承包单位征得业主同意，拟向排第一序位的中标候选人发出中标通知书前，了解到该中标候选人的经营状况恶化，且被列入了失信被执行人。

问题：

1. 事件 1 中，依据图 3.1 在答题卡中绘制增加 Z 工作以后的施工进度计划（图 3.2）；列式计算 Z 工作的工程价款（单位：元）。

2. 事件 2 中，总承包单位的费用和工期索赔是否成立？说明理由。在索赔成立的情况下，总承包单位可索赔的费用金额为多少元？

3. 事件 3 中，从经济性角度考虑，总承包单位应压缩多少天的工期？应压缩哪几项工作？可以获得的收益是多少元？

4. 总承包单位直接确定评标专家的做法是否正确？说明理由。

5. 评标委员会对投标人施工业绩认定的做法是否正确？说明理由。

6. 针对分包专业工程招标过程中的事件（3），总承包单位应如何处理？

（费用计算结果保留两位小数）

试题四：（20 分）

某施工项目发承包双方签订了工程合同，工期 6 个月。有关工程内容及其价款约定如下：

1. 分项工程（含单价措施，下同）项目 4 项，有关数据如表 4.1 所示。

2. 总价措施项目费为分项工程项目费的 15%，其中，安全文明施工费为 6%。

3. 其他项目费用包括暂列金额18万元，分包专业工程暂估价20万元，另计总承包服务费5%，管理费和利润为不含税人材机费用之和的12%，规费为工程费用的7%，增值税税率为9%。

表4.1 分项工程项目相关数据与计划进度表

分项工程项目				每月计划完成工程量/m^3或/m^2					
名称	工程量	综合单价	费用/万元	1	2	3	4	5	6
A	900m^3	300元/m^3	27	400	500				
B	1 200m^3	480元/m^3	57.6		400	400	400		
C	1 400m^2	320元/m^2	44.8		350	350	350	350	
D	1 200m^2	280元/m^2	33.6			200	400	400	200
分项工程项目费用合计/万元			163	12	45.4	36	41.6	22.4	5.6

有关工程价款调整与支付条款约定如下：

1. 开工日期10日前，发包人按分项工程项目签约合同价的20%支付给承包人作为工程预付款，在施工期间2～5个月的每月工程款中等额扣回。

2. 安全文明施工费工程款分两次支付，在开工前支付签约合同价的70%，其余部分在施工期间第3个月支付。

3. 除安全文明施工费之外的总价措施项目工程款，按签约合同价在施工期间第1～5个月分5次平均支付。

4. 竣工结算时，根据分项工程项目费变化值一次性调整总价措施项目费。

5. 分项工程项目工程款按施工期间实际完成工程量逐月支付，当分项工程项目累计完成工程量增加（或减少）超过计划总工程量15%以上时，管理费和利润降低（或提高）50%。

6. 其他项目工程款在发生当月支付。

7. 开工前和施工期间，发包人按承包人每次应得工程款的90%支付。

8. 发包人在承包人提交竣工结算报告后20天内完成审查工作，并在承包人提供所在开户行出具的工程质量保函（额度为工程竣工结算总造价的3%）后，一次性结清竣工结算款。

该工程如期开工，施工期间发生了经发承包双方确认的下列事项：

1. 因设计变更，B分项工程的工程量增加300m^3，第2、3、4个月每月实际完成工程量均比计划完成工程量增加100m^3。

2. 因招标工程量清单的项目特征描述与工程设计文件不符，C分项工程的综合单价调整为330元/m^2。

3. 分包专业工程在第3、4个月平均完成，工程费用不变。

其他工程内容的施工时间和费用均与原合同约定相符。

问题：

1. 该施工项目签约合同价中的总价措施项目费、安全文明施工费分别为多少万元？签约合同价为多少万元？开工前发包人应支付给承包人的工程预付款和安全文明施工费工程款分别为多少万元？

2. 截止到第2个月末，分项工程项目的拟完工程计划投资、已完工程计划投资、已完工程实际投资分别为多少万元（不考虑总价措施项目费的影响）？投资偏差和进度偏差分别为多少万元？

3. 第3个月，承包人完成分项工程项目费为多少万元？该月发包人应支付给承包人的工程款为多少万元？

4. B分项工程按调整后的综合单价计算费用的工程量为多少m^3？调整后的综合单价为多少元/m^3？分项工程项目费、总价措施项目费分别增加多少万元？竣工结算时，发包人应支付给承包人的竣工结算款为多少万元?

（计算过程和结果以万元为单位的保留三位小数，以元为单位的保留两位小数）

试题五：(40 分)

本试题分三个专业（Ⅰ. 土建工程、Ⅱ. 管道和设备工程、Ⅲ. 电气和自动化控制工程），任选其中一题作答。并将所选专业填涂在专用答题卡首页“专业选择”区域。

Ⅰ. 土 建 工 程

某企业已建成 1 500m³ 生活用高位水池，开始办理工程竣工结算事宜。承建该工程的施工企业根据施工招标工程量清单中标的“高位水池土建分部分项工程和单价措施项目清单与计价表”（如表 5. Ⅰ.1 所示）和该工程的竣工图及相关参数（如图 5. Ⅰ.1 和图 5. Ⅰ.2 所示）编制工程结算。

表 5. Ⅰ.1　高位水池土建分部分项工程和单价措施项目清单与计价表

序号	项目编码	项目名称	项目特征	计量单位	工程量	金额/元	
						综合单价	合价
一	分部分项工程						
1	10101002001	开挖土方	挖运 1km 内	m³	1 172	14.94	17 509.68
2	10101002001	开挖石方	风化岩挖运 1km 内	m³	4 688	17.72	83 071.36
3	10103001001	回填土石方	夯填	m³	1 050	30.26	31 773
4	10501001001	混凝土垫层	C15 混凝土	m³	36	588.84	21 198.24
5	70101001001	混凝土池底板	C30 抗渗混凝土	m³	210	761.76	159 969.6
6	70101002001	混凝土池壁板	C30 抗渗混凝土	m³	180	798.77	143 778.6
7	70101003001	混凝土池顶板	C30 混凝土	m³	40	719.69	28 787.6
8	70101004001	混凝土池内柱	C30 混凝土	m³	5	718.07	3 590.35
9	10515001001	钢筋	制作绑扎	t	36	8 688.86	312 798.96
10	10606008001	钢爬梯	制作安装	t	0.2	9 402.1	1 880.42
	分部分项工程小计			元			804 357.81
二	单价措施项目						
1	—	模板、脚手架、垂直运输、大型机械	—				131 800
	单价措施项目小计			元			131 800
	分部分项工程和单价措施项目合计			元			936 157.81

问题：

1. 根据竣工图 5. Ⅰ.1 和图 5. Ⅰ.2 中所示内容及相关数据，按《构筑物工程工程量计算规范》GB 50860—2013 的计算规则，列式计算该高位水池的混凝土垫层、钢筋混凝土池底板、钢筋混凝土池壁板、钢筋混凝土池顶板、钢筋混凝土池内柱、钢筋、钢爬梯等实体工程分部分项结算工程量（注：池壁计算高度为池底板上表面至池顶板下表面；池顶板为肋形板，主、次梁计入池顶板体积内；池内柱的计算高度为池底板上表面至池顶板下表面。钢筋工程量计算按池底板 66.50kg/m³，池壁板 89.65kg/m³，池顶板及主、次梁 123.80kg/m³，池内柱 148.20kg/m³。钢爬梯 ϕ20 钢筋按 2.47kg/m 计算）。

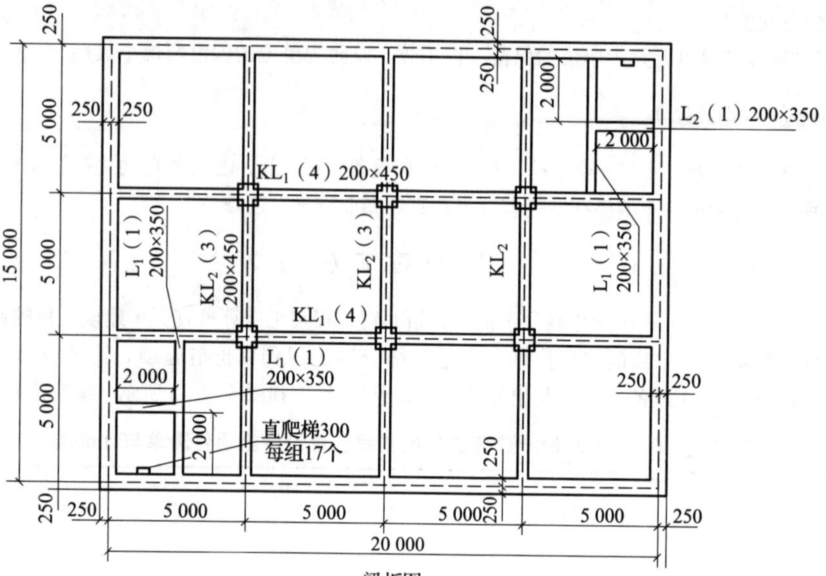

梁板图

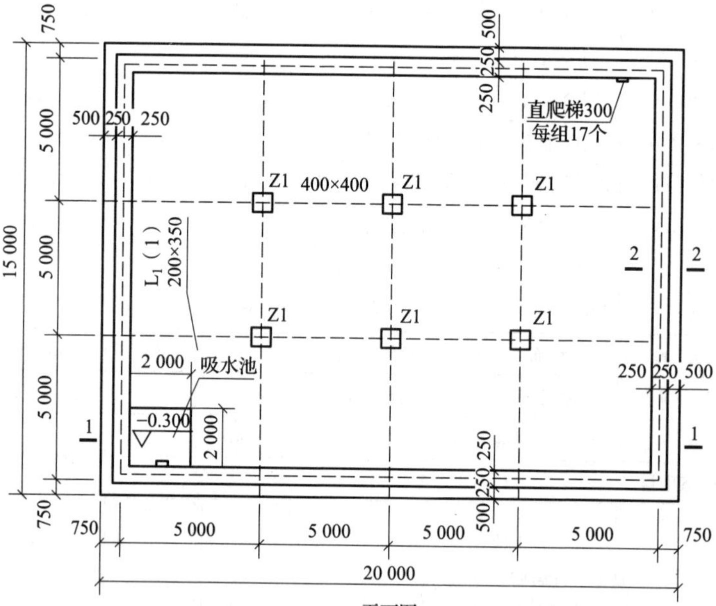

平面图

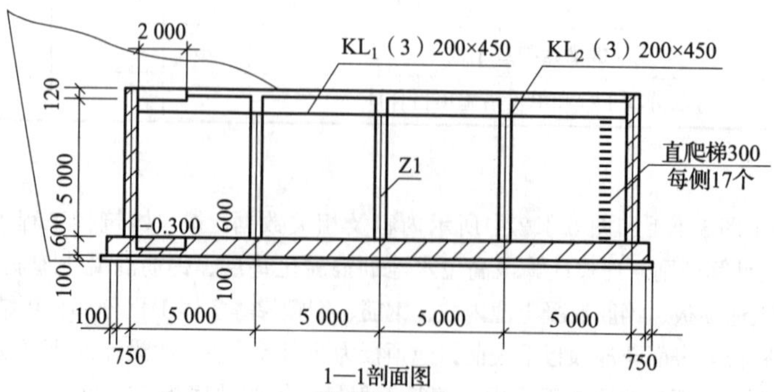

1—1剖面图

图 5.Ⅰ.1 工程竣工图

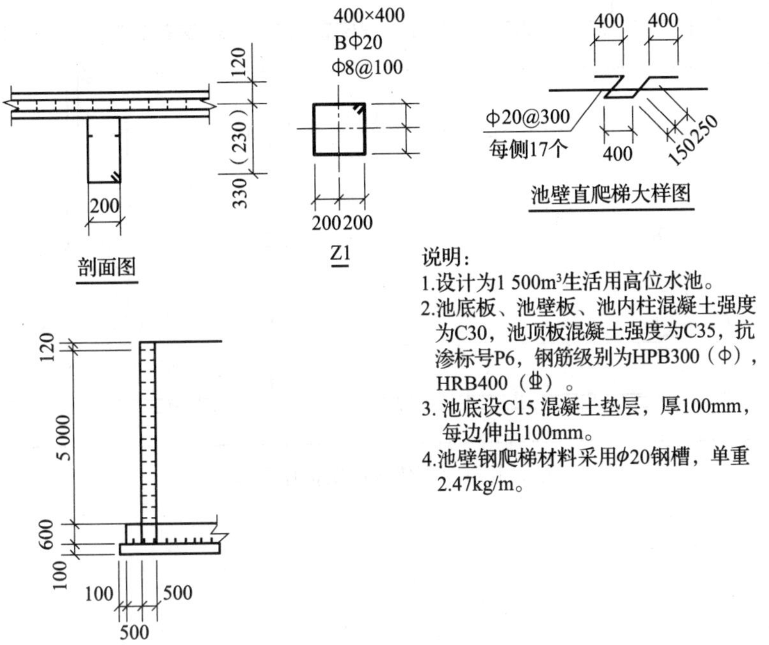

图 5.Ⅰ.2 高位水池剖面图

2. 原招标工程量清单中钢筋混凝土池顶板混凝土标号为 C30，施工过程中经各方确认设计变更为 C35。若该清单项目混凝土消耗量为 1.015；同期 C30 及 C35 商品混凝土到工地价分别为 488.00 元/m^3 和 530.00 元/m^3；原投标价中企业管理费按人工、材料、机械费之和的 10%计取，利润按人工、材料、机械、企业管理费之和的 7%计取。请在答题卡中列式计算该钢筋混凝土池顶板混凝土标号由 C30 变更为 C35 的综合单价差和综合单价。

3. 该工程施工合同双方约定，工程竣工结算时，土石方工程量和单价措施费不做调整。请根据问题 1 和问题 2 的计算结果、表 5.Ⅰ.1 中已有的数据、答题卡表中相关的信息，按《构筑物工程工程量计算规范》GB 50860—2013 及《建设工程工程量清单计价规范》GB 50500—2013 的计算规则，在答题卡表 5.Ⅰ.2 中，编制该高位水池土建分部分项工程和单价措施项目清单与计价表。

4. 若总价措施项目中仅有安全文明施工费，其费率按分部分项工程费的 6%计取；其他项目费用的防水工程专业分包结算价为 85 000.00 元，总包服务费按 5%计取；人工费占分部分项工程费及措施项目费的 25%，规费按人工费的 21%计取，税金按 9%计取。请根据问题 3 的计算结果，按《建设工程工程量清单计价规范》GB 50500—2013 的计算规则，在答题卡中列式计算安全文明施工费、措施项目费、人工费，在答题卡表 5.Ⅰ.3 中编制该高位水池土建单位工程竣工结算汇总表。

（无特殊说明的，费用计算时均为不含税价格；计算结果均保留两位小数）

Ⅱ. 管道和设备工程

略。

Ⅲ. 电气和自动化控制工程

1. 图 5.Ⅲ.1 为某大厦公共厕所电气平面图，图 5.Ⅲ.2 为配电系统图及主要材料设备图例表。该建筑物为砖、混凝土结构，单层平屋面，层高为 3.3m，图中括号内数字表示线路水平长度。配管配线规格为：BV-2.5mm^2 2～3 根穿刚性阻燃管 PC20，4～5 根穿刚性阻燃管 PC25；BV-4mm^2 3 根穿刚性阻燃管 PC25。

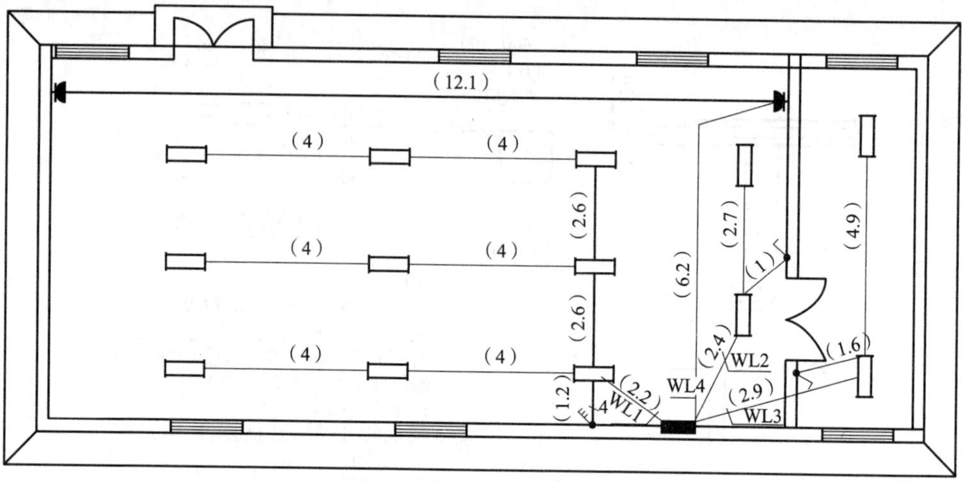

图 5. Ⅲ. 1　某建筑照明插座平面图

说明：1. 建筑物净高为 3. 3m。

　　　2. 图中未标识导线根数默认为 3 根。

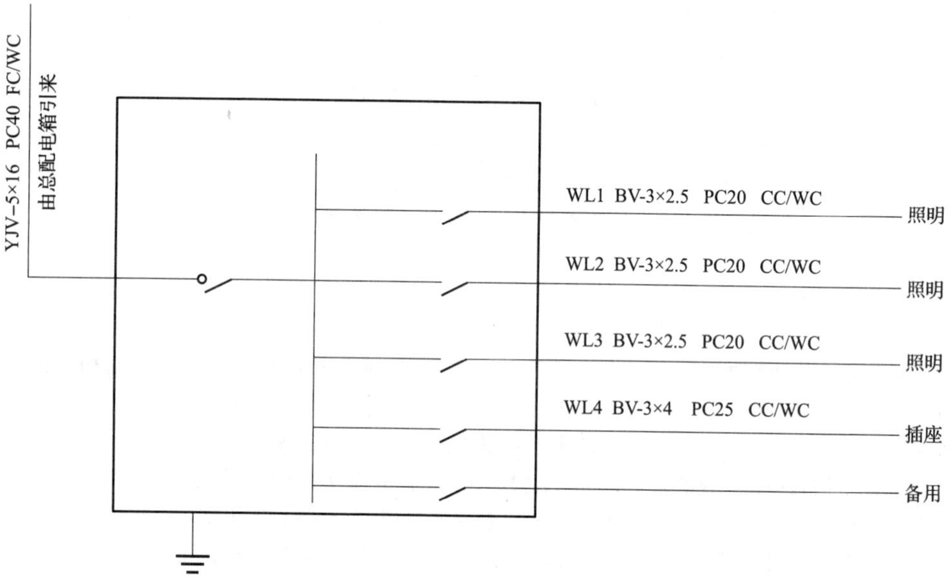

符号	设备名称	型号规格	安装方式
	配电箱 AL	P188R－496 300（宽）×450（高）×120（深）	嵌入式安装，底边距地 1. 8m
	双管荧光灯	T82×36W	吸顶安装
	单联单控翘板式开关	C31/1/2A	暗装，距地 1. 3m
	三联单控翘板式开关	C31/3/2A	暗装，距地 1. 3m
	单项二、三级暗插座	86Z26416－16A	暗装，距地 0. 3m

图 5. Ⅲ. 2　配电系统图及主要材料设备图例

2. 该工程的相关定额、主材单价及损耗率见表 5.Ⅲ.1。

表 5.Ⅲ.1　相关定额、主材单价及损耗率表

定额编号	项目名称	定额单位	安装基价/元			主材	
			人工费	材料费	机械费	单价	损耗率/%
4—2—76	成套配电箱安装嵌入式半周长≤1.0m	台	102.30	34.40	0	1 500.00 元/台	
4—4—15	无端子外部接线导线截面≤2.5mm²	个	1.44	1.44	0		
4—4—14	无端子外部接线导线截面≤6mm²	个	2.04	1.44	0		
4—12—134	砖、混凝土结构暗配刚性阻燃管 PC25	10m	67.20	5.80	0	2.30 元/m	6
4—13—6	管内穿照明线铜芯导线截面≤2.5mm²	10m	9.72	1.50	0	1.60 元/m	16
4—13—7	管内穿照明线铜芯导线截面≤4mm²	10m	6.48	1.45	0	2.56 元/m	10
4—14—373	跷板暗开关单联单控	个	6.84	0.80	0	8.00 元/个	2
4—14—378	跷板暗开关三联单控	个	6.84	0.80	0	10.00 元/个	2
4—14—303	单相二、三级暗插座≤15A	个	8.16	0.80	0	10.00 元/个	2
4—14—205	荧光灯具安装吸顶式双管	套	17.50	1.50	0	120 元/套	1
4—13—179	接线盒安装	个	4.30	0.90	0	10.00 元/个	2

注：该工程的管理费和利润分别按人工费的 45%和 15%计算。

3. 相关分部分项工程量清单项目编码及项目名称见表 5.Ⅲ.2。

表 5.Ⅲ.2　相关分部分项工程量清单项目的统一编码

项目编码	项目名称	项目编码	项目名称
030404017	配电箱	030404034	照明开关
030411001	配管	030412005	荧光灯
030411004	配线	030404035	插座

4. 不考虑配管嵌入地面或顶板内深度。

5. 砖、混凝土结构暗配刚性阻燃管 PC20 相关定额见表 5. Ⅲ. 3。

表 5. Ⅲ. 3 砖、混凝土结构暗配刚性阻燃管 PC20 消耗量定额（10m）

项目	单位	消耗量	单价
人工	工日	0.540	120 元/工日
主材	m	10.60	20 元/m
机械费	—	—	—
其他材料	元	5.10	

问题：

1. 按照背景资料和图 5. Ⅲ. 1、图 5. Ⅲ. 2 所示，根据《建设工程工程量清单计价规范》GB 50500—2013 和《通用安装工程工程量计算规范》GB 50856—2013 的规定，列式计算 PC20、PC25、BV-2.5mm^2、BV-4mm^2算式与结果填写在答题卡指定位置。

2. 假定 PC20 工程量为 100m、PC25 工程量为 80m、BV-2.5mm^2工程量为 310m、BV-4mm^2工程量为 280m，其他工程量根据给定图纸计算，完成答题卡表 5. Ⅲ. 4“分部分项工程和单价措施项目清单与计价表”。

3. 依据背景资料完成表 5. Ⅲ. 5“砖、混凝土结构暗配刚性阻燃管 PC20 定额基价表”。

4. 假定该工程 PC20 的清单工程量为 40m，需要 2 个接线盒，依据相关数据，列式计算包括 PC20 主材和接线盒在内的配管综合单价，并编制完成答题卡表 5. Ⅲ. 6“综合单价分析表”。

2021年度全国一级造价工程师职业资格考试试卷参考答案

试题一：（20分）

问题1：

（1）建设期利息：

第1年建设期利息：1 500/2×6%=45.00（万元）

第2年建设期利息：（1 500+45+1 500/2）×6%=137.70（万元）

建设期贷款利息合计：45+137.70=182.70（万元）

（2）固定资产原值：5 300+182.7−300=5 182.70（万元）

（3）年固定资产折旧额：5 182.70×（1−5%）/8= 615.45（万元）

问题2：

（1）长期借款前5年每年应还本付息额：（3 000+182.7）×（A/P，6%，5）=3 182.7×［6%×$(1+6\%)^5$］/［$(1+6\%)^5-1$］=755.56（万元）

（2）运营期第1年应偿还的利息：3 182.7×6%=190.96（万元）

（3）运营期第1年应偿还的本金：755.56−190.96=564.60（万元）

问题3：

运营期第1年流动资金：

（1）应收账款=年经营成本÷应收账款年周转次数=2 700÷12=225.00（万元）

（2）存货=385.00万元

（3）现金=（年工资福利费+年其他费）÷现金年周转次数=（700+290）÷9=110.00（万元）

（4）流动资产=应收账款+预付账款+存货+现金=225+0+385+110=720.00（万元）

（5）应付账款=年外购原材料、燃料动力费÷应付账款年周转次数=1 680÷6=280.00（万元）

（6）流动负债=应付账款+预收账款=280.00（万元）

（7）运营期第1年投入的流动资金=流动资产−流动负债=720−280=440.00（万元）

运营期第2年投入的流动资金=流动资产−流动负债=855−350−440=65.00（万元）

问题4：

（1）运营期第1年销项税=3 520×13%=457.60（万元）

（2）运营期第1年增值税=457.60−200−300=−42.40（万元）<0，因此应纳增值税为0。

问题5：

（1）运营期第1年的总成本费用=经营成本+折旧+摊销+利息+维持运营投资=2 700+615.45+0+190.96+0=3 506.41（万元）

（2）运营期第1年税后利润=利润总额×（1−25%）=（营业收入+补贴收入−总成本费用−增值税附加税）×（1−25%）=（3 520−3 506.41−0）×（1−25%）=10.19（万元）

（3）运营期第1年最大偿还本金能力=折旧+摊销+净利=615.45+10.19=625.64（万元）——运营期第1年最大偿还本金能力625.64万元>当年应还本金564.60万元，因此运营期第1年可以满足还款要求。

试题二：（20 分）

问题 1：

表 2.5 各评价指标的权重

项目	Z_1	Z_2	Z_3	Z_4	Z_5	Z_6	得分	修正得分	权重
Z_1	×	0	0	1	1	1	3	4	0.190
Z_2	1	×	1	1	1	1	5	6	0.286
Z_3	1	0	×	1	1	1	4	5	0.238
Z_4	0	0	0	×	0	1	1	2	0.095
Z_5	0	0	0	1	×	1	2	3	0.143
Z_6	0	0	0	0	0	×	0	1	0.048
合计							15	21	1

问题 2：

方案一得分：10×0.190+10×0.286+8×0.238+6×0.095+6×0.143+7×0.048=8.428

方案二得分：8×0.190+7×0.286+9×0.238+9×0.095+8×0.143+9×0.048=8.095

方案三得分：7×0.190+6×0.286+10×0.238+10×0.095+10×0.143+10×0.048=8.286

方案一得分最高，因此，推荐最优方案为方案一。

问题 3：

（1）方案三的寿命周期年费用：120+2 100×（A/P，8%，50）－70×（P/F，8%，50）×（A/P，8%，50）=120+2 100×1/12.233－70×0.021×1/12.233=291.547（万元）

（2）三个方案寿命周期年费用之和=256.415+280.789+291.547=828.751（万元）

成本指数：

方案一：256.415/828.751 = 0.309

方案二：280.789 /828.751=0.339

方案三：291.547 /828.751=0.352

价值指数：

方案一：0.241 /0.309=0.780

方案二：0.351 /0.339=1.035

方案三：0.408 /0.351=1.159

方案三价值指数最高，因此选择方案三为最优方案。

问题 4：

A 方案费用净现值=（1 800+60）+（130－8）×（P/A，8%，40）+20×（P/F，8%，10）+20×（P/F，8%，20）+20×（P/F，8%，30）－40×（P/F，8%，40）=3 328.55（万元）

B 方案费用净现值=（1 800+100）+（130－11）×（P/A，8%，40）+50×（P/F，8%，20）－40×（P/F，8%，40）=3 327.985（万元）

B 方案费用净现值最小，因此，选择 B 方案为最优方案。

试题三：（20 分）

问题 1：

（1）增加 Z 工作以后的施工进度计划如图 3.2 所示。

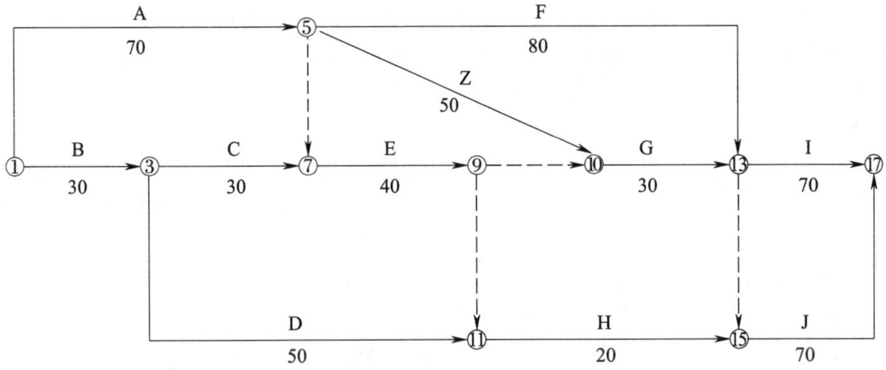

图 3.2　施工进度计划（单位：天）

(2) Z 工作工程价款：（600×150＋160 000＋50×1 500）×（1＋10%）×（1＋6%）×（1＋13%）×（1＋30%）＝556 677.55（元）

问题 2：

事件 2 中，总承包单位的费用和工期索赔均不成立，总承包单位获得索赔费用为 0。

理由：承包人未通知监理人到场检查，私自将工程隐蔽部分覆盖的，监理人有权指示承包人钻孔探测或揭开检测，无论工程隐蔽部位质量是否合格，由此增加的费用和延误的工期均由承包人承担。

问题 3：

(1) 从经济性角度考虑，总承包单位应同时压缩 F 和 G 工作各 10 天，压缩工期为 10 天，压缩后工期为 210 天。

(2) 费用增加：(2 000×10＋5 000×10) /10 000＝7.00（万元）

(3) 可获得收益＝（1×10－7）＝3.00（万元）

问题 4：

总承包商直接确定评标专家的做法正确。

理由：评标专家可以采取随机抽取或者直接确定的方式。一般项目可以采取随机抽取的方式；技术特别复杂、专业性要求特别高或者国家有特殊要求的招标项目，采取随机抽取方式确定的专家难以胜任的，可以由招标人直接确定。

问题 5：

评标委员会对施工业绩认定的做法错误。

理由：评标委员会应根据招标文件规定的评标标准和方法，对投标文件进行系统的评审和比较。招标文件没有规定的标准和方法不得作为评标的依据。

问题 6：

总承包人可以重新招标或选择中标候选人名单排名第二的中标候选人为中标人。

理由：国有资金占控股或者主导地位的依法必须进行招标的项目，招标人应当确定排名第一的中标候选人为中标人。排名第一的中标候选人放弃中标、因不可抗力不能履行合同、不按照招标文件要求提交履约保证金，或者被查实存在影响中标结果的违法行为等情形，不符合中标条件的，招标人可以按照评标委员会提出的中标候选人名单排序依次确定其他中标候选人为中标人，也可以重新招标。

试题四：（20 分）

问题 1：

(1) 总价措施项目费＝163×15%＝24.450（万元）

(2) 安全文明施工费＝163×6%＝9.780（万元）

(3) 签约合同价＝（163＋24.450＋18＋20＋20×5%）×（1＋7%）×（1＋9%）＝264.109（万元）

(4) 工程材料预付款=163×(1+7%)×(1+9%)×20%=38.021(万元)

(5) 开工前应支付安全文明施工费工程款=9.780×(1+7%)×(1+9%)×70%×90%=7.186(万元)

问题 2：

(1) 拟完工程计划投资=(27+57.6×1/3+44.8×1/4)×(1+7%)×(1+9%)=66.946(万元)

(2) 已完工程计划投资=(27+500×480/10 000+350×320/10 000)×(1+7%)×(1+9%)=72.544(万元)

(3) 已完工程实际投资=(27+500×480/10 000+350×330/10 000)×(1+7%)×(1+9%)=72.952(万元)

(4) 投资偏差=72.544−72.952=−0.408(万元)，投资超支 0.408 万元

(5) 进度偏差=72.544−66.946=5.598(万元)，进度提前 5.598 万元

问题 3：

(1) 第 3 个月承包人完成分项工程费=(500×480+350×330+200×280)/10 000=41.150(万元)

(2) 应支付工程款=[41.150+(24.45−9.78)/5+9.78×30%+20×1.05/2]×(1+7%)×(1+9%)×90%−38.021/4=50.870(万元)

问题 4：

(1) B 分项工程按调整后综合单价计算费用的工程量=1 500−1 200×(1+15%)=120(m^3)

(2) 原综合单价中的人材机=480/(1+12%)=428.57(元/m^3)

调整后管理费和利润=428.57×12%×(1−50%)=25.71(元/m^3)

调整后综合单价=428.57+25.71=454.28(元/m^3)

(3) B 分项工程费用增加额=[(300−120)×480+120×454.28]/10 000=14.091(万元)

C 分项工程费增加额=1 400×(330−320)/10 000=1.400(万元)

分项工程费增加额=14.091+1.400=15.491(万元)

总价措施项目费增加额=15.491×15%=2.324(万元)

(4) 实际总造价=264.109+(15.491+2.324−18)×(1+7%)×(1+9%)=263.893(万元)

竣工结算款=[263.893−2.324×(1+7%)×(1+9%)]×(1−90%)+2.324×(1+7%)×(1+9%)=28.829(万元)

试题五：(40 分)

Ⅰ. 土 建 工 程

问题 1：

(1) 高位水池的混凝土垫层：

(5×4+0.75×2+0.1×2)×(5×3+0.75×2+0.1×2)×0.1=36.24(m^2)

(2) 钢筋混凝土池底板：

(5×4+0.75×2)×(5×3+0.75×2)×0.6−2×2×0.3=211.65(m^3)

(3) 钢筋混凝土池壁板：

(15+20)×2×5×0.5=175(m^3)

(4) 钢筋混凝土池顶板：

① (20+0.25×2)×(15+0.25×2)×0.12−(2×2×0.12)×2=37.17(m^3)

②KL1：[(20−0.25×2−0.4×3)×0.2×(0.45−0.12)]×2=2.42(m^3)

③KL2：[(15−0.25×2−0.4×2)×0.2×(0.45−0.12)]×3=2.71(m^3)

主梁工程量合计为 2.42+2.71=5.13(m^3)

④L1：［（5－0.25－0.1）×0.2×（0.35－0.12）］×2＝0.43（m^3）

⑤L2：2×0.2×（0.35－0.12）×2＝0.18（m^3）

次梁工程量合计为 0.43＋0.18＝0.61（m^3）

⑥钢筋混凝土池顶板工程量为：37.17＋5.13＋0.61＝42.91（m^3）

（5）钢筋混凝土池内柱：

0.4×0.4×5×6＝4.80（m^3）

（6）钢筋：

①底板钢筋：211.65×66.50/1 000＝14.07（t）

②柱内钢筋：4.8×148.20/1 000＝0.71（t）

③壁板钢筋：175×89.65/1 000＝15.69（t）

④爬梯：0.4×5×17×2×2.47/1 000＝0.17（t）

⑤顶板及主次梁钢筋：42.91×123.80/1 000＝5.31（t）

问题 2：

综合单价差额＝（530－488）×1.015×（1＋10%）×（1＋7%）＝50.18（元/m^3）

综合单价＝719.69＋50.18＝769.87（元/m^3）

问题 3：

表 5.Ⅰ.2　高位水池土建分部分项工程和单价措施项目清单与计价表

序号	项目编码	项目名称	项目特征	计量单位	工程量	金额/元	
						综合单价	合价
一	分部分项工程						
1	10101002001	开挖土方	挖运 1km 内	m^3	1 172.00	14.94	17 509.68
2	10101002001	开挖石方	风化岩挖运 1km 内	m^3	4 688.00	17.72	83 071.36
3	10103001001	回填土石方	夯填	m^3	1 050.00	30.26	31 773.00
4	10501001001	混凝土垫层	C15 混凝土	m^3	36.24	588.84	21 339.56
5	70101001001	混凝土池底板	C30 抗渗混凝土	m^3	211.65	761.76	161 226.50
6	70101002001	混凝土池壁板	C30 抗渗混凝土	m^3	175.00	798.77	139 784.75
7	70101003001	混凝土池顶板	C30 混凝土	m^3	42.91	769.87	33 035.12
8	70101004001	混凝土池内柱	C30 混凝土	m^3	4.80	718.07	3 446.74
9	10515001001	钢筋	制作绑扎	t	35.78	8 688.86	310 887.41
10	10606008001	钢爬梯	制作安装	t	0.17	9 402.10	1 598.36
	分部分项工程小计			元			803 672.48
二	单价措施项目						
1	—	模板、脚手架、垂直运输、大型机械	—				131 800.00
	单价措施项目小计			元			131 800.00
	分部分项工程和单价措施项目合计			元			935 472.48

问题4：

安全文明施工费＝803 672.48×6％＝48 220.35（元）

措施项目费＝48 220.35＋131 800.00＝180 020.35（元）

总承包服务费＝85 000×5％＝4 250（元）

人工费＝（803 672.48＋180 020.35）×25％＝245 923.21（元）

规费＝245 923.21×21％＝51 643.87（元）

税金＝（803 672.48＋180 020.35＋89 250.00＋51 643.87）×9％＝101 212.80（元）

表5.Ⅰ.3　高位水池土建单位工程竣工结算汇总表

序号	汇总内容	金额/元
1	分部分项工程	803 672.48
2	措施项目	180 020.35
2.1	其中：安全文明施工费	48 220.35
3	其他项目	89 250.00
3.1	专业工程分包费	85 000.00
3.2	总承包服务费	4 250.00
4	规费	51 643.87
5	税金	101 212.80
竣工结算总价合计＝1＋2＋3＋4＋5		1 225 799.50

Ⅱ．管道和设备工程

略。

Ⅲ．电气和自动化控制工程

问题1.

（1）WL1：

PC20：（3.3－0.45－1.8）＋2.2＋2.6×2＋4×6＝32.45（m）

PC25：1.2＋（3.3－1.3）＝3.20（m）

BV-2.5mm^2：32.45×3＋3.2×4＋（0.3＋0.45）×3＝112.40（m）

（2）WL2：

PC20：（3.3－1.8－0.45）＋2.4＋2.7＋1＋（3.3－1.3）＝9.15（m）

BV-2.5mm^2：9.15×3＋（0.3＋0.45）×3＝29.70（m）

（3）WL3：

PC20：（3.3－1.8－0.45）＋2.9＋4.9＋1.6＋（3.3－1.3）＝12.45（m）

BV-2.5mm^2：12.45×3＋（0.3＋0.45）×3＝39.60（m）

（4）WL4：

PC25：1.8＋6.2＋12.1＋0.3×3＝21.00（m）

BV-4mm^2：21×3＋（0.3＋0.45）×3＝65.25（m）

（5）汇总：

PC20：32.45＋9.15＋12.45＝54.05（m）

PC25：3.2＋21＝24.20（m）

BV-2.5mm²：112.4＋29.7＋39.6＝181.70（m）

BV-4mm²：65.25m

问题 2：

表 5.Ⅲ.4　分部分项工程和单价措施项目清单与计价表

序号	项目编码	项目名称	项目特征描述	计量单位	工程量	金额/元		
						综合单价	合价	其中：暂估价
1	030404017001	配电箱	配电箱 P188R－496，下沿距地 1.8m 嵌入式安装，300×450×120（宽×高×厚）无端子外部接线 2.5mm 29 个，无端子外部接线 4mm 23 个	台	1	1 745.89	1 745.89	
2	030411001001	配管	PC 刚性阻燃管，沿砖、混凝土结构暗配	m	100.00	32.08	3 208	
3	030411001002	配管	PC25 刚性阻燃管，沿砖、混凝土结构暗配	m	80.00	13.77	1 101.6	
4	030411004001	配线	管内穿照明线 BV-2.5mm²	m	310.00	3.56	1 103.6	
5	030411004002	配线	管内穿照明线 BV-4mm²	m	280.00	4.00	1 120	
6	030404031001	照明开关	单联单控翘板开关 C31/1/2A，暗装，距地 1.3m	个	2	19.90	39.8	
7	030404034002	照明开关	三联单控翘板开关 C31/3/2A，暗装，距地 1.3m	个	1	21.94	21.94	
8	030412005001	荧光灯	双管荧光灯，T82×36W，吸顶安装	套	13	150.70	1 959.1	
9	030404035001	插座	单相二、三级插座，86Z26416－16A 暗装，距地 0.3m	个	2	24.06	48.12	
合计							10 348.05	

问题3：

表5.Ⅲ.5　砖、混凝土结构暗配刚性阻燃管PC20定额基价表

定额编号	项目名称	定额单位	安装基价/元			主材	
			人工费	辅助材料费	机械费	单价/元	损耗率/%
4-12-133	砖、混凝土结构暗配刚性阻燃管PC20	10m	64.80	5.10	0.00	20.00	6

问题4：

人工费：64.8÷10+4.3×（2÷40）=6.70（元）

辅助材料费：5.1÷10+0.9×（2÷40）=0.56（元）

主材费：20×1.06+10×（2÷40）×1.02=21.71（元）

管理费和利润：6.70×（45%+15%）=4.02（元）

综合单价：6.48+0.51+21.2+3.89=32.99（元/m）

表5.Ⅲ.6　综合单价分析表

项目编号	030411001001	项目名称	PC20刚性阻燃管	计量单位				m	工程量	40	
清单综合单价组成明细											
定额编号	定额名称	定额单位	数量	单价/元				合价/元			
				人工费	材料费	机械费	管理费和利润	人工费	材料费	机械费	管理费和利润
4-12-133	砖、混凝土结构暗配刚性阻燃管PC20	10m	0.10	64.80	5.10	0.00	38.88	6.48	0.51	0.00	3.89
4-13-179	接线盒安装	个	0.05	4.3	0.90	0.00	2.58	0.22	0.05	0.00	0.13
人工单价		小计						6.70	0.56	0.00	4.02
120元/工日		未计价材料费/元						21.71			
清单项目综合单价/（元/m）								32.99			
材料费明细	主要材料名称、规格、型号		单位		数量			单价/元	合价/元	暂估单价/元	暂估合价/元
	刚性阻燃管PC20		m		1.06			20	21.20		
	接线盒		个		0.051			10	0.51		
	其他材料费/元								0.56		
	材料费小计/元								22.27		

2022年度全国一级造价工程师职业资格考试试卷

试题一：（20分）

某企业投资建设的一个工业项目，生产运营期为10年，于5年前投产。该项目固定资产投资总额为3 000万元，全部形成固定资产，固定资产使用年限为10年，残值率为5%，按直线法折旧。

目前，项目建设期贷款已偿还完成，建设期可抵扣进项税已抵扣完成，处于正常生产年份。正常生产年份的年销售收入为920万元（不含销项税），年经营成本为324万元（含可抵扣进项税24万元）。项目运营期第1年投入了流动资金200万元。企业适用的增值税税率为13%，增值税附加税率为12%，企业所得税税率为25%。为了提高生产效率，降低生产成本，企业拟开展生产线智能化、数字化改造，且改造后企业可获得政府专项补贴支持。具体改造相关经济数据如下：

1. 改造工程建设投资800万元（含可抵扣进项税60万元），全部形成新增固定资产，新增固定资产使用年限同原固定资产剩余使用年限，残值率、折旧方式和原固定资产相同。改造工程建设投资由企业自有资金投入。

2. 改造工程在项目运营期第6年（改造年）年初开工，2个月完工，达到可使用状态，并投产使用。

3. 改造年的产能、销售收入、经营成本按照改造前正常年份的数值计算。改造后第2年（即项目运营期第7年，下同）开始，项目产能提升20%，且增加的产量能被市场完全吸纳，同时由于改造提升了原材料的利用效率，使得经营成本及其可抵扣进项税均降低10%，所需流动资金比改造前降低30%。

4. 改造后第2年，企业可获得当地政府给予的补贴收入100万元（不征收增值税）。

问题：

1. 列式计算项目改造前正常年份的应缴增值税、总成本费用、税前利润及企业所得税。
2. 列式计算项目改造年和改造后第2年的应缴增值税和企业所得税。
3. 以政府视角计算由于项目改造引起的税收变化总额（仅考虑增值税和企业所得税）。
4. 遵循“有无对比”原则，列式计算改造后正常年份的项目投资收益率。

改造工程建设投资按照改造年年初一次性投入考虑，改造年的新增固定资产折旧按整年考虑。

（计算过程和结果均以万元为单位并保留两位小数）

试题二：（20分）

某国有企业投资兴建一大厦，通过公开招标方式进行施工招标，选定了某承包商，土建工程的合同价格为20 300万元（不含税），其中利润为800万元。该土建工程由地基基础工程（A）、主体结构工程（B）、装饰工程（C）、屋面工程（D）、节能工程（E）五个分部工程组成，中标后该承包商经过认真测算、分析，各分部工程的功能得分和成本所占比例见表2.1。

表2.1 各分部工程功能得分和成本比例表

分部工程项目	各分部工程功能得分	各分部工程成本所占比例
A	26	0.24
B	35	0.33
C	22	0.20

续表 2.1

分部工程项目	各分部工程功能得分	各分部工程成本所占比例
D	9	0.08
E	16	0.15

建设单位要求设计单位提供楼宇智能化方案供选择，设计单位提供了两个能够满足建设单位要求的方案，本项目的造价咨询单位对两个方案的相关费用和收入进行了测算，有关数据见表 2.2。建设期为 1 年，不考虑期末残值，购置、安装费及所有收支费用均发生在年末，年复利率为 8%，现值系数见表 2.3。

表 2.2　两个方案的基础数据表

项目方案	购置、安装费/万元	大修理周期/年	每次大修理费/万元	使用年限/年	年运行收入/万元	年运行维护费/万元
方案一	1 500	15	160	45	250	80
方案二	1 800	10	100	40	280	75

表 2.3　现值系数表

n	1	10	15	20	30	40	41	45	46
$(P/A, 8\%, n)$	0.926	6.710	8.559	9.818	11.258	11.925	11.967	12.109	12.137
$(P/F, 8\%, n)$	0.926	0.463	0.315	0.215	0.099	0.046	0.043	0.031	0.029

问题：

1. 承包商以分部工程为对象进行价值工程分析，计算各分部工程的功能指数及目前成本。

2. 承包商制订了强化成本管理方案，计划将目标成本额控制在 18 500 万元，计算各分部工程的目标成本及其可能降低额度，并据此确定各分部工程成本管控的优先顺序。

3. 若承包商的成本管理方案能够得到可靠实施，但施工过程中占工程成本 50%的材料费仍有可能上涨，经预测上涨 10%的概率为 0.6，上涨 5%的概率为 0.3，则承包商在该工程的期望成本利润率应为多少？

4. 对楼宇智能化方案采用净年值法计算分析，建设单位应选择哪个方案？

（计算过程和结果均保留三位小数）

试题三：（20 分）

某国有资金投资新建教学楼，建设单位委托某招标代理机构对预算为 3 800 万元的建筑安装工程组织施工招标。A、B、C、D、E 共五家申请人通过了资格预审，其中 B 为联合体。建设单位要求招标代理机构做好以下工作：

1. 被列为失信被执行人的投标人，直接否决其投标，不进行评标环节。

2. 为保证招标工作顺利进行，指导投标人做好投标文件。

3. 最高投标限价为 3 800 万元，为保证工程质量，规定投标人的投标报价不得低于最高投标限价的 75%，即不低于 3 800×75%=2 850（万元）。

4. 为保证投标人不少于 3 家，对开标前已提交投标文件而又要求撤回的投标人，其投标保证金不予退还。

该项目招标过程中发生如下事件：

事件 1：投标人 A 递交投标文件时，提交了某银行出具的投标保证金汇款支出证明。在开标时，招标人实时查证该笔汇款还未到达招标文件指定的收款账户。

事件 2：投标文件评审时发现，投标人 B 为增加竞争力，将资格预审时联合体成员中某二级资质的甲单位更换为另一特级资质的乙单位。

事件 3：评标过程中，评标委员会 7 位专家中有 3 位专家提出，招标文件要求详细核对投标文件中的相关数据，应延长评标时间。招标人认为其他 4 位专家并未提出评标时长不够，应该少数服从多数，不同意延长评标时间。

事件 4：评标委员会按综合得分由高到低的顺序向招标人推荐了 3 名中标候选人。由于排名第一的中标候选人放弃中标，招标人和排名第二的中标候选人进行谈判，因其报价高于排名第一的中标候选人，招标人要求按排名第一的中标候选人的报价签订合同。

通过招标确定承包单位后，发承包双方签订了施工承包合同。合同中有关工程计价的部分条款约定：管理费按人材机费之和的 10%计取；利润按人材机费和管理费之和的 6%计取；措施费按分部分项工程费的 30%计取；规费和增值税按分部分项工程费和措施费之和的 14%计取；人工工日单价为 150 元/工日，人员窝工的补偿标准为工日单价的 60%；施工机械台班单价为 1 500 元/台班，施工机械闲置补偿标准为台班单价的 70%；人员窝工和施工机械闲置均不计取管理费和利润；合同工期为 360 天，工期提前（延误）的奖励（罚款）金额为 20 000 元/天。

合同签订后，承包单位编制并获批准的施工进度计划如图 3.1 所示。

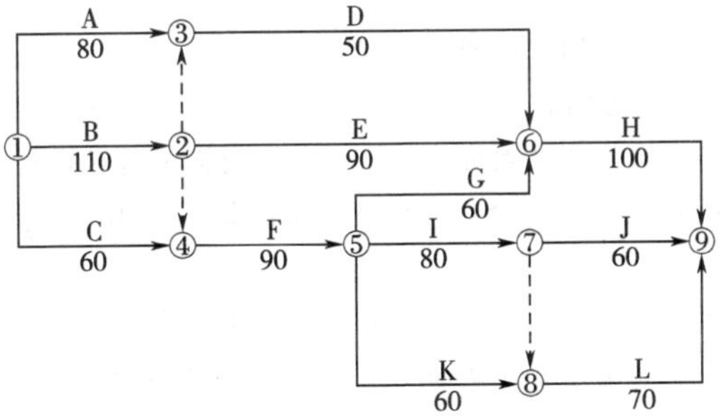

图 3.1　施工进度计划（单位：天）

为改善使用功能，建设单位要求设计单位修改和优化设计方案，具体设计变更内容为：

1. 取消了原有的 G 工作。取消 G 工作的设计变更通知送达承包单位时，承包单位已经为实施 G 工作刚采购进场了一批工程材料，该批材料无法退货也无法换作他用，承包单位向建设单位索要该批材料的材料费，内容包括材料原价和检验试验费、二次搬运费。

2. 增加了 H 工作的工程量，H 工作持续时间增加 20%，由此增加人工 600 工日、材料费 36 万元，施工机械 25 台班；造成人员窝工 160 工日、施工机械闲置 12 台班。

根据设计变更，建设单位与承包单位进行了合同变更，为加快施工进度，获得工期提前奖励，承包单位将 L 工作持续时间压缩了 30 天。

问题：

1. 指出建设单位向招标代理机构提出的各项要求是否妥当，并说明理由。

2. 分别指出事件 1 和事件 2 中评标委员会对投标人 A 和投标人 B 的投标应如何处理，并说明理由。

3. 分别指出事件 3 和事件 4 中招标人的做法是否妥当，并说明理由。

4. 指出承包单位向建设单位索要 G 工作材料费内容的不妥之处，并写出材料费的内容组成。

5. 计算 H 工作增加的工程价款和承包单位可得到的人员窝工、机械闲置费用补偿，计算实际工期和承包单位可得到的工期提前奖励金额。

（费用计算结果保留两位小数）

试题四：（20 分）

某工程项目发承包双方签订了施工合同，工期为 6 个月。合同中有关工程内容及其价款约定如下：

1. 分项工程（含单价措施，下同）项目 4 项，总费用为 132.8 万元，各分项工程项目造价数据和计划施工时间见表 4.1。

表 4.1 各分项工程项目造价数据和计划施工时间表

分项工程项目	工程量	综合单价	费用/万元	计划施工时间/月
A	800m³	280 元/m³	22.4	1～2
B	900m³	320 元/m³	28.8	1～3
C	1 200m²	430 元/m²	51.6	3～5
D	1 000m²	300 元/m²	30.0	4～6

2. 安全文明施工费为分项工程项目费用的 6.5%（该费用在施工期间不予调整，竣工结算时根据计取基数变化一次性调整），其余总价措施项目费用为 25.2 万元（该费用不予调整）。

3. 其他项目暂列金额为 20 万元，管理费和利润为人材机费用之和的 16%，规费为人材机费用和管理费、利润之和的 7%。

4. 上述工程费用均不含税，增值税税率为 9%。

有关工程价款结算与支付约定如下：

1. 开工前 1 周内，发包人按签约合同价（扣除安全文明施工费和暂列金额）的 20%支付给承包人作为工程预付款（在施工期间第 2～5 个月的每月工程款中等额扣回），同时将安全文明施工费工程款的 70%支付给承包人。

2. 分项工程项目工程款按施工期间实际完成工程量逐月支付。

3. 除开工前支付的安全文明施工费工程款外，其余总价措施项目工程款按签约合同价，在施工期间第 1～5 个月分 5 次等额支付。

4. 其他项目工程款在发生当月支付。

5. 在开工前和施工期间，发包人按每次承包人应得工程款的 80%支付。

6. 发包人在竣工验收通过，并收到承包人提交的工程质量保函（额度为工程结算总造价的 3%）后，一次性结清竣工结算款。

该工程如期开工，施工期间发生了经发承包双方确认的下列事项：

1. 经发包人同意，设计单位核准，承包人在该工程中应用了一种新型绿建技术，导致 C 分项工程项目工程量减少 300m²、D 分项工程项目工程量增加 200m²，发包人考虑该技术带来的工程品质与运营效益的提高，同意将 C 分项工程项目的综合单价提高 50%，D 分项工程项目的综合单价不变。

2. B 分项工程项目实际施工时间为第 2～5 个月，其他分项工程项目实际施工时间均与计划施工时间相符，各分项工程项目在计划和实际施工时间内各月工程量均等。

3. 施工期间第 5 个月，发生现场签证和施工索赔工程费用 6.6 万元。

问题：

1. 该工程项目安全文明施工费为多少万元？签约合同价为多少万元？开工前发包人应支付给承包人的工程预付款和安全文明施工费工程款分别为多少万元？

2. 施工期间第 2 个月，承包人完成分项工程项目工程进度款为多少万元？发包人应支付给承包人的工程进度款为多少万元？

3. 应用新型绿建技术后，C、D 分项工程项目费用应分别调整为多少万元？

4. 从开工到施工至第 3 个月末，分项工程项目的拟完工程计划投资、已完工程计划投资、已完工程实际投资分别为多少万元（不考虑安全文明施工费的影响）？投资偏差、进度偏差分别为多少万元？

5. 该工程项目安全文明施工费增减额为多少万元？合同价增减额为多少万元？如果开工前和施工期间发包人均按约定支付了各项工程款，则竣工结算时，发包人应向承包人一次性结清工程结算款为多少万元？

（计算过程和结果均保留三位小数）

试题五：（40 分）

本试题分三个专业（Ⅰ. 土建工程、Ⅱ. 管道和设备工程、Ⅲ. 电气和自动化控制工程），任选其中一题作答。并将所选专业填涂在专用答题卡首页“专业选择”区域。

Ⅰ. 土 建 工 程

某旅游客运索道工程的上站设备基础施工图和相关参数如图 5. Ⅰ.1 所示。根据招标方以招标图确定的工程量清单，承包方中标的“上站设备基础土建分部分项工程和单价措施项目清单与计价表”如表 5. Ⅰ.1 所示，现场搅拌混凝土配合比如表 5. Ⅰ.2 所示，该工程施工合同双方约定，施工图设计完成后，对该工程实体工程工程量按施工图重新计量调整，工程主要材料二次搬运费按现场实际情况及合理运输方案计算，土石方工程费用和单价措施费不做调整。

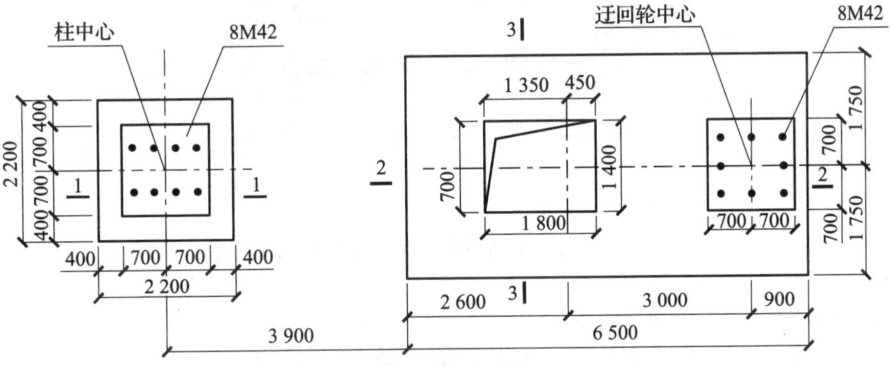

基础平面布置图

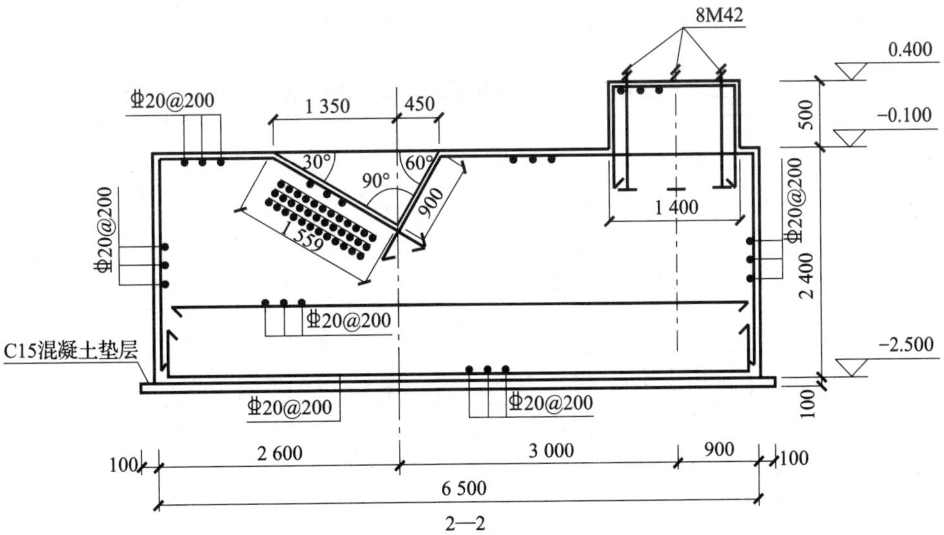

2—2

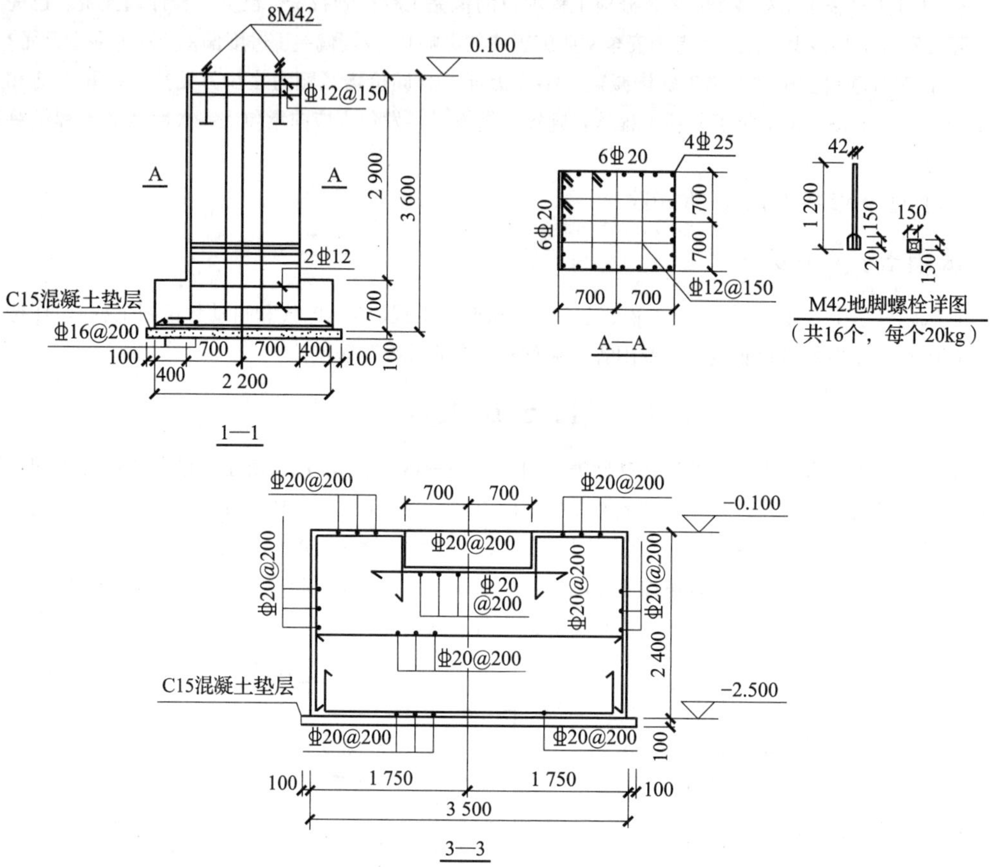

图 5. Ⅰ.1 上站设备基础施工图和相关参数

说明：

1. 基础底部易坐落在强风化花岗岩上。
2. 基础考虑采用 C30 混凝土，钢筋采用 HRB400（Φ）。地脚螺栓采用 Q345B 钢。
3. 基础下设通用 100mm 厚 C15 混凝土垫层，各边宽出基础 100mm。
4. 基础应一次浇筑完毕，不留施工缝，施工完毕后应及时对肥槽回填至整平地面标高。

表 5. Ⅰ.1 上站设备基础土建分部分项工程和单价措施项目清单与计价表

序号	项目编码	项目名称	项目特征	计量单位	工程量	金额/元	
						综合单价	合价
一	分部分项工程						
1	010101002001	开挖土方	挖运 1km 内	m^3	36.00	16.86	606.96
2	010102001001	开挖石方	挖运 1km 内	m^3	210.00	21.22	4 456.20
3	010103002001	回填土石方	夯填	m^3	170.00	28.50	4 845.00
4	010501001001	混凝土垫层	C15 混凝土	m^3	3.00	612.39	1 837.17
5	010501003001	混凝土独立基础	C30 混凝土	m^3	9.00	719.98	6 479.82
6	010501006001	混凝土设备基础	C30 混凝土	m^3	55.00	715.30	39 341.50

续表 5. Ⅰ.1

序号	项目编码	项目名称	项目特征	计量单位	工程量	金额/元	
						综合单价	合价
一	分部分项工程						
7	010515001001	钢筋	制作绑扎	t	4.00	7 876.41	31 505.64
8	010516001001	地脚螺栓	制作安装	t	0.30	9 608.33	2 882.50
	分部分项工程小计			元			91 954.79
二	单价措施项目						
1	019408060001	模板、脚手架等四项单价措施	—	项	—	—	38 000.00
	单价措施项目小计			元			38 000.00
	分部分项工程和单价措施项目合计			元			129 954.79

表 5. Ⅰ.2 现场搅拌混凝土配合比表

序号	混凝土标号	主要材料用量/kg				备注（损耗率/%）
		32.5 级水泥	42.5 级水泥	中粗砂	碎石	
1	C15	290.00	—	730.00	1 230.00	1.5
2	C30	—	350.00	670.00	1 200.00	1.5

问题：

1. 依据图 5. Ⅰ.1 所示和《房屋建筑与装饰工程工程量计算规范》GB 50854—2013 的规定，完成表 5. Ⅰ.3 中工程量的计算（独立基础钢筋含量为 56.4t/m^3，设备基础钢筋含量为 63.66t/m^3）。

表 5. Ⅰ.3 工程量计算表

序号	项目名称	单位	计算过程	计算结果
1	C15 混凝土垫层	m^3		
2	C30 钢筋混凝土站前柱独立基础	m^3		
3	C30 钢筋混凝土迂回轮设备基础	m^3		
4	钢筋	t		
5	地脚螺栓	t		

2. 结合案例背景和问题 1 的计算结果，完成表 5. Ⅰ.4 的编制。

表 5. Ⅰ.4 上站设备基础土建分部分项工程和单价措施项目清单与计价表

序号	项目编码	项目名称	项目特征	计量单位	工程量	金额/元	
						综合单价	合价
一	分部分项工程						
1	010101002001	开挖土方	挖运 1km 内	m^3			

续表 5. Ⅰ.4

序号	项目编码	项目名称	项目特征	计量单位	工程量	金额/元	
						综合单价	合价
一	分部分项工程						
2	010102001001	开挖石方	挖运 1km 内	m^3			
3	010103002001	回填土石方	夯填	m^3			
4	010501001001	混凝土垫层	C15 混凝土	m^3			
5	010501003001	混凝土独立基础	C30 混凝土	m^3			
6	010501006001	混凝土设备基础	C30 混凝土	m^3			
7	010515001001	钢筋	制作绑扎	t			
8	010516001001	地脚螺栓	制作安装	t			
	分部分项工程小计			元			
二	单价措施项目						
1	019408060001	模板、脚手架等四项单价措施	—	项	—	—	
	单价措施项目小计			元			
	分部分项工程和单价措施项目合计			元			

3. 由于本项目的地理位置特殊，需在山上进行施工，但由于架桥阻碍导致道路不畅无法将材料运送上山，只能由当地村民人工搬运上山。根据问题 1、问题 2 的计算结果和现场搅拌混凝土配合比表，在答题卡表 5. Ⅰ.7 中填写主要材料二次搬运费计算表（材料二次搬运费单价如下：水泥 210.00 元/t，中粗砂 160.00 元/t，碎石 160.00 元/t，钢材 800.00 元/t。材料损耗率分别是混凝土 1.5%，钢筋 3%）。

4. 根据问题 1～问题 3 的计算结果，在答题卡表 5. Ⅰ.8 中填写索道上站设备基础土建单位工程施工图调整价汇总表（安全文明施工费以分部分项工程费的 6%计算，二次搬运费计入措施费中，人工费以分部分项工程费和措施项目费合计的 23%计取，不计入其他项目费，规费为人工费的 19%，税率为 9%）。

（计算结果以“万元”为单位，保留两位小数）

Ⅱ. 管道和设备工程

略。

Ⅲ. 电气和自动化控制工程

略。

2022年度全国一级造价工程师职业资格考试试卷参考答案

试题一：(20分)

问题1：

(1) 改造前正常年份应缴增值税＝920×13%－24＝95.60（万元）

(2) 年折旧费用＝3 000×（1－5%）/10＝285.00（万元）

改造前正常年份总成本费用（不含税）＝324－24＋285＝585.00（万元）

(3) 改造前正常年份税前利润＝920－585－95.6×12%＝323.53（万元）

(4) 改造前正常年份企业所得税＝323.53×25%＝80.88（万元）

问题2：

(1) 改造年（运营期第6年）：

应缴增值税＝920×13%－24－60＝35.60（万元）

新增固定资产年折旧＝（800－60）×（1－5%）/5＝140.60（万元）

总成本费用（不含税）＝324－24＋140.6＋285＝725.60（万元）

利润总额＝920－725.6－35.6×12%＝190.13（万元）

企业所得税＝190.13×25%＝47.53（万元）

(2) 改造后第2年（运营期第7年）：

应缴增值税＝920×（1＋20%）×13%－24×（1－10%）＝121.92（万元）

总成本费用（不含税）＝（324－24）×（1－10%）＋140.6＋285＝695.60（万元）

利润总额＝920×（1＋20%）－695.6－121.92×12%＋100＝493.77（万元）

企业所得税＝493.77×25%＝123.44（万元）

问题3：

(1) 改造前（运营期第6～10年）应缴增值税＝95.6×5＝478.00（万元）

改造前（运营期第6～10年）企业所得税＝80.88×5＝404.40（万元）

(2) 改造后（运营期第6年）应缴增值税为35.60万元

改造后（运营期第6年）企业所得税为47.53万元

(3) 改造后第2年（运营期第7年）应缴增值税＝121.92万元

改造后第2年（运营期第7年）企业所得税为123.44万元

(4) 改造后正常年份（运营期第8～10年）应缴增值税＝121.92×3＝365.76（万元）

改造后正常年份（运营期第8～10年）利润总额＝920×1.2－695.6－121.92×12%＝393.77（万元）

改造后正常年份（运营期第8～10年）企业所得税＝393.77×25%×3＝295.33（万元）

故：

改造前后应缴增值税差额＝（35.6＋121.92＋365.76）－478＝45.28（万元）

改造前后企业所得税差额＝（47.53＋123.44＋295.33）－404.4＝61.90（万元）

累计差额＝45.28＋61.90＝107.18（万元）

问题4：

增量利润总额＝393.77－323.53＝70.24（万元）

增量总投资额＝800－200×30%＝740.00（万元）

总投资收益率=增量息税前利润/增量总投资额=（70.24+0）/740=9.49%

投资收益率=增量年净收益/增量总投资额=70.24×（1−25%）/740=7.12%

试题二：（20 分）

问题 1：

（1）各分部工程功能指数：26+35+22+9+16=108

A 功能指数=26/108=0.241

B 功能指数=35/108=0.324

C 功能指数=22/108=0.204

D 功能指数=9/108=0.083

E 功能指数=16/108=0.148

（2）各分部工程目前成本：

目前总成本=20 300−800=19 500.000（万元）

A 目前成本=19 500×0.241=4 699.500（万元）

B 目前成本=19 500×0.324=6 318.000（万元）

C 目前成本=19 500×0.204=3 978.000（万元）

D 目前成本=19 500×0.083=1 618.500（万元）

E 目前成本=19 500×0.148=2 886.000（万元）

问题 2：

（1）各分部工程目标成本：

A 目标成本=18 500×0.241=4 458.500（万元）

B 目标成本=18 500×0.324=5 994.000（万元）

C 目标成本=18 500×0.204=3 774.000（万元）

D 目标成本=18 500×0.083=1 535.500（万元）

E 目标成本=18 500×0.148=2 738.000（万元）

（2）各分部工程成本降低额：

A 成本降低额=4 699.5−4 458.500=241.000（万元）

B 成本降低额=6 318−5 994.000=324.000（万元）

C 成本降低额=3 978−3 774.000=204.000（万元）

D 成本降低额=1 618.5−1 535.500=83.000（万元）

E 成本降低额=2 886−2 738.000=148.000（万元）

则各分部工程成本管控优先顺序为 B、A、C、E、D。

问题 3：

材料费=18 500×50%=9 250.000（万元）

期望成本材料费=9 250×［（1+10%）×0.6+（1+5%）×0.3+1×0.1］=9 943.750（万元）

期望成本=18 500−9 250+9 943.75=19 193.750（万元）

利润=20 300−19 193.75=1 106.250（万元）

期望成本利润率=1 106.25/19 193.75=5.764%

问题 4：

方案一净年值=［−1 500−160×（P/F，8%，15）−160×（P/F，8%，30）+（250−80）×（P/A，8%，45）］×（P/F，8%，1）×（A/P，8%，46）=（−1 500−160×0.315−160×0.099+170×12.109）×0.926/12.137=37.560（万元）

方案二净年值=［−1 800−100×（P/F，8%，10）−100×（P/F，8%，20）−100×（$P/$

F，8%，30）+（280－75）×（P/A，8%，40）]×（P/F，8%，1）×（A/P，8%，41）=（－1 800－100×0.463－100×0.215－100×0.099+205×11.925）×0.926/11.967=43.868（万元）

由于方案二的净年值较大，故建设单位应选择方案二。

试题三：（20 分）

问题 1：

（1）否决被列为失信被执行人的投标人投标妥当。

理由：投标人的资质等级、财务状况、类似项目业绩、信誉、项目经理、其他要求、联合体投标人等，均应符合资格评审规定。

（2）“指导投标人做好投标文件”不妥。

理由：招标代理机构不得在所代理的招标项目中投标或者代理投标，也不得为所代理的招标项目的投标人提供咨询服务。

（3）规定投标人报价不得低于 2 850 万元不妥。

理由：招标人不得规定最低投标限价。

（4）对开标前要求撤回投标文件的投标人，没收其投标保证金不妥。

理由：投标截止日前，投标人有权撤回其投标文件，招标人已收取投标保证金的，应当自收到投标人书面撤回通知之日起 5 日内退还。

问题 2：

事件 1：投标人 A 的投标应作废标处理。

理由：未按规定时间提交投标保证金的，应作废标处理。

事件 2：投标人 B 的投标应作废标处理。

理由：招标人接受联合体投标并进行资格预审的，联合体应当在提交资格预审申请文件前组成，资格预审后联合体增减、更换成员的，其投标无效。

问题 3：

事件 3：招标人的做法不妥。

理由：招标人应当根据项目规模和技术复杂程度等因素合理确定评标时间，超过三分之一的评标委员会成员认为评标时间不够的，招标人应适当延长。

事件 4：招标人的做法不妥。

理由：招标人和中标人应当自中标通知书发出之日起 30 日内，按照招标文件和中标人的投标文件订立书面合同。招标人和中标人不得再行订立背离合同实质性内容的其他协议。

问题 4：

（1）承包商要求索赔检验试验费和二次搬运费不妥。检验试验费属于企业管理费，二次搬运费属于措施费。

（2）材料费的内容组成：

计算材料费的基本要素是材料消耗量和材料单价。

材料费=Σ（材料消耗量×材料单价）

材料消耗量=材料净用量+材料损耗量

材料单价=材料原价+运杂费+运输损耗费+采购及保管费

问题 5：

（1）H 工作增加工程价款=（600×150+360 000+25×1 500）/10 000×1.1×1.06×1.3×1.14=84.24（万元）

（2）窝工和机械闲置费用补偿=（160×150×60%+12×1500×70%）/10 000×1.14=3.08（万元）

(3) 取消G工作，H工作持续时间增加20天后关键线路为B→F→I→L，持续时间之和为350天。

L工作持续时间缩短30天后，实际关键线路为B→F→I→J，持续时间之和为340天。业主同意的工期为350天，实际工期340天，工期提前350－340＝10（天）。

故，工期奖励＝10×2＝20（万元）。

试题四：（20分）

问题1：

安全文明施工费＝132.8×6.5％＝8.632（万元）

签约合同价＝（132.8＋8.632＋25.2＋20）×（1＋7％）×（1＋9％）＝217.669（万元）

开工前发包人应支付工程预付款＝（132.8＋25.2）×（1＋7％）×（1＋9％）×20％＝36.855（万元）

开工前发包人应支付安全文明施工费工程款＝8.632×（1＋7％）×（1＋9％）×70％×80％＝5.638（万元）

问题2：

A分项工程费用＝800×280/10 000＝22.400（万元）

B分项工程费用＝900×320/10 000＝28.800（万元）

第2个月承包人完成分项工程项目工程进度款＝（22.4/2＋28.8/4）×（1＋7％）×（1＋9％）＝21.460（万元）

第2个月发包人应支付给承包人的工程进度款＝21.460×80％＋（25.2＋8.632×30％）×（1＋7％）×（1＋9％）/5×80％－36.855/4＝13.140（万元）

问题3：

C实际分项工程费＝（1 200－300）×430×（1＋50％）/10 000＝58.050（万元）

D实际分项工程费＝（1 000＋200）×300/10 000＝36.000（万元）

问题4：

分项工程拟完工程计划投资＝（22.4＋28.8＋51.6/3）×（1＋7％）×（1＋9％）＝79.775（万元）

分项工程已完工程计划投资＝（22.4＋28.8/2＋300×430/10 000）×（1＋7％）×（1＋9％）＝57.965（万元）

分项工程已完工程实际投资＝（22.4＋28.8/2＋300×430×1.5/10 000）×（1＋7％）×（1＋9％）＝65.488（万元）

投资偏差＝57.965－65.488＝－7.523（万元），投资增加7.523万元。

进度偏差＝57.965－79.775＝－21.810（万元），进度拖后21.810万元。

问题5：

C分项工程费变化额＝58.05－（1 200×430/10 000）＝58.05－51.6＝6.450（万元）

D分项工程费变化额＝36－（1 000×300/10 000）＝36－30＝6.000（万元）

安全文明施工费增减额＝（6.45＋6）×6.5％＝0.809（万元）

合同价增减额＝［（6.45＋6）×（1＋6.5％）＋6.6－20］×（1＋7％）×（1＋9％）＝－0.164（万元）

发包人应向承包人一次性结清工程结算款＝［217.669－0.164－0.809×（1＋7％）×（1＋9％）］×20％＋0.809×（1＋7％）×（1＋9％）＝44.256（万元）

试题五：（40 分）

Ⅰ. 土 建 工 程

问题 1：

表 5. Ⅰ.5　工程量计算表

序号	项目名称	单位	计算过程	计算结果
1	C15 混凝土垫层	m^3	2.4×2.4×0.1+6.7×3.7×0.1	3.06
2	C30 钢筋混凝土站前柱独立基础	m^3	2.2×2.2×0.7+1.4×1.4×2.9	9.07
3	C30 钢筋混凝土迂回轮设备基础	m^3	6.5×3.5×2.4+1.4×1.4×0.5−1.559×0.9/2×1.4	54.60
4	钢筋	t	(9.07×56.4+63.66×54.60) /1 000	3.99
5	地脚螺栓	t	16×20/1 000	0.32

问题 2：

表 5. Ⅰ.6　上站设备基础土建分部分项工程和单价措施项目清单与计价表

序号	项目编码	项目名称	项目特征	计量单位	工程量	金额/元	
						综合单价	合价
一	分部分项工程						
1	010101002001	开挖土方	挖运 1km 内	m^3	36.00	16.86	606.96
2	010102001001	开挖石方	挖运 1km 内	m^3	210.00	21.22	4 456.20
3	010103002001	回填土石方	夯填	m^3	170.00	28.50	4 845.00
4	010501001001	混凝土垫层	C15 混凝土	m^3	3.06	612.39	1 873.91
5	010501003001	混凝土独立基础	C30 混凝土	m^3	9.07	719.98	6 530.22
6	010501006001	混凝土设备基础	C30 混凝土	m^3	54.60	715.30	39 055.38
7	010515001001	钢筋	制作绑扎	t	3.99	7 876.41	31 426.88
8	010516001001	地脚螺栓	制作安装	t	0.32	9 608.33	3 074.67
	分部分项工程小计			元			91 869.22
二	单价措施项目						
1	019408060001	模板、脚手架等四项单价措施	—	项	—	—	38 000.00
	单价措施项目小计			元			38 000.00
	分部分项工程和单价措施项目合计			元			129 869.22

问题3：

表5. Ⅰ.7 主要材料二次搬运费计算表

序号	材料名称	单位	材料用量计算过程	计算结果	二次搬运费单价/（元/t）	二次搬运费合价/元
1	水泥	t	0.29×3.06×1.015+（9.07+54.6）×0.35×1.015	23.52	210.00	4 939.20
2	中粗砂	t	0.73×3.06×1.015+0.67×（9.07+54.6）×1.015	45.57	160.00	7 291.20
3	碎石	t	1.23×3.06×1.015+1.2×（9.07+54.6）×1.015	81.37	160.00	13 019.20
4	钢材	t	（3.99+0.32）×1.03	4.44	800.00	3 552.00
	合计	元				28 801.60

问题4：

安全文明施工费=91 869.22×6%=5 512.15（元）

措施项目费=38 000+28 801.60+5 512.15=72 313.75（元）

人工费=（91 869.22+72 313.75）×23%=37 762.08（元）

表5. Ⅰ.8 索道上站设备基础土建单位工程施工图调整价汇总表

序号	汇总内容	金额/元	其中：暂估价/元
1	分部分项工程费	91 869.22	
2	措施项目费	72 313.75	
2.1	其中：安全文明施工费	5 512.15	
3	其他项目费	—	
4	规费	7 174.80	
5	税金	15 422.20	
施工图调整造价合计		186 779.97	

Ⅱ. 管道和设备工程

略。

Ⅲ. 电气和自动化控制工程

略。

2023年度全国一级造价工程师职业资格考试试卷

试题一：（20分）

某企业拟投资建设一项目，生产一种市场需求较大的工业产品。项目建设期1年，运营期8年，项目可行性研究相关基础数据如下：

1. 项目建设投资2 500万元（可抵扣进项税150万元），除可抵扣进项税外的建设投资，预计全部形成固定资产项目，固定资产使用年限为8年，残值率为5%，采用直线法折旧。

2. 项目建设投资的资金来源为自有资金和贷款，贷款为1 500万元，贷款年利率为5%，（按年计息），贷款合同约定的还款方式为运营期前4年等额还本付息。

3. 项目投产当年需要流动资金300万元，全部由自有资金投入。

4. 项目正常年份的设计产能为5万件，产品的不含税价格为360元/件，正常年份的经营成本1 200万元（其中可抵扣进项税为80万元）。项目运营期第1年的产能为正常年份的80%，以后各年均达到设计产能。运营期第1年的经营成本及其所含可抵扣进项税额均为正常年份80%。

5. 企业适用的增值税税率为13%，增值税附加按应纳增值税的12%计算，企业所得税税率为25%。

问题：

1. 列式计算项目运营期第1年和第2年应纳增值税额。

2. 分别列式计算项目运营期第1年、第2年的不含税总成本费用、所得税和税后利润。

3. 列式计算项目运营期第1年末的累计盈余资金（不考虑当年应付利润）。

4. 若基准收益率为10%，单价为360元/件时，项目资本金现金流量净现值为610万元；单价单件上涨10%后，项目资本金现金流量净现值为1 235万元。在保证项目可行的前提下，计算该产品价格下浮的临界百分比。

（计算过程及结果均以万元为单位，小数点后保留两位小数）

试题二：（20分）

某国有资金投资依法必须招标的省级重点项目。采用工程量清单方式进行施工招标。在招标投标过程中发生如下事件：

事件1：招标人认为招标项目技术复杂且自然环境条件恶劣，建议招标代理机构采用邀请招标方式进行招标，直接邀请多家综合实力强、施工经验丰富的大型总承包单位参加投标。

事件2：投标截止日前5日，招标人对项目技术要求和工程量清单做了部分修改，开标时间不变。投标人甲提出异议，认为此修改影响投标文件的编制，应当顺延开标时间。

事件3：由于外界因素影响，招标人决定延长投标有效期，投标人乙认为自己中标无望，拒绝延长投标有效期，并要求退还投标保证金。投标人丙同意延长投标有效期但不同意延长投标保证金的有效期，并提出修改投标文件中的工期。其余投标人均同意招标人延长投标有效期的决定。

确定中标人后，业主与中标单位签订了施工合同。施工单位编制的某分部工程网络计划，如图2.1所示。该分部工程由工作A、B、C、D、E、F组成，箭线上分括号外数字为正常工作时间直接费（万元），括号内数字为最短工作时间直接费（万元）；箭线下方括号外数字为正常工作时间（天），括号内数字为最短工作持续时间（天）。正常工作时间间接费为26.7万元，间接费率0.3万元/天。

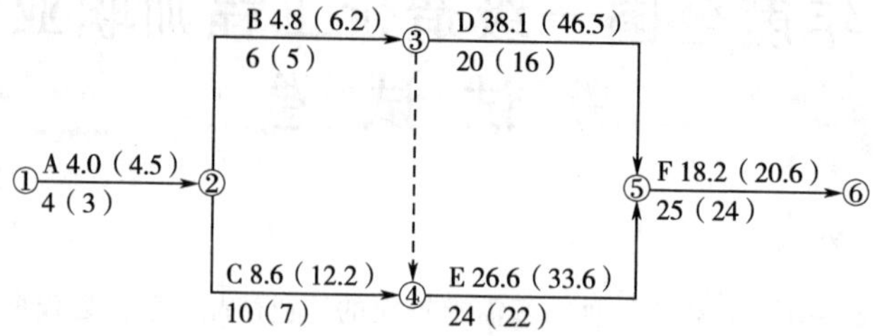

图 2.1 某分部工程网络计划图

问题：

1. 事件 1 中，依据法律法规的相关规定，该项目是否可以直接采用邀请招标方式进行招标，并说明理由。

2. 事件 2 中，投标人甲提出异议是否合理？并说明理由。招标人应何时答复？应如何处理异议？

3. 事件 3 中，投标人乙和投标人丙做法是否妥当？并分别说明理由，招标人是否应退还投标人乙、丙的投标保证金？二者的投标文件是否继续有效？

4. 列出该分部工程网络计划的关键线路，并计算该线路各工作的直接费率。填入答题卡表 2.1 中。计算该分部工程的正常工期和相应的总费用。由于前期其他分部工程延误，施工单位需要用 60 天完成该分部工程才能不影响后续工程工期，为此应压缩哪几项工作？压缩后该分部工程总费用为多少万元。

表 2.1 各工作的直接费率计算表

代号	（最短时间直接费－正常时间直接费）/万元	（正常持续时间－最短持续时间）/天	直接费率/（万元/天）
A			
B			
C			
D			
E			
F			

5. 根据合同约定，工期每提前 1 天，可得奖励 1 万元，若不考虑其他因素，仅针对该分部工程继续压缩哪些工作对施工方有利？并说明理由。

（计算结果以万元为单位，保留两位小数）

试题三：（20 分）

某建设单位采用工程量清单招标方式确定施工总承包单位 A 为中标人，并与施工总承包单位 A 签订了施工合同。合同工期 210 天，管理费按人材机费用之和的 12%计取，利润按人材机费用与管理费之和的 5%计取，规费按人工费的 18%计取，税金按 9%计取。

施工过程中发生如下事件：

事件 1：工程总承包单位 A 将需要分包的两个暂估价专业工程，经招标分别发包给具有相应资质的分包单位 B 和 C。分包合同中约定发生索赔事件应在 28 天内提出。分包单位 B 完成 B1、B2 两项工作，分包单位 C 完成 C1、C2 两项工作。分包招标后，总承包单位 A 要求业主支付组织专业工程发包过程中发生的招标相关费用 8 万元。经总承包单位 A 与专业分包单位 B、C 协商工程施工进度计划如图 3.1 所示。

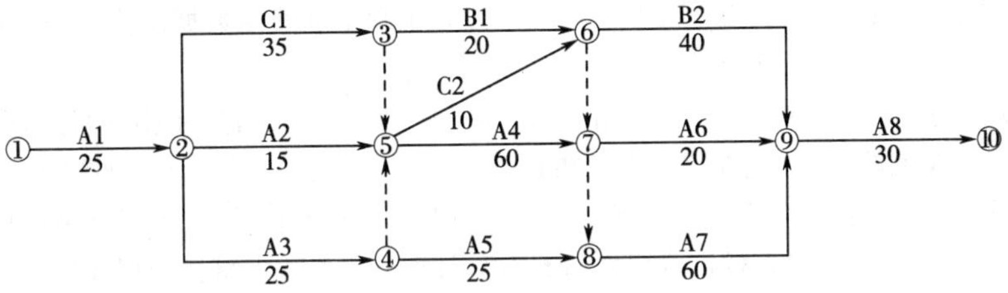

图 3.1 施工进度计划（单位：天）

事件 2：开工前建设单位改变地下空间使用功能，发生设计变更导致 A1 工作费用发生如下变化：①增加降水深度导致增加降水措施费 15 万元（其中人工费占 35%）；②结构增加钢筋混凝土材料费 16 万元，减少人工费 7 万元，减少打桩 25 个机械台班（台班单价 1 200 元/台班），减少钢材费用 13 万元；③增加土方开挖分项工程费 22 万元（其中人工费 9 万元）；④工作 A1 的持续时间增加 30 天。

事件 3：分包单位 C 因工程质量问题进行整改返工，导致工作 C2 实际持续时间为 25 天。分包单位 B 向分包单位 C 索赔 15 天工期，同时索赔工作 B1、B2 共用自有机械台班（单价 2 000 元/台班）台班费：15×2 000＝3（万元）。

事件 4：在完工结算时，得知总承包单位 A 就设计变更影响向业主索赔工期费用后，分包单位 C 也以设计变更导致无法按原计划时间开始施工为由，向业主提出窝工费和工期索赔。

事件 5：考虑上述事件对总工期的影响，业主要求实际总工期不得超过原合同工期，并承诺工期奖罚款 2 万元/天。施工总承包单位 A 采取施工措施将工作 A4、A7、A8 的顺序施工方式改为分段流水作业。确定的流水节拍如表 3.1 所示。

表 3.1 施工过程的流水节拍表 单位：天

施工过程	流水段		
	①	②	③
A4	20	20	20
A7	20	20	20
A8	10	10	10

问题：

1. 针对事件 1，若暂估价专业工程属于依法必须招标的范围，依据《建设工程工程量清单计价规范》GB 50500—2013 施工总承包单位 A 单独作为招标人需满足哪些条件？哪些环节需要报批？产生的费用由谁承担？

2. 针对事件 2，分别列式计算工作 A1 的分部分项工程费、规费和工程造价增加多少万元？

3. 针对事件 3，写出分包单位 B 的正确做法。

4. 针对事件 4，分包单位 C 做法有哪些不妥之处？说出正确做法。

5. 针对事件 5，仅按表 3.1 给定数据组织工作 A4、A7、A8 流水施工的工期为多少天？在网络计划中受工作逻辑关系约束，组织工作 A4、A7、A8 流水施工的工期为多少天？说明理由。该工程实际总工期为多少天？总承包单位 A 可以获得多少万元的总工期提前奖励？

（计算结果以万元为单位保留三位小数）

试题四：（20 分）

某施工项目发承包双方签订了工程合同，工期 6 个月。工程内容及其价款约定如下：

1. 分部分项工程（含单价措施，下同）项目 4 项，工程量和费用数据及施工进度计划如表 4.1 所示。

2. 安全文明施工费为分部分项工程费用的 7.5%（该费用在竣工结算时根据计取基数的变化一次性调整），除安全文明施工费之外的其余总价措施项目费为 9 万元（该费用不予调整）。

3. 其他项目费用包括暂列金额 10 万元，需分包的专业工程暂估价 20 万元（另计总承包服务费 5%），管理费和利润按不含税人材机费用之和的 16%计取，规费按人材机费用和管理费、利润之和的 7%计取，增值税税率为 9%。

表 4.1 分部分项工程项目工程量和费用数据及施工进度计划表

分部分项工程项目				施工进度计划/月					
名称	工程量	综合单价	费用/万元	1	2	3	4	5	6
A	900m^3	280 元/m^3	25.2	——	——				
B	1 000m^3	450 元/m^3	45.0		——	——	——		
C	1 300m^2	360 元/m^2	46.8			——	——	——	
D	1 100m^2	320 元/m^2	35.2					——	——
合计			152.2						

有关工程价款调整与支付条款约定如下：

1. 开工日期 10 日前，发包人按签约合同价（扣除安全文明施工费和暂列金额）的 20%支付给承包人作为工程预付款，在施工期间 2～5 个月的每个月中平均扣回，并同时将安全文明施工费的 60%按工程款支付方式支付给承包人。

2. 分部分项工程项目工程进度款按施工期间实际完成工程量逐月支付。

3. 除开工前支付的安全文明施工费外，其余总价措施项目费在施工期间第 1～5 月平均支付。

4. 其他项目工程款在发生当月支付。

5. 发包人按承包人每次应得工程款的 85%支付。

6. 发包人在竣工结算报告审核完成并收到承包人提交的工程质量保函（额度为工程结算总造价的 3%）后，一次性结清竣工结算款。

该工程如期开工，施工期间发生了经发承包双方确认的下列事项：

1. 分部分项工程 B 在施工期间第 2、3、4、5 个月实际完成的工程量分别为 180m^3、300m^3、300m^3、220m^3。

2. 因招标工程量清单的项目特征描述与设计图纸不符，导致分部分项工程 C 综合单价发生变化。经核定：该项目原综合单价中不含税的人工费（95.00 元/m^2）、机械费（45.30 元/m^2）和辅材费（23.47 元/m^2）不变；主要材料 C1 的消耗量为 0.71m^2、单价为 176.80 元/m^2（含可抵扣进项税，税率为 13%），主要材料 C2 的消耗量为 0.34m^2、单价为 158.60 元/m^2（不含税）。

3. 因设计变更导致分部分项工程 D 增加分部分项工程费 5.6 万元，持续时间未变。

4. 施工第 4 个月，原专业工程暂估价实际发生 21 万元。

其他工程内容的施工时间和费用均与原合同约定相符。

问题：

1. 该施工项目签约合同价中的安全文明施工费为多少万元？签约合同价为多少万元？开工前发包

人应支付给承包人的工程预付款和安全文明施工费工程款分别为多少万元?

2. 施工至第 2 个月末，承包人完成分部分项工程项目工程进度款为多少万元? 分部分项工程项目的投资偏差和进度偏差分别为多少万元 (不考虑总价措施项目费用的影响)?

3. 列式计算分部分项工程 C 的综合单价及工程费用分别为多少万元?

4. 施工期间第 4 个月，承包人完成的分部分项工程费为多少万元? 发包人应支付给承包人的工程进度款为多少万元?

5. 分部分项工程费增减额为多少万元? 安全文明施工费增加额为多少万元? 除安全文明施工费外合同增减额为多少万元? 如果在开工前和施工期间发包人均已按合同约定支付了承包人预付款和各项工程款，则竣工结算、发包人完成结清支付时，应向承包人一次性结清支付工程款为多少元?

(计算过程和结果以元为单位的保留两位小数，以万元为单位的保留三位小数)

试题五:(40 分)

略。

2023年度全国一级造价工程师职业资格考试试卷参考答案

试题一：（20分）

问题1：

（1）运营期第1年应纳增值税＝360×5×13%×80%－80×80%－150＝－26.80（万元），应纳增值税为0万元。

（2）运营期第2年应纳增值税＝360×5×13%－80－26.80＝127.20（万元），应纳增值税为127.20万元。

问题2：

建设期利息＝1 500/2×5%＝37.50（万元）

运营期前4年每年还本付息额＝（1 500＋37.50）×5%×$\frac{(1+5\%)^4}{(1+5\%)^4-1}$＝433.59（万元）

固定资产折旧＝（2 500＋37.50－150）×（1－5%）/8＝283.52（万元）

运营期第1年：

应还利息＝（1 500＋37.50）×5%＝76.88（万元）

应还本金＝433.59－76.88＝356.71（万元）

总成本费用＝（1 200－80）×80%＋283.52＋76.88＝1 256.40（万元）

税前利润＝360×5×80%－1 256.40－0＝183.60（万元）

所得税＝183.60×25%＝45.90（万元）

税后利润＝183.60－45.90＝137.70（万元）

运营期第2年：

应还利息＝［（1 500＋37.50）－356.71］×5%＝59.04（万元）

总成本费用＝1 200－80＋283.52＋59.04＝1 462.56（万元）

利润总额＝360×5－1 462.56－127.20×12%＝322.18（万元）

所得税＝322.18×25%＝80.55（万元）

税后利润＝322.18－80.55＝241.63（万元）

问题3：

累计盈余资金：360×5×80%×（1＋13%）－（1 200×80%＋45.90＋433.59）＝187.71（万元）

问题4：

设产品价格下浮临界点的产品不含税价格为P万元。

（360－P）÷［360×（1＋10%）－P］＝610÷1 235

解得：P＝324.86

（324.86－360）÷360×100%＝－9.76%

该产品价格下浮临界百分比为9.76%。

试题二：（20分）

问题1：

事件1中，该项目不可以采取邀请招标。理由：根据《中华人民共和国招标投标法实施条例》的规定，国有资金占控股或者主导地位的依法必须进行招标的项目，应当公开招标，但有下列情形之一的，可以邀请招标：

（一）技术复杂、有特殊要求或者受自然环境限制，只有少量潜在投标人可供选择；

（二）采用公开招标方式的费用占项目合同金额的比例过大；

本题虽然技术复杂，自然环境恶劣，但是有多家大型总承包公司可以参与，不满足邀请招标条件。

问题2：

（1）事件2中，投标人甲提出的异议合理。理由：根据《中华人民共和国招标投标法实施条例》的规定，招标人可以对已发出的招标文件进行必要的澄清或者修改。澄清或者修改的内容可能影响投标文件编制的，招标人应当在投标截止时间至少15日前，以书面形式通知所有获取招标文件的潜在投标人；不足15日的，招标人应当顺延提交投标文件的截止时间。

题目中为投标截止日前5日，远远小于15日，因此投标人甲提出的异议合理。

（2）招标人答复：招标人应当自收到异议之日起3日内作出答复；作出答复前，应当暂停招标投标活动。

（3）招标人处理异议：投标截止时间不足15日，招标人应当顺延提交投标文件的截止时间，顺延至少10天的时间。

问题3：

（1）事件3中，投标人乙做法妥当。理由：根据《工程建设项目施工招标投标办法》的规定：在原投标有效期结束前，出现特殊情况的，招标人可以书面形式要求所有投标人延长投标有效期。投标人拒绝延长的，其投标失效，但投标人有权收回其投标保证金。

（2）事件3中，投标人丙做法不妥当。理由：根据《工程建设项目施工招标投标办法》的规定：在原投标有效期结束前，出现特殊情况的，招标人可以书面形式要求所有投标人延长投标有效期。投标人同意延长的，不得要求或被允许修改其投标文件的实质性内容，但应当相应延长其投标保证金的有效期。

（3）事件3中，招标人应退还投标人乙和投标人丙的投标保证金。

（4）事件3中，投标人乙和投标人丙的投标文件无效。

问题4：

（1）各工作的直接费率见表2.1。

表2.1　各工作的直接费率计算表

代号	（最短时间直接费－正常时间直接费）/万元	（正常持续时间－最短持续时间）/天	直接费率/（万元/天）
A	4.5－4.0＝0.50	4－3＝1	0.50
B	6.2－4.8＝1.40	6－5＝1	1.40
C	12.2－8.6＝3.60	10－7＝3	1.20
D	46.5－38.1＝8.40	20－16＝4	2.10
E	33.6－26.6＝7.00	24－22＝2	3.50
F	20.6－18.2＝2.40	25－24＝1	2.40

（2）该分部分项工程关键工作：A→C→E→F

（3）该分部工程的正常工期：4＋10＋24＋25＝63（天）

（4）该分部工程总费用＝4＋4.8＋8.6＋38.1＋26.6＋18.2＋26.7＝127.00（万元）

（5）由于前期其他分部工程延误，施工单位需要用60天完成该分部工程才能不影响后续工程工期，需要压缩的工期＝63－60＝3（天）

由于A工作直接费率最低，C工作次之，因此第一次压缩A工作一天，第二次压缩C工作2天。

(6) 压缩后分部工程总费用＝127.00＋0.5＋1.2×2－0.3×3＝129.00（万元）

问题5：

继续压缩C工作1天对施工方有利。理由：压缩一天C工作增加直接费1.20万元＜工期奖励1万元＋间接费率0.30万元。

试题三：（20分）

问题1：

(1) 总承包单位A单独作为招标人组织招标，应满足的条件：除合同另有约定外，承包人不参加该专业工程的投标。

(2) 需要报批的环节有拟定的招标文件、评标标准和方法、评标委员会成员构成、评标报告、拟中标候选人名单、分包合同等，均应报送发包人批准。

(3) 产生的招标费用由总承包单位A承担。理由：与组织招标工作有关的费用应当被认为已经包括在承包人的投标报价中。

问题2：

工作A1的分部分项工程费：（16－7－25×1 200÷10 000－13）×（1＋12%）×（1＋5%）＋22＝13.768（万元）

规费：（15×35%－7＋9）×18%＝1.305（万元）

工程造价增加：（13.768＋1.305＋15）×（1＋9%）＝32.780（万元）

问题3：

针对事件3，分包单位B的正确做法：应向总承包单位A提出工期和费用索赔，并符合索赔程序的相关规定，其中索赔工期为5天，机械窝工费5个台班，索赔费用按照机械台班折旧费计算。

问题4：

不妥之处：分包单位C超过了索赔时限索赔不成立；分包单位C向业主提出索赔不妥。

正确做法：分包单位C应在知道或应当知道索赔事件发生后的28天内，向总承包单位A递交索赔意向通知书，并说明发生索赔事件的事由。

问题5：

按表3.1给定数据组织工作A4、A7、A8流水施工的工期20＋40＋30＝90（天）。受网络计划约束，流水施工的工期90＋5＋15＝110（天）。

理由：工作A1持续时间增加30天，工作A1持续时间变为55天，工作C2实际持续时间为25天，因此工作C2结束时间是第115天末，原流水施工A7为第110天末开始，受紧前工作C2的影响，故开始时间需要往后推迟115－110＝5（天）。

原流水施工A8为第150天末开始，受流水施工A7推迟5天的影响，开始时间调整为第155天末，又因为工作A6结束时间是第170天末，受紧前工作A6的影响，故开始时间需要往后推迟170－155＝15（天），

经调整后流水施工A8实际开始时间为第170天末，该工程实际总工期为170＋30＝200（天）。

总承包单位A可获得工期奖励：（210－200）×2＝20.000（万元）

试题四：（20分）

问题1：

安全文明施工费＝152.2×7.5%＝11.415（万元）

签约合同价＝［152.2＋11.415＋9＋10＋20×（1＋5%）］×（1＋7%）×（1＋9%）＝237.476（万元）

开工前支付的材料预付款＝［237.476－（11.415＋10）×（1＋7%）×（1＋9%）］×20%＝42.500（万元）

开工前应支付安全文明施工费工程款＝11.415×60%×（1＋7%）×（1＋9%）×85%＝6.790（万元）

问题2：

承包人完成分部分项工程项目工程进度款＝（25.2＋180×450÷10 000）×（1＋7%）×（1＋9%）＝38.838（万元）

分部分项工程项目投资偏差＝已完工程计划投资－已完工程实际投资＝（25.2＋180×450÷10 000）×（1＋7%）×（1＋9%）－（25.2＋180×450÷10 000）×（1＋7%）×（1＋9%）＝0

按进度计划投资，投资无偏差。

分部分项工程项目进度偏差＝已完工程计划投资－拟完工程计划投资＝（25.2＋180×450÷10 000）×（1＋7%）×（1＋9%）－（25.2＋45÷3）×（1＋7%）×（1＋9%）＝－8.047（万元）

进度拖后8.047万元。

问题3：

主要材料C1不含税单价＝176.8÷（1＋13%）＝156.46（元/m^2）

分部分项工程C综合单价＝（95.00＋45.30＋23.47＋0.71×156.46＋0.34×158.60）×（1＋16%）＝381.39（元/m^2）

分部分项工程C工程费用＝381.39×1 300＝49.581（万元）

问题4：

承包人完成的分部分项工程项目费＝300×450÷10 000＋49.581÷3＝30.027（万元）

承包人已完成工程款＝［30.027＋21×（1＋5%）＋（9＋11.415×40%）÷5］×（1＋7%）×（1＋9%）＝63.902（万元）

发包人应支付给承包人的工程进度款＝63.902×85%－42.500÷4＝43.692（万元）

问题5：

分部分项工程项目费增减额＝（381.39－360）×1 300÷10 000＋5.6＝8.381（万元）

安全文明施工费增减额＝8.381×7.5%＝0.629（万元）

除安全文明施工费之外的合同价增减额＝［8.381＋（21－20）×（1＋5%）－10］×（1＋7%）×（1＋9%）＝－0.664（万元）

实际总造价＝237.476－0.664＋0.629×（1＋7%）×（1＋9%）＝237.546（万元）

竣工结算工程款＝237.546－［237.546－0.629×（1＋7%）×（1＋9%）］×85%＝36.255（万元）

试题五：（40分）

略。